高等职业教育烹调工艺与营养专业教材

烹饪工艺学

主　编　张仁东　许　磊
副主编　朱　敏
参　编　姚　翊　张若屏　蔡志刚
　　　　桑艳萍　杜官朗　桑宇平

重庆大学出版社

内容提要

本书按照中式烹饪的主要工艺流程与环节，结合高等职业教育烹调工艺与营养专业高职教育的要求，遵循理论与实践并重的原则，注重动手能力与应用能力的培养，深入浅出，通俗易懂，使读者容易理解与操作。全书内容包括：烹饪工艺学概述、鲜活原料的初加工、干货原料的涨发加工、分解与切割工艺、糊浆调配工艺、预制调配工艺、味和味觉的基本理论、调味方法与原理、调色与调香工艺、食物熟处理的功能与原理、食物熟处理的方法、冷菜工艺、组配工艺、装盘与装饰工艺及烹饪工艺的改革创新。

本书可作为高等职业院校烹调工艺与营养专业教材，也可作为相关行业从业人员的培训用书。

图书在版编目（CIP）数据

烹饪工艺学／张仁东，许磊主编．--重庆：重庆大学出版社，2020.8（2023.7 重印）

高等职业教育烹调工艺与营养专业教材

ISBN 978-7-5689-1144-3

Ⅰ．①烹…　Ⅱ．①张…②许…　Ⅲ．①烹饪—方法—高等职业教育—教材　Ⅳ．①TS972.11

中国版本图书馆 CIP 数据核字(2019)第272277号

高等职业教育烹调工艺与营养专业教材

烹饪工艺学

主　编　张仁东　许　磊

副主编　朱　敏

策划编辑：沈　静

责任编辑：杨　敬　赵艳君　　版式设计：沈　静

责任校对：谢　芳　　　　　　责任印制：张　策

*

重庆大学出版社出版发行

出版人：饶帮华

社址：重庆市沙坪坝区大学城西路 21 号

邮编：401331

电话：(023)88617190　88617185(中小学)

传真：(023)88617186　88617166

网址：http://www.cqup.com.cn

邮箱：fxk@cqup.com.cn（营销中心）

全国新华书店经销

重庆华林天美印务有限公司印刷

*

开本：787mm×1092mm　1/16　印张：21.5　字数：525千

2020 年 8 月第 1 版　2023 年 7 月第 3 次印刷

印数：4 001—6 000

ISBN 978-7-5689-1144-3　定价：59.00 元

P R E F A C E

前 言

随着中国经济的高速发展，中国服务行业全面繁荣，烹饪教育得以快速发展，烹饪专业教材的建设也取得了丰硕的成果。但是，人们生活水平的不断提高、烹饪技术的不断创新给我国的烹饪教育提出了新的要求。因此，编写符合我国烹饪技术发展要求，满足烹饪教学需要，规范、实用的烹饪专业教材就显得尤为必要。

烹饪工艺学是高等职业教育烹调工艺与营养专业的主要课程，也是一门理论与实践并重的课程。结合我国烹饪职业教育的特点和实际情况，在江苏联合职业技术学院各级领导的关心下，我们组织具有烹饪专业实践经验的一线教师，结合职业教育的教学要求，共同编写了本书，旨在为我国烹调工艺与营养专业职业教育的发展提供帮助。

本书比较全面地阐述了烹饪技术的理论系统，力求理论与实践比例适当，结合我国烹饪技术的发展，充分体现理论联系实际的特点。另外，本书的作者大多是从事烹调工艺与营养专业教学的一线教师，同时又是活跃在生产第一线的专业技术人员，均以烹饪工艺为科研活动对象。因此，本书既具备理论上的专业性，又具备实际操作技能的专业性。

本书在编写过程中，始终立足于职业教育的课程设置和餐饮业对各类人才的实际需要，充分体现了以下特点。

①实。以市场为导向，以行业适用为基础，紧紧把握职业教育所特有的基础性、可操作性和实用性等特点，力求知识与时代同步。

②新。针对相关专业学生的特点，以实用、有效为原则，尽量反映现代科技、餐饮业中广泛运用的新原料、新工艺、新技术、新设备、新理念等内容，适当介绍本学科最新研究成果和国内外先进经验，以体现出本书的时代特色和前瞻性。

③简。以体现规范为原则，在内容编排上，既照顾内容的完整性，又避免理论的堆砌，删繁就简，突出重点。

鉴于烹饪美学、烹饪原料学、面点工艺学等内容已单列成册，本书内容主要涉及中国烹饪工艺，全书 15 单元，为一学年教材，计划需要 136 学时。

本书由江苏省常熟职业教育中心学校张仁东和江苏旅游职业学院许磊担任主编，江苏省常熟职业教育中心学校朱敏担任副主编，江苏省常熟职业教育中心学校姚翊、张若屏、蔡志刚、桑艳萍，江苏省昆山第一中等专业学校杜官郎，苏州市太湖旅游中等专业学校桑宇平等参与本书编写。由于编者水平有限，书中不妥之处在所难免，敬请兄弟院校各位同行、读者批评斧正。

编 者

2020 年 1 月

目　录

单元 1　烹饪工艺学概述

单元 2　鲜活原料的初加工

单元 3　干货原料的涨发加工

单元 4　分解与切割工艺

单元 5　糊浆调配工艺

单元6 预制调配工艺

单元7 味和味觉的基本理论

单元8 调味方法与原理

单元9 调色与调香工艺

单元10 食物熟处理的功能与原理

单元11 食物熟处理的方法

单元 12　冷菜工艺

单元 13　组配工艺

单元 14　装盘与装饰工艺

单元 15　烹饪工艺的改革创新

参考文献

单元 1 烹饪工艺学概述

【知识目标】

1.了解烹饪的基本含义和作用。

2.了解和掌握中国烹饪工艺的形成与发展过程。

3.了解和掌握中国烹饪工艺技术的特点和区域性特征。

4.掌握中国烹饪加工工艺的基本任务和研究内容。

【能力目标】

1.能够简述中国烹饪工艺的形成与发展过程。

2.能够阐述中国烹饪工艺技术的特点与区域性特征。

中华民族是世界上历史最悠久的民族之一,我们的祖先不仅创造了中华民族灿烂的古代文明,同时也创造了光辉灿烂的古代饮食文化。在世界三大菜系之中,不论是菜肴的烹饪技法,还是菜肴种类,以及菜肴的色、香、味、形、意、养等方面,中餐都走在世界前列。

在历史长河中,中国的烹饪经过数千年的发展,根据不同地域、不同民族的风俗习惯,已呈现出花样纷呈、菜系繁多、技艺精湛、做工考究、雅俗共赏的格局。

任务1 中国烹饪概述

在漫长的历史长河中，随着历史的发展、社会的进步，人们逐步了解和掌握了烹饪活动的基本要素，从而产生了饮食文明活动——烹饪。因此，烹饪是人类饮食活动的核心，是社会活动发展的基础。

1.1.1 烹饪的含义

“烹”即加热，“饪”即预熟，“烹饪”即原料由生到熟的加热成熟过程。但是这一注解只是从词义上进行了解释，不能概括烹饪的内容、性质和意义。在各个历史阶段，人们对烹饪都有一定的解释，如距今3 000年左右的商周时期，有学者认为“以木巽火，亨饪也”(《周易·鼎卦》)。“亨”在先秦与“烹”通用，意思是煮。“饪”指食物生熟的程度，也是古代熟食的通称。“以木巽火，亨饪也。”后人将其理解为在鼎的下面燃烧草木，使鼎内食物由生变熟，变成一种新的食品。后人理解为用火把食物烧熟可以去除异味，起到杀虫灭菌的消毒作用，可以使人少生疾病。在当时还有“五味实气”的说法，后人理解为美味食品可以刺激食欲，使人们通过饮食得到人体所必需的营养，达到维持生存和保证人体健康的目的。

上述是先秦时期人们通过长期生活实践而形成的烹饪概念，而现在，这些概念在内容和性质上已发生了显著的变化。

20世纪80年代以后，人们又给烹饪注入了新的内容和含义，如烹饪是对各种食物原料进行选择、加工、加热、调味、美化等过程的总称。再如，烹饪是指对食物原料进行合理选择、调配、加工、治净、加热、调味，使之成为色、香、味、形、质、养兼有的，无害的，利于吸收的，益人健康的，强人体质的饮食菜品。这一系列的内容变化与社会经济文化的发展有着紧密的联系，其烹饪涵盖的内容也在不断增加。如对菜肴的美化，菜品必须是无害的、利于吸收的、益人健康的、强人体质的。由此可见，在不同的历史阶段，烹饪的内容、性质有一定的变化，其变化的因素主要反映在以下3个方面。

1)烹饪活动的基本要素发生了变化

这些变化主要表现在以下3个方面。

(1)烹饪原料的变化

人们由依靠采集、渔猎的“有啥吃啥”的状况发展到种植、养殖以及人工合成，从而丰富了烹饪原料资源，进一步促进了烹饪成品的多样化。

(2)烹饪工具和能源的变化

由古代的石器、骨器、陶器和草木为主的燃料发展到玻璃器皿、不锈钢器具和煤气、电气，使菜肴盛装更加美观、大方，并在新的能源作用下缩短了菜肴熟化的时间。

(3)烹饪技法的变化

烹饪制熟方法由烤、煮、炖、蒸等少数几种方法，发展到炒、熘、炸、烹、爆、煎、贴等几十种烹任方法。百余种原料在不同方法的制作下,形成了千姿百态的菜肴。烹饪成品数量上的增多、质感上的各异、花样上的翻新和质量上的提高,使中国烹饪走向了一个新的历史阶段。

2)人们对饮食的营养、卫生和审美要求日益提高

人们对饮食的营养、卫生和审美要求的提高主要表现在以下3个方面。

①现代科学理论知识改变了过去只靠直觉或经验择食的状况。特别是养生、食疗理论和现代营养学、食品卫生学的知识改变了人们的择食观念,现代人更加注重原料搭配或杂食理念。

②生活达到温饱水平后,旧的饮食习惯和习俗得到逐步改革。人们更加自觉地注重饮食的营养效果和卫生要求,防止了疾病的滋生与传染。

③人们对饮食美的要求,不再局限于烹饪成品的质美和感觉美。也就是说,饮食美不仅是指美食,还是一个综合的反映,即越来越多地反映社会人群的心理因素和社会文化特点。

3)烹饪的社会性日益提高

烹饪的社会性主要表现在以下3个方面。

①社会的分工越来越细。原本一个部门的工作,现在逐渐形成众多的独立生产部门。

②饮食从人类自我饱腹的一种生活现象,现已逐步变成了一种家庭与社会必需的生活现象和生活内容。

③从普通的生活现象发展到祭祀、礼仪活动的重要组成部分。人们把最贵重、最美好的东西——食物奉献给神和祖先之灵享用,同族人载歌载舞分享祭品,逐步成为人类互动中的接待礼仪内容。

从以上内容可以看出,中国社会经过2 000多年的发展,烹饪概念也逐步明确。我们可以将烹饪理解为人类为了满足生理需要和心理需要,把食用原料加工为直接食用成品的活动。在把可食用原料加工为直接食用成品的活动过程中,各民族、各地区都是以一定的经济水平和文化积淀为背景,在传统工艺的基础上继承、发扬、创新,使成品更加符合该民族、该地区的饮食需求和饮食特点。

1.1.2 烹饪的作用

1)烹的作用

烹的目的就是通过加热把生的食物制成熟的食品。因此,烹饪原料在加热过程中会产生以下5个方面的作用。

(1)杀虫灭菌的消毒作用

烹饪原料在生长、贮藏和运输的过程中,不可避免地带有细菌和寄生虫,当原料受热温度达到100 ℃,一般细菌和寄生虫都可以杀死;对肠道致病菌、蛔虫卵、华支睾吸虫、并殖吸虫、血吸虫、旋毛虫等细菌和寄生虫,必须采用超高温加工;有些虫卵数量超过国际标准,就不能食用。因此,烹的首要目的就是通过加热起到杀虫灭菌的消毒作用,为人类提供安全、卫生、健康的食品,为人类饮食提供可靠的保证。

(2)促使食物中的营养分解,利于人体消化吸收

人类必须从食物中摄入蛋白质、脂肪、碳水化合物、矿物质和维生素等各种营养成分,才能维持生命。但是,这些营养成分都包含在烹饪原料的组织中,通过高温加热才能促使烹饪原料发生变化,使其组织结构分解。例如,蛋白质的热分解对菜肴的滋味、营养都起着决定性的作用,这种热分解不仅减轻了人体消化器官的负担,而且使热分解后的食品更有益于人们消化吸收和品尝滋味。

(3)使食物变得芳香可口

烹饪原料在没有加热前,通常都带有腥味、膻味或异味。但是,这些原料经过加热,即便仅仅是加一点水,不加任何调味品,加热到一定温度后也会香气四溢,这是由烹饪原料本身的特性所决定的。因为烹饪原料绝大多数都含有醇、酯、酚、糖等物质,这些物质遇热后就会分解而游离出来或发生某些化学变化而生成某种芳香气味,使食物变得芳香可口,使人食欲大增。

(4)使食物色泽鲜艳,形状美观

烹饪原料绝大多数带有色泽,加热后,原料中含有的色素迅速沉淀,使色素更加鲜艳。如绿色蔬菜含有叶绿素,在旺火热锅煸炒或沸水煮烫的情况下,叶绿素会迅速沉淀,形成碧绿鲜艳的状态。再如,虾、蟹壳内含有虾、蟹青素,虾、蟹青素预热后就会迅速变为虾、蟹红素,形成鲜红、可爱的色彩。另外,一部分烹饪原料表面有一层薄膜(结缔组织),经过刀工处理,遇热后也会迅速改变形状,如猪腰、鱿鱼、鸡肫等原料,在花刀作用下,遇热后就会形成麦穗形、菊花形、荔枝形等优美的形状。

(5)使食物的滋味混合成复合的美味

烹饪原料含有其特有的滋味,加热前,这些物质各自存在,互不融合;加热后,原料中含有的各种分子都处在运动中,加热温度越高,运动就越激烈,分子之间渗透加剧,从而混合成一种新的滋味(复合美味)。

2)调的作用

调的目的是使菜肴滋味更加鲜美。因此,在调的过程中主要通过组合使用不同的调味品来调节菜肴的滋味,并在调味的过程中产生以下作用:

(1)去除异味

有些烹饪原料带有较重的腥、膻、异味,如牛、羊、鱼等,通过加热只能去除一部分腥膻味。如果在加热时加入适量的葱、姜、蒜、胡椒、花椒和料酒等调料,就能更好地抑制原料中的腥、膻、异味。例如,鱼体内有一种氧化三甲氨的物质,随着鱼的新鲜度降低,氧化三甲氨迅速还原为三甲氨,这是鱼产生腥味的主要原因之一。根据三甲氨易溶于酒精、能与醋酸中和的原理,调味时加入适量的料酒或米醋,能促使三甲氨随着调料遇热而挥发,从而减少或抑制鱼的腥味。同时,有些肉类原料往往油腻过重,食用时有油腻感,调味时加入适当的料酒和米醋,也能起到解腻、提鲜的作用。

(2)增加美味

有些烹饪原料本身淡而无味,而所有的调料都具有提鲜、增味和添香的作用,能激发人们的食欲。如豆腐、粉丝、萝卜、水发鱼翅、水发燕窝和水发海参等原料基本上没有什么滋味或滋

味淡薄,加热时加入适量的调味品和鲜汤一起烹制,才有可能变得美味可口。

(3)确定口味

菜肴的口味是通过调味品的使用量多少和品种来确定的。俗语讲“五味调和百味香”,由于调味品的滋味不同,只有采取科学、合理的调味方法,才能使菜肴的滋味千变万化,从而达到一菜一味、百菜百味的目的。

(4)丰富色彩

调味品的种类很多,根据色调分为无色调味品和有色调味品两大类。由于有色调味品色彩各异,烹制后呈现的色彩也很丰富,如利用番茄酱调味可使菜肴色泽呈金红色或鲜红色;用咖喱油调味可使菜肴呈浅黄色或深黄色;用酱油调味可使菜肴呈褐红色或金黄色。经过有色调味品烹制后,可使菜肴色彩浓淡相宜、鲜艳美观。另外,无色调味品中白糖、蜂蜜、麦芽糖等在高温作用下也能够产生色泽,如焦糖融化后制成糖色等,也能给菜肴带来色彩。

1.1.3 中国菜的特点

广义的中国菜在于它丰富的文化内涵,它不仅是一种简单的食品,还融合着宗教、文化、民俗风情,反映了悠久的历史文化,体现出中华民族特有的处世哲学。中国菜的特点很多,从烹调文化的角度与其他国家相比,中国菜具有更加多姿多彩、精细美好、和谐适中的特征。具体来讲,中国菜有以下7个特点。

1)选料广泛、刀功精细

这是任何国家的菜肴制作都不可比拟的,仅用一句“脊背朝天人皆食”就表现了广东风味菜肴选料的准则,也可略见中国菜选料之一斑。中国菜不仅动物原料用得广,植物原料用得也同样广泛。早在西周时期,有文字记载的可食用植物种类就已达到130多种。而且中国菜在加工过程中特别注意刀法的运用,如批、切、锲、斩等。原料的成形又分为丝、片、块、段、条、蓉、末、荔枝花、麦穗花等众多类别。这般精细的刀法、刀功不仅便于烹调入味,而且体现了菜肴的观赏性和艺术性。

2)烹调方法多样、造型逼真

由于中国地域的广泛性,各地区、各民族的饮食爱好、生活习惯各不相同,形成了众多的烹制方法,如炒、炸、爆、熘、煎、烹、烧、焖、煮、烤、涮等,约40种,而有的技法中又包含了很多内容,如炒就可以分为生炒、熟炒、爆炒、抓炒等,爆又可分为酱爆、油爆和汤爆等。除了这几十类各地公认的烹调方法之外,还有许多带有浓厚地方特色的烹制方法,如广东的“焗”“白灼”,福建的“糟”,湖南的“腊”,天津的“独”和白族的“腌”等烹制方法。即使是同一名称的菜点,因地区不同,操作方法、口味、质感也存在一定的差异,这种差异也被各地所认可。例如,四川菜的“干烧鲤鱼”,成都以鲜、辣、香为主,而重庆则以咸、鲜为主。

另外,中国菜讲究造型。历代名厨都是利用原料的自然形态,通过分解、切割、装饰、点缀的手法来塑造菜点的形象,使其造型逼真、美观、大方。如松鼠鳜鱼、熊猫戏竹、国色天香、宝塔肉等菜肴造型逼真、色泽鲜艳,不仅满足了人们的物质享受,而且提供了精神享受。

3)调味丰富

味是中国菜的核心与灵魂,无论东、南、西、北、中哪个地方的菜系,烹调多以味为核心。口味的形成,一是取决于灵活的调味方法,如四川菜以“百菜百味,一菜一格”为世人称道;二是取决于众多的调味品。中国的调味品不仅种类多、味道全,而且带有明显的地方性,如四川郫县豆瓣、桂林辣酱、新疆孜然、北方地区常用的芥末、朝鲜族常用的辣椒粉等,虽然都是辛辣调味品,但其风格略有差异。再如,广东的蚝油、江浙的卤虾油和鱼露等,虽然都是海产品加工的调味品,但其特色也各不相同。这些差异和不同进一步促进了菜点滋味的多样性,这也是形成地方风味的重要原因之一。

中国菜除了讲究口味变化外,在烹调的过程中还能巧妙地运用不同的调味方法,如在菜肴加热至不同程度时,加入同等量的调味品就会形成不同的口味。

4)风味独特、地方性强

我国的菜点在漫长的历史发展过程中,由于民族性、区域性的差别,逐步形成了一个以汉族为主、其他民族为辅的饮食文化和菜点的风格。在饮食上,伊斯兰教以牛、羊为主;汉族沿海地区以海味为主,内陆地区以家禽、家畜和河鲜为主,并形成了众多的风味,如八大菜系中的山东风味、江苏风味、四川风味、广东风味、北京风味、上海风味等。这些风味具有很强的地方性,正如俗语所言“一方水土养一方人”。一个地区的风味只能满足该区域内民众的饮食需要,如四川风味在当地受到广大民众的欢迎,但在上海或南方其他城市,则必须在口味上进行改良,如麻辣味要相对减轻,使其符合该地区的饮食习惯,从而成为海派川菜或其他城市的川菜。

由此可见,风味具有很强的地方性,脱离了地方性就形成不了地方风味。因此,地方性强是我国菜点最大的特点之一。

5)配料巧妙、追求完美

中国菜历来讲究主料、辅料的搭配技术。例如,冷菜擅长拼制各种平面和立体的象形冷盘,使菜肴不仅具有食用价值,而且具有艺术价值和审美价值,以致一些外国友人常常叹为观止,不忍下箸,争相拍照留念。

6)精于运用火候

中国菜千姿百态、风味各异,精于运用火候也是其重要原因之一。对于什么菜肴运用什么火候,我国厨师在长期实践中积累了丰富的经验,就像什么钥匙开什么锁一样,得心应手,运用自如。

7)讲究盛装器皿

中国菜既包含精湛的刀功、绝妙的口味、优雅的造型,同时又十分重视盛放菜肴的器皿。美食与美器相得益彰,这是中国菜自古以来锲而不舍的追求。

古人曾经说过“美食不如美器”,中国菜肴与盛装器皿的完美结合是中国菜肴绚丽多彩的重要因素。色调和谐、形态匹配、大小相称、美食美器都是构成中国珍馐美味的重要因素。

当前,许多外宾来华观光旅游,除了饱览我国的锦绣河山之外,亲口品尝中国美味佳肴也是一个重要原因。“食在中国”已举世公认，面对如此盛誉，作为中华儿女，我们有责任爱护它、发展它，要在继承传统的基础上大胆创新，让中国菜永葆青春。

任务2 中国烹饪工艺的形成与发展

中国素有“世界烹饪王国”的美誉，中国的菜肴和烹饪技术既是物质文明又是精神文明，早已为世人所仰慕。但在中国历史的发展进程中，它经历了坎坷不平的发展道路。纵观中国烹饪的发展进程，我们可将其划分为初级阶段、形成阶段、完善阶段、成熟阶段4个时期。

1.2.1 中国烹饪工艺的初级阶段

1）形成的历史背景

夏朝至春秋战国时期（公元前21世纪—前221年），中国烹饪以社会生产力得到相当程度的发展为基础，以阶级社会的出现和氏族公社的解体为标志。“民以食为天”，没有自然界提供的让人消化吸收的物质（即食物），就没有人类的生存。但在这极其漫长的历史进程中，人类却过着茹毛饮血的生食生活。

当我们的祖先在偶然的因素下，掌握了历史上传说的燧石取火和钻木取火之术，便为中国烹饪的形成奠定了基础。在随后的历史进程中，人类又发现了盐，为中国烹饪的调味奠定了物质基础，同时盐成了当时统治阶级的象征。由于火、盐的运用，加上在这一时期土陶器的出现以及后来青铜器的出现，社会生产力得到大幅提高，生产资料、生活资料被氏族公社的首领所拥有，阶级社会开始出现，人类的生存环境和生活条件出现了差别，从而为中国烹饪的形成创造了条件。

2）形成的主要原因

中国烹饪工艺的形成源自中国古老的烹饪技法“炮”，主要原因有以下两点。

（1）陶器的出现和利用形成了多种烹饪方法

浙江良渚文化遗址发现的以夹细沙的灰黑陶和泥质灰胎黑皮陶为主的陶器，其代表性器形有鱼鳍形或断面呈丁字形的鼎、竹节形把的豆、贯耳壶、大圈式浅复盘、宽把带流杯等。在河南偃师二里头文化遗址发现了多种陶制炊器、石器等。陶器的出现使中国烹饪技法除了原来的烤、烧、炙等，又增加了煮、炖、熬、烩等，食物品种也随之增多。陶制炊具的发明标志着严格意义上的中国烹饪的诞生。此后，中国烹饪经历了它的婴儿、童年时期。在这一过程中，先民们创造了一系列烹饪新方法，为中国烹饪开创了高水平的起点，开辟了一条茁壮成长的道路，故称为初级阶段。

（2）金属的出现使我国烹饪技术又大大前进了一步，产生了刀工技术的雏形

在甘肃马家窑文化遗址，发现了最早用于宰畜割肉的青铜刀，还有石杵、石臼等粮食加工工具；《周礼》等文献中记载了原料加工的经验，《庄子》中则淋漓尽致地描写了庖丁解牛的过程；甘肃、青海齐家文化遗址发现了较多的红铜、青铜器，其中有刀、匕、斧；河南偃师二里头文

化遗址发现多种陶制炊器、食器,还有青铜制造的酒爵;郑州商代遗址发现多种陶器以及青铜刀、斝、罍、尊、盘、卣、盂、觚、爵、盉等。青铜炊具鼎、鬲的出现标志着铜烹阶段的开始;河南安阳小屯西北的"妇好墓"出土了大量青铜器,其中有一件"汽柱甑形器",类似现今的汽锅,是中国最早的蒸食物的铜制炊具;在殷墟其他遗址中还出土了青铜箸、青铜匕、青铜刀等金属器具。

综上所述,金属炊具的出现使食品制作工艺发生了新的飞跃,使烹饪之道初备,严格意义上的中国烹饪得以正式诞生。烹饪原料既较前丰富,又有了相对稳定的保证;烹饪工具分类已具雏形,饭食(主食)和菜食(副食)、饮料已经区分开;饮食消费中出现享受心理和审美意识,从烹饪生产、产品到消费已形成初步的系统。中国烹饪以多方面的建树走完了初级阶段,继续向高级阶段迈进。

3)形成的主要特点

(1)商业的发展,烹饪原料的使用范围扩大是中国烹饪形成初级阶段的基础

由于社会生产力的提高,中国进入了封建社会的初级阶段,农民为求自身温饱,爆发了极高的生产积极性,促使农业生产力得到提高,出现了剩余产品。农民用剩余产品换回自己所需的物品,市场应运而生。

市场的形成扩大了烹饪原料的使用范围,从而推动了中国烹饪的发展。从春秋战国到先秦时期,各个大城市市场相当繁荣,如大梁、邯郸、临淄等地,酒肆、屠户数量很多,饮食业从原料到成品有了完整的体系。从屈原的《楚辞·招魂》中所描写的食单内容可以看出,当时已经有牛筋、红烧甲鱼、挂炉羊羹、炸烹天鹅、红烧野鸭、卤汁油鸡等菜肴。但是,周代时期提倡勤劳,发布了反对饮酒和逸乐,诸侯、大夫不可无故杀牛宰羊的政令,而平民百姓在市场上聚餐,"则搏而戳之"恰恰也是在这一时期。中国历史上形成了明确的"天下保一人"的完整制度。在《周礼·王制》中,记载了当时的一个严格规定:"诸侯无故不杀牛,大夫无故不杀羊,士无故不杀犬豕,庶人无故不食珍。"对庶人甚至贵族的饮食限制如此之严,但对当时的统治者却又是另一番景象。据史料记载,周朝皇宫中,共有 22 个专门为皇帝饮食服务的部门,人员达 2 332 人。其中原料管理、冷库、屠宰加工厂、制腊肉、酿酒、烹煮等都有专门官员负责,还有专管配餐的食医。也正是此时,周朝宫廷产生了"八珍"名菜——大米肉酱盖浇饭、黄米肉酱盖浇饭、烧烤炖小羊、烩肉扒、酒香牛肉、五香牛羊肉干等。可见中国当时的烹饪技术水平是全面发展的。

(2)青铜器和铁器的应用拓展了烹饪技法

自古就有"工欲善其事,必先利其器"的说法,青铜刀的出现使中国烹饪产生了刀功技术。战国以后,铁刀的出现使中国烹饪的刀功更加精湛,原料的成型、入味、成熟有了可靠的保证。周代时期,铜制烹饪器械已经出现,如铜斧、青铜鼎、铜甑等。铁器产生后,由于金属炊具壁薄,传热快,可水可油,能大能小,在此基础上,中国烹饪技法由原来的烤、烧、炙等,增加了煮、炖、烩等。

(3)饮食制度的确立、宴席的产生使烹饪制品多样化,并逐步趋向规范化

中国饮食方式是最早的制度之一,奴隶主的聚餐便是最早的宴席。史有夏启钧台之享,进入商代,祭天地、享鬼神、陈俎列鼎成为制度;而活人饮食更为讲究,史载商纣王"以酒为池悬

肉为林，使男女裸，相逐其间，为长夜饮"，奢侈之甚可见一斑。据《周礼》记载，周代王氏饮膳制度比较完备，分工明确，有膳夫、亨人、兽人、鳖人、猎人、食医、酒正、浆人、凌人、盐人等官员负责原料、调料的采集、制作、保藏以及烹调、进食、祭祀等事宜。当时有羹、脯、醢、齑、糗、饵、粉、粢及六清八珍等名食；一些菜肴，如"炮豚"采用了烤、炸、炖的复合烹饪方法，另有一些菜肴采用"和糁"的方法；此外，周天子进食时还有乐队伴奏；食用菌已经入馔，饴、蜜用于调味，调味注意季节特点。西周之后，宫廷饮食从原料到烹制、从营养到餐具都有了一整套程序，宴席摆放与礼节仪式等方面的规定都相当明确。战国以后，新兴的地主阶级和王公贵族除承袭了西周饮宴旧制以外，有了新的发展，他们将宴席、宴会搬出庙堂，走出王室，进入了地主们的家庭，并给民间带来了巨大影响，令士、庶人也效仿各种庆典节日。可以说，中国的饮食制度、宴席之风到此已基本形成。商代开始实行"鼎食制度"，中国的饮食、饮宴制度逐步趋向规范化。

(4)积累了主要的烹饪经验，初步创立了中国烹饪理论

约公元前433年，孔子就提出了一系列饮食卫生的主张，如"食不厌精，脍不厌细"，约成书于战国时代的《黄帝内经》提出了"五谷为养、五果为助、五畜为益、五菜为充"的膳食结构。约成书于战国时代的《神农本草经》收药物365种，其中有大量食物，如著名的大豆黄是中国人食用黄豆芽的萌芽。《吕氏春秋·本味》论及各地肉、鱼、菜、饭、水、果和调料中的佳品数十种，还对烹饪中的调味、火候提出"风味之本，水最为始，五味三材，九沸九变，火为之始"的独到见解，是对战国之前烹饪实践的理论总结，在历史上产生久远影响。此外，《周礼·天官·膳夫》和《礼记·内则》则较为全面地记述了周朝宫廷饮食和烹制各类宫廷御膳的各种要点，可以说是我国最早的宫廷食典。

(5)对中国烹饪较有影响的人物

①少康：也叫杜康，夏代第六代君王，号中兴王。

②伊尹：我国烹饪之圣，传说著有《调味鼎鼐》，因善调五味、做"鹄鸟之羹"，并有治国安邦之才被商汤赏识，是我国第一位宰相厨师。

③吕望：周王朝的建立者，是我国历史上第二位宰相厨师。

1.2.2 中国烹饪工艺的形成阶段

1)形成的历史背景

公元前221年到公元960年，秦至五代近1 200年间，中国烹饪经历了一个发展、壮大的时期。这一时期，封建中央集权统治在王朝不断更替中逐渐加强，农业生产也得到了空前的发展，手工业和科学技术水平不断提高，商业走向繁荣，民族融合加快了速度，对外交流扩大并深入，中国封建社会达到鼎盛时期。这些都给中国烹饪的大踏步发展创造了优越的条件。这一时期的中国烹饪承上启下，取得了瞩目的成就，为以后中国烹饪走向成熟架设了一座稳固的桥梁。

从历史上看，秦汉时期应为这一阶段的主题。这一时期基本上沿用周代制度，但在原料的选择、烹饪方法、炊具与食具等方面有了新的发展。秦汉时期，铁质工具的出现促进了农业和

手工业的迅猛发展。汉代的煮盐、冶铁和铸造等技术的提高促进了商业的发展。这一时期，社会经济较为繁荣，社会物资丰富，人民安居乐业，给中国烹饪的发展创造了条件。它的主要特点如下：

(1)食物用品比周代丰富

蔬菜除了周代延续下来的30多种外，又增加了从西域和国外引进的胡瓜、黄瓜、茄子、刀豆、胡豆、扁豆、胡萝卜、大蒜等，还出现了豆腐和豆腐制品。在秦汉时期，最普遍食用的肉类以狗肉为首，猪肉次之；在《三国志·魏志》中有对麻油的记载；魏国人张揖著的《广雅》中有“馄饨，饼也”的记载；《晋书·五行志》记载，西北、东北地区少数民族食品“羌煮”“貊炙”在中原流行，北方有名食羊酪，江南有名菜莼羹、鲈鱼脍及菰菜；何曾著的《食疏》中记载了何曾家厨能在蒸饼上蒸得“坼作十字”，类似后世的开花馒头，说明发酵工艺已普及；束皙著的《饼赋》提及馒头、薄壮、起溲、汤饼、牢丸、安乾、豚舌、剑带、案成等10多个面点品种；嵇含著的《南方草木状》一书中记有甘蔗、荔枝、椰子、杨梅、橘、龙眼等水果，以及甘薯、桄榔面、五敛子、人面子、石栗、石密等原料。

(2)烹饪方法增加

据《齐名要术》记载，烹饪技法在原有的烧、烩、炒、煮等基础上，增加了生菜法、素食法等30多种不同的烹饪方法。贾思勰的《齐名要术》一书中保存有大量涉及烹饪原料，菜肴、面点制作技术以及酿酒、造醋、做酱、做乳制品的资料，炒的烹饪方法已在菜肴制作中出现。北齐出现热铛烙成的煎饼。宗懔的《荆楚岁时记》提到荆楚地区人民正月进屠苏酒、胶牙饧，下五辛盘；立春啖春饼、生菜；寒食吃大麦粥；夏至食粽；伏日食汤饼等事。隋炀帝称吴地制作的“金齑玉脍”为东南佳味。吴郡能在海船上加工生产多种海产食品，主要有海鮸干脍、海虾子、鮸鱼含肚、石首含肚。

(3)炊具和饮食器具有了新的发展

山西汶水县孝义镇马村出土由刻有云雷纹并身带圆环的釜、甑3件组成的汉代铜甗，如先置于火上，再分别放上釜和甑，可同时炖、煮、蒸。汉代时期铁锅使用已很普通，有炒菜用的小釜、煮菜用的五熟釜。铁制炊具的运用促进了炒菜、爆菜等烹饪技术的发展。

2)形成的主要原因

(1)商业、手工业的发展创造了一个兴旺发达的饮食市场

河南密县打虎亭一号汉墓出土的一块庖厨图画像石上有10人，分别从事屠宰、汲水洗涤、烹饪、送食物的事项，厨事分工已较明确。有学者认为该图中有制作豆腐的场景，证明中国汉代已能生产豆腐。山东章丘市和高唐县分别出土绿釉陶质庖厨俑，一位持刀治鱼，一位用手揉面。这充分说明，商业手工业的发展造就了一个兴旺发达的饮食市场。

(2)市场原料使用范畴扩大，基本上奠定了中国烹饪工艺的基础

湖南长沙市马王堆一号汉墓出土大量食品，遣策中就记载了多种食品。调味品有脂、酱、饧、豉等；饮料有白酒、温酒、肋酒、米酒；主食有以稻、麦、粟为主要原料蒸或煮成的饭、粥等；果品有枣、梨、梅脯、梅、笋、元梅、杨梅等；菜肴有羹、肤、脯、索、濯、肩截、熬等，共计100多种。其中“濯”为使用氽这一烹饪方法制成的菜。张骞两次出使西域，开辟了丝绸之路，促进了中国

中原地区与西北地区乃至中亚、西亚的经济文化交流。从西域传入的瓜果、蔬菜有葡萄、苜蓿、安石榴、黄蓝(红花);从中亚传入的农作物有胡麻、胡桃、胡豆、胡瓜、胡荽、胡蒜;此外,还有从西域传入的香料、胡椒、姜等调味品。司马迁的《史记·货殖列传》中记载,当时大城市中,市场上食品相当丰富,有谷物、肉食、果菜、水产、饮料、调料等。

(3)厨房设备与饮食器皿的改进为烹饪技术的发展奠定了物质基础

河南洛阳烧沟汉墓出土有陶灶,灶面上有大、小两个灶眼,对火候的控制能力提高,分别放置甑和釜,另有上圆下方的烟囱。宁夏银川平吉堡汉墓出土的灶,灶面上有3个灶眼,可放置3个釜。汉代广东一带出现三足铁架,架上可放置铁釜或铜釜,用以熬煮食物;出现钢刀、菜刀、铁釜、铁镬,厨用器具进一步普及。豫章郡(江西地区)已用煤为薪。东汉晚期,瓷器有碗、盏、盘、罐等,其中还有泡菜坛。

(4)由于烹饪的大发展,有关烹饪的专著和资料大量出现

民族的大交流、大融合,使各族人民的文化艺术风尚融于一体,烹饪技术由"术"向"学"有了飞跃性发展,开始把烹饪技术作为专门的学问加以研究,出现了很多有关烹饪技术的专著,如西晋何曾的《安平公食单》、南齐虞悰的《食珍录》、隋代谢讽的《食经》、北魏贾思勰的《齐民要术》等。

据有关资料统计,从魏晋至南北朝,出现的烹饪专著多达38种;隋唐至五代专著有13种,总计达50多种。其内容涉及烹饪的方方面面,可惜大多已经散失,有些专著的内容只能散见于其他著作中,保存下来的只是部分内容或残篇。唐代高级宴会菜单及当时的一些有特色的饮食情况,保存完整的有唐代陆羽的《茶经》、张又新的《煎茶水》等有关茶、水的专著,其中尤以陆羽《茶经》三卷记述茶的历史、性状、品质、产地、采制、工具、饮法、掌故等最有价值,这是世界上第一部关于茶的专著,从当时到现在,在国内外影响都很大。

很多有价值的有关烹饪的资料来自其他著作中,需要加以重点介绍的是北魏贾思勰的《齐民要术》,它是我国第一部"农业百科全书"式的巨著,其中关于烹饪的部分价值非常高,不但保存了很多烹饪专著中的珍贵资料,更为珍贵的是,它收录了当时以黄河流域为中心,涉及南方、北方少数民族的数十种烹饪方法和200多种菜肴、面点,资料翔实,影响深远。其他笔记著作如《西京杂记》《世说新语》《云仙杂记》,民俗著作如《荆楚岁时记》,语言学著作如《方言》《释名》《说文解字》也保留了很多佐证的资料。

(5)出现了众多烹饪名家

如果说先秦的烹饪名家是由于政治或其他业绩得以附带显其巧烹之名,那么这一时期的烹饪名家则完完全全因其精通烹饪而名留后世。虽然其中个别人也官居高位,然而其从政的建树没有多少文字记载,倒是其精于烹饪的美名赫然出现在史书上。所以这一时期的烹饪名家可以说是为烹饪而烹饪的名家了。西汉的张氏、浊氏以制膳精美出名。北魏崔浩之母向崔浩口授烹饪之法,才得以有《食经》传世。唐代段文昌为"知味者",《清异录》说他"尤精膳食",他家的婢女名膳祖,主持厨务,也是精通烹饪之术的行家。五代开封有专卖节日食品的张手美,心灵手巧。花糕员外真名已无从知晓,人们只知其在开封以卖花糕闻名。还有多名美食的创制者只留下了食名,这不能不说是一大遗憾。

1.2.3 中国烹饪工艺的完善阶段

1)形成的历史背景

唐宋至元是中国封建社会由昌盛走向衰弱的转变时期。从唐宋建立至元朝灭亡是中国烹饪的繁荣时期。在这一时期,传统的中国烹饪完成了它在各方面的建树,最终走向成熟。

唐宋两代是我国历史上最为强大的朝代,粮食满仓,物资丰富,陆上、海上交通发达,中西部的丝绸之路十分繁荣。社会的安定、四邻的和睦友好给农业、畜牧业、手工业的发展带来了昌盛,同时也给饮食业带来了一片繁荣的景象。如唐代的长安,“东市二百二十行,四面立邸,四方珍奇,皆所积集”。而西市比东市更为繁华,饮食业的规模前所未有,曾有这样的记载,说“西市日有礼席,举铛釜而取之,故三五百人之馔可立办也”。从这一情况看,当时的长安城内酒店规模可想而知。两宋时期,其饮食市场更是空前绝后,北宋首都汴梁就有正店 72 家之多,南宋的临安(杭州)则有正店 17 家之多。而此时的宫廷御膳,其食用菜点之多、筵宴水平之高,均远远超过了周代和秦汉时期,使中国烹饪艺术更加完美。

北宋时的商业相当发达,大城市取消了坊和市的界限,白天黑夜都可以进行交易。农村也出现了定期集市,交换更为普及、便利。从《东京梦华录》来看,汴京的宫楼、旅馆、商铺、饭店到处都有,商品繁多,呈现出“八荒争辏,万国咸通;集四海之珍奇,皆归市易;会寰区之异味,尽悉在庖厨”的贸易兴隆景象。少数民族的“涤马互市”在北宋也进一步发展。南宋的商业和对外贸易超过北宋,临安店铺“连门具是”,甚至城外数十里也是店铺布列,交易繁盛。西京市街出现了素食馆、北食店、南食店等专营的风味餐馆,油饼店用炉最多的可达 50 个,饮食行业出现了上门服务、分工合作生产的“四司六局”,还有专供官家雇用的“厨娘”。元代的商业也极为繁荣,大都、杭州、泉州等是闻名的商业大都市,都市中出现了提供饮食娱乐配套服务的酒店。

2)形成的主要原因

(1)四大风味流派的雏形已基本形成

由于宫廷实用菜点众多,用料精细,名菜、名点大量增加,与社会融合后,形成了中国烹饪的四大风味菜系的雏形。如唐代的饭就有“雕胡饭、黄粮饭、清风饭、神仙粥”等几十种之多。菜品有炙菜、烩菜、烧菜、羹菜等,各有几十种,烹饪原料不胜枚举,如驼峰、象鼻、熊掌等名贵原料已达数百种。

(2)烹饪技术之高均超过以往历代

唐、宋两代,上至宫廷、下至民间都拥有大批名厨,形成了烹饪技术的大交流和大融合,促使烹饪技术的大发展。如唐代陆希声的妻子余媚娘发明制作了五彩鱼丝;唐穆宗时,丞相段文昌的家厨“膳祖”曾带徒 100 多人;唐朝尼姑梵正用烩、脯、酱、瓜、菜、蔬等黄赤杂色装成了西安名胜区“辋川小样”二十景。

(3)金、银、玉、瓷等餐具大量出现,为中国烹饪的色、香、味、形、器提供了坚实的物质条件

厨房设备的改进,如灶具的改进促使中国烹饪技术基本形成了自己的风格特点,并逐步走

向成熟，出现了中国烹饪行业中从业人员的第一次分工。

(4)宴席制度已基本定型

唐代的国宴“龙凤宴”“曲江宴”“烧尾宴”等规模之大、菜品之多，可谓前所未有。举行国宴时，参加者少则一二百人，多则数百人。“烧尾宴”上，仅大臣们进献给帝王的菜点就有58款。宋代时期的清河王张俊进献给宋高宗的御宴中的菜点多达230款。

(5)出现了众多的烹饪理论著作

谢讽的《食经》、韦巨源的《食谱》、段成式的《酉阳杂俎》、郑望之的《膳夫录》、宋代时期的《太平御览·饮食部》、陈达叟的《本心斋蔬食谱》、林洪的《山家清供》、贾铭的《饮食须知》、忽思慧的《饮膳正要》、孟元老的《东京梦华录》等专著的出现，说明了我国烹饪科学知识日益丰富，表现出我国的烹饪技艺已达到较高水平，并进入了新的历史时期。

辽、金、元时期，我国少数民族的烹饪受中原烹饪文化的影响得到了发展，但其对中国烹饪工艺的发展没有太大的影响。

以现在的观点看，古代对传统烹饪理论的概括是比较全面的，也有相当的深度，具有时代性意义。其中很多观点至今仍不失其价值，值得我们继承、弘扬，但由于时代的局限，还达不到科学指导下的系统化、周密化。因此，它的理论体系只能是“传统”的。

综上所述，在唐宋元时期，中国传统烹饪在原料、工具、工艺、风味流派、食品结构、消费形式以至烹饪理论诸方面都已形成了自己的系统，从而使整个中国烹饪的传统体系得以最后确立。此时，中国烹饪进入了一个不同于旧传统时代的创新开拓时期。

1.2.4 中国烹饪工艺的成熟阶段

1)形成的历史背景

在我国历史上，明清时期曾经出现过许多“万家灯火”的城市和所谓的“康乾盛世”景象。社会经济的迅速发展为我国烹饪技术的迅速发展提供了丰富的物质基础。这时期的中国烹饪，厨房分工也日益完善、细致，原料细加工和保鲜方法更加精良，烹饪技术更加讲究，突出色、香、味、形、器5种属性的重要地位。在食品卫生和烹饪专著方面都较以前有很大的进步，尤其是宫廷菜进入了大发展阶段。例如明朝，宫廷御膳机构庞大，上设尚食局，下设光禄寺、太常寺，其御膳房管理人员就多达4 900人，宫廷御膳常用菜肴多达200款，实际用菜更多。《明史·饮食好尚》曾详细记载了明代宫廷饮食。到了清代，宫廷御膳机构更为庞大。御膳房之多为中国历代所不及，不仅故宫内部有皇帝、太后、皇后、朝廷大臣的各种膳房，而且在圆明园、颐和园、承德避暑山庄、热河张三营、沈阳故宫等地都设有御膳房。据有关资料统计，清朝的御膳房多达50处，人员上万人，在此时期出现了“满汉全席”“千叟宴”等历史上规模最大、最为豪华的宴会。它们的出现使我国菜肴的构成内容更加博大精深，是我国烹饪发展达到最高峰的象征，其用料之精细、菜点品种之多、烹饪技术水平之高、宴会排场之大，均远远超过以往各代。

清朝康乾时期，城市商业交易恢复往日繁荣，一些城市，如南京、广州、佛山、厦门、汉口等比明代更为发达，无锡、镇江、汉口是有名的大码头，北京作为全国最大的贸易中心，负责对少数民族批发酒、茶、粮、瓷器、陶器等百货，也是全国的烹饪中心。清朝后期，以上海为首，广州、厦门、福州、宁波、香港、澳门等一些沿海城市先后沦为半殖民地、殖民地城市。帝国主义一方面大肆掠夺大豆、茶叶、菜油等农产品，另一方面又向我国疯狂倾销洋面、洋糖、洋酒等洋食品。但传统烹饪市场的主导地位在口岸城市里不但没有被动摇，而且随着半殖民化、殖民化商业的畸形发展，很多风味流派得以传扬和发展。例如，著名的北京全聚德烤鸭店、北京东来顺羊肉馆、北京饭店、广州的陶陶居、杭州的楼外楼、福州的聚春园、天津的狗不理包子铺等都是在这一时期开业的。同时，在长江沿岸和沿海的一些商埠中出现了很多经营地方风味菜肴的"帮口"。

2)形成的主要特征

中国烹饪工艺的成熟(明清时期至"中华民国"初期)是以封建社会统治阶级的腐败没落为主要标志，其主要特征如下。

(1)宫廷御膳机构特别庞大，御膳房之多为我国历代宫廷前所未有

据记载，仅故宫"养心殿"的御膳房就设有庖长2人、副庖长2人、庖人27人、领催6人、三旗厨役57人、招募厨役10人、夫役30人，另有司膳太监108人，抬水差使太监10人。

(2)宫廷食用菜点繁多

各种珍馐、八方美食均集于清代宫廷中，帝王日食万金，集历代名菜名点之大成，使宫廷御膳达到了最高水平。

(3)宫廷宴会名目繁多、规格高、排场大、用料高贵、菜品多而全

据有关历史资料统计，清宫宴会大约有30种，主要有"六大宴"。

①千叟宴。始于康熙五十二年(1713)，由康熙皇帝首创。在康熙六十大寿时，首次举行，宴赐招待65岁以上清朝历届元老。赴京参加宴会者达2 800余人，千叟宴自康熙至乾隆朝共举行过4次。

②满汉全席。康熙和乾隆皇帝每逢年节大典时举行的宴会，主要用于宴请朝廷文武百官、地方要员、外国使节，每桌菜点多达196道，道道都是精品，全用金银餐具盛装，分3天食用完毕。这是我国历史上规模最大、最为豪华的国宴，后流向民间。

③元会宴。帝王登基时在太和殿举行的宴会。

④万寿宴。皇帝生日时举办的宴会。

⑤纳彩宴、合卺宴。皇帝大婚举办的宴会。

⑥圣寿宴。皇后生日时举办的宴会。

(4)各地名厨汇集宫廷，烹饪技术水平达到了成熟的阶段

清代同唐代一样，帝王家将全国各地最著名的满族和汉族厨师调集于清宫之内，这些名厨都有自己的绝妙技艺，这样的大融合给中国各地区、各民族烹饪技术的交流和完善提供了条件。

(5)清宫御膳等级森严，礼节烦琐

就餐座位的安排上，皇帝的宝座应居于宴会大殿正中，皇亲国戚等人则应依官位品级，分

别列于宴会大殿东、西两边，文武百官亦以品级高低依次入座，就餐时每道菜的顺序都要“举礼”。如当皇帝入座时，文武百官要跪拜；就餐人入座时要跪拜；皇帝赐茶时，众人要跪拜；司仪授菜，众人一叩；将茶饮毕，众人又要向皇上跪叩；大臣在御前祝酒时，要三跪九叩等。在这个宴会过程中，众人要跪 33 次、叩首 99 回。总之，清宫御宴与清朝礼节在我国历史上深有影响，可以说是中外闻名。

(6)效仿明清宫廷宴席之风盛行

社会上的封建势力、乡土豪绅纷纷效仿明清宫廷宴席之风，使宫廷宴席之风与烹饪技术流向社会，中国烹饪技术得以普及和升华。如 1874 年淮安出现了 108 道菜的全鳝席，四川总督丁宝桢创制了宫保鸡丁。上海、北京等地“都会商埠”出现了西餐馆，上海有一品香、北京有醉琼林等。全国各地涌现出一大批地方风味名吃，如北京的它似蜜、黄焖羊肉、茯苓饼、萝卜丝饼，广东的太爷鸡，安徽的腌鲜鳜鱼，陕西的牛羊肉泡馍、金边白菜，山西的刀削面，山东、山西、陕西的抻面，云南的乳线、汽锅鸡、过桥米线，江苏的常熟叫花鸡、镇江肴肉、大煮干丝、扒烧整猪头，河南的鲤鱼焙面，山东的德州扒鸡、九转大肠，四川的樟茶鸭子、八宝豆腐等。

(7)烹饪名著达到了较高水平

在此之前，有关烹饪的著作只是对宴席场景的追述，也就是把一次宴会的内容记录下来，或做一些简单的评说。而到了明清时期，一些烹饪著作已经发展到了理论论述阶段，影响最大的应属袁枚所著的《随园食单》，可以说是我国烹饪理论的代表作。在书中，袁枚把如何著成此书以及烹饪理论的指导作用、经验的局限性讲得十分清楚。总之，这些理论著作为烹饪技术的发展打下了良好的理论基础。

3)形成的主要原因

(1)中国政治中心的转移使烹饪中心也随着政治中心转移

由于中国政治中心的转移，烹饪中心从北京、南京、杭州转向扬州、苏州、广州、上海等城市。这时，在中国的餐饮市场上出现了两大特点：一是形成了中国历史上官员到民间餐馆的先例；二是形成了剧场与餐馆融于一体的经营手段。

(2)少数民族烹饪文化与汉族烹饪文化融合，形成了完整的四大风味流派体系

以山东、河南、辽宁为代表的北派，口味淡而偏咸；以江苏、浙江为代表的东南派，口味淡而偏甜；以四川、贵州为代表的西南派，口味喜辛辣；以广东为代表的南派，口味偏甜。

(3)烹饪著作与理论进入丰收期

李渔的《闲情偶寄》中记载了四美羹、五香面、八珍面等菜点的制作方法，并提出关于饮食的许多独特见解。曹廷栋著《养生随笔》，内收“粥谱”，有理论阐述，也有粥方，共 100 种。李斗的《扬州画舫录》全面反映了当时扬州的饮食风貌，书中首次记载了满汉全席菜单。

(4)皇亲国戚、贵族的宴席之风登峰造极

皇亲国戚、贵族的宴席之风登峰造极，使中国烹饪形成了完整的烹饪体系。其中，满汉全席成为中国烹饪工艺完全成熟的标志。

任务3 中国烹饪的工艺特性

菜系是我国菜肴具有区域性的一种表达方式，是人类社会发展到一定历史阶段的产物，是具有明显的地域性和地区特色的菜肴体系。它的某些独特的烹饪方法，特殊的调味品和调味手段，品类众多的烹饪原料，从低到高、从小吃到宴席等一系列风味菜式在国内外具有一定的影响，并具有明显的区域性和超区域性本质。

1.3.1 中国菜系的区域性本质

人类食物取决于生物资源，生物资源是构成生态环境的主体，生物资源是否丰富又取决于地理位置，尤其是地理条件和气候条件。中国广东、江苏、湖南、河南、云贵高原等地区没有西北那样辽阔的大草原，也就没有白云般的羊群。在这些区域内的菜肴体系中，很难找到手抓羊肉和烤全羊的踪迹。反之，西北大草原也没有众多的四季常鲜的蔬菜和生猛海鲜。因此，“近山者采，近水者渔”是菜系具有区域性的物质条件。在这种条件的作用下，逐渐形成了某一区域内人们的饮食习惯，而这种饮食习惯被人们一代代传递下来，积累和保留了各自的饮食特性，于是也就决定了人们对食物的选择和加工方式的不同。因此，我国各地方菜系都是在特定的历史条件下，受地理、气候、生活习惯影响而形成的，它具有特定的区域性。

一个菜系的菜肴只能满足本区域人们对饮食心理和生理上的需要，如果离开了这一区域，就必须结合当地人的生活习惯和饮食需求，使原有的区域特性发生相应的变化，如四川菜在广州区域内，需减少辣椒、花椒用量，降低四川特有的麻辣风味特性才能满足广州人的生理与意识心理需求。这就是菜系区域性的特有本质。

1.3.2 中国菜系的超区域性本质

菜系具有一定区域性是因为它在一定的区域内形成，是为了满足区域内人们在饮食心理和生理上的需求而形成，但它有时也被其他菜系所接受，甚至还会成为其他菜系的一部分。但是这种接受不是毫无选择的，而是有条件的，这一条件主要表现在风味特色的变异上。通过变异成为其他菜系的一部分，这种现象就是菜系的超区域性。在改革开放以前，我们从各个地方菜系中或多或少都可以看到其他菜系的影子，即同一道菜肴，同一名称，但菜肴制作工艺的内容都是按照各自的饮食要求加以改造，从选料到口味都完全不同。如回锅肉，山东菜系是选用熟五花肉切成片，蒜苗切成段，葱切成马蹄片，笋切成片，加入木耳、干辣椒丝，烹制时加入豆瓣酱，再加入配料和调味料煸炒，出锅时淋入香油即可；四川的制作方法就不同，它是选皮薄、肥瘦相连的猪后臀肉，煮熟后切成片，豆瓣剁碎，蒜苗切成段，先炒至猪肉出油，再加豆瓣酱、甜面酱炒制上色，再依次放入酱油、料酒、蒜苗，煸炒成熟起锅即可；河南的回锅肉则又是一种风味，它是选猪的硬五花肉，煮熟后切成薄片，大葱切成大坡刀形的片，干辣椒一分为二切成寸段，先将肉片煸炒至油亮,放入辣椒、西瓜豆酱,炒制出油后,放入大葱,再加入料酒、酱油、白糖、少量高汤炒至成熟即可出锅。这一菜肴的制作工艺说明,同一道菜肴由于菜系的不同,在选料、加工方法、口味特点等方面也各有不同。改革开放以后,由于交通的便利、人员的流动,中国的餐饮市场发生了很大变化,各个菜系都走出了各自的原有区域,传统的区域性格局已被打破,各个菜系之间形成了大交流、大融合。但是,当某一区域出现了其他菜系的特色菜式时,通常都是根据本地区人的饮食习惯进行了大改良,否则它将无法生存。

总之,无论是四大菜系还是八大菜系,都是中国菜的组成部分,它们之间存在着许多共同性。我们之所以将菜系划分为若干个区域,是为了更好地研究中国烹饪。在民族文化与烹饪文化融合过程中,每个菜系中只能适应自己而不适应他人的东西都被淘汰了,各方或多或少都能接受的东西则保留了下来,形成了新的饮食文化。这就是菜系具有的超区域性的基本特性。

任务4 烹饪工艺学的性质和地位

烹饪工艺学是以烹饪工艺流程为主线,以岗位能力与知识为主要内容,研究菜肴烹调原理、方法和工艺流程的一门科学。烹饪工艺学是运用烹饪科学原理研究烹饪原料的初加工、成型、组配、烹制、调味及盛装工艺过程中的各种问题,探索解决问题的途径,实现烹调合理化、科学化和现代化,为人们提供卫生安全、营养丰富、品质优良、种类繁多、食用方便的菜肴的一门学科。

烹饪工艺学的基本任务是运用现代科学的观点与方法,把几千年中国烹饪的传统技艺和经验进行有效的总结,进一步提高中国烹饪的灵活性、准确性和科学性,建立科学的工艺体系。

1.4.1 烹饪工艺学属于应用型技术学科

烹饪工艺是人们利用炉灶设备和烹饪工具对各种烹饪原料、半成品进行加工或处理,最后制成能供人们直接食用的菜肴的技术方法。烹饪技术是一种实用技术,烹饪工艺学是这些技术的系统化。在自然科学范畴内,烹饪工艺学属于工科,但理科是它的理论基础。在技术科学的范畴内,它属于一门应用型技术学科。它的主要研究内容是烹饪的自然科学原理和技术理论基础,所用的方法主要是观察和实验,主要的研究场所在厨房和实验室。

1.4.2 烹饪工艺学是一个以手工业为主体的技艺系统

烹饪工艺学不同于食品工程学,它是一个以手工业为主体的更为复杂而丰富的技艺系统,具有复杂多样的个性和强烈的艺术表现性。

每一个国家、每一个民族乃至每一个自然区域,都有许多地方风味浓郁、加工技艺精细、文化风格鲜明的名菜佳肴。烹饪工艺学具有显著的地方和民族特征。

在烹饪工艺学中包含了一些艺术的因素,具有一定的艺术创造能力。通常我们所说的烹饪艺术是多种艺术形式与烹饪技术的结合,即在食物的烹调过程中吸收相关的艺术形式,将其融入具体的烹调过程中,使烹调过程与相关的艺术形式融为一体。厨师在烹调过程中,需要借助雕塑、绘画、铸刻、书法等多种艺术形式(方法),才能实现自己的艺术创作。目前,现代科技知识正深入到烹饪工艺体系之中,烹饪工艺已不再是过去的简单的经验体系。

1.4.3 烹饪工艺学是一门综合性学科

烹饪工艺学是一门既古老又年轻的学科,在形成自己的理论基础和学科体系过程中,与其他学科有着密切的联系。如烹饪原料来源于农业生产或食品工业,原料品质的优劣,直接影响加工用途和产品质量。因此,农学和食品科学是烹饪工艺学的基础。在不同层次的烹调加工中,需要解剖学、组织学、生理学、生物化学、物理学、食品化学、卫生学、营养学等学科知识。现代烹调工艺有些已实现机械化、自动化,这又与食品工程原理、机械设备和电子技术等学科发生了联系。烹饪工艺学还包含有丰富的社会科学,如哲学、经济学、历史学、民俗学、美学、心理学、管理学等内容。

1.4.4 烹饪工艺学是烹饪学科的核心和支柱

烹饪工艺学在烹饪学科中占主导地位,它与烹饪原料学和烹饪营养学共同构成烹饪学科的三大支柱。烹饪工艺学是烹饪学科相关各专业的一门主要专业课,是理论教学和实践训练并重的课程。从理论上讲,它融汇烹饪营养学、烹饪卫生学、烹饪原料学、烹饪器械和设备等课程的知识于烹饪实践之中。从实践上讲,它对中国名菜、名点和宴席设计等课程起指导作用。

任务5 烹饪工艺学的研究内容

烹饪工艺学作为一门科学,由一定的科学理论、操作技能、工艺流程以及相应的物质技术设备所构成。烹饪工艺学以科学理论做指导,物质技术设备为保证,操作技能及工艺流程是主干和核心。其研究内容主要包括4个方面。

1.5.1 烹饪工艺流程和工序

1)烹饪工艺流程

烹饪工艺流程是把烹饪原料加工成成品菜肴的整个生产过程,是根据烹饪工艺的特点和要求,选择合适的设备,按照一定的工艺顺序组合而成的生产作业线。烹饪工艺流程随具体成品的要求而定。

2)烹饪工序

烹饪工序是烹饪工艺流程中各个相对独立的加工环节,不同的工序有不同的目的和操作方法。一个完整的烹饪工艺流程,实际上是不同的工序进行各种合理有序组合的过程。烹饪工艺流程主要包括以下操作工序。

(1)原料加工工艺

原料加工工艺是烹饪工艺的重要组成部分,它为后续的烹饪工艺提供所需的成型原料,具体包括烹饪原料的初加工工艺、部位分割工艺、剔骨出肉工艺、刀工工艺、整理成型工艺等。

(2)组配工艺

组配工艺是将经过选择、加工后的各种烹饪原料,通过一定的方式方法,按照一定规格的质量标准,进行组合搭配的过程。它对菜肴的风味特点、感官性状、营养价值都有一定的作用,对平衡膳食具有重要意义。组配工艺具体分为单菜原料组配工艺和套菜组配工艺。

(3)烹制工艺

烹制工艺是整个烹饪工艺的有机组成部分,它与调配工艺密不可分,两者共同构成烹饪工艺的基础。从本质上讲,烹制工艺是热量的传递过程,烹饪原料从热源、传热介质吸收热量,使自身温度升高,逐步达到烹制的火候要求。烹制工艺与炉灶设备、传热介质、传热方式、传热过程以及烹饪原料的热物理特性等因素密切相关,它们的有机结合形成了各种不同的烹制方式,使菜肴的品种丰富多样。

(4)调和工艺

调和工艺是指在烹调过程中,运用各类调料和各种手法,使菜肴的滋味、香气、色彩和质地等风味要素达到最佳效果的工艺过程。各种菜肴感官性状、风味特征的确定,虽然离不开烹制工艺,但要达到菜肴的质量要求,调和工艺也起着非常重要的作用。通过调和工艺可以使菜肴的风味特征(如色泽、香气、滋味、形态、质地等)得以确定或基本确定。调和工艺按其主要目的可分为调味工艺、调香工艺、调色工艺、调质工艺等。实际上,烹饪工艺中的调味、调香、调色、调质是相互联系的,我们之所以把它们分开,主要是为了学习和研究的方便。

(5)烹饪综合工艺

在烹饪工艺中,我们所指的烹饪综合工艺实际上就是通常所说的烹饪方法,如炒、熘、炸、烧、焖、氽、烩、烤等。烹饪工艺学要研究这些方法的概念、渊源、原料要求、工艺流程、技术关键、成品特点等内容。

(6)造型与盛装工艺

造型与盛装工艺是指将烹调好的菜肴,采用一定的方法装入特定的盛器中,以最佳的形式加以表现,最终实现食用和品尝的目的。

1.5.2 烹饪工艺原理

烹饪工艺原理是烹饪工艺中带有普遍性的、最基本的规律。烹饪工艺原理以大量实践为基础,故其正确性直接由实践检验确定。如烹饪原料的分割原理、刀工原理、配料原理、套菜组

合原理、加热成熟原理、风味调配原理、造型与盛装原理等。

1.5.3 烹饪工艺产品——菜肴

烹饪工艺的产品是菜肴。菜肴是指相对于主食、小吃(少数小吃也为菜肴)、饮料等而言的用于佐酒、下饭的食品的总称。烹饪工艺学不仅研究烹饪工艺,还研究烹饪工艺的产品——菜肴的基本属性、质量标准、质量控制和质量评定。

1.5.4 烹饪工艺的继承与创新

创新是一个民族的灵魂,是一个国家兴旺发达的不竭动力。中国烹饪工艺要想跟上时代的步伐,满足人民的需要,在知识经济的21世纪立于不败之地,就需要不断地认识、发现、总结、探索、改革和创新。烹饪工艺改革创新的主要内容是烹饪原料、烹饪工具和烹饪技术。

任务6 学习烹饪工艺学的意义和要求

1.6.1 学习烹饪工艺学的意义

1)丰富烹饪工艺学理论知识

烹饪工艺学是烹饪专业的一门主干课程,它科学地阐述了烹饪工艺的基础理论和工艺加工过程。通过学习,可以在原有理论水平的基础上,更加深入地了解烹饪工艺的理论体系及原理,再运用这些原理解释烹饪中的一些理化现象,指导实践,熟练地掌握烹饪工艺的技术关键,烹制出符合标准的菜肴。

2)提高烹饪操作技能

烹饪工艺学是实践性很强的技术课程,通过技能训练,使自身具有更高的实践能力和开拓创新精神,成为理论联系实际,具有独立工作能力和开拓精神的专门技术人才。

3)增强创业和就业能力

拥有了烹饪技术,就拥有了一种谋生的手段。学好烹饪工艺学,不仅可以培养创业意识、革新就业理念,而且可以拓展创业素质、提升就业技能。烹饪技术为人们提供了一个就业、创业、施展才华、实现自我价值的机会。

1.6.2 学习烹饪工艺学的要求

1)培养兴趣,用心学习

兴趣是最大的动力,勤奋是最好的老师。要学好“烹饪工艺学”这门课程,必须端正态度,培养自己的兴趣,由“要我学”变为“我要学”。

2)熟练烹饪的各项基本功

烹饪基本功是指在烹制菜肴的各个环节中所必须掌握的实际操作技能和手法,包括选料得当、刀工娴熟、投料准确、掌握火候灵活恰当、正确识别运用油温、挂糊上浆勾芡适度、勺工熟练等内容。只有切实掌握基本功,才能按照不同烹饪工艺的要求,烹制出质量稳定,色、香、味、形、质俱佳的菜肴。

3)理论联系实际,重视实践教学

要学好烹饪工艺学,首先要学好理论知识,用来指导实际操作,巩固操作技能,而熟练的操作技能又可以丰富和提高理论知识。要防止片面性,避免产生只注重理论知识的学习,而忽视操作技能的掌握,或者只会操作、不懂理论的倾向。

4)勤学苦练,耐心细致,精益求精

烹饪工艺学是一门技术性、实践性很强的课程,要掌握它,需要锲而不舍地勤学苦练。因为一项技能的掌握,并非一朝一夕就能完成,往往要经过反复的练习、总结、实践。初加工、干货涨发、刀工刀法、调味加热、冷盘拼摆、盛装美化等,每项操作都要耐心细致、精益求精,才能较好地完成。

5)处理好继承与创新的关系

继承和创新是一个问题的两个方面,不能分割。任何事物的发展都是在继承与创新的过程中展开的,在继承与创新的过程中实现的。唯有继承才能创新,唯有创新才可能发展,从而达到真正的继承。继承是创新指导下的继承,创新是继承基础上的创新,两者紧密联系。继承不是照搬,而是加以改造的提高;创新不是离开传统另搞一套,而是新的高水准的继承,两者相互包容、互相促进。

思考与练习

1. 简述中国烹饪工艺的形成与发展过程。
2. 简述中国烹饪的工艺特性。
3. 简述烹饪工艺学的研究内容。
4. 简述学习烹饪工艺学的意义和要求。

【知识目标】

1. 了解鲜活原料初加工的要求。
2. 熟悉鲜活原料初加工的方法。

【能力目标】

能够运用正确的方法对鲜活原料进行初加工。

鲜活原料的初加工是烹饪工艺学中的首道工艺环节,它是菜品正式烹调的前提和基础,原料经初加工后是否清洁、卫生、无害,直接关系人体的健康、安全。通过本单元学习,重点要掌握原料的初步加工、洗涤的方法。

任务1　植物性原料的初加工

2.1.1　果蔬原料的初加工

果蔬原料在烹饪加工时一般具有加热时间短、容易成熟的特点，有许多果蔬原料可以直接生食，所以果蔬原料的初步加工非常重要。果蔬原料加工后是否符合卫生要求，取决于加工方法的正确与否，摘剔加工是果蔬原料首要的加工程序。

1）摘剔加工的目的与要求

果蔬原料的摘剔加工是去除不能食用的根、叶、筋、籽、壳、虫卵及残留的杂物、农药等，通过修理料形，使之清洁、光滑、美观，基本符合制熟加工的各项标准，为下一步加工打下基础。

摘剔加工时首先要注意节约，去皮时尽量不带肉，取菜心时对摘剔下来的可食部分应合理地应用，避免浪费。摘剔加工还要根据原料的特征进行加工，摘剔时要尽量保持可食部位的完整性，使原料的成型功能不受破坏。例如黄瓜，既可以加工成片、丝、条等形状，也可以加工成筒、篮、船等花色造型，但如果在去瓤加工时方法不当，就会破坏这些成型功能。同时还要根据成菜的要求进行加工，同一种原料因成菜的要求不同而要采取不同的摘剔方法，如南瓜、香瓜等原料，在制作一般菜肴时都是先去皮后去瓤，而制作南瓜盅或香瓜盅时就不能去掉外皮；再如芋头，当用于油炸或炒菜时应该先去掉外皮，而当用于煮或蒸的时候应该后去皮，因为这样可以更好地保存芋头原有的香味。

2）摘剔加工的常用方法

（1）叶菜类原料

叶菜类原料一般采用摘、剥的方法，去掉外层的黄叶、根部的根系，以及吸附的杂物。有时为了菜肴的需要（如鲜菜心），摘下的叶片比较多，但不能浪费，应合理地利用。

（2）根茎类原料

根茎类原料多采用削、刨、刮等方法，主要目的是去皮或去内瓤，有些原料可采用沸烫去皮法，如果用量较大可采用碱液去皮法。随着科学技术的发展，快速方便的去皮方法不断出现，如激光去皮法已经实验成功，不久将在食品工业中应用。

（3）瓜类原料

瓜类原料是以植物的瓠果为烹饪原料的蔬菜，常见品种有黄瓜、冬瓜、南瓜、丝瓜、笋瓜、西葫芦等。整理时，丝瓜、笋瓜等除去外皮即可，外皮较老的瓜，如冬瓜、南瓜等刮去外层老皮后由中间切开，挖去种瓤洗净即可。

（4）茄果类原料

茄果类原料是以植物的浆果为原料的蔬菜，常见的有茄子、辣椒、番茄等。这一类原料整理时，去蒂即可，个别蔬菜如辣椒还需去籽瓤。

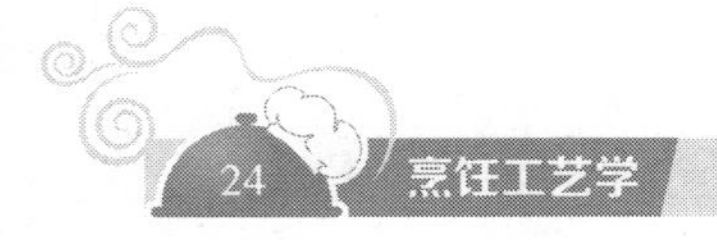

(5)豆类原料

豆类原料是以豆科植物的豆荚(荚果)或籽粒为烹调原料的蔬菜,常见品种有青豆、扁豆、毛豆、四季豆等。豆类蔬菜的整理有两种情况:

①荚果全部食用的。这类原料应掐去蒂和顶尖,撕去两边的筋络。

②食用种子的。这类原料应剥去外壳,取出籽粒。

(6)花菜类原料

花菜类原料是以某些植物的花蕊为烹调原料的蔬菜,常见品种有西蓝花、花椰菜、黄花菜等。花菜类蔬菜在整理时只去掉外叶和花托,将其撕成便于烹饪的小朵即可。

(7)干果原料

干果原料一般是去皮去壳加工,去壳采用剥和敲的方法,去皮可采用浸泡去皮法和油炸去皮法。如将桃仁、松仁等干果原料放入温水中浸泡,去皮后放入油中炸透。

3)去皮加工的常用方法

一般根据原料的质地、形态来选择具体的加工方法。对果蔬原料的摘剔加工主要有摘、剥、削、撕、刨、刮、剜等手法,由于烹饪原料的加工数量较小,且加工后不宜长期存放,目前仍以手工操作为主。现在,已有部分品种通过机械加工包装后直接进入厨房,这给厨房的生产和卫生带来了许多方便,但原料的品种和使用范围有待进一步扩大。果蔬原料的摘剔加工程序中有去皮的环节,技术难度较低,但也有一定的程序和要求,下面详细介绍4种去皮方法。

(1)沸烫去皮法

沸烫去皮法是将需要去皮的原料放入沸水中短时间加热烫制,使果蔬原料的表皮突然受热松软,与内部组织脱离,然后迅速冷却去皮。此法一般适用于成熟度较高的桃、番茄、枇杷等果蔬原料。烫制时的水温要达到100 ℃,时间控制在5~10秒,时间过长会影响肉质的风味。数量较多或熟透的原料可以采用蒸汽烫制的方法进行去皮加工。

(2)碱液去皮法

碱液去皮法是将原料放入配制好的碱液中加热,同时用竹刷搅拌去除原料表皮的方法。去皮的原理是利用碱液的腐蚀能力将表皮与果肉间的果胶物质腐蚀溶解,从而达到去皮目的。但碱液浓度、加热温度和时间要处理得当,应根据原料表皮的组织结构和原料种类而定,处理过度不仅使果肉受损,还会使原料的表皮粗糙不光滑。烹饪中采用此法加工去皮的原料不多,常见的如莲子、杨花萝卜的去皮,大量的土豆、胡萝卜的去皮也可采用此法。加工时边搅拌边加热,去皮后的果蔬原料应立即投入流动的水中彻底漂洗,去除残余的碱液以防止变色,大批量加工时还需要一些酸液进行中和。

(3)油炸去皮法

油炸去皮法是将带有薄皮的原料放入温油锅中加热浸炸,待原料成熟后捞出晾透,然后用手轻轻搓去表皮。此法一般适用于干果原料,如花生、桃仁、松仁等。经油炸去皮后的原料一般都已成熟,可以直接食用或作配料,保管时需要密封,以防回软变味。

(4)其他去皮法

其他去皮法包括浸泡去皮法、机械去皮法、人工去皮法等。浸泡去皮法主要适用于干果原

料，有些油炸菜肴需要干果作为起香的辅料，如果采用油炸去皮法去皮后再同菜肴一起加热，就容易使干果原料变硬甚至变焦，所以先用温水浸泡然后撕去表皮，再同菜肴一起油炸就可达到酥香松脆的目的。机械去皮法主要在食品工业中使用。烹饪加工中的机械去皮是指利用旋转刀片手工旋转进行去皮，主要适用于脆性、皮薄的果蔬原料，如梨子、苹果、萝卜等。人工去皮法就是用削、刨、撕等方法将原料去皮，主要适用于形态圆小或细长的原料，如荸荠、莴笋等。

4）洗涤加工的常用方法

原料经过摘除、削剔加工处理后仍需要进行洗涤加工，以进一步去除原料的泥沙、杂物，特别是肉眼看不见的化学污染物质。还有一些豆荚类的原料，虫卵往往生长在原料的内部组织当中，通过摘剔加工并不能将它们去除干净，但通过合理的洗涤加工则可以将它们去除干净。所以，洗涤加工也是确保食物安全和卫生的重要环节。

洗涤加工对果蔬原料而言显得尤为重要，因为绝大多数果蔬原料加热成菜的时间都不太长，有的则是直接生食，如果不能把残留在原料中的虫卵、污染物去除干净，不仅影响菜肴的风味，还危及人体的健康。洗涤时要根据原料的特性掌握好洗涤的方法，果蔬原料质地脆嫩、含水量多，洗涤时动作要轻柔，切不可用力搓揉或挤压，以免破坏原料的组织结构，致使水分和营养流失。常用的洗涤方法有以下3种。

（1）流水冲洗

就是将摘剔后的原料放入流动的水中冲洗，将吸附在原料表面的泥沙和农药冲洗干净。这种方法主要适用于经过加热的果蔬原料，对直接生食的果蔬原料来说，除冲洗以外还需要进行其他的消毒处理。流水冲洗的时间一般应在10分钟以上。

（2）盐水洗涤

此法主要适用于虫卵较多的蔬菜原料，特别是体内钻有幼虫的豆荚类原料。用盐水浸泡后不仅可以使蔬菜表面的虫卵脱落，还可以使原料体内的幼虫钻出体外。但盐水浓度一定要掌握好，浓度过低幼虫不容易逼出来，浓度太高又会把幼虫腌死在里面，浸泡时间在15～20分钟，盐水与原料的比例不低于2∶1。

（3）高锰酸钾溶液洗涤

此法主要适用于直接生食的蔬菜、水果原料的洗涤。将冲洗以后的原料先放入调好的高锰酸钾溶液中浸泡5～6分钟，起到杀菌消毒的作用，食用前再用凉开水把原料冲洗一下即可。

5）果蔬原料的保鲜

这里所指的保鲜不是指果蔬原料加工前在流通运输过程中的保鲜，而是指经过摘剔、洗涤加工后的短暂保存。收获后的果蔬仍然是有生命的活体，但是脱离了母体之后所进行的生化、生理过程，不完全相同于生长期中所进行的过程。收获后的果蔬所进行的生命活动的主要方向是分解高分子化合物，形成简单分子并放出能量，其中一些产物和能量消耗于呼吸作用或部分地累积在果蔬组织中，从而使果蔬营养、质地、风味等发生变化。经过摘剔和洗涤后的原料，保存能力进一步地减弱，比加工前更容易发生变色、变味反应，且保存时间变短，保存不当将直接影响菜品的色彩和风味。

(1)保色措施

①加油保色。即借助附着在蔬菜表面的油膜,隔绝空气中氧气与叶绿素的接触,达到防止其氧化变色的目的。不过,此法还不能阻止蔬菜组织中所含酶的作用,因此只能在一定时间内有效,时间稍长仍会变色。

②加碱保色。即利用叶绿素在碱性条件下,水解生成性质稳定、颜色亮绿的叶绿酸盐,来达到保持蔬菜绿色的目的。此法虽然可保持蔬菜的绿色,但是碱性条件下蔬菜所含的某些维生素损失较为严重,因此一般不提倡使用。

③加盐保色。有些绿色蔬菜遇盐后会改变颜色,如黄瓜、青椒等,这些蔬菜在加盐调味后绿色加重,并且可以保持一定的鲜度。但是加盐的数量要适当,保存的时间不能过长,时间放得越长,叶绿素被破坏得越严重,其颜色就会变得暗淡无光。

④水泡保色。有些蔬菜和水果,如马铃薯、藕、苹果、梨等,削去皮或切开后,短时间内就变成褐色。这是因为它们所含的多酚类成分,在酶的催化下氧化形成褐色色素,行业上叫作褐变。这种褐变的发生具备 3 个条件:一是原料本身含有多酚类;二是原料本身含有多酚氧化酶;三是环境中有足够的氧气。因此,要想防止这种褐变的发生,就要设法抑制这 3 个条件。比较简便易行的方法,是把去皮或切开的菜类或水果泡在水中(水量没过原料为度),这样就可用水把原料与空气隔绝开来。使用这种方法,只能在短时间内有效,因为原料组织中的氧与水中的氧也会发生缓慢褐变。如再在水中加适量酸性物质,则可抑制酚酶的催化作用,会较长时间防止褐变。

(2)保鲜措施

洗涤后的果蔬原料应先放在网格上面沥去水分,但不宜堆放过紧、过实,更不能将湿的原料封在熟料袋中,这样很容易变味。同样,也不能将原料放在炉台边或阳光下,温度偏高会使原料干缩枯萎,失去爽脆的质感。一般冬季可以放在室内,夏季应等水分沥干后放入冷藏柜中保存,但温度不能低于零度,以免冻伤影响菜肴的质感和口味。

2.1.2 粮食及辅助原料的拣选加工

1)原料种类及其加工目的

在植物性原料中,用于人们一日三餐主食的原料,统称为粮食,包括豆类、稻类、麦类、玉米、高粱、芝麻及其加工粉碎制品等。

在烹饪过程中,用于对食品调味、增白、致嫩、着色、发酵而添加的原料,统称添加剂,具体有碱、苏打、发酵粉、色素、盐、香料、酒、醋、味精、酱、油等。它们有不同的成品形态。

对这两类原料进行加工的目的是去除其中霉变、风化、污染部分以及泥沙、草屑等杂质。例如,将块状原料碾碎,将受潮原料烘干过筛;将浑浊液体澄清过滤、炼制等。从而为主食及食品的添加提供纯净、卫生、方便的原料。

2)拣选加工方法

依据原料的不同形态,在目前的烹饪行业中有 7 种拣选加工方法:

(1)分拣法

将原料铺于案面,分别拣选出次品、杂质和正品。此法适用于对颗粒较大的原料的加工,如花生仁、玉米、干蚕豆、黄豆等。

(2)簸扬法

将原料置于簸箕之中,顺风向扬起,让较轻的壳屑、灰尘随风吹去,较重的泥块沉于底面,拣出中间的正品。此法适用于对较小颗粒原料的加工,如红豆、绿豆、米粒、麦粒、芝麻等。

(3)过筛法

将原料置于细目筛中,通过揉擦晃动,使细粉从筛目中漏下,拣去杂质,此法适用于对米、麦、面粉的加工。过筛后,面粉更为细腻而蓬松,方便使用,尤其对于糕点制品的制作,筛粉是一道必要过程。

(4)碾压法

用重物或专用碾槽、碾筒将结块的添加剂压碎成粉,方便使用,适用于对碱块、矾块、盐块、糖块的加工。

(5)溶解法

按一定浓度比例,用水将浓度较高的可溶性结晶粉末原料溶解,方便使用,如碱、矾、色素、硼砂粉、味精等。经溶解后的原料,作为溶液使用,添加更为准确,在食品中扩散迅速而均匀。尤其是味精,若用干粉难以做到准确,常因手勺沾得过多而使制品产生异味和浪费。一般来说,用 80 ℃热水溶解味精成 20%的味精水溶液,使用既方便,又准确、入味和节约。

(6)过滤法

将浑浊液体注入筛箩,使液体部分漏下,让固态絮状杂质留下,此法适用于酱油、醋、酒等液态添加剂。如系黏稠液体,可用适量水稀释后过滤;如系悬浊液,则应澄清后过滤。

(7)炼制法

将油脂加热去除油腥味及油沫。一般来说,精炼植物油本是无味的,但在贮藏过程中往往因酸败而产生一种类似豆腥气甚至鱼腥气的气味,系不饱和脂肪酸自动氧化产生的不饱和醛类所致。这是不饱和脂肪酸含量高的油脂,如大豆油、亚麻籽油、菜籽油等特有的现象,一些含水量较高的动物脂肪由于自动氧化作用,也常产生异味。对这些现象,采用重新炼制方法即可去除:植物油脂将其加热至 180 ℃即可,动物油则还需添加适量的姜、葱、酒。

一些植物油因储藏时间较长,由于自动氧化的聚合作用而产生黏稠现象,使用时会产生大量泡沫,因此也需将其进行炼制。

任务 2 陆生动物原料的初加工

2.2.1 畜类原料的初加工

1)内脏整理

畜类动物的加工大多在专门的屠宰加工场进行,从宰杀到内脏的初步整理几乎都不在厨房中进行，烹饪加工只对内脏进行卫生处理。

(1)肾脏整理

动物的肾脏器官，行业中称为腰子。肾脏内部的腰臊有很浓的腥臊味，加工时先撕去外表膜，然后用刀从侧面平劈成两半，再用刀分别批去腰臊。但要掌握好刀法，既要去尽腰臊也不能带肉过多，同时还要保证腰肌平整。有些特殊菜品需要保留腰臊，如炖酥腰、拌酥腰等，加工时应先在猪腰上划几道深纹，刀深至腰臊，然后放入凉水中加热30分钟左右，使腰肌收缩并将血污和臊味从刀纹处排出，再用清水洗净后进行炖制。如果生腰需要短暂保存，也必须将腰臊去尽洗净后才能保存，否则时间一长会影响腰子的风味。

(2)心脏整理

先撕去外皮，用刀修理顶端的脂肪和血管，剖开心室，并用清水洗去淤血。

(3)肺部整理

肺是动物的呼吸器官，许多毛细血管分布在组织内部，要想去除沉积在体腔的淤血和杂质，必须采用灌洗的方法进行洗涤。将水从主管注入通过血管向外表溢出，直到外表银白、无血斑时将水排出，焯水后将主要肺管切除洗净。

(4)肠、胃整理

肠、胃的外表附着很多黏液，内壁也残留一定的污秽杂物，加工时要采用里外翻洗的方法进行洗涤，同时加入盐和醋反复搓揉，以除去黏液和异味，用小刀修去内壁的脂肪，用清水反复冲洗。

(5)脑的清洗

动物脑髓非常细嫩，外表有一层很薄的膜包着，加工时如果破坏了保护膜，脑髓便会溢出，给洗涤带来不便，而且成熟后不能成型。所以洗涤时要采用漂洗法，先将原料放入容器中，缓缓注入清水，浸泡一会以后将水连同杂物一起流出，也可反复多次进行，直至漂洗干净。

(6)附肢整理

脚爪、耳朵、舌头等部位因形态不规则，夹缝或凹的地方不易洗净，加工时应先用刀反复刮洗，待杂毛、老皮刮净以后再用水冲洗。

加工时要防止肉质和风味的变化，因为这种状态下的原料极易受温度影响而使肉质恶化。例如，在30 ℃左右氧化酶和微生物的作用非常迅速，很快使肉色变深并产生异味。

(7)网油及其他处理

裹着胃的腹膜从胃大弯下垂形成折襞状，折襞中充满脂肪，而且遮盖着大肠的部分，称为大网膜，俗称“网油”。网油呈渔网状，在网眼间由透明薄膜连接。网油是制作花色风味菜的重要包装材料，质地娇嫩易破，并有一定的肠脏分泌气味。加工时，需将其浸于用花椒、葱、姜、黄酒调制的混合液中约15分钟，去除异味，取出铺平，裁去破边碎头，再卷成长筒状，置于零度冷柜中冷藏待用。

另外，还有牛鞭，牛、羊睾丸，牛、猪脊髓等，也常用于制作菜肴，具有特殊的营养与风味效果。牛鞭用大量水将其焯透，剖开尿道，刮尽尿道皮膜，反复用温水冲漂、洗漂至无味，宜炖、焖使用；牛、羊睾丸，形似鸭蛋，用沸水焯烫，剥去外皮薄膜，浸入1%的盐开水中待用；牛、猪脊髓有皮膜包住，青白色，质细嫩易碎，用80 ℃热水浸烫，撕去外膜，浸入1%盐开水中待用。

2)洗涤方法

(1)里外翻洗法

将原料里外轮流翻转洗涤,这种方法多用于肠、肚等黏液较多的内脏的洗涤。以肠的洗涤为例:肠表面有一定的油脂,里面黏液和污物都较多,有恶臭味。初加工时把大肠口大的一头倒转过来,用手撑开,然后向里翻转过来,再向翻转过来的周围灌注清水,肠受到水的压力就会渐渐翻转。等到全部翻转完后,就可将肠内的污物去除,加盐、醋反复搓洗,如此反复将两面都冲洗干净。

(2)盐醋搓洗法

主要用于洗涤油腻、污秽重和黏液较多的原料,如肠、肚等。这类原料在清水中不易洗涤干净,因而在洗涤时加入适量的盐和醋反复搓洗,去掉黏液和污物。以猪肚为例,先从猪肚的破口处将肚翻转,加入盐、醋反复搓洗,洗去黏液和污物即可。

(3)刮剥洗涤法

即用刀刮或剥去原料外表的硬毛、苔膜等杂质,将原料洗涤干净的一种方法。这种方法适用于家畜脚爪及口条的初加工。

①猪脚爪的初加工。用刀背敲去爪壳,将猪脚爪放入热水中泡烫。刮去爪间的污垢,拔净硬毛。若毛较多、较短不易拔除时,可在火上燎烧一下,待表面有薄薄的焦层后,将猪脚爪放入水中,用刀刮去污物后即可。

②牛蹄的初加工。将牛蹄外表洗涤干净,然后放入开水锅中小火煮焖3~4小时后取出,用刀背敲击,除去爪壳、表面毛及污物,再放入开水中,用小火煮焖2小时,取出除去趾骨,洗净即可。

(4)清水漂洗法

即将原料放入清水中,漂洗去表面血污和杂质的洗涤方法,这种方法主要用于家畜的脑、筋、骨髓等较嫩原料的洗涤。在漂洗过程中应用牙签将原料表面血衣、血筋剔除。

(5)灌水冲洗法

此法主要用于洗涤家畜的肺。因为肺中的气管和支气管组织复杂,灰尘和血污不易除去,故用灌洗法。具体方法有2种:一是将肺管套在自来水龙头上,将水灌进肺内,使肺叶扩张,大小血管都充满水后,再将水倒出,如此反复多次至肺叶变白。划破肺叶,冲洗干净,放入锅中加料酒、葱、姜烧开,浸出肺管的血污洗净即可。二是将猪肺的大小器官和食管剪开,用清水反复冲洗干净,入开水锅中汆去血污,洗净即可。

2.2.2 禽类原料的宰杀加工

大部分原料都采用放血宰杀的方法,其加工程序如下:放血—煺毛—开膛—整理内脏—洗涤。

1)放血

用刀在禽类颈处割断气管和血管,刀口要小,血要放尽。放血时可将血放入先调好的盐水碗中,搅匀后蒸熟,改刀后备用。

2)烟毛

烟毛分湿烟和干烟两种。家禽一般都用湿烟法,野禽既可用湿烟法也可用干烟法。烟毛时还应将爪外的鳞皮、嘴上的外壳去掉。

(1)湿烟法

湿烟法是将宰杀后原料放在热水中浸烫,水温根据原料的老嫩和季节来确定。一般来说,老的禽类原料要求水温控制在85~95 ℃,嫩的禽类原料要求水温控制在70~85 ℃。烟毛时,应先将爪子放入水中烫制,然后将身体浸在水中,由腿至头将毛烟净,并用清水洗净。

(2)干烟法

干烟法不需浸烫,直接从动物体表烟去羽毛。一般要等原料完全死后趁体温还热时把羽毛烟掉,摘毛时要逆向逐层进行,一次摘毛不宜太多,否则费力并容易破坏表皮。一些被猎杀的野禽,因枪口较多已破坏了表皮的完整,有的则因死后存放时间过长,在对这些野禽加工时可以采用剥皮法烟毛。

3)开膛

开膛的目的是清除内脏,但开膛的部位则需根据具体菜肴的要求进行选择,常见的方法如下:

(1)腹开

从胸骨以下的软腹处开一刀口,将内脏掏出,主要用于整形的凉菜,如盐水鸭、白斩鸡、酱鸭等。

(2)背开

沿背骨从尾至颈剖开,将内脏掏出,主要用于整形的热菜,如扒鸭、清蒸鸡等。

(3)肋开

从翅腋下开刀,将内脏掏出,主要用于整形的菜品制作,如烤鸭、风鸡等。

无论哪种开膛方法都必须将所有内脏全部掏出,然后进行分类整理。掏除内脏时一定要小心有序,如果破坏了内胆或肠嗉都会给清理工作带来很大麻烦。禽类的肺部一般都紧贴肋骨,不容易去除干净,但如果残留体内就会影响汤汁质量,如炖汤时会出现汤汁混浊变暗的现象。

4)内脏整理

禽类原料的内脏中最常用的是肝、心、胃肌3个部位,体型较大的家禽的肠、脂肪、睾丸、卵等也都可以加工食用。

(1)心脏

撕去表膜,切掉顶部的血管,然后用刀将其剖开,放入清水中冲洗即可。

(2)肝脏

用小刀轻轻摘去胆囊,用清水洗净,如果胆汁溢出应立即冲洗,并切除胆汁较多的部位,以免影响整个菜肴风味。

(3)胃肌

胃肌又称肫,是禽鸟类原料特有的消化器官,加工时先从侧面将其剖开,冲去残留的食物,然后撕去内层的角质膜(也称鸡内金或鸡肫皮),洗净。如果用于爆炒,还需铲去外表的韧皮,取净肉加工成片或剞上花刀待用。

(4)肠子

先挤去肠内的污物,用剪刀剖开后冲洗,再用刀在内壁轻轻刮一下,然后加盐、明矾反复搓揉,用清水冲洗干净即可。

(5)脂肪

一般老鸡或老鸭的腹中积存大量的脂肪,它们对菜肴的风味起着很重要的作用,一般制作汤菜时必须将脂肪与原料一起炖制,但脂肪不能与原料一起焯水,否则将大量流失。当鸡、鸭用来制作其他菜肴时,可将它提炼成油,但不能像猪脂一样下锅煎熬,而是放在碗中加葱、姜上笼蒸制出油,经过滤以后,其油清、色黄、味香,行业中称为“明油”。

(6)睾丸

睾丸也称腰,清洗时,先用盐轻轻搓揉,再用清水冲洗。食用前,应加葱姜上笼蒸,熟后撕去外皮方可食用。睾丸一般可作烩菜或炖汤之用。

(7)卵

在老鸡或老鸭的腹中常残留一些尚未结壳的卵,因外皮很薄且容易破裂,加工时先用水将其煮熟,然后撕去筋络,洗净后可与主料一同烹制。

(8)舌

在加工批量较大的时候,除以上内脏可以归类单独成菜外,头、颈、舌头、翅膀、脚爪也都可以归类成菜。鸭舌就是经常使用的特色原料之一,加工时要剥去舌表的外膜,加热成熟后抽去舌骨即可备用。

(9)颈

鸭颈或鹅颈如果单独成菜,一定要将刀口的淤血处理干净。颈部毛孔细密、细毛很多,应清理干净。有些花色菜品制作时需将颈肉与颈皮分离,也可将颈肉从中抽出分别制成特色菜品。

5)洗涤加工

禽类原料的洗涤主要是冲尽血污,进一步去尽体表的杂毛。洗涤方法多采用流水冲洗法,洗涤时要特别注意嘴部、颈内、肛门等部位的冲洗。

2.2.3 畜、禽原料的解冻加工

随着食品加工业的发展,经过分割、洗涤的冷冻原料在烹饪中被广泛选用,如鸡腿、净鸭、里脊肉、动物内脏等。它们不仅经过分割,而且都经过了卫生性加工处理,这给烹饪生产也带来了许多方便;既加快了烹饪速度,也保证了厨房的卫生。但冻结的原料必须经解冻加工后才能进行烹饪加工,如何选择科学合理的解冻方法也是非常重要的环节,解冻不当不仅会使营养和风味物质流失,还能使冻结原料被二次污染。

食品解冻的目的是使食品温度回升到必要的范围,并保证最完美地恢复其原有性质。在

实际解冻过程中,食品温度的升高,使物理化学反应和生物化学反应加速,汁液的渗出则创造了微生物活动的良好条件;而且,这些过程的强度较之未经冻结的原料大得多。解冻一般发生的变化如下:由于冰结晶对肉质的损伤,在解冻时变得易于受微生物及酶的作用。易受空气氧化、水分易于蒸发以及发生汁液流失等现象,在水中解冻还会发生水溶性成分的溶出和水分的渗入。掌握正确的解冻方法对保护原料的品质和风味有重要作用。

1)常见的解冻方法

常见的解冻方法有以下4种。

(1)自然缓慢解冻法

自然缓慢解冻法就是将冻结原料放在0~3 ℃的条件下缓慢解冻,这种解冻方法肉汁流失最少,风味保持得最佳,但解冻时间较长。

(2)流水解冻法

流水解冻法就是用流动的自来水冲淋冻结的原料,使原料逐渐解冻。此法比自然解冻法速度快,解冻后的肉质表面潮湿,呈粉红色,香味减弱,肉汁流失量较大,而且肉质吸水后使质量增加2%~3%,在用这种肉上浆或制馅时要考虑到水分增加的因素。

(3)加温解冻法

为了加速解冻过程,将原料放在20~25 ℃的室内或放入温水中解冻,此解冻法肉汁损失较大,肉的颜色变淡,风味减弱。在20 ℃左右的水中解冻比在25 ℃左右的空气中解冻速度要快。

(4)微波解冻法

微波是一种高频率的电磁波,本身并不产生热量,但它能引起食物分子的快速振荡,使食物分子相互碰撞而产生大量摩擦热,利用这种热可以达到致熟和解冻的目的。冷冻原料解冻后的品质主要在于0~5 ℃最大冰晶生成带通过的时间,微波解冻能迅速通过最大冰晶生成带,并较好地保存了原料的营养和风味。一般1千克原料只需3分钟左右便可完全解冻。

2)解冻状态

根据解冻过程中的程度,有半解冻状态和完全解冻状态两种,这两种状态在烹饪中的应用和风味品质都有所不同。

半解冻状态:所谓半解冻状态就是指将冻肉温度提高到冰结晶最大生成带的温度范围即中止解冻,此后在加工过程中再使肉达到完全解冻。处于这种半解冻状态的肉食品,结冰率小,肉食品的硬度恰好用刀能切割,便于加工和切配,而且流汁较少,加工切配以后仍在继续解冻,能在烹调加热前恰好解冻完毕,因此此解冻程度是烹饪加工中最佳的解冻状态。

完全解冻状态:完全解冻状态下的食品,应立即采取加工、烹调措施,以防止肉质和风味的变化。

任务3 水生动物原料的初加工

2.3.1 鱼类原料的初加工

鱼类原料的品种很多，从生长的环境看有淡水和海水之分，从体表结构看，有有鳞和无鳞之别，其形态多样，品种繁多，加工和处理的方法也因具体品种的不同而各有差异，但归纳起来有体表加工和内脏加工两大类。其加工程序：去鳞或黏液—开膛—去内脏—洗涤。

体表的清理加工就是将鱼体外表的鳞片、黏液、沙粒等不能食用的部位去除干净，加工时要根据鱼的体表特征选择具体方法，不能破坏鱼体的完整。

1）煺鳞加工

绝大多数鱼体的外表都有鳞片，这些鳞片起到保护鱼体的作用，所以质地较硬，一般不具食用价值，加工时应首先去除。另有一些特殊鱼的鳞片，如鲥鱼，鳞片中含有较多脂肪，烹调时可以改善鱼肉的嫩度和滋味，应该保留。

2）黏液去除加工

无鳞鱼的体表有发达的黏液腺。这些黏液有较重的腥味，而且非常黏滑，不利于加工和烹调。黏液去除的方法应根据烹调要求和鱼的品种而定，一般有生搓和熟烫两种。

（1）生搓法

有一些菜肴，如生炒鳗片、炒蝴蝶片等，在去除黏液时不能采用熟烫的方法，否则会影响成菜的嫩度，而且不便于出骨加工，所以只能采用搓揉的方法将黏液去除。加工方法是：将宰杀去骨的鳗肉或鳝肉放入盆中，加入盐、醋后反复搓揉，待黏液起沫后用清水冲洗，然后用干抹布将鱼体擦净即可。

（2）熟烫法

就是将表皮带有黏液的鱼，如鲴鱼、泥鳅、鲶鱼、鳝鱼、鳗鱼等，用热水冲烫，使黏液凝结脱落，然后再用干抹布将黏液抹尽。烫制的时间和水温要根据鱼的品种和具体烹调方法灵活掌握。一般用于红烧或炖汤时，可用75～85 ℃的热水浸烫1分钟，水温过低黏液不易去尽，水温过高则使表皮突然收紧而破裂，影响成型的美观。另有一些特殊菜肴，如软兜鳝鱼、脆鳝等江苏名菜，在烫除黏液的同时还要使肉质成熟，以便于进行出骨加工，所以烫制的温度和时间有所不同。下面就介绍一下软兜鳝鱼汆烫的操作过程：先用锅将清水烧沸（水和鳝鱼比是3∶1），加入葱姜、黄酒、醋、盐，然后将用纱布包好的活鳝鱼倒入，迅速盖上锅盖，调低热源温度，不能让水沸腾，否则鱼皮将会破裂，如果将要沸腾时应注入少量凉水控制温度，烫制过程中用刷把轻轻推动鳝鱼，使黏液从体表脱，一般在90 ℃左右的水中烫制15分钟即可。葱姜、黄酒主要起去腥增香作用，醋除有去腥增香的作用外，还有利于黏液的脱落和增加鳝背光泽的作用，盐主要是防止烫制过程中肉质松散，使鳝鱼保持弹性和嫩度。醋的浓度在4%左右，盐的浓度在3%左右。汆好后的鳝鱼立即捞入清水中漂洗，将残留的黏液和杂物洗净备用。

3）内脏清理

（1）开膛的方法

①脊出法。用刀从鱼背处沿脊骨剖开，将内脏从脊背外掏出。此法适用于荷包鲫鱼、清蒸鲥鱼等纺锤形鱼菜的加工。

②腹出法。用刀从腹部剖开（不能划破鱼胆），将内脏从腹部取出。红烧鱼、松鼠鱼、炒鱼米等均采用腹出法。

③鳃出法。用两双筷子从嘴部插入，通过两鳃进入腹腔将内脏搅出（切断肛肠）。叉烤鳜鱼、八宝鳜鱼等采用的便是此法。

（2）内脏清理的方法

在鱼的内脏中除鱼子、鱼鳔外一般都不作为烹饪原料，个别原料在制作特色菜肴时可保留某些部位，但必须经过卫生性的加工处理后才能使用。

①鱼鳔加工。鳔是位于鱼的体腔背面大而中空的囊状器官，多数硬骨鱼类都有鳔，但轻骨鱼类则无鳔。鳔的胶原蛋白含量丰富，是很好的食用原料，特别是鮰鱼鳔、黄鱼鳔更是鳔中上品。加工时应先将鱼鳔剖开，用少量的盐搓揉一下，再用沸水略烫，洗净后即可。

②鱼肠加工。鱼肠一般不作为食用的原料，只有少数菜肴需要保留，如扬州的名菜——将军过桥，但也只取咽部下端较肥厚的一段。加工时用剪刀剖开，加盐搓洗后入沸水略烫，再用清水洗净。

③鱼子加工。鱼子有一层薄膜包裹，清理时动作要轻，防止其破裂松散。

2.3.2 两栖类、爬行类动物的加工

两栖类动物的主要特征：体分为头、躯干、四肢3部分；皮肤裸露而潮湿，皮肤腺丰富，腹部肌肉薄而分层，四肢肌肉发达，尤以后肢肌肉特别发达。用于烹饪的典型代表就是蛙类原料。爬行动物的特征：身体分为头、颈、躯干、四肢、尾5部分，皮肤干燥，体被角质鳞片，龟鳖类在背腹面覆盖有大型的角质板。可作为烹饪原料的主要是蛇类、龟类和鳖类。由于它们的形体结构比鱼类、畜类要复杂，加工方法只能根据具体原料加以说明。

1）蛙类的加工

常见蛙类品种有牛蛙、哈士蟆、棘胸蛙（石鸡）等，其加工方法基本一致。现以牛蛙的加工为例加以说明：首先将牛蛙摔死或用刀背将其敲昏，然后从颈部下刀开口，用竹签沿脊髓捅一下，令其迅速死亡。再沿刀口剥去外皮，剖开腹部，摘除内脏（肝、心、油脂可留用），用清水洗净。加工的一般程序：摔死或击昏—剥皮—剖腹—内脏整理—洗涤。也有一些菜肴不需去皮，如爆炒牛蛙、八宝牛蛙等，但需要用盐搓揉表皮，再用清水冲洗干净。

2）龟鳖类的加工

在这类原料中常用的是中华鳖，又称甲鱼、水鱼、团鱼、鼋鱼等。对甲鱼的加工必须要活宰，因死甲鱼不能食用，甲鱼死后，其内脏极易腐败变质，肉中的组氨酸转变有毒的组胺，对人体有害。甲鱼加工的方法一般有两种：一种是清蒸、红烧、炖汤时的加工方法；另一种是用于生

炒或酱爆的方法。第一种加工方法的加工程序是:将甲鱼腹部朝上,待头伸出即从颈根处割断气、血管及脊骨,将其放入 80 ℃左右的热水中浸烫两分钟左右,取出后趁热用小刀刮去背壳和裙边上的黑膜。如果同时加工几只甲鱼,要将甲鱼放在 50 ℃左右的水中进行刮膜,因为裙边胶质较多,凉透后黑膜会与裙边重新黏合一起,很难刮洗干净。去膜后,用刀在腹面剖一个十字,再放入 90 ℃左右的热水中浸烫 10 ~ 15 分钟,捞出后揭开背壳,并将背壳周围的裙边取下,再将内脏一起掏出,除保留心、肝、胆、肺、卵巢、肾外,其余内脏全部不用。特别注意体内黄油,它腥味较重,如不去除干净,不仅使菜肴带有腥味,还使汤汁混浊不清,黄油一般附着在甲鱼四肢当中,摘除内脏时不能遗漏,最后剪去爪尖,剖开尾部泄殖物,用清水冲洗后即可。第二种加工方法的加工程序是:在刮膜以后不再入热水中浸烫,而是直接用刀划开背壳,清除内脏后改刀成块,用清水冲洗后沥干水分即可备用。

2.3.3 甲壳类动物的加工

用于烹饪加工的甲壳类原料主要包括虾、蟹两大类,在虾类中作为烹饪原料的有:海产的龙虾、新对虾、仿对虾、鹰爪虾、白虾、毛虾、美人虾等,平常所说的竹节虾、基围虾都属对虾系列;淡水产的有中华新米虾、日本沼虾等;半淡水产的有罗氏沼虾等。蟹类品种也十分丰富,常见的海产蟹有:梭子蟹、锯缘青蟹、日本蟳等;淡水蟹有:中华绒螯蟹、溪蟹等。

1)虾的加工

虾的加工主要是剪去额剑、触角、步足,体形较大的需要剔去头部的沙袋及背部沙肠,大龙虾一般不需剪去触角,因为触角中也带有肉质,而且装盘时还有美化作用。加工时要保留虾卵,经烘干后可制成虾籽,它是非常鲜美的调味料。

2)蟹的加工

对蟹的加工,应将其静养于清水中,让其吐出泥沙,然后用软毛刷刷净骨缝、背壳、毛钳上的残存污物,最后挑起腹脐挤出粪便,用清水冲洗干净即可。加热前可用棉线将蟹足捆扎,以防受热后蟹足脱落,保持完整造型。死蟹不能食用,易引起组氨酸中毒。

2.3.4 软体动物的加工

软体动物的特征:身体柔软、不分节,身体由头、足、内脏囊、外套膜和贝壳 5 部分组成。可用来作为烹饪原料的品种很多,许多名贵的海产原料都在其中。加工方法依类型不同而有区别,现分别介绍如下:

1)田螺的加工

先将田螺静养 2 ~ 3 天,以吐尽泥沙,静养时可在水中放少量植物油,便于泥沙排出,然后刷洗外壳泥垢,用铁钳夹断尾壳,便于吸食。如果需要直接取肉,可将外壳击碎,切不可将碎壳带入肉中,然后逐个选摘,去除残留的沙肠,用盐轻轻搓洗,再用清水冲洗即可。

2)河蚌的加工

加工时用薄型小刀插入两壳相接的缝隙中，向两侧移动，割开前、后闭壳肌，然后再沿两侧壳壁将肉质取出，摘去鳃瓣和肠胃，用木棍轻轻将蚌足捶松，因蚌足肉质紧密，烹煮时不易酥烂。将蚌肉放入盆中加盐搓洗黏液，再用清水冲洗即可。加工干净后的蚌肉会渗出汁液，它鲜味很浓，应连同蚌肉一起烹调。

3)蛏、蛤蜊的加工

先将鲜活的蛏、蛤蜊用清水冲去外壳的泥沙，然后浸入2%的食盐液中，静置40～80分钟，使其充分吐沙（体形较瘦的吐沙速度慢一些），烹调前用清水冲洗即可。加工时，既可带壳烹调（将闭壳肌割断），也可取净肉食肉，但外壳破裂或死蛏应剔除，与其他海产的瓣鳃动物的加工方法基本相似。

4)乌贼、章鱼的加工

乌贼、枪乌贼（鱿鱼）、章鱼等的加工方法基本相同。对乌贼加工，除保留外套膜和足须外，其他皮膜、眼、吸盘、唾液腺、胃肠、墨囊、胰脏及腮片和齿舌都要去除，包埋于外膜内的内壳可保留作药用。在批量加工时要将体内的生殖腺保留，雄性生殖腺可干制成墨鱼穗，雌性产卵腺可干制成乌鱼蛋，两者都是著名的海味原料。鱿鱼与乌贼加工相同，章鱼的头足有8条腕，故称八爪鱼，其嘴和眼中有少量泥沙，加工时要挤尽并用水冲洗。

思考与练习

1. 果蔬原料初加工的内容有哪些？
2. 果蔬原料的保色措施有哪些？
3. 简述禽类原料的初加工程序。
4. 简述畜类原料的洗涤方法。

单元3 干货原料的涨发加工

【知识目标】

1. 了解干货原料的基本特性。
2. 熟悉干货原料涨发的种类。
3. 理解水发、油发、碱发的涨发原理。
4. 清楚水发、油发、碱发的涨发流程。

【能力目标】

1. 能够熟练掌握海参、鱼翅、鱼肚等干货的水发方法和技术要领。
2. 能够熟练掌握蹄筋等干货的混合涨发方法和要领。

干货原料是烹饪中重要的原料品种,许多高档菜品都是用干货原料加工而成的,如鲍鱼、鱼翅、燕窝等。干货原料涨发质量的好坏直接关系到菜品的烹调效果,对高档原料,还会造成重大损失,所以,掌握科学的涨发方法是十分重要的。学生应了解干货涨发的定义;掌握水发、油发、碱发的基本原理和涨发方法;学习时可结合自己的实践经验掌握常用干货原料的涨发流程和技术要领,如海参、鱼肚、鱼翅、鱿鱼、蹄筋等;注意对水发和油发原理的理解,并注意碱发的种类和碱液配制比例。

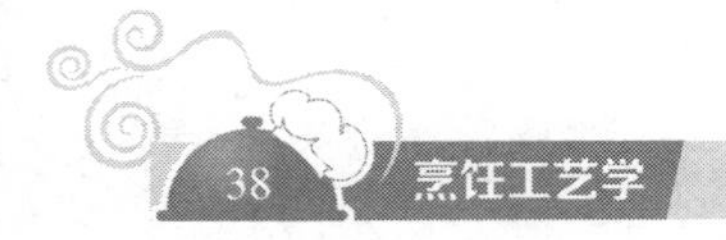

任务1 干货原料涨发概述

3.1.1 原料干制的目的和方法

中国地广物博，气候环境差异很大，致使烹饪原料的区域性明显，为了使地区的特色原料推广到全国乃至世界，需对原料进行加工处理，确保原料的储藏、运输以及风味的保存。原料处理的方法很多，有腌制、发酵、干制等，其中，干制法是最便于储藏、运输，也是对风味影响最小的一种方法。常用的干制方法有日晒、风干、烘烤、灰炝等，它们可使新鲜原料脱水干燥成干制品，行业上称为干货原料。在这些干制方法中以日晒、风干的方法最好。

3.1.2 干货原料的品种及特性

干货原料从原料的品种分，有动物干制品和植物干制品两大类，常见的品种有鱼翅、鱼皮、鱼肚、鲍鱼、海参、鱿鱼、干贝、鱼唇、燕窝、蹄筋、猪皮以及香菇、莲子、金针菜、腐竹等。一般干制品的水分控制在3% ~10%，蔬菜在4%以下，肉类在5% ~10%；从加工方法分，有干燥制品、腌制品、熏腊制品等。这些干制品从表面上看，具有干缩、组织结构紧密、表面硬化、老韧的特点；在风味方面，有苦涩、腥臭、咸碱等不良味感。在涨发时，还要考虑干货原料的多样性，一是品种的多样性，不同的品种涨发的方法不同；二是同一品种的不同等级，它会造成涨发时间不一致，干制方法的不同对涨发质量也有影响。

3.1.3 干货原料涨发的概念和目的

烹饪原料经干燥或脱水后，其组织结构紧密，表面硬化、老韧，还具有苦涩、腥臭等异味，不符合食用的要求，不能直接用来制作菜肴，必须对其进行涨发加工。烹饪原料干燥或脱水的逆过程简称“发料”。干制原料的涨发加工目的就是利用烹饪原料的物性，进行复水（重新吸回水分）和膨化加工，使其重新吸收水分后，基本上能恢复原状，除去异味和杂质，合乎食用的要求，利于人体的消化吸收。干制原料一般都在复水后才食用。干制原料复水后恢复原来新鲜状态的程度是衡量干制品品质的重要指标。干制品的复原性就是干制品重新吸收水分后质量、大小和形状、质地、颜色、风味、成分以及其他方面恢复至原来新鲜状态的程度。

3.1.4 干货涨发的辅助材料

1）工具

在涨发过程中，用于加热、保温、装盛、刮镊、剪切、过滤、拈夹的工具有炉、锅、盆、桶、保温

桶、镊子、刮刀、剪刀、箩筛等。

2)介质

在涨发过程中起导热、浸溶、膨胀的传热介质一般有植物油脂、清水和精盐等。油、盐在200 ℃以上的高温下,能使原料中结构水气化,在原料胶体中形成膨胀的多孔结构,从而为原料的复水创造了条件,缩短了涨发时间。

3)添加剂

在涨发中起腐蚀、漂白、中和、增味和去腥作用的物料,统称助发添加剂,如碱、石灰等碱性物料。还有葱、姜、酒及鸡、火腿、肉骨、虾子等物料,它们在涨发过程中能有效地去除异味,增加风味,提高成品品质。

涨发加工对每种工具、介质及添加剂的运用,都有特定的功能和对象,不应盲目运用。如铁锅涨发会使铁离子对鱼翅的皮质与翅针造成影响;碱溶液会与铜、铝制的器皿发生反应,产生某些不利于人体健康的有害物质;油发海参会使海参脂溶性营养素析出,从而破坏海参应有的品质,等等。因此,涨发加工时,对干制品与溶液、溶液与工具、工具与干制品之间关系的把握是十分重要的。

3.1.5 干货涨发加工程序及规律

一般来讲,干货涨发的加工程序分3个阶段。

1)预发加工

即在原料正式膨大前的一切加工,目的是为膨胀扫除障碍、提供条件。主要有浸洗、烘焐、烧烤以及对原料的干修整等。

2)中程涨发

即干货完成基本涨大的过程,形成疏松、饱满、柔嫩的质态。这是最关键的过程,能形成干货涨发的特定品质。主要有碱溶液浸发和煮、焖、蒸、泡以及炸、(盐)炒等方法。

3)总结涨发

总结涨发即涨发过程的最后阶段,干货完成最终充分膨胀、吸水而达到松软的质量要求,并通过进一步的清理,去除杂质、洗涤干净从而符合卫生的需要,实现涨发加工的最后目的。此过程仅限于纯净水的浸泡方法。

不同的助发介质会产生不同的发料品质,发料操作的最终目的是使干货重新吸收水分,故纯净自来水的浸发是其根本。当水的自然溶胀不能使原料充分涨发,或需用较长时间才能达到目的时,则采用强化控制,从不同程度上在温度、介质、时间、工具、添加剂方面进行调整,以达到提高涨发率、缩短涨发时间的目的,而这些强化方法大多数集中在中程涨发阶段,因此,中程涨发尤为重要。

3.1.6 干货涨发的基本要求

1)熟悉干制原料的产地和品种性质

同一品种的干制原料,由于产地、产期不同,其品种质量也有所差异。如灰参和大乌参同是海参中的佳品,但因其性质不同,灰参一般采用直接水发的方法,大乌参则因其皮厚且坚硬,需要先用火发再用水发的方法;山东产的粉丝与安徽产的粉丝,由于所用原料不同,其发制时耐水泡的程度也就不一样。山东产的粉丝,用绿豆粉制成,耐泡;而安徽产的用甘薯粉制成,不耐泡。

2)能鉴别原料的品质性能

各种原料因产地、季节、加工方法不同,在质量上有优劣之分,在质地上也有老、嫩、干、硬之别。准确判断原料的等级、正确鉴别原料的质地,是涨发干制原料成与败的关键因素。如鱼翅中淡水鱼、咸水翅在涨发时就不能同等对待;海参有老、有嫩,只有鉴别其老嫩,才能适当掌握涨发的方法及时间,以保证涨发的质量。

3)必须熟悉和掌握各项涨发技术,认真对待涨发过程中的每一环节

干制原料的涨发过程一般分为原料涨发前的初步整理、正式涨发、涨发后处理 3 个步骤。每个步骤的要求、目的都不同,而它们又相互联系、相互影响、相辅相成,无论哪个环节失误,都会影响整个涨发效果。在操作中,要认真对待涨发过程中的每一环节,熟悉掌握各项涨发技术及每一种方法所适用的原料范围、工艺流程、操作关键与成品质量要求。

4)掌握干制原料涨发的成品标准

干制原料涨发的成品标准一般包括原料涨发后的质地、色泽、口味和涨发率等。

任务 2 干货原料的涨发方法及原理

3.2.1 水 发

1)冷水发

冷水发是指用室温的水,将干制原料直接静置涨发的过程,主要适用于一些植物性干制原料,如银耳、木耳、口蘑、黄花菜、粉条等。

2)温水发

温水发是指用 60 ℃左右的水,将干制原料直接静置涨发的过程。适用的干制原料与冷水发大致一样。它比冷水发的速度要快一些,其次适用于冬季中冷水发的干制原料,以提高水的温度。

3）热水发

（1）煮发

煮发是将涨发水由低温到高温逐渐加热至沸腾状态的过程，主要适用于体大厚重和特别坚韧的干制原料，如海参、蹄筋、鱼翅等。煮发时间在10～20分钟，有的原料需要适当保持一段微沸状态，有的原料还需要反复煮发。

（2）焖发

焖发是将干制原料置于保温的密闭容器中，保持在一定温度上，不继续加热的过程。这实际上是继煮发之后的配合方法。其温度因物而异，一般为60～85 ℃。

（3）蒸发

蒸发是将干制原料置于笼中，利用蒸气加热涨发的过程，主要适用于一些体小易碎的或具有鲜味的干制原料。蒸发能有效地保持干制原料的形状和鲜味，而不至于破损或流失鲜味汤汁，还可以对一些高档干制原料进行增加风味和去除异味，如干贝、蛤士蟆、龙肠、乌鱼蛋及去沙的鱼翅、燕窝等。

（4）泡发

泡发是将干制原料置于容器中，用沸水直接冲入容器中涨发的过程，主要适用于粉条、腐竹、虾米和经碱水发后的鱿鱼。

4）水发的工艺原理

将干料放入水中，干料就能吸水膨胀，质地由质硬坚韧变得软、细嫩或脆嫩、黏糯，以能达到烹调加工及食用的要求。水进入干料体内有3个方面的因素。

（1）毛细管的吸附作用

许多原料干制时由于水分的失去会形成多孔状，浸泡时水会沿着原来的孔道进入干料体内，这些孔道主要由生物组织的细胞间隙构成，呈毛细管状，具有吸附水并保持的能力。生活常识告诉我们，将干毛巾的一部分浸入水中稍过片刻，露在水外面的部分也会潮湿，其道理相同。

（2）渗透作用

这是存在于干料细胞内的一种作用。由于干制品内部水分少，细胞中可溶性的固形物的浓度很大，渗透压高，而外界水的渗透压低，水分通过细胞膜向细胞内扩散，外观上表现为吸水涨大。

（3）亲水性物质的吸附作用

烹饪原料中的糖类（主要是淀粉、纤维素）及蛋白质分子结构中，含有大量的亲水基团，它们能与水以氢键的形式结合。蛋白质的吸附作用通常又称为蛋白质的水化作用。毛细管的吸附作用及渗透作用，在干料体上由表及里，吸水速度快，凡类似于水的液体及可溶的小分子物质都可以进入干料体内，是一种物理作用。亲水性物质的吸附作用则是一种化学作用，对被吸附的物质具有选择性，即只有与亲水基团缔合成氢键的物质才可被吸附。另外其吸水速度慢，且多发生在极性基团暴露的部位。

5）影响水发的因素

水发的原理是上述3个方面吸水作用不同程度综合的结果。不同的原料和不同的环境，是影响吸水作用发挥的重要因素。原料的组织结构特点是涨发方法的依据，但组织结构不易改变，而环境因素则是变量，通过环境因素的改变可以影响原料的组织结构，从而利于干货涨发。

（1）干货的性质与结构

经过高温处理的干制品，蛋白质变性严重，坚硬而固结，淀粉也严重老化，基本上失去了重新吸附水分的能力。因此这类干制品的复水性差，复水的速度也慢。而有些干制品干制时经过适宜的前处理或贮存时间短，蛋白质仅是部分变性，如真空冷冻干燥的干制品，蛋白质几乎不变性，淀粉不老化，大量的亲水性基团没有变化，仍然具有良好的吸附水分的能力，其复水性能就比较好，复水速度也比较快。

有些干制品结构特别紧密，而且外表还有一层疏水性物质，水分难以向内扩散和渗透。若蛋白质等亲水性物质变性严重，水分的传递就极为困难，如海参、鱿鱼、鱼翅等许多海味就是这种情况；有些干制品结构疏松，内部分布着大量的毛细管，水分向外扩散就比较容易，但毛细管具有吸附凝集水分的能力，如香菇、木耳在冷水中浸泡就能涨发。

（2）溶液的温度

有些鱼类在冷水中不易涨发，而升高温度就能促进原料吸水涨发，其原因如下：

①水分向干货内部的传递速度与温度有关，升高温度可增大水分向干货内部的传递速度，缩短涨发时间。

②高温作用下可以改变原料的组织结构，使其致密程度降低，从而有利于吸水涨发。

对于富含蛋白质的干货来说，水中加热可使干货由干硬变松软，微观上则是蛋白质胶体网状结构改变，由致密变松软，同时暴露出部分亲水基团，使干货吸水性提高。由于蛋白质受热变化的速度较慢，需要高温长时间作用，因此对富含蛋白质的致密、坚硬、体大的干货，要长时间煮焖，这就是涨发工艺中常用的焖发。

对于富含淀粉、纤维素的植物干货而言，涨发相对比较容易，高温作用同样可以改变其结构，使表层软化，降低致密程度，而利于吸水作用的充分发挥，提高涨发速度。

（3）涨发时间

水发的时间越长，干制品水分的增量就越大，复水率就越高。水发的时间与要求的复水率及复水速度有关，而复水速度又取决于原料的性质和水温。在一定复水率和水温条件下，涨发老、坚、韧的干货需要较长的时间，涨发小、嫩、软的干货需要的时间就相对短些。

（4）干货的体积

体积大小不同的同一干货在相同条件下涨发，体积大的比体积小的难以发透，这是因为水发是水分向原料内部的传递过程，体积大的原料，从表面到中心的距离大；体积小的原料，从表面到中心的距离小。水分传递所需的时间，前者较长，后者较短，所以在相同的条件下，小块原料发透，大块原料未必发透；若大块原料发透，小块原料可能因水发过度导致软烂。因此水发时要尽量使干货大小一致。不一致时，大块原料应进行适当的分割，以缩短水分进入干货体内的距离，提高渗透作用吸水的速度，同时使干货表面积增大，暴露出大量的亲水性基团，吸水作

用增强，使所有原料同时发透。

6）水发工艺的操作关键

①依据原料的性质及其吸水能力，控制涨发时的水温。在冷水中能发好者，则尽量在冷水中涨发，因用冷水发可减缓高温所引起的物理变化和化学变化，如香气的逸散、呈味物质的溶出、颜色的变化等。一些体积较小、质地松软的植物性干货，如银耳、木耳、口蘑、黄花菜等适用于冷水发，在冬季或急用时，可加些热水以加快水分的传递。绝大部分的肉类干制品及山珍海味干货适用于热水发。

②干货的预发加工不可忽视。预发加工的目的是为干货吸水扫除障碍，提高干货的复水率，保证出品质量，如浸泡、烧烤、修整等。体大质硬的干货，在热水涨发之前要先在冷水中浸至回软后再加热，以免在煮发时表面破裂。

③凡是不适用煮发、焖发或煮、焖后仍不能发透的干料，可以采用蒸发，如一些体小易碎的或具有鲜味的干制原料。蒸发可有效地保持干货的形状和鲜味，使其不至于破损或流失鲜味汤汁，同时也是对一些高档干货进行增加风味和去除异味的有效手段。

④原料在水中煮沸的时间如果过长，热和水向原料的传递量表层大于内层，容易造成外层皮开肉烂而内部却仍未发透的现象。焖发可避免这一现象。现在行业中多采用电饭锅焖发，它可获得恒定的温度，效果较好。

⑤在不同类型的涨发过程中，都要对原料进行适时的整理，如海参去内脏、鱼翅去沙、剔除蹄筋筋间杂质等。要勤于观察、换水、分质提取，最后漂水。这样可去除残存的异味，使干货经复水后保持大量的水分，最终达到膨润、光滑、饱满的最佳水分效果。

⑥由于干货的性质相差很大，有些原料经一次热水涨发就可发透；而有些体质坚硬、老厚、带筋、夹沙或腥臊气味较重的原料就要多次反复涨发才能发透。一次发料的如粉丝、银鱼等，只要加上适量开水泡一段时间即可；干贝、龙虾干、鲍鱼先用冷水浸几小时后再上笼蒸发就可达到酥软的要求；鱼翅、海参、干笋等，都要经过几次泡、煮、焖、蒸等热水涨发过程，由于这些干货性质都不一样，所以热水发时具体操作也不尽相同。

3.2.2 碱 发

碱发是将干制原料置于碱溶液中进行涨发的过程。是在自然涨发基础上采取的强化方法，一些干硬老韧、含有胶原纤维和少量油脂的原料，难以在清水中完全发透，为了加快涨发速度，提高成品涨发率和质量，在介质溶剂中可适量添加碱性物质，改变介质的酸碱度，造成碱性环境，促使蛋白质的碱性溶胀。碱发主要适用于一些动物性原料，如蹄筋、鱿鱼等的涨发。但碱发的方法对原料营养及风味物质有一定的破坏作用，因此选择碱发方法时要谨慎。

碱发水的配制方法：

1）生碱水

将10千克冷水（冬秋季可用温水）加入500克碱面（又称石碱、碳酸钠）和匀，溶化后即为5%的生碱水溶液。在使用中还可根据需要调节浓度。

2）熟碱水

在9千克开水中加入350克碱面和200克石灰拌和，使其冷却，沉淀后取清液，即可用于干货涨发。因为在配制熟碱水的过程中，碱和石灰混合后发生化学反应，其中生成物有氢氧化钠。氢氧化钠为强碱，碳酸钠为弱碱，所以用熟碱水发料比用生碱水发料效果好。干货在熟碱水中涨发的程度和速度都优于生碱水。熟碱水对大部分性质坚硬的原料都能适用，涨发时不需要“提质”，原料不黏滑、色泽透亮，出率高。其主要用于鱿鱼、墨鱼的涨发，涨发后的鱿鱼、墨鱼多用于爆、炒等菜肴的制作。

3）火碱水

将10千克冷水，加入火碱（又称氢氧化钠）35克，拌匀即成。氢氧化钠为白色固体，极易溶于水，并放出大量的热，它的腐蚀和脱脂性十分强。浓度一定要根据情况掌握好，取用时必须十分小心，不能直接手取，以免烧坏皮肤。它适用于大部分老而坚硬的原料涨发，可代替熟碱水。它的涨发力，使干货回软的速度比其他碱水强得多。

碱发的关键：①根据原料性质和烹调时的具体要求，确定使用哪一种碱、溶液及其浓度。强碱浓度要低，反之则要高。对同一种碱来说，浓度不同对涨发的效果也不同。浓度过稀，干料发不透；浓度过高，腐蚀性太强，轻则造成腐烂，重则报废。②认真控制碱水的温度。碱液的温度对涨发效果影响很大，碱液温度越高，腐蚀性越强，如燕窝，水温高，轻则质量减轻，重则报废；如鱿鱼，碱水温度在50 ℃左右时，放入后会卷曲，严重影响品质。③严格掌握时间。及时检查，发好的立即取出，直至发完。④碱水涨发前，一定要用清水将干货涨软，减少碱溶液对原料的腐蚀。

4）碱发的工艺原理

干制原料的内部结构是以蛋白质分子相联结搭成骨架，形成空间网状结构的干胶体，其网状结构具有吸附水分的能力，但由于蛋白质变性严重，空间结构歪斜，加之表皮有一层含有大量疏水性物质（脂质）的薄膜，所以在冷、热水中涨发，水分子难以进入。若把干制原料放在碱水中浸泡，碱水可与表皮的脂质发生皂化反应，使其溶解在水中。一方面，泡胀的表层具有半透膜的性质，它能让水和简单的无机盐透过，进入凝胶体内的水分子即被束缚在网状结构之中。另一方面，原料处在pH值很大的环境中，蛋白质远离等电点，形成带负电荷的离子，由于水分子也是极性分子，从而增强了蛋白质对水分子的吸附能力，加快水发速度，缩短涨发时间。

5）影响碱发的因素

（1）浓度

以鱿鱼为例，碱液浓度是影响其碱发的最主要因素，在涨发温度较低的条件下，碱液浓度越大，涨发时间越短，反之则较长。但碱液浓度也不能太大，否则，过高浓度的碱水，会使鱿鱼“烂掉”。实验结果表明，氢氧化钠碱液浓度以0.4%～0.6%为宜。

（2）温度

涨发温度对原料的碱发也有很大影响。在碱液浓度一定的条件下，温度越高，涨发时间越短，但温度不能过高或过低。过高会加速碱对原料的腐蚀；过低则涨发时间太长，一般以15～

30 ℃为宜。

(3)时间

涨发时间的长短受碱液浓度和涨发温度的制约,一般以4~10小时为宜。时间短,就要提高碱液浓度和涨发温度,时间太长,从操作角度来看不利于节省时间,同时易使原料产生异味,变质。在涨发过程中要及时检查,发好的可先取出,直至发完。

(4)漂洗

干货原料碱发过程中,最后一道工序是用清水漂洗。漂洗不但能去除碱味,还可以促进原料进一步涨发,其机理是碱液浸泡后的原料和清水可以看作两个分散体系。当将碱液浸泡后的原料放入清水中时,相当于一个半透膜,溶液的渗透压取决于所含质点的浓度。由于碱液浸泡后的原料中含有大量的碱及盐类,其渗透压对水来说是高渗透压性的一侧,因此,水要通过原料表面进入原料内部,而碱通过原料表面进入水中。这样既达到了去碱味的目的,又可使原料进一步涨发。

6)碱发的操作关键

①碱发必须根据季节和干货原料的形状、质地、硬度确定碱溶液的浓度和温度。一般来说,碱溶液浓度高,涨发时间短,浓度低、水温高,涨发时间也短。但水温不宜超过60 ℃,否则碱溶液易使原料表面糜烂,达不到原料内外碱浓度平衡的要求,严重影响涨发,并造成不必要的损失。

②碱发必须根据干货原料的等级情况,分别进行浸泡。干货原料用清水浸泡回软,可避免碱溶液对原料表面的直接腐蚀,有利于水分子向原料内部渗透。由于原料等级不同,渗透的速度也各不相同,就容易造成外部糜烂、内部干硬等情况。为了使涨发后的原料达到富有弹性、体态饱满、质地脆嫩、软滑的半透明状,就必须分等级进行涨发。

③碱发过程中避免油、盐等其他物质的混入和使用不净的容器。油、盐等物质易使碱发的原料表面糜烂,其主要原因是油由脂肪构成,盐是电解质,碱发时混入了这些物质,易产生化学变化,造成原料表面糜烂。因此,在碱发过程中避免上述情况的发生,才能保证碱发的顺利进行。

3.2.3 热膨胀涨发

1)油发

油发过程分为3阶段:一是低温油焐制阶段;二是高温油膨化阶段;三是复水阶段。第一阶段:将干制原料浸没在冷油中,加热至油温达到100~115 ℃,时间根据物料的不同而异,如鱼肚(提片)为20~40分钟,猪皮为120分钟,猪蹄筋为50~60分钟。经过第一阶段的干制原料,体积缩小,冷却后更加坚硬。有的具有半透明感。第二阶段:将经低油温焐制后的干制原料,投入至180~200 ℃的高温油中,使之膨化的过程。经第二阶段的干制原料,体积急剧增大,色泽呈黄色,孔洞分布均匀。第三阶段:将膨化的干制原料,放入冷水中(冬季可放入到温水中,切勿放入热水中)进行复水,使物料的孔洞充满水分,处于回软状态。

油发的操作方法主要是将干货放在适量的油锅内炸发，具体涨发时必须注意以下几点：

①用油量要多。要浸没干货原料，同时要翻动原料，使原料受热均匀。

②检查原料的质量。油发前要检查原料是否干燥，是否变质。潮湿的干货事先晾干，否则不易发透，甚至会炸裂，溅出的油会将人灼伤。已变质的干货原料一定要禁止使用，以保证食用的安全。

③控制油温。油发干货原料时，原料要冷油或低于 60 ℃的温油下锅，然后逐渐加热，这样才容易使原料发透。如原料下锅时油温太高或加热过程中火力过急、油温上升太快，会造成原料外焦而内部尚未发透的现象。当锅中温度过高时应将锅端离火口，或向热油锅中加注冷油以降低油温。

④涨发后除净油腻。发好的干货原料带有油腻，故而在使用前要用熟碱水除去表面油腻，然后再在清水中漂洗脱碱后才能使用。

2）盐发

盐发是将干制原料置于加热的大盐量中，使化学结合水气化，形成物料组织的孔洞结构，体积增大（膨化），再复水的过程。盐发需用大颗粒结晶食盐，其过程类似于油发，分为 3 个阶段：一是低温盐焐制阶段；二是高温盐的膨化阶段；三是复水阶段。第一阶段：将干制原料放入 100 ℃左右的盐中（盐量是物料的 5 倍）翻炒，时间为油发第一阶段的 1/3 ~ 1/2，到物料质量减轻而干时即可。第二阶段：物料不用取出锅中，直接用高温加热，迅速翻炒，使之膨化的过程。经第二阶段的干制原料，体积急剧增大，色泽呈黄色，孔洞分布均匀。第三阶段：将膨化的干制原料，放入冷水中进行复水，使物料的孔洞充满水分，处于回软状态。盐发与油发有以下区别：①盐发需热盐下锅，物料可稍湿；油发需冷油下锅，物料要干燥。②盐发焐制阶段短于油发的焐制阶段。③油发的物料色泽较好，香气优于盐发的成品。

3）热膨胀涨发的工艺原理

热膨胀涨发就是采用各种手段和方法，使原料的组织膨胀松化成孔洞结构，然后使其复水，即成为利于烹饪加工的半成品。实质上这是食品原料的膨化技术在干料涨发中的应用，干货原料经膨化处理后，体积明显增大，完全超出了原料新鲜时的体积，色泽变白，复水后质地松泡柔软，类似吸水的海绵，形成了与水发完全不同的特点。要弄清热膨胀涨发工艺原理，关键的问题是为什么干料会膨胀形成孔洞组织结构，这就要从原料中水分存在的形式谈起。原料中的水分以自由水和结合水两种形式存在，对原料进行干制时主要失去的水分是自由水，而通过油的炸发，气化的主要水分是束缚水，又称结构水，这部分水在溶质上以单层水分子层状吸附着，结合力很强，在一般高温中也难以蒸发，当油温达 200 ~ 210 ℃即可被破坏。由于原料在焐油中呈半熔状态，因此，这部分水在气化的瞬间膨胀形成气室，并由于蛋白质完全失水，丧失凝胶特性而将无数气室固定下来，产生酥脆的质感。

经炸发以后，干料在一般情况下，质量比涨发前减少 10% 左右，色呈金黄，体态空松平整饱满，体壁呈蜂孔均匀分布。猪皮与蹄筋的蜂孔呈大小不平等分布，鱼肚则呈细小紧密的均匀分布。

4）影响热膨胀涨发的因素

热膨胀涨发主要是高温条件下结合水变成自由水，然后汽化膨胀所致。但结合水要顺利变成自由水，往往受一些因素影响，这与原料本身的结合水含量、形体结构、介质温度、化学成分及这些成分在不同的介质环境下发生的变化有关。

（1）结合水含量

就原料而言，一般含结合水的干货皆可用于膨化处理，如淀粉类干货、蛋白质类干货等。将膨化的鱼肚、蹄筋再复水处理，就成为用于烹饪加工的半成品。由于干货组织结构差异性大，其成分有以淀粉为主的，也有以蛋白质为主的，且含结合水的量各不相同。涨发的品质与热膨胀的程度有关，而热膨胀的程度与结合水的含量、汽化膨胀速度及原料组织结构有关。结合水越多、汽化速度越快，原料组织弹性、伸展性越强，形成的气室就越大，原料也就越膨胀。结合水变成蒸汽膨胀速度最快的当属高压热膨松法。结合水含量与原料有关，是不可控因素，对涨发品质影响不大。

（2）膨化介质的温度

温度是关键的因素，只有当温度升高到一定程度时，积累的能量大于氢键键能，才可以破坏氢键，使结合水脱离组织结构，变成游离态的水。一般在 200 ℃左右即可破坏氢键，也就是只要具备 200 ℃左右的温度环境，即可用于膨化涨发生产。具备此条件的环境有高沸点食用油脂、结晶盐粒、沙子、干热空气等，这就是我们所说的油发、盐发、沙发、热膨胀发。温度是可控因素，但实践中较难掌握，特别是油介质的温度控制是影响涨发质量的重要因素。

（3）原料的形状体积

在实践中为什么干粉丝放入高温油中会迅速膨化，而干蹄筋放入高温油中会“僵化”，根本原因在于干蹄筋内部的结合水没有变成自由水而不会汽化膨胀，干粉丝则相反。

将干粉丝放入高温油中，粉丝则会迅速膨发。其原因：第一，高温油条件下老化的淀粉会变软；第二，粉丝细小，热量很快能传到里面，结合水获得能量，迅速挣脱亲水基团的结合，成为自由水，在高温条件下急剧汽化使变软的粉丝膨胀。

如果将干蹄筋直接投入高温油中，只能使干蹄筋表层的结合水汽化，同时干蹄筋体壁干硬，持气能力差，汽化的水分仅使表层产生细小的空洞，且很快定形脆化。这样的表层阻碍热量的传入，内部的结合水得不到能量就不会变成自由水，也就不能汽化膨胀，于是产生“僵化”的不良后果，而且是难以挽救的。所以，干蹄筋不能直接投入高温油中，而要经过焐油的方法来解决干货“僵化”的问题。当然，焐油不透的干货也会产生这种后果。

可见片薄或细小的干料比体厚粗大的干料膨化容易，如果粉丝如蹄筋一样粗，它的膨化也是不容易的。干蹄筋近似圆柱状，鱼肚是厚薄不匀的片状，干肉片则是厚薄均匀的片状，三者都采用油发，干肉皮最容易发透，鱼肚次之，干蹄筋最难发透。所以，行业中往往采用油水交替的方法涨发蹄筋。

（4）膨化介质的种类

膨化介质的种类有油脂、盐粒、沙粒、干热的空气或高压热空气，它们只起导热作用，都可以传递给干货合适的温度，使干货涨发，本身不参与任何反应，涨发的机理完全相同。但不同的介质，膨化的效果不一样。

常压空气是将干货放于200 ℃烤箱中，烤至膨发。高压热空气则是将干货放入密闭的膨化筒里加热一段时间，打开盖子，干货急剧膨化，冲出膨化筒，而进入套在膨化筒口上的袋内。

通过对比各种传热介质的膨发方法及成品特点，得出如下结论：高压条件下，干热空气涨发效果最佳。其理由如下。

①高压条件下，热空气膨胀速度最快，因此涨发最彻底且气孔分布均匀，不受原料品种、品质的限制。

②成本低廉，节约油脂，涨发成品表层无油腻，省去用碱水洗涤的工序，使用时直接用清水泡至回软即可。

③成品没有盐发的苦味，比沙发干净，表面无油脂，不易变质而产生哈喇味，耐贮藏。

④操作工艺简单，无须识别调控油温，难度系数小，劳动强度小，适宜大量操作。

3.2.4 混合涨发

混合涨发是将干制原料用两种以上介质进行涨发的过程。目前仅限于对蹄筋、鱼肚等少数干制原料进行混合涨发。混合涨发分为4个阶段：低温油焐制—水煮阶段—碱液静置阶段—冷水漂涤阶段。第一阶段：是将干制原料放入低温油中加热，油温保持在90 ℃左右，时间为30～60分钟，即可捞出；第二阶段：是将第一阶段的干制原料放入水锅中加热煮沸，时间约为40分钟，物料略有弹性；第三阶段：配置5%食碱溶液，温度保持在50 ℃左右，连同物料放入保温的容器中，时间为6～8小时，物料的体积有所增大；第四阶段：是将物料从碱溶液中取出后，洗去物料表面的碱溶液，静置在冷水中，每过两小时左右换一次水，浸泡7～8小时即可。

混合涨发的操作关键：①在第一阶段，物料表面不能起泡。②因为混合涨发的时间较长，所以在具体使用时，需把涨发时间计算好。

3.2.5 火发及其他

除了上述的涨发类型以外，也有人将火发、沙发归纳为涨发的一种类型。火发实际上是一种在正式涨发之前的加工处理方式，是用火烧去除某些干制原料粗劣的外皮，以方便正式涨发，如处理乌参、岩参等。沙发目前几乎不再使用了，现在的沙发主要是沙炒，目的是让物料受热均匀，而不是为了物料的膨化作用。

任务3 常见干货原料的涨发加工实例

3.3.1 水发实例

1)温水发

(1)海蜇

海蜇头涨发流程:海蜇头有两种不同的涨发方法。其一,沸水浸烫至收缩,即取出洗净,再用80 ℃热水泡发4~6小时,至软嫩,两头垂下便取出。这种涨蜇常用作汤羹烩菜。其二,将海蜇烫洗,批成薄片,浸于凉清水中8~10小时,至松酥涨大,这种海蜇称为“酥蜇”,常用于拌食。

(2)香菇

香菇先用温水浸泡,待回软后剪去菇柄,用清水洗净,并浸泡在清水中备用。浸泡香菇的水不能倒掉,它有很浓的香味,经沉淀或过滤后可用于菜肴的调味。

(3)羊肚菌

羊肚菌颜色黑或深黄,形如羊肚,面带方格皱纹。涨发时先将羊肚菌洗净,用温水浸泡,两小时后基本发透,然后剪去根柄,洗净,换清水浸泡备用。

(4)蛤士蟆

用50 ℃清水浸发约30分钟,去除肢体,取出净料;换常温清水浸发约两小时,摘洗去表面黑筋;上笼加清水蒸透(蒸制时需加葱、姜、料酒,以去除腥味);原汁浸渍待用。

2)热水发

(1)鹿茸

将茸片洗净后用热水浸泡回软,然后放入容器中,加鸡汤、葱、姜、料酒,用保鲜纸封口,上笼蒸透,并浸泡在原汤中备用,使鹿茸充分吸收汤的鲜味。涨发时不宜在火上加热,这样会使鹿茸养分过多流失,另外在蒸制过程中不宜加盐,如果放盐会使鹿茸不宜发透。

(2)广肚

广肚(亦称鳘肚)是一种鳘鱼肚,涨发时将广肚洗净,放入容器中用清水浸泡12小时,取出,擦干水,再放入砂锅中用热水加热,水沸后离火焖两小时。如此3次,将广肚发透,发好的广肚要浸泡在清水中备用。

(3)猴头菌

常温清水浸发24小时使之回软;100 ℃清水泡发约3小时,使之柔软涨发(也可用1%热碱溶液泡发),然后摘去外层针刺,切去老根洗净;上笼加高汤、姜、葱、酒蒸发约两小时;原汤浸渍待用。

(4)乌鱼蛋

清水常温浸约1小时;换清水煮1~1.5小时,水面保持微沸;换清水蒸发1~2小时,剥去脂皮,揭开一片片"乌鱼钱";换清水将"乌鱼钱"浸漂待用。

(5)干贝

浸洗—蒸发—浸渍。将干贝在冷水中浸约20分钟,洗去表面灰尘,去除筋质,置容器中加清水及姜、葱、酒蒸1~2小时,然后取出,用原汤浸渍待用。

(6)燕窝

燕窝有两种涨发方法,一种是蒸发,另一种是热碱提质。分述如下:第一种,用50 ℃清水浸至水凉;70 ℃清水泡发至松,换清水镊净绒毛漂洗;入100 ℃沸水略烫;入碗上笼加清水蒸至软糯;浸漂于凉清水中待用。第二种,以15克干燕窝为例,可用750克沸水加6克食碱调成8‰的溶液泡入燕窝,至燕窝柔软嫩滑,体积增大3倍;立即漂洗干净使用。

(7)海参

海参品种较多,不同的品种具有不同的涨发特点。海参主要有3种类型,即皮薄肉嫩类型,如红旗、乌条、花瓶等;皮坚肉厚类型,如大乌、岩参、灰参等;皮薄肉厚类型,如刺参、梅花参等。前者少煮多泡;中者火烤而多煮焖;后者勤煮多泡。现以刺参、梅花参为例说明最好的涨发方法:①冷水浸发约4小时;②换清水加热至沸即离火;③保持70~80 ℃水温泡发6~8小时,至涨约50%取出,剖腹摘除内脏洗净;④换清水加热至沸即离火;⑤保持70~80 ℃水温泡发约12小时,至两头垂下取出;⑥换清水浸漂待用。

海参发成后应饱满、滑嫩、两端完整,内壁光滑、无异味。涨发时还要注意以下几点:①发料的水中不能有油和盐,海参遇油会溶化,遇盐不易发透;②开刀应在腹部,不能在背部,否则会使肉质松散;③在涨发的过程中应将先发好的海参分别提出,确保软烂一致。

(8)鲍鱼

了解鲍鱼的干制方法对它的涨发很有帮助,鲍鱼的干制方法如下:先用炭火将鲍鱼烘干,然后用绳穿起来,置棚架上晒干,再放到阴凉处风干,最后还要放到阳光下晒干。整个过程约需1个月,夏天一般不进行干制加工。鲍鱼涨发时的工序也需要几次反复才能完全发透。涨发方法如下:先浸发两小时,再煮1小时,回软后洗去杂质、污物。换用清水再煮焖约5小时,也可加鸡骨、葱、姜、酒于涨发溶剂中煮、焖。鲍鱼涨发时不宜用铁制器皿,否则颜色变黑,而且很难补救。

(9)鱼翅

鱼翅涨发流程同海参一样。鱼翅品种繁多,总体来说,将鱼翅分为老、嫩两种类型,前者统称排翅,以老黄翅(金山黄、吕宁黄、香港老黄)为最;后者统称杂翅。现以排翅为例说明涨发方法,因市场上一般都是煺沙的鱼翅,所以煺沙过程简略。涨发流程如下:先用温水浸泡4~5小时,然后上火加热1小时,离火后焖两小时,用剪刀剪去边,按老嫩将鱼翅分别装入竹篓或扣入汤盆,加清水、姜、葱、酒及花椒少许。将装篓之鱼翅换清水加热至90 ℃,焖发4~6小时;扣汤盆的鱼翅则需蒸发1~1.5小时。抽出翅骨及腐肉;换水继续焖(蒸)1~2小时,至鱼翅黏糯,分质提取。浸漂于清水中,水温保持在0~5 ℃待用。

鱼翅涨发的关键:①不管采用什么涨发流程,都应注意尽可能保持原料的完整,防止营养成分过多流失,要去除异味、杂质,勤于观察,分质提取,适可而止,立发即用,防止污染、破损、糜料等不良现象的产生;②发好的鱼翅忌用铁器盛装,铁的某些化学反应影响鱼翅品质,产生黄色斑痕;③鱼翅在涨发中,也不能沾有油类、盐类、酸类物质。因此,加工鱼翅需高度谨慎。

3.3.2 油发实例

1)鱼肚

鱼肚随冷油下锅,慢慢升高油温。鱼肚开始收缩时(如果这时油温为115 ℃),维持在这一温度上30分钟。将鱼肚捞出,升高油温至185~195 ℃,取少量鱼肚投入油锅重油,待体积膨大、色泽淡黄时即可。鱼肚捞出后一折即断、对光看无暗部即可,然后水发备用。

2)猪皮

猪皮随冷油下锅,慢慢升高油温。猪皮开始收缩时,将油温控制在100 ℃,时间比鱼肚要长一点,约60分钟。另起油锅加热至200 ℃,将猪皮分块放入,待体积膨大、色泽淡黄时即可,油浸和涨发时一定要将猪皮浸入油内,保证猪皮充分与油接触,确保涨发完全。猪皮涨发后和鱼肚一样要用碱水洗涤,去掉油污,再用清水浸泡备用。

3.3.3 碱发实例

以鱿鱼或墨鱼为例,鱿鱼或墨鱼的涨发有3种方法,现以火碱涨发为例:首先是火碱溶液的调配,在5千克水中,加入火碱17克和匀,当碱水温度在20~30 ℃时,将已用水泡软的墨鱼或鱿鱼浸入碱水内,一般在4~6小时可发好。待鱿鱼体增厚约一倍,有透明感,指甲能捏动即好。涨发好的鱿鱼随时取出放入清水中,没有涨发好的鱿鱼继续涨发,质地较老、色发暗、不明净的鱿鱼仍要继续加热80~90 ℃进行涨发,离火,加盖保温焖发。1小时后仍按上述方法检查,挑出发好的鱿鱼,没有发好的仍按上述方法焖发,直至全部发好。食用时,以多量的开水反复除去碱质,一般多用于热菜肴的烧、烩等。

3.3.4 混合发实例

1)油水涨发蹄筋

将蹄筋下入50 ℃的油锅焐油,待油温上升、蹄筋收缩时约120 ℃,维持此温度30分钟后取出。取水10千克(约可发1千克蹄筋)烧开加入20克火碱和匀,加入焐油后的蹄筋离火,让其降温至50 ℃,焖发4小时,再降温至40 ℃泡发(约15小时),发现有蹄筋泡发好,无硬心,有弹性即可取出放入清水中。如此法常检查,碱水温度必须一直保持在40 ℃,而且操作时动作要轻,直至全部涨发而成。

2)混合涨发鱼皮

锅内放冷油,下入鱼皮,用小火加热,并用手勺翻动鱼皮,使其受热均匀,当鱼皮收缩时保持这种温度,烤30分钟待用。锅内放水、碱粉,其中,料、水、碱比为1∶10∶0.2,先将碱水烧至50℃左右,放入鱼皮,保持温度在40℃左右焖发,约8小时即可。如果有部分鱼皮尚未发透,可继续在碱锅中涨发直至鱼皮绵软无硬心,色透明为好。

3.3.5 盐发实例

以鱼皮为例:取大量食盐加热炒制,在达到100℃左右时,将鱼皮埋入并继续加热。此时,鱼皮开始收缩,保持这一温度烤40分钟。取出鱼皮,将盐继续炒制,温度达到180~200℃时,将鱼皮埋入烤发,直至鱼皮发透。

思考与练习

1. 简述油发的工艺原理。
2. 为什么熟碱涨发比生碱涨发好?
3. 以混合涨发为例,简述蹄筋的涨发过程。
4. 简述鱼翅涨发的过程及注意事项。

单元 4 分解与切割工艺

【知识目标】

1. 了解原料的结构和分布特点。
2. 了解刀工工艺的作用。

【能力目标】

1. 掌握鸡、鱼、猪等原料的剔骨和出肉方法。
2. 正确使用平刀法、直刀法、斜刀法,结合具体原料加以说明。
3. 熟练掌握整鸡脱骨、整鱼脱骨的加工方法。

原料的切割工艺包括分解取料、加工刀法两大类。分解取料是突出原料部位特点,充分合理利用原料的使用范围,既有利于控制菜品的成本,提高制品质量,又能避免浪费,做到物尽所用。学习时要掌握鸡、鱼、猪等常用原料的分解加工方法,特别是整鱼脱骨、整鸡脱骨等方法。除分档取料的内容外,还有刀工、刀法技艺,它可以使原料整齐划一、成熟一致,还可美化菜品的造型,丰富菜品变化,是中国烹饪的重要特色之一。许多特色菜都是通过切割工艺实现的,如八宝鸭、拆烩鱼头、麦穗腰花、松鼠鳜鱼等。学习时,要重点掌握刀法的种类及应用范围、常用花刀的剞刀方法等工艺。

任务1 原料的分解加工

4.1.1 家畜原料的分解加工

现以猪分解加工说明家畜原料的分解加工方法。

1)大部位分解

(1)前肢部位

前肢部位包括颈、前蹄、前夹、上脑、前蹄等。前肢应自猪前部第5根和第6根肋骨间直线斩下,不能斩断肋骨。

(2)腹肢部位

腹肢部位包括脊椎排、排肋、奶脯等,第4根肋骨起取8根肋排骨后分离。斩去大排后,割去奶脯,带全部夹层肌肉并有肋髑着的为肋排。要求肋排表面片割平整,肉块完整,肉层厚度大致均匀。奶脯在猪的腹部,俗称肚囊子,主要由皮、脂肪和筋膜组成。

(3)后肢部位

后肢部位包括臀尖、坐臀、外挡、蹄、爪、尾、后腿等,应自猪的最后一节腰椎与脊椎连接处斜线斩下。

2)骨肉分解

(1)前肢出骨

从腕骨关节卸下前爪,脚圈应沿关节相连处下刀,脚圈处长度5~7厘米;切下颈椎骨取下血脖,俗称槽头肉,应自猪颈椎最前一节处直线斩下;从胸骨下端进刀取下前胸肋和胸椎;斜刀从肩部上沿割下上脑,从肩胛的关节处将前夹与前蹄分开,刮清肩胛平面上的腱膜,从两侧进刀,剔下肩胛骨,肩胛骨的下面就是夹心肉,它是前腿肌肉的重要部分;再将前蹄平放,从侧面平刀批进,沿蹄骨剖成扇形,用刀将蹄骨取下。

(2)腹肢出骨

先在胸肋后第8根下端进刀,取下胸肋与脊骨,再从通脊的肥膘上剥下里脊肉;将胸肋上的排骨与肋肉分开,排骨厚度为1.2~1.8厘米,肉厚0.7~1厘米;将软肋与硬肋分开。

(3)后肢出骨

先从跗骨下关节切下后爪,再从股骨的关节处将后肘与坐臀分开;先顺股骨将股二头肌、臀中肌完整地剥下,再取掉股骨;后肘沿骨划一长口,沿骨将肉与骨分开。

4.1.2 家禽原料的分解加工

家禽原料的分割与剔骨加工主要包括鸡、鸭、鹅、鹌鹑、家鸽的分解加工。由于家禽原料在肌肉、骨骼的结构上大同小异,因此,这里仅以鸡的分割与剔骨加工为例,阐述如下。

1) 鸡的部位分解

鸡的肌肉主要有鸡脯肉、鸡里脊肉、鸡大腿肉、鸡小腿肉、鸡翅膀肉等。鸡的分割步骤如下。

①将光鸡平放砧板上，在脊背部，自两翅间至尾部，用刀划一长口，再从腰部窝处至鸡腿裆内侧，用刀划破皮。左手抓住一鸡翅，从刀口自肩臂骨骨节处划开，剔去筋膜。撕下鸡脯，同时将紧胸骨的鸡里脊肉取下，再将鸡翅与鸡脯肉分开。

②左手抓住一鸡腿，反关节用力，用刀在腰窝处划断筋膜，再用刀在坐骨处割划筋膜，用力即可撕下鸡腿，再从胫骨与跖骨关节处拆下，然后将鸡翅、鸡脯、鸡腿、鸡架、鸡爪分类放置，即完成分割。

2) 鸡的骨肉分解加工

鸡的剔骨加工分为分档剔骨与整鸡剔骨两种。

(1)分档剔骨

在光鸡经过分割后，其分档剔骨的部位主要指鸡腿和鸡翅(因鸡脯已是净肉)。鸡腿剔骨，用刀从鸡腿内侧剖开，使股骨和胫骨裸露，从关节处将两骨分离，割断骨节周围的筋膜，抽出股骨，再用相同的方法取下胫骨。鸡翅剔骨，割断肱骨关节四周的筋膜，将翅肉翻转，再割断尺骨、桡骨上的筋膜，取下肱骨及尺骨、桡骨。翅尖部位的骨骼一般在生料剔骨时予以保留。

(2)整鸡剔骨

划开颈皮，斩断颈骨。在鸡颈和两肩相交处，沿着颈骨直划一条长约6厘米的刀口。从刀口处翻开颈皮，拉出颈骨，用刀在靠近鸡(鸭)头处，将颈骨斩断，需注意不能碰破颈皮。具体操作如下：

①去前肢骨(翅骨)。从颈部刀口处将皮翻开，使鸡头下垂，然后连皮带肉慢慢往下翻剥，直至前肢骨的关节(即连接翅膀的骱骨)露出后，可用刀将连接关节的筋腱割断，使翅骨与鸡身脱离。先抽出桡骨、尺骨，然后再抽翅骨。

②去躯干骨。将鸡放在砧墩上，一只手拉住鸡颈骨，另一只手拉住背部的皮肉，轻轻翻剥，翻剥到脊部皮骨连接处，用刀紧贴着前背脊骨将骨割离。再继续翻剥，剥到腿部，将两腿向背部轻轻扳开，用刀割断大腿筋，使腿骨脱离。再继续向下翻剥，剥到肛门处，把尾椎骨割断(不可割破尾处皮)，这时鸡的骨骼与皮肉已分离，随即将躯干骨连同内脏一同取出，将肛门处的直肠割断。

③出后肢骨(后腿骨)。将后腿骨的皮肉翻开，使大腿关节外露，用刀绕割一周，割断筋腱后，将大腿骨抽出。大腿骨拉至膝关节处时，用刀沿关节割下，再在鸡爪处横割一道口，将皮肉向上翻，把小腿骨抽出斩断。

④翻转鸡肉。用水将鸡冲洗干净，要洗净肛门处的粪便，然后将手从颈部刀口伸入鸡胸膛，直至尾部，抓住尾部的皮肉，将鸡翻转，仍使鸡皮朝外，鸡肉朝里，在形态上仍成为一个完整的鸡。如在鸡腹中加入馅心，经加热成熟后，十分饱满，美观。整鸡剔骨有较强的技术性。剔骨后的鸡应皮面完整，刀口正常，不破不漏。过嫩、过肥、过瘦的鸡不利于整料剔骨。

4.1.3 水产原料的分解

水产原料的品种繁多,主要有鱼类、虾蟹类、贝壳类等。加工中,贝壳类原料重在去壳和清理加工,鱼虾蟹类则根据烹调的需要,进行相应的分割与剔骨。

1)鱼的分解加工

鱼的分解加工对表现鱼各部位的特点,提高食用效果和经济效果具有一定的积极意义。要正确分割与剔骨,提高使用率、出肉率。

(1)梭形鱼的分解加工

①梭形鱼部位的分解。梭形鱼是烹饪中使用较多的鱼类品种,常见的有鲤鱼、鳜鱼、草鱼、青鱼、黄鱼、鲢鱼等。梭形鱼一般分为3个部位,即头部、躯干部、尾部。鱼头可以胸鳍为界线直线割下,其骨多肉少、肉质滑嫩,皮层含胶原蛋白质丰富,适用于红烧、煮汤等。鱼尾俗称"划水",可以臀鳍为界线直线割下。鱼尾皮厚筋多、肉质肥美,尾鳍含丰富的胶原蛋白质,适用于红烧。也可与鱼头一起做菜。去掉头尾即为躯干,中段可分为脊背与肚裆两个部分。脊背的特点是骨粗(一根脊椎骨又称龙骨)肉多,肉的质地适中,可加工成丝、丁、条、片、块、茸等形状,适合于炸、熘、爆、炒等烹调方法,是一条鱼中用途最广的部分。肚裆是鱼中段靠近腹部的部分。肚裆皮厚肉层薄,含脂肪丰富,肉质肥美,适用于烧、蒸等烹调方法。

②梭形鱼的骨肉分解。主要是对中躯的椎、肋骨的去除。其方法是:将鱼中段脊朝里,从右端椎骨上侧平向进刀,切断椎肋的关节,将其剖为软、硬相对的两片,带椎骨者叫硬片,反之为软片;在硬片一侧用同法取下椎骨,刮下附着在骨上的残存肌肉(骨可制汤);然后用斜刀法批下肋骨及肋骨下端腹壁,即得净鱼肉。若制鱼茸则需去除鱼皮;若用于炒,只需去皮,片则可连皮。一般来讲,鱼尾不宜拆骨,大者可剖开为软、硬2片,可与鱼头软硬边配合使用。

对梭形鱼的分割,应尽可能大地综合运用各部位,扬长避短。以一条青鱼为例,头尾可烧青鱼头尾,腹裆可熘瓦块鱼或烧腹裆,脊背硬边可作豆瓣青鱼方,脊背软边加工成净肉后,可以炒瓜姜鱼条,碎肉可制鱼茸作清汤鱼丸。这样,青鱼各部位的优点都得到发挥,各显其长,物尽其用,收到了食用与经济的最好效果。

(2)长形鱼的分解加工

长形鱼的分解加工,因鱼形瘦长、部位的肉质区别不大,一般以出骨加工为主,个别菜肴需要部位的分档,也在出骨加工以后进行。如熟鳝鱼去骨后,根据菜肴的要求进行部位分解,一般分为前脊背肉、尾脊背肉、腹肉三大部分。前脊背肉可用于炒制,如炒软兜、尾脊背肉可用于炝制,如炝虎尾;鱼腹可制汤菜,如煨脐门;还有背肉、腹肉连在一起的单背肉,可用于炒、炸等,梁溪脆鳝就是代表菜肴。

长形鱼的剔骨与梭形鱼剔骨稍有不同。长形鱼一般指鳝鱼、鳗鱼等,以鳝鱼为例,其剔骨方法有生料剔骨和熟料剔骨两种,熟料剔骨行业内又称"划长鱼"(划鳝丝)。

①生鳝鱼剔骨。将鳝鱼宰杀放尽血,放砧板上,用刀从喉部向尾部剖开腹部,去内脏,洗净,抹干,再用刀尖沿脊骨剖开一长口,使脊部皮不破,然后用刀铲去椎骨,去头尾即成鳝鱼肉。

用此鱼肉可制成炒蝴蝶片、生爆鳝背、炖鳝酥等。

②熟鳝鱼剔骨。将鳝鱼汆烫后，背朝外，腹朝里，头左尾右，平放于案上，左手捏住鱼头，右手捏住划长鱼的刀(长鱼刀为骨制，尖刃窄身，厚约1.5毫米，长度7~8厘米，宽约1.5厘米)。从颌下腹侧入刀，中指与无名指护住鱼身，顺椎骨向右移动，划开鱼体成腹、背两片，再同法将椎骨一侧划开，接着划出椎骨。将鱼腹与脊背分离的划法叫"双背划"。尚有腹背不分的"单背划"，即划的第一刀仅将其一侧划开，然后再取出椎骨。鳗鱼的剔骨与生鳝鱼剔骨的方法基本相同。

(3)扁形鱼的分解加工

扁形鱼体形扁平、肉质较薄，如鲳鱼、鳊鱼等。扁形鱼的分解加工以剔骨出肉加工为主，其分解加工方法：先将鱼头朝外，腹向左平放在菜墩上，顺鱼的背侧线划一刀直到脊骨，再贴着刺骨批进去，直到腹部边缘，然后将一面鱼肉带皮取下。再将鱼翻过来，用同样方法，将另一面鱼肉取下。最后将余刺和皮去掉即可。这类鱼肉体形较薄一般适用于整片煎、炸等。

(4)整鱼剔骨

整鱼剔骨即在不破坏整鱼外观形象的情况下，将鱼体内的主要骨骼及内脏通过某处刀口取出的方法。适合整鱼剔骨的鱼通常有鲤鱼、鳜鱼、鲈鱼、刀鱼等，前3种鱼的质量以500~1 000克/条为宜，刀鱼的质量通常以250克/条为宜。剔骨的方法主要有脊背部剔骨和颈部剔骨两种。整鱼脊背部剔骨：将鱼平放在砧墩上，鱼头朝外，腹向左，左手按住鱼腹，右手持刀紧贴背脊骨上部横批进去，从鳃后直到尾部批开一条长刀口，再从刀口紧贴鱼骨向里批，批过鱼的脊椎骨，直至将鱼的胸肋骨与脊椎骨相连处批断为止，使鱼身一面的脊椎骨与鱼肉完全分离。然后将鱼翻身，使鱼头朝里，用刀在鱼尾骨紧贴着背脊骨上部横批进去刀法同前，直至将鱼的胸肋骨与脊椎骨相连处批断处为止，使全身另一面的脊椎骨也与鱼肉完全分离。接着在背部刀口处将脊椎骨拉出，在鱼头和鱼尾处将脊椎骨斩断并取出，但头、尾仍与鱼肉连在一起。剔胸骨时，先将鱼腹皮朝下放在砧墩上，从刀口处翻开鱼肉，在被割断的胸骨与脊椎骨相连处，胸骨根端已露出，将刀略斜，紧贴着一排胸骨的根端往下批进去，使胸骨脱离鱼肉。然后将鱼身肉合起，在外形上仍成为一条完整的鱼。整鱼颈部剔骨：在鱼项部的一面直切一口，切断椎骨；在鱼的另一面肛门处也直切一刀，切断椎骨。有长出骨刀由项部刀口处插进，贴着鱼脊椎骨缓缓推行至肛门处，并上下、左右割划，令鱼肉与骨骼分离。然后将刀抽出，再从鱼肛门处的切口进刀，用同样方法割划这一侧。然后将鱼椎骨和胸骨及内脏从颈部刀口处抽出即成。

鱼类原料在出骨时必须注意是否彻底，一定要做到肉不带骨，否则会给食者带来伤害，还要做到骨不带肉，减少浪费。不同的鱼其出肉率差异也很大，如梭形鱼中的大黄鱼、小黄鱼的出肉率为60%~65%，草鱼、青鱼的出肉率为40%~45%，鲤鱼的出肉率只有24%；又如长形鱼中的鳝鱼出肉率为55%，带鱼的出肉率为63%，而鳊鱼的出肉率只有27%。这些数据也是检查骨加工质量的依据。

2)虾的分解加工

虾的分解加工主要是去壳出肉加工。一般说来，大虾、活虾整只烹调既方便又鲜美且色彩美观，但将虾去壳出肉后用于做菜则具有更多的使用价值。小虾的虾仁，对虾、龙虾的虾肉其运用范围更广，丰富了虾菜的品种，名菜也多，如炒虾仁、炸虾球、烧虾饼等。虾的去壳出肉一般是依据虾形的大小，采用剥和挤的方法出肉。

(1)剥壳法

此法适用于大型虾，如对虾需从腹部先胸甲、次腹甲，再尾柄分节剥去甲壳；再如龙虾，先用抹布将虾头按住，用力转动虾身，使虾头与虾身分开，用刀从背壳与腹甲的连接处划开，然后从尾甲处开始慢慢地向头的方向用力拉，将虾肉与背壳分离，再将腹甲剔去，即成一条完整的龙虾净肉。

(2)挤捏法

挤捏法针对中、小型虾，如草虾、青虾、白虾等。其方法如下：左手捏住虾尾，右手捏住虾胸甲两手同时用力挤压并向相反方向拉，使虾肉从甲壳中脱出。挤出的虾仁，其形体较小者，无须挑去沙线，只要用清水浸漂搅洗至色白即可，行业内称之为“打水”。剥出的虾肉，形体较大者，背部沙线(即肠)明显，需要挑去，否则将影响虾肉的色泽、质量以至口感风味。

3)螃蟹的去壳拆肉

此举对螃蟹拆肉具有重要意义。螃蟹外壳十分坚固，步足管壁间、胸肋与胸甲相连的腔内肋间骨缝中有丰满的肌肉，这些肌肉由于肌浆较多，固体性较差。背甲与胸甲之间，有丰满的“脂肪”，雌性色呈橘红，称之为“黄”；雄性色呈乳白，称之为“脂”。由于螃蟹骨缝多为肌肉固体性质，拆肉十分繁难，生拆不能达到目的，因此，必须采用熟拆方法。其步骤如下：蒸(煮)熟—卸下步足—撬出腿节—摘下屈腹—开背壳—剔出上壳内脂肪与肌肉—剔去食胃—摘除胸肋上肺叶—剔出肋间脂肪—将胸甲剪为左右两半—剖开胸肋成上下两半—剔去肋缝中肌肉—撬开螯足剔出肌肉—分别剪去步足关节—压或扦出足壁间肌肉—剖开曲腹除屎肠—剔出腹中肌肉—分装保管。现在，有人设计了一整套剔拆蟹肉的工具，不仅小巧玲珑，而且非常有效，不妨予以采用。

任务2　刀工基础知识

4.2.1　刀工的渊源

中国烹饪以择料精细、注重刀工、讲究火候而蜚声中外，刀工技术在中国烹饪有着非凡意义。早在两千多年前，儒家学派的创始人，春秋末期著名政治家、大思想家、大教育家孔子就为中国烹饪的刀工提出“食不厌精、脍不厌细”“割不正不食”的要求。几千年来，前人创造和积累着实践经验，并加以不断创新，终于以它众多的技法形成现代的刀法体系。

我国烹饪刀工技艺在经历多少代厨师锤炼形成了独特的风格。刀工有如下几个特点。

①运用各种不同的刀法将原料加工成特定的形状，可以创造千姿百态、生动形象的菜品。

②使原料经过刀工处理后由大变小，便于入味，可以使菜肴取得入味三分的效果。

③经过刀工的烹饪原料，在制成成品后具有艺术表现力。刀工本身就是一门艺术，厨师运用各种刀法，将普通的原料综合制成一道道色香味形俱佳的美味佳馔，呈现在食客面前的，实际上是一件件珍贵的菜肴艺术品。

④刀法具有系统性。随着烹饪技术的发展，刀工技术也随之发生变化，但是目前的刀法已经由比较简单的技法逐渐发展成切、排、批、抖、剞、旋等一系列刀法组成的刀法体系，这一体系不是固定不变的，它还在随着时代的前进而不断丰富和发展。作为初学者，必须继承前人精湛的刀工技艺并予以不断地发展提高。

4.2.2 刀工在烹饪中的作用

刀工在烹饪过程中是一道不可缺少的重要工序。刀工是根据烹饪原料质地和特性，运用各种行刀技法，把烹饪原料加工成符合菜肴成型要求，适应烹调方法和食用需要，具有一定形状的操作过程。刀工不仅是改变原料的形状，而且对菜肴的形成有着多方面的作用。

1）便于成熟

烹饪原料品种繁多，形态、质地各异，烹调方法多样，操作特点各不相同。刀工因料而异，再通过烹调方法来决定加工原料形状。大型的原料只有通过刀工处理，成为整齐划一、薄而小的形状，才便于成熟，并能保证成熟度的一致，较好地突出菜肴鲜嫩或酥烂的风味特色。

2）便于入味

许多烹调原料如不经过刀工的细加工，烹调时调味品的滋味不容易透入原料内部。只有通过刀工处理，将原料由大改小，或在表面剞上一定深度的刀纹，调味品才能渗入原料内部，使成品口味均匀、一致。

3）便于食用

中餐的就餐工具主要是筷子和汤匙，形状太大的原料食用起来不方便。如整头的猪、牛、羊，整只的鸡、鸭、鹅等，不经刀工直接烹调，食用时就很不方便，而经过去皮、剔骨、分档，切、片、剁、剞等刀工处理后再烹调，或烹调后再经刀工处理，食用时就方便得多了。

4）利于吸收

有利于人体的消化吸收。通过刀工的处理，把原料化整为零，切割成大小适中的形状有利于人的咀嚼，在方便人们食用的同时，也有助于人体的消化吸收。

5）美化形态

所谓“刀下生花”，就是赞美刀工美化原料形态的技艺。经刀工把各种不同形状的原料加工成规格一致、整齐划一、长短相等、粗细厚薄均匀的不同形状，在一些象形菜品中就是运用剞刀法，在原料的表面剞切成各式刀纹，经刀工处理的原料加热后卷曲成各种美妙的形状，如金鱼形、松鼠形、荔枝形等，看上去清爽、利落、外形美观、诱人食欲。

6）丰富品种

同一种原料要做出不同的品种，可以通过刀工处理将不同质地、不同颜色原料加工成各种不同的形状,经整合、配伍制成不同的菜品。同一原料在不同的刀工处理后可形成不同的菜品,如一条草鱼可加工成丝、片、丁、米、蓉或剞刀处理再经合理的烹调可形成无数个菜品。

7)提高质感

不同特性的原料在刀工技术(如切、剞、拍、捶、剁等刀法)处理后,可以使肌肉纤维组织断裂或解体,扩大肉的表面积,从而使更多的蛋白质亲水基团显露出来,增大肉的持水性,再通过烹调即可取得肉质嫩化的效果。如炸猪排、爆炒鱿鱼卷等。

8)传递信息

增加切配与烹调之间的信息传递。不同的菜肴有不同的烹调方法,相同的原料配伍可烹制不同味型的菜品,要使烹调人员了解各个菜的烹调方法,能准确无误地烹制好菜肴,就得切配与烹调之间传递信息,将菜品成菜要求,通过主、配原料刀工处理略有变化,传递给下一道工序。

4.2.3 操刀要求

1)站姿的要求

操作时两脚自然分立与肩同宽站稳,上身略向前倾,前胸稍挺,不弯腰曲背。要精神集中,目光注视砧板和原料的被切部位,身体与砧板保持一拳约10厘米的距离。砧板放置的高度以砧板水平面在人体的肚脐至脐下8厘米适宜,方便操作。

2)执刀的要求

两手臂自然抬起在胸前成十字交叉状,两腋下以夹稳一枚鸡蛋为度,右手持刀,以拇指与食指捏住刀箍,全手握住刀柄,掌心对着刀把的中部。不宜过前,否则用刀不灵活;也不宜过后,否则握刀不稳。刀背与小臂成一直线与人体正面成45°夹角,左手小臂与刀身垂直,左手中指的第一个关节弯曲并顶住刀身,以控制刀具,其他手指则稳住被切原料。

3)运刀的方法

在刀工操作过程中,动作必须自然、优美、规范。用力的基本方法一般是握刀时手腕要灵活而有力。一般用腕力和小臂的力量,左手控制原料,随刀的起落而均匀地向后移动。刀的起落高度一般为刀刃不超过左手中指第一个关节弯曲后的第一个骨节。总之左手持物要稳,右手落刀要准,两手的配合要紧密而有节奏。

在刀工操作中,各种刀法必须运用恰当,同时还要掌握好各种刀法的操作要领。由于原料的性质各有不同,因此在刀工处理过程中所采用的刀法也应有所不同。一般情况下,脆性原料采用直刀法中直切加工,韧性原料采用推切或推拉切加工,硬的或带骨的原料采用剁的刀法加工。

刀工是比较细致而且劳动强度较大的手工操作,操作者除了有正确的刀工操作姿势,平时还应注意锻炼身体,保证健康的体格、较耐久的臂力和腕力。刀工的基本操作姿势,主要从既方便操作、有利于提高工作效率,又能减少疲劳、有利于身体健康等方面考虑。

4.2.4 刀工在烹饪中的要求

刀工在烹饪中的要求如下：

1)操作规范

刀工不仅是劳动强度较大的手工操作,更是一项技术性高的工作。操作者除了有健康的体格、较耐久的臂力和腕力外,还要掌握正确的操作规范。刀工的规范操作姿势,有利于提高工作效率,有利于身体健康,同时也体现了操作者精神风貌。在刀工操作过程中,操作者的站姿、操刀、运刀动作必须自然、优美、规范。

2)运刀恰当

在刀工操作中,必须掌握烹饪原料的特性,同时还要掌握好各种刀法的操作要领,各种刀法在运用时才能达到恰如其分。烹饪原料品种繁多,质地不尽相同,不同的菜品对原料的质地要求、形状的要求也不尽相同,只有熟练地掌握刀工技能,才能做到整齐划一。

3)合理用料

原料的综合利用是餐饮经营提高利润的一条基本原则。我们应视烹饪原料各个部位质地进行合理分割、计划用料,做到落刀时心中有数,以物尽其用,力求利润最大化。

4)配合烹调

刀工一般情况下是与配菜同时进行的,与菜肴的质量密切相关。原料成型是否符合要求直接影响着菜肴的质量。烹饪原料的形状务必适应烹调技法和菜品的质量要求,如旺火速成的烹调方法,所采用的火力强,加热时间短,成菜要求脆嫩或滑嫩,就要注意将原料加工得薄小一些;反之,如果是长时间加热的烹调方法,采用慢火,加热时间较长,成菜要求酥烂、入味,原料形状就要厚大一些。如果原料的形状过于厚大,旺火速成外熟里生,既影响质量和美观,也影响人们的食用,所以刀工要密切配合烹调,适应烹调的需要。

5)营养卫生

符合卫生规范,力求保存营养是现代餐饮业基本原则。在刀工操作过程中,从原料的选择,到工具、用具的使用,必须做到清洁卫生,生熟原料要分砧板、分刀工进行,做到不污染,不串味,确保所加工的原料清洁卫生。根据营养学的要求,做到适时刀工、适量刀工以确保少流滲,少氧化。

任务3 常用刀工设备

4.3.1 常用刀具的种类和用途

刀具的种类很多,形状、功能各异。

按使用地域分，在江浙一带使用较多的为圆头刀；在川广等地使用较为广泛的是方头刀；而京津地区马头刀最为常见，马头刀又称北京刀。

按刀的尺寸和质量可分为一号刀、二号刀、三号刀。

按刀具加工工艺和用材可分为铁质包钢锻造刀，不锈钢刀。由于不锈钢刀轻便灵活、钢质较纯，清洁卫生，外形美观，因此很受专业人员的欢迎。

按刀具的功用可分为片刀、切刀、砍刀（斩骨刀或劈刀）、前切后斩刀、烤鸭片皮刀、羊肉片刀（涮羊肉刀）、整鱼出骨刀、馅刀、剪刀、镊子刀、刮刀以及食品雕刻专用刀具。

1）片刀

片刀的特点是质量较轻，刀身较窄而薄，钢质纯，刀刃锋利，使用灵活方便，加工硬性原料时易迸裂产生豁口。片刀适宜加工无骨无冻的动、植物性原料，主要用于加工片、条、丝、丁、米（粒）等形状，如片方干片、片肉片、片姜片等。

2）切刀

切刀的形状与片刀相似，刀身与片刀相比略宽、略重、略厚，长短适中，应用范围广，既能用于切片、丝、条、丁、块，又能用于加工略带小骨或质地稍硬的原料，此刀应用较为普遍。

3）砍刀（斩骨刀或劈刀）

砍刀刀身较厚，刀头、刀背较重，呈拱形。根据各地方的特点，刀身有长一点的，也有短一点的，主要用于加工带骨、带冰或质地坚硬的原料，如猪头、排骨、猪脚爪等。

4）前切后砍刀（又称文武刀）

前切后砍刀刀身大小与切刀相似，但刀的根部较切刀略厚，钢质如同砍刀，前半部分薄而锋利，近似切刀，质量一般在750克左右。其特点是既能切又能砍。前切后砍刀又称文武刀，在淮扬地区较为常见。

5）烤鸭刀（又称小片刀）

烤鸭刀刀身比片刀略窄而短，质量轻，刀刃锋利，专用于片熟烤鸭用。

6）整鱼出骨刀

比烤鸭刀更窄且长，前端为月牙形有刃，刀刃锋利度一般，专门用于整鱼出骨。

7）羊肉片刀

羊肉片刀质量较轻，刀身较薄，刀口锋利。其特点是刀刃中部是内弓形。它是片切涮羊肉片的专用工具，现已被机械化设备代替。

8）馅刀

馅刀刀身较长，刀背较厚，刀刃锋利。其专门用于加工馅料，如青菜馅等。

9）其他类刀

一般指刀身窄小，刀刃锋利，轻而灵活，外形各异且用途多样的刀。常用的其他类刀有以下几种。

(1)剪刀

剪刀的形状与家用剪刀相似,实际上是刀工处理的辅助工具,多用于初加工,整理鱼、虾以及各类蔬菜等。

(2)镊子刀

镊子刀的前半部是刀,后半部分是镊子,它是刀工初加工的附属工具。

(3)刮刀

刮刀体形较小,刀刃不锋利,多用于刮去砧板上的污物和家畜皮表面上的毛等污物,有时也用于去鱼鳞。

(4)刻刀

刻刀是用于食品雕刻的专用工具,种类很多,多因使用者习惯自行设计制作。

10)西式刀具和日式刀具

随着经济的发展,西餐和日式料理在我国有了较好的市场,其刀具也各有特色。

西式厨房刀具品种较多,常见的有西式厨刀、比萨刀、面包刀、屠夫刀、磨刀棍、切片刀、钓鱼刀、鱼片刀等系列。

日式刀具,在日本,菜刀又被称为包丁,有薄刃包丁、刺身包丁(生鱼片刀)、出刃包丁之分。

4.3.2 刀具的选择和鉴别

我国地域辽阔,民族众多,其饮食风俗各具特色,各地使用的刀具形状也是花样繁多。现在,随着烹饪文化交流的增加和人们对烹饪原料性能的认识,逐步形成了广为使用的一套中式烹饪用刀具。只有了解和掌握好各种类型刀具的不同性质和用途,才能根据烹饪原料的不同性质选用相应的刀具,将不同性质的烹饪原料加工成整齐、美观、均匀一致,适应于烹调要求的形状。

1)根据地方习惯选择刀具

由于饮食文化的地域性,在刀具使用上也各具地方特色,在广东等地选择较多的是方头刀,而京津地区马头刀(北京刀)的使用较为常见,淮扬地区的厨师喜欢使用文武刀。

2)根据个人偏好选择刀具

由于个人的体质存在差异,对刀具的大小、轻重选择也各不相同。尺寸小且质量轻的刀具,使用时方便灵活;尺寸大、质量偏重的刀具,使用时稳健有力,刀起刀落干净利索。

3)根据原料性能选择刀具

由于烹饪原料的性质多种多样,如脆性的、韧性的、带骨的等,因此在刀具的选择上也各有不同。

4.3.3 刀具的磨制和保养

孔子曰“工欲善其事,必先利其器”,要想有好的刀工,就必须有上好利器。用于刀工中的刀具，要保持锋利不钝、光亮不锈、不变形，必须通过磨刀这一过程来实现。俗话说"三分手艺七分刀"，厨刀是厨师的脸面，磨刀是厨师必备的基本功。

1)磨刀的工具

磨刀的工具是磨刀石。常用的磨刀石有粗磨刀石、细磨刀石、油石和刀砖4种。粗磨刀石的主要成分是天然糙石，质地粗糙，多用于新开刃或有缺口的刀；细磨刀石的主要成分是青沙，质地坚实、细腻，容易将刀磨锋利，刀面磨光亮，不易损伤刀口，应用较多；油石是人工合成的磨刀石，窄而长，质地结实，携带方便；刀砖是砖窑烧制而成的，质地极为细腻，是刀刃上锋佳品。磨刀时，一般先在粗磨刀石上将刀磨出锋口，再在细磨刀石上将刀磨快，最后在刀砖上上锋，这样的磨刀方法，既能缩短磨刀时间，又能提高刀刃的锋利程度和延长刀的使用寿命。

2)磨刀的方法

磨刀前的准备工作：磨刀前，将刀面上的油污清除干净，准备一盆清水，再把磨刀石放置在高度约90厘米的平台上(固定为佳)，以前面略低、后面略高为宜。

站立姿势磨刀时，两脚自然分开，或一前一后站稳，胸部略微前倾，一手持好刀柄，一手按住刀面的前段，刀口向外，平放在磨刀石面上。

磨刀的手法：先将磨刀石(砖)浸湿，然后在刀面上淋水，将刀面紧贴磨刀石面，后部略翘起，前推后拉(一般沿刀石的对角线运行)，用力要均匀，待石面起砂浆时再淋水。刀的两面及前后中部都要轮流均匀磨到，两面磨的次数基本相等，只有这样才能保持刀刃平直、锋利、不变形。磨刀石应保持中部高，两端低。

刀锋的检查要求：磨完后，将刀洗净擦干，然后将刀刃朝上，迎着光线观察，如果刀刃上看不见白色的光斑，表示刀已磨好。也可用大拇指在刀面上推拉一下，如有涩的感觉，即表明刀口锋利，反之，还要继续磨。

3)刀具的一般保养方法

在刀的使用过程中，必须养成良好的使用保养习惯。

①要经常磨刀，保持刀的锋利和光亮。

②要根据刀的形状和功能特点，正确掌握磨刀方法，保持刀刃不变形。

③刀用完后必须要用清洁的抹布擦拭干净，不留水分和黏物。防止水与刀发生氧化作用而生锈，特别是在切带有咸味、腥味、黏物的原料，如切咸菜、藕、鱼、茭白、山药之后，因为黏附在刀面上的鞣酸物质容易使刀身氧化、变色发黑、锈蚀，所以更要将刀面彻底擦洗干净。在正常使用时，刀使用后放在刀架上，刀刃不可碰在硬的东西上，避免伤人或碰伤刀口。长时间不用的刀，应擦干后在其表面涂一层油，装入刀套，放置于干燥处，以防止生锈、刀刃损伤或伤人。

4.3.4 菜墩的选择和保养

1)菜墩的选择

菜墩属于切割枕器。菜墩又称砧板、砧墩、剁墩，是对原料进行刀工操作时的衬垫工具。

菜墩的种类繁多，按菜墩的材料分为天然木质结构、塑料制品结构、天然木质和塑料复合型结构3类，其有大、中、小多种规格。

菜墩一般都用选择木质材料，要求树木无异味，质地坚实，木纹紧密，密度适中，树皮完整，无结疤，树心不空、不烂，菜墩截面的颜色应微呈青色，均匀，没有花斑。可选用银杏树（白果树）、橄榄树、红柳树、青冈树、樱桃树、皂角树、榆树、柞树、橡树、枫树、栗树、楠树、铁树、榉树、枣树等木材，以横截面或纵截面制成。常见的有银杏木、橄榄木、柳木、榆木等。优质的菜墩应具备以下特点：抗菌效果好，透气性好，弹性好。菜墩的尺寸以高20～25厘米、直径35～45厘米为宜。银杏树是一种常用的菜墩材料。

2）菜墩的使用

使用墩子时，应在墩的整个平面均匀使用，保持菜墩磨损均衡，防止墩子凹凸不平，影响刀法的施展，因为墩面凹凸不平，切割时原料不易被切断。墩面也不可留有油污，如留有油污，在加工原料时容易滑动，既不好掌握刀距，又易伤害自身，同时也影响卫生。

3）菜墩的保养

新购买的菜墩最好放入盐水中浸泡数小时或放入锅内加热煮透，使木质收缩，组织细密，以免菜墩干裂变形，达到结实耐用的目的。树皮损坏时要用金属加固，防止干裂。菜墩使用之后，要用清水或碱水洗刷，刮净油污，立于阴凉通风处，用洁布或砧罩罩好，防止菜墩发霉、变质。每隔一段时间后，还要用水浸泡数小时，使菜墩保持一定的湿度，以防干裂，切忌在太阳下暴晒，造成开裂。此外，还需要定期高温消毒。

4.3.5 案板的选择与使用

案板即厨房用来加工用的工作台。常见案板有双层工作台、木质工作台、双层工作台连上层架、楼面工作台、保鲜工作台、家用的折叠组合案板。

厨房案板常用的清洁方法有4种。

①洗烫法。案板用完之后，先用刀或硬刷把板面上的残渣刮干净，再用自来水冲洗两遍，细菌可减少一半；然后用开水缓慢烫两遍，竖起晾干。

②阳光消毒法。按第一种办法将案板洗净后，放在阳光下晒2小时，让阳光中的紫外线对案板进行消毒杀菌。

③撒盐消毒法。案板先行刷洗，去除上面的残渣，然后在上面撒上一些盐过夜，也可起到消毒作用。

④化学消毒法。把已洗干净的案板放在家用消毒液中，浸泡15分钟，再用清水冲洗干净。

另外，厨房里最好准备两块案板，分别用作处理生、熟食物。如无条件时，应先切熟食，后切生鱼、生肉与蔬菜，切不可用刚切过生鱼肉的案板，随便用抹布擦一下，就用来切熟食与凉拌食物。

4.3.6 其他刀工设备

刀工设备是对烹饪原料进行刀工处理的专用工具。我国传统意义上的刀工设备是指加工烹饪原料过程中所使用的刀具和衬垫工具(菜墩)等设备。随着现代化建设进程的加快,各种机械化的刀工设备不断问世。随着市场经济的不断完善和科学技术的不断进步,逐步实现了机械化和智能化。对烹饪原料进行加工的工具也有了改进和提高,刀工设备发展至今已有了切片切丝机、刨片机、多用切菜机、斩拌机等设备,大大减轻了劳动强度,提高了工作效率,对质量的提高有了更好的保证。但是,由于受传统饮食文化的影响和传统烹饪工艺的限制,以及各种烹饪原料的性能迥异,现有的机械化设备还不能满足种类繁多的烹饪原料加工的需要。因此,现代厨房刀工设备与传统厨房刀工设备并存还会有一段相当长的时间,有些传统刀具和加工方法,还需要在生产中使用。作为入门者,了解和掌握机械化刀工设备和加工方法等方面的知识是学好烹饪的基础。

任务4 常用刀法

不同的原料具有不同的特性,在进行刀工处理时,应根据原料的不同性能选用不同的刀具和采取不同的刀法。例如,韧性肉类原料,必须用拉切的刀法。猪肉较嫩,肉中结缔组织少,可斜着肌肉纤维纹路切,如果横刀,就容易断。如果肉较老,只有斜切,才能达到既不断又不老的目的。牛肉较老,结缔组织多,必须横着肌肉纤维的纹路,把纤维、筋切断,炒熟后就不会老。鸡脯肉和鱼肉最嫩,要顺着肌肉纤维纹路来切,可以使切出的丝和片不断、不碎。又如脆性的原料,冬瓜、笋等,可用直上直下的直刀法切。如果是豆腐等易碎或薄小的原料则不宜直切,应该采用推切法。根据原料的特性进行适当的刀工处理,才能保证菜肴的质量。

4.4.1 常用刀法的种类

刀法的种类很多,各地的名称也都不同,但根据刀刃与墩面接触的角度,运刀方向和刀具力度等运动规律,大致可分为直刀法、平刀法、斜刀法、剞刀法等4大类。每大类根据刀的运行方向和不同步骤,又分出许多小类。初学者首先必须了解各种常用刀法的行刀技法,从空刀运刀练起。

1)直刀法

直刀法是刀工中最常用的刀法,也是较为复杂的刀法之一。直刀法就是指刀具与墩面或原料基本保持垂直运动的刀法。这种刀法按照用力大小的程度和刀刃离墩面的距离长短,可分为切、剁(又称斩)、砍(又称劈)等。

(1)切

①直刀切。又称跳切,在直刀切过程中如运刀的频率加快,就如同刀在墩面“跳动”,跳切

因此而得名。这种刀法在操作时要求刀具与墩面或原料垂直、刀具做垂直上下运动，着力点布满刀刃，从而将原料切断。

适用范围：适用于加工脆性原料，如白菜、油菜、荸荠（南荠）、鲜藕、莴笋、冬笋及各种萝卜等。

操作方法：左手扶稳原料，一般是左手自然弓指并用中指指背抵住刀身，与其余手指配合，根据所需原料的规格（长短、厚薄），呈蟹爬姿势将刀不断退后移动。右手持稳刀，运用腕力，用刀刃的中前部位对准原料被切位置，刀身紧贴着左手中指第一节指关节背部，并随着左手移动，以原料规格的标准取间隔距离，一刀一刀跳动直切下去。刀垂直上下，刀起刀落将原料切断。如此反复直切，直至切完原料为止。

技术要领：左手运用指法向左后方向移动，要求刀距相等，两手协调配合、灵活自如。刀具在运动时，刀身不可里外倾斜，作用点在刀刃的中前部位。所切的原料不能堆叠太高或切得过长，如原料体积过大，应放慢运刀速度。按稳所切原料，持刀稳、手腕灵活、运用腕力，稍带动小臂。两手必须密切配合，从右到左，在每刀距离相等的情况下，有节奏地匀速运动，不能忽宽忽窄或按住原料不移动。刀口不能偏内斜外，提刀时刀口不得高于左手中指第一关节，否则容易造成断料不整齐、放空刀或切伤手指。

②推刀切。这种刀法操作时要求刀具与墩面垂直，刀的着力点在中后端，刀具自上而下、从右后方向左前方推刀下切，一推到底，将原料断开。

适用范围：推刀切适合加工各种韧性原料，如无骨的猪、牛、羊各部位的肉。对硬实性原料，如火腿、海蜇、海带等，也都适合用这种刀法加工。

操作方法：左手扶稳原料，右手持刀，用刀刃的前部位对准原料被切位置。刀具自上至下、自右后方地朝左前方推切下去，将原料切断。如此反复直切，直至切完原料为止。

技术要领：左手运用指法向左后方向移动，每次移动都要求刀距相等。刀具在运行切割原料时，要通过右手腕的起伏摆动，使刀具产生一个小弧度，从而加大刀具在原料上的运行距离。使用刀具要有力，避免连刀的现象，要一刀将原料推切断开。

③拉刀切。拉刀切是与推刀切相对的一种刀法。操作时，要求刀具与墩面垂直，用刀刃的中后部位对准原料被切位置，刀具由上至下，从左前方向右后方运动，一拉到底，将原料切断。这种刀法主要是用于把原料加工成片、丝等形状。

适用范围：拉刀切适合加工原料韧性较弱，质地细嫩并易碎者，如里脊肉、鸡脯肉等。

操作方法：左手扶稳原料，右手持刀，刀的着力点在前端，用刀刃的中后部位对准原料被切的位置。刀具由上至下、自左前方向后方运动，用力将原料拉切断开。如此反复直切，直至切完原料为止。

技术要领：左手运用指法向左后方向移动，要求刀距相等。刀具在运动时，应通过腕的摆动，使刀具在原料上产生一个弧度，从而加大刀具的运动距离，使用刀具要有力，避免连刀的现象，一拉到底，将原料拉切断开。如此反复直切，直至切完原料为止。

④推拉刀切。推拉刀切是一种推刀切与拉刀切连贯起来的刀法。操作时，刀具先向左前方行刀推切，接着再行刀向右后方拉切。一前推一后拉，迅速将原料断开。这种刀法效率较高，主要适用于把原料加工成丝、片的形状。

适用范围:推拉刀切适合加工有韧性且细嫩的原料,如里脊肉、通脊肉、鸡脯肉等。

操作方法:左手扶稳原料,右手持刀,先用推刀的刀法将原料切断(方法同推刀切),然后,再运用拉切的刀法将后面的原料切断(方法同拉刀切)。如此将推刀切和拉刀切连接起来,反复推拉切,直至切完原料为止。

技术要领:首先要求掌握推刀切和拉刀切各自的刀法,再将两种刀法连贯起来。操作时,只有在原料完全推切断开以后才能再做拉刀切,使用要有力,运用要连贯。

⑤锯刀切。锯刀切是直刀法的一种,它与推拉刀切的运刀方法相似,但行刀的速度较慢。

适用范围:锯刀切适合加工质地松软或易碎的原料,如面包、精火腿等。

操作方法:右手持刀,用刀刃的前部位接触原料被切的位置,要求刀具与墩面垂直,刀具在运动时,先向左前方运动,刀刃移至原料的中部位之后,再将刀具向右后拉回。此法形同拉锯,再如此反复多次,将原料切断。锯刀切主要是把原料加工成片的形状。

技术要领:刀具与墩面保持垂直,刀具在前后运动时的用力要小,速度要缓慢,动作要轻,还要注意刀具在运动时的下压力要小,避免原料因受压力过大而变形。

⑥滚料切。行业称滚刀切,这种刀法在操作时要求刀具与墩面垂直,左手边扶料,边向后滚动原料;右手持刀,原料每滚动一次,采用直刀切或推刀切一次,将原料切断。

适用范围:直刀滚料切主要是把原料加工成块的形状。适合加工一些圆形或近似圆形的脆性原料,如各种萝卜、冬笋、莴笋、黄瓜、茭白等。

操作方法:直刀滚料切是通过直刀切来加工原料的。左手扶稳原料,使其与刀具保持一定的角度,右手持刀,用刀刃前中部对准原料被切位置,运用直刀切的刀法,将原料切断开。每切完一刀后,即把原料朝一个方向滚动一次,再做直刀切,如此反复进行。

技术要领:每完成一刀后,随即把原料朝一个方向滚动一次,每次滚动的角度都要求一致,才能使成型原料规格相同。

⑦铡刀切。铡刀切,是直刀法的一种行刀技法。

铡刀切用力点近似于铡刀,要求一手握刀柄,一手握刀背前部,两手上下交替用力压切。

适用范围:铡刀切适合加工带软骨或比较细小的硬骨原料,如蟹、烧鸡等。圆形、体小、易滑的原料,如花椒、花生米,煮熟的蛋类等原料也适合用这种方法加工。

操作方法:操作方法有3种。

第一种,右手握住刀柄,提起,使刀柄高于刀的前端,左手按住刀背前端使之着墩,并使刃口的前部按在原料上,然后对准要切的部位用力下压切下去。

第二种,右手握住刀柄,将刃口放在原料要切的部位上,左手握住刀背的前端,左右两手同时用力压下去。

第三种,右手握紧刀柄,将刀刃放在原料要切的部位上,左手用力猛击刀背,使刀猛铡下去。

技术要领:操作时左右手反复上下抬起,交替由上至下铡切,动作要连贯。

(2)剁

剁根据用刀多少可分为单刀剁和双刀剁两种,根据用刀的方法又分为直剁、刀背捶、刀尖跟排等,操作方法大致相同。操作时要求刀具与墩面垂直,刀具上下运动,抬刀较高,用力较大。这种刀法主要用于将原料加工成末、蓉、泥等。

①直剁。直剁与直刀切的动作相似,不同之处在于直剁后的原料为末状或泥状,而直刀切后的原料为片状、条状、丝状或丁状。

适用范围:这种刀法适合加工脆性原料,如白菜、葱、姜、蒜等。对韧性原料,如猪肉、羊肉、虾肉等也适合用剁法加工。

操作方法:将原料放在墩面中间,左手扶墩边,右手持刀(或双手持刀),用刀刃的中前部位对准原料,用力剁碎。当原料剁到一定程度时,将原料铲起归堆,再反复剁碎原料直至达到加工要求为止。

技术要领:操作时,用手腕带动小臂上下摆动,用力大于直刀切且适度,用刀要稳、准,富有节奏,同时注意抬刀不可过高,以免将原料甩出造成浪费。同时要勤翻原料,使其均匀细腻。

②刀背捶。刀背捶可分为单刀捶和双刀背捶两种,操作方法大致相同。操作时要求左手扶墩,右手持刀(或双手持刀),刀刃朝上,刀背与墩面平行,垂直上下捶击原料。这种刀法主要用于加工肉蓉和捶击动物性烹饪原料,使肉质疏松,或将厚肉片捶击成薄肉片。

适用范围:刀背捶击适合加工经过细选的韧性原料,如鸡脯肉、里脊肉、净虾肉、肥膘肉、净鱼肉。

操作方法:左手扶墩,右手持刀(或双手持刀),刀刃朝上,刀背朝下,将刀抬起,捶击原料。当原料被捶击到一定程度时,将原料铲起归堆,再反复捶击原料,直至符合加工要求为止。

技术要领:操作时,刀背要与菜墩面平行,加大刀背与菜墩面的接触面积,使之受力均匀,提高效率。用力要均匀,抬刀不要过高,避免将原料甩出,且勤翻动原料,从而使加工的原料均匀细腻。

③刀尖(跟)排。使用这种刀法操作时要求刀具做垂直上下运动,用刀尖或刀跟在片形的原料上扎出几排分布均匀的刀缝,用以剁断原料内的筋络,防止原料因受热而卷曲变形;同时,也便于调料入味和扩大受热面积,易于成熟。

适用范围:刀尖(跟)排适合加工已呈厚片形的韧性原料,如大虾、通脊肉、鸡脯肉等。

操作方法:左手扶稳原料,右手持刀,将刀柄提起,刀具垂直对准原料。刀尖在原料上反复起落扎排刀缝。如此反复进行,直到符合加工要求为止。

技术要领:刀具要保持垂直起落,刀缝间隙要均匀,用力不要过大,轻轻将原料扎透即可。

(3)砍

砍是指从原料上方垂直向下猛力运刀断开原料的直刀法。根据运刀力量的大小(举刀高度),分为斩和劈4种:拍刀砍、直刀砍、跟刀砍、直刀劈。

①拍刀砍。

适用范围:拍刀砍适用加工形圆、易滑、质硬且易碎、带骨的韧性原料,如鸭蛋、鸭头、鸡头、酱鸡、酱鸭等。

操作方法:使用这种刀法操作时要求右手持刀,并将刀刃架在原料被砍的位置上,左手半握拳或伸平,用掌心或掌根向刀背拍击,将原料砍断。这种刀法主要是把原料加工成整齐、均匀、大小一致的块、条、段等形状。

技术要领:原料要放平稳,用掌心或掌跟拍击刀背时要有力,原料一刀未断开,刀刃不可离开原料，可连续拍击刀背，直至将原料完全断开为止。

②直刀砍。

适用范围：较大型的带骨的原料。

操作方法：左手扶稳原料，右手持刀，将刀举起，用刀刃的中前部，对准原料被砍的位置，一刀将原料砍断。这种刀法主要用于将原料加工成块、条、段等形状，也可用于分割大型带骨的原料，如排骨、鸭块等。

技术要领：右手握牢刀柄，防止脱手，将原料放平稳，左手扶料要离落刀点远一点，以防伤手。落刀要有力且适度、准确，将原料一刀砍断。

使用这种刀法操作时左手扶稳原料，右手将刀举起，做垂直上下运动，对准原料被砍的部位，用力挥刀直砍下去，使原料断开。

③跟刀砍。使用这种刀法操作时要求左手拿稳原料，刀刃垂直嵌牢在原料被砍的位置内，刀具运动时与原料一起上下起落，使原料断开。这种刀法主要用于加工大型成块的原料。

适用范围：跟刀砍适合加工猪脚爪、大鱼头及小型的冻肉等。

操作方法：左手拿稳原料，右手持刀，用刀刃的中前部对准原料被砍的位置快速砍入，紧嵌在原料内部。左手持原料并与刀同时举起，用力向下砍断原料，刀与原料同时落下。

技术要领：左手持料要牢，选好原料被砍的位置，刀刃要紧嵌在原料内部（防止脱落引起事故）。原料与刀同时举起同时落下，向下用力砍断原料。一刀未断开时，可连续再砍，直至将原料完全断开为止。

④直刀劈。直刀劈是所有刀法中用力最大的一种刀法。

适用范围：一般适用于体积较大、带骨或质地坚硬的原料，如劈整只的猪头、火腿等。

操作方法：左手扶稳原料，右手的大拇指与食指必须紧紧地握稳刀柄，用手腕之力持刀，高举到与头部平齐，将刀刃对准原料要劈的部位用力向下直劈的刀法。

技术要领：下刀要准，速度要快，力量要大，力求一刀劈断，如需复刀可采用跟刀砍的刀法。左手扶稳原料，应离开落刀点有一定距离，以防伤手。

2）平刀法

平刀法又叫批刀法，是指刀身与墩面平行，刀刃在切割烹饪原料时做水平运动的刀法。这种刀法可分为平刀直片、平刀推片、平刀拉片、平刀抖片、平刀滚料片等。

（1）平刀直片

使用这种刀法操作时要求刀膛与墩面平行，刀做水平直线运动，将原料一层层地片开。应用这种刀法主要是将原料加工成片的形状。在此基础上，再运用其他刀法将其加工成丁、粒、丝、条、段等形状。

平刀直片又可分为两种操作方法。

①第一种方法。

适用范围：此法适用加工固体性较软的原料，如豆腐、鸡血、鸭血、猪血等。

操作方法：将原料放在墩面里侧（靠腹侧一面），左手伸直顶住原料，右手持刀端平，用刀刃的中前部从右向左片进原料。

技术要领:刀身要端平,不可忽高忽低,保持水平直线片进原料。刀具在运动时,下压力要小,以免将原料挤压变形。

②第二种方法。

适用范围:此法适合加工脆性原料,如生姜、土豆、黄瓜、胡萝卜、莴笋、冬笋等。

操作方法:将原料放在墩面里侧,左手伸直,扶按原料,手掌或大拇指外侧支撑墩面,左手的食指和中指的指尖紧贴在被切原料的入刀处;右手持刀,刀身端平,对准原料上端被片的位置,刀从右向左做水平直线运动,将原料片断。然后左手中指、食指、无名指微弓,并带动已片下的原料向左侧移动,与下面原料错开 5 ~ 10 毫米。按此方法,使片下的原料片片重叠,呈梯田形状。

技术要领:在批切时,左手的食指和中指的指尖紧贴在被切原料的入刀处,以控制片形的厚薄;刀身端平,刀在运动时,刀膛要紧紧贴住原料,从右向左运动,使片下的原料形状均匀一致。

(2)平刀推片

平刀推片要求刀身与墩面保持平行,刀从右后方向左前方运动,将原料一层层片开。平刀推片主要用于把原料加工成片的形状,在此基础上,再运用其他刀法将其加工成丝、条、丁、粒等形状。平刀推片一般适用于上片的方法。

适用范围:此法适宜加工韧性较弱的原料,如通脊肉,鸡脯肉等。

操作方法:将原料放在墩面近身侧,距离墩面边缘约 3 厘米。左手扶按原料,手掌作支撑。左手持刀,用刀刃的中前部对准原料上端被片位置。刀从右手后方向左前方片进原料。原料片开以后,用手按住原料,将刀移至原料的右端。将刀抽出,脱离原料,用中指、食指、无名指捏住原料翻转。紧接着翻起来手掌,随即将手翻回,将片下的原料贴在墩面上,如此反复推片。

技术要领:在行刀过程中端平刀身,用刀膛紧贴原料,动作要连贯紧凑。一刀未将原料片开,可连续推片,直至将原料片开为止。

(3)平刀拉片(批)

平刀拉片要求刀身与墩面保持平行,刀从右前方向左后方运动,将原料一层层片开。平刀拉片主要用于把原料加工成片的形状,在此基础上,再运用其他刀法可将其加工成丝、条、丁、粒等形状。一般适用于下片的方法。

适用范围:此刀法适宜加工韧性较强的原料,如五花肉、坐臀肉、颈肉、肥肉等。

操作方法:将原料放在墩面近身侧,距离墩面边缘约 3 厘米。左手手掌按稳原料,右手持刀,在贴近墩面原料的部位起刀,根据目测厚度或根据经验将刀刃的中后部位对准原料被片(批)的部位,并将刀具的后部进入原料,刀刃从右手前方进原料向左后方运动,成弧线运动。

技术要领:操作时一定要将原料按稳,紧贴在刀板上,防止原料滑动。刀在运行时要充分有力,原料应一刀片(批)开,可连续拉片(批),直至原料完全片(批)开为止。

(4)平刀抖片(又称抖刀片)

平刀抖片属平刀法,但原料成型的片状呈波浪形或锯齿形。

适用范围:平刀抖片适用于质地软嫩、无骨或脆性原料,如蛋黄、白糕、松花蛋、豆腐干、黄瓜等。

操作方法:将原料放置在墩面的右侧,用左手扶稳原料,右手持刀端平并且使刀膛与墩面也平行,当刀刃进入原料后,用刀背成上下波动,逐渐片(批)进原料,直至将原料片(批)开为止。

技术要领:当刀刃进入原料后,刀背上下波动不可忽高忽低,行进的速度要均匀,刀纹的深度和刀距要相等。

(5)平刀滚料片

平刀滚料片是运用平刀推、拉片的刀法,边片边展滚原料的刀法,也是将圆形或圆柱形的原料加工成较大的片,刀刃在水平切割的同时原料以匀速向前或后滚动,将原料批切成片的一种刀法。

适用范围:适宜加工球形、圆柱形、锥形或多边形的韧性且质地较软的原料或脆性原料,如鸡心、鸭心、肉段、肉块、腌胡萝卜、黄瓜等。

操作方法:将原料放置在墩面里侧,左手扶稳原料,右手持刀与墩面或原料平行,用刀刃的中前部位对准原料右侧底部被片(批)的位置,并将刀锋进入原料,刀刃匀速进入原料,原料以同样的速度向左后方滚动,直至原料批切成片。入刀的部位也可从原料右侧的上方进入,原料向右前方滚动,其他手法与平刀推拉片相似。

技术要领:在操作此刀法时,刀身要端平,两手配合要协调,刀刃挺进的速度与原料滚动的速度应一致,否则易造成批断或伤及手指。

3)斜刀法

斜刀法是刀与墩面或刀与原料形成的夹角为0°~90°或90°~180°。这种刀法按照刀具与墩面或原料所呈的角度和方向可以分为正刀斜片和反刀斜片两种。

(1)正刀斜片

正刀斜片是指左手扶稳原料,右手持刀,刀背向右、刀口向左,刀身的右外侧与墩面或原料呈0°~90°,使刀在原料中做倾斜运动的行刀技法称为正斜刀法。

适用范围:适用于质软、性韧的各种韧性且体薄的原料,原料切成斜形、略厚的片或块。适宜加工原料如鱼肉、猪腰、鸡肉、大虾肉、猪牛羊肉等,白菜帮、青蒜等也可加工。

操作方法:将原料放置在墩面左侧,左手4指伸直扶按原料,右手持刀,按照目测的厚度,刀刃从右前方向左后方,沿着一定的斜度运动,与平刀拉片相似。

技术要领:刀在运动过程中,运用腕力,进刀轻推,出刀果断。刀身要紧贴原料,避免原料黏走或滑动,左手按于原料被片下的部位,对片的厚薄、大小及斜度的掌握,主要依靠眼光注视两手的动作和落刀的部位,右手稳稳地控制刀的斜度和方向,随时纠正运刀中的误差。左、右手运动有节奏地配合,一刀一刀片下去。

(2)反刀斜片

反刀斜片又称右斜刀法、外斜刀法。反刀斜片是指左手扶稳原料,右手持刀,刀背向左后方,刀刃朝右前方,刀身左侧与墩面或原料呈0°~90°,使刀刃在原料中做倾斜运动的行刀技法。

适用范围:这种刀法主要是将原料加工成片、段等形状。适用于脆性、体薄、易滑动的动、植物原料,如鱿鱼、熟肚子、青瓜、白菜帮等。

操作方法:左手呈蟹爬形按稳原料,以中指第一关节微屈抵住刀身,右手持刀,使刀身紧贴左手指背,刀口向右前方,刀背朝左后方,刀刃向右前方推切至原料断开。左手同时移动一次,并保持刀距一致,刀身倾斜角度,应根据原料成型的规格进行调整。

技术要领:左手有规律地配合着向后移动,每一移动应掌握同等的距离,使切下的原料在形状、厚薄上均匀一致。运刀角度的大小,应根据所片原料的厚度和对原料成型的要求而定。

4)剞刀法

剞刀法称混合刀法、花刀法,有雕之意,所以又称剞花刀。指在经加工后的坯料上,以斜刀法、直刀法为基础,刀刃在原料表面或内部做垂直、倾斜等不同方向的运行,并在原料表面形成横竖交叉,深而不断、不穿的规则刀纹或形成特定平面图案,使原料在受热时发生卷曲、变形而形成不同花形的一种行刀技法。这种刀法比较复杂,主要把原料加工成各种造型美观、形象逼真(如麦穗、菊花、玉兰花、荔枝、核桃、鱼鳃、蓑衣、木梳背、松鼠形等)的形状,用这种刀法制作出的菜品不仅是美味佳肴,更能给人以艺术享受并为整桌酒席增添气氛。

剞刀法主要用于原料刀工美化,是技术性更强、要求更高的综合性刀法。在具体操作中,根据运刀方向和角度的不同,剞刀法可分为直刀剞、直刀推(拉)剞、斜刀剞等。

(1)直刀剞

直刀剞是以直刀切为基础,在直刀切时刀运行到一定深度时,刀停止运行,不完全将原料切开,在原料上切成直线刀纹。

适用范围:适宜加工脆性、质地较嫩的原料,如黄瓜、冬笋、胡萝卜、莴笋等。

操作方法:左手按扶原料,中指第一关节弯曲处顶住刀身,右手持刀,用刀刃中前部位对准原料被切的部位,刀在原料中做自上而下的垂直运行,当刀刃运行到一定深度(如原料厚度的4/5或3/4)时停止运行。运刀的方法与直刀切相同。

技术要领:左手扶料要稳,右手握刀,做垂直运动,速度要均匀,以保持刀距均匀;右手持刀要稳,控制好腕力,下刀准,每刀用力均衡,掌握好进刀深度,做到深浅一致。

(2)直刀推(拉)剞

直刀推(拉)剞是以直刀推(拉)切为基础,在直刀推(拉)切时刀运行到一定深度时刀停止运行,不完全将原料切开,在原料上切成直线刀纹。

适用范围:这种刀法适宜加工各种韧性原料,如腰子、猪肚尖、净鱼肉、鱿鱼、墨鱼等,也可用于一些纤维较多的脆性原料,如生姜等。

操作方法:左手按扶原料,中指第一关节弯曲处顶住刀身,右手持刀,用刀刃前部位对准原料被切的部位,刀刃进入原料后保持刀垂直,做右后方向左前方运动(拉切的运动方向与之相反),当刀刃运行到一定深度(如原料厚度的4/5或原料不破、不断为佳)时停止运行。运刀的方法与直刀推(拉)切相同。

技术要领:左手扶料要稳,从右前方向左后方移动时,速度要均匀,以保持刀距均匀;右手持刀要稳,控制好腕力,下刀准,每刀用力均衡,掌握好进刀深度,做到深浅一致。

(3)斜刀剞

斜刀剞是在斜刀法的基础上,在刀切割时刀运行到一定深度时刀停止运行,不完全将原料切开，在原料上切成直线刀纹。

适用范围：这种刀法适宜加工各种韧性原料，如墨鱼、鱿鱼、腰子、猪肚尖、净鱼肉等；也可用于一些纤维较多的脆性原料，如生姜等。

操作方法：斜刀剞是指左手扶稳原料，右手持刀，刀背向里，刀口对外，刀身的左外侧与墩面或原料呈 0°～90°，使刀在原料中做倾斜运动。当刀刃运行到一定深度（如原料厚度的 4/5 或原料不破、不断为佳）时停止运行。运刀的方法与反刀斜批相同。

技术要领：左手有规律地配合着向后移动，每一次移动应掌握同等的距离，使剞刀成型原料的花纹一致。运刀角度的大小，应根据所片原料的厚度和对原料成型的要求而定。

5）其他刀法

所谓其他刀法，即在刀工实际操作中不可缺少的一类特殊的刀法，较为常用的有削法、拍法、旋法、刮法、剔法、剖法、戳法、捶法、剜法、揿法等。

（1）削法

削法一般用于去皮，指用刀平着去掉原料表面一层皮，也用于加工成一定形状的加工方法。

适用范围：多用于初加工和一些原料的成型，如削山药、莴苣、黄瓜、鲜笋、萝卜、土豆、茄子等。

操作方法：削时左手拿原料，拇指和无名指拿捏原料的内端，食指和中指托扶原料的底部，右手持刀，用反刀紧贴原料的表面向外削，对准要削的部位，一刀一刀按顺序削。

技术要领：要掌握好厚薄，精神要集中，看准部位，否则容易伤手。

（2）拍法

拍法指用刀身拍破或拍松原料的一种刀法。拍法可使新鲜味料（如葱、姜、蒜等）的香味外逸，也可使韧性原料（如猪排、牛排、羊肉）肉质疏松。

适用范围：较厚的韧性原料用拍法，使之片形变薄，达到肉质疏松、鲜嫩的作用，如猪排、牛排、羊肉等；脆性原料用拍法，使之易于入味，如芹菜、黄瓜等。

操作方法：左手将刀身端平，用刀膛拍击原料，因此拍刀又称为拍料。

技术要领：拍击原料所用力的大小，要根据原料的性能及烹调的要求加以掌握，以把原料拍松、拍碎、拍薄为原则。用力要均匀，一次未达到目的，可再拍刀。

（3）旋法

旋法可用于去皮，也可将原料放在砧墩上加工即为滚料片。

适用范围：适用于圆球形原料的去皮，如苹果；也适用于圆柱形原料片薄的长条形，如酱黄瓜条成片状。

操作方法：左手拿捏原料，右手持刀，从原料表面批入，一边旋批一边匀速转动原料。

技术要领：两手的动作要协调，使原料成型厚薄均匀。

（4）刮法

刮法又称“背刀法”。

适用范围：可用于原料初步加工，去掉原料表皮杂质或污垢，如刮鱼鳞，刮去猪爪、猪蹄等表面的污垢及刮去嫩丝瓜的表皮;也可用于制取鱼蓉,如刮鱼青取鱼胶。

操作方法:左手持料,右手持刀,将原料放在砧礅上,从左到右,或从右到左,将需去掉的东西刮下来。

刮取鱼蓉时,左手按着鱼肉尾部,右手持刀,将刀身倾斜,刀口向左,右手握刀柄,用刀身底部压着原料,连拖带按向右运刀。

技术要领:用刀尖从尾向上刮,持刀的手腕用力要均匀,才能将鱼肉刮成蓉状。如果用力时大时小,就会造成鱼肉表面不平整,刮起来不顺,而且会刮出肉粒,或带有骨丝。刮时要顺着鱼的骨刺,否则会脱出骨刺。

(5)剔法

剔法又称剔刀法,一般用于取骨、部位取料等。

适用范围:适用于动物性原料的去骨,如猪蹄膀去骨,整鸡去骨等。

操作方法:右手执刀,左手按稳原料,用刀尖或刀跟沿着原料的骨骼下刀,将骨肉分离,或将原料中的某一部位取下。

技术要领:操作时刀路要灵活,下刀要准确。随部位不同可以交叉使用刀尖、刀跟。分档正确,取料要完整,剔骨要干净。

(6)剖法

剖法是指用刀将整形原料破开的方法,如鸡、鸭、鱼等剖腹时,先用刀将腹部剖开。

适用范围:整形原料的剖腹去内脏,如鸡、鸭、鱼等取脏。

操作方法:右手执刀,左手按稳原料,将刀尖和刀刃或刀跟,对准原料要剖的部位下刀划破。

技术要领:根据烹调需要掌握下刀部位及剖口大小来准确运刀。

(7)戳法

戳法又称斩法,一般用于加工畜、禽等肉类带筋的原料,目的是将筋斩断,而保持原料的整形,以增加原料的松嫩感。

适用范围:适用于筋络较多的肉类原料,如鸡脯、鸭脯等。

操作方法:指用刀尖或刀跟戳刺原料,且不致断的刀法,戳时要从左到右、从上到下,筋多的多戳、筋少的少戳,并保持原料的形状。戳后使原料断筋防收缩、松弛平整,易于成熟入味、质感松嫩。

技术要领:尽可能保持原料的形状完整。

(8)捶法

捶法是将厚大韧性强的肉片用刀背捶击,使其质地疏松并呈薄形;还可将有细骨或有壳的细嫩的动物性原料加工成蓉,如制虾蓉或鱼蓉。

操作方法:右手持刀,刀背向下,上下垂直捶击原料。

技术要领:运刀时抬刀不要过高,用力不要过大。制蓉时要勤翻动原料,并及时挑出细骨或壳,使肉蓉均匀、细腻。

(9)剜法

剜法是指用刀具挖空原料内部或原料表面处理的一种刀法,如剜去苹果、梨核、剜去山药、

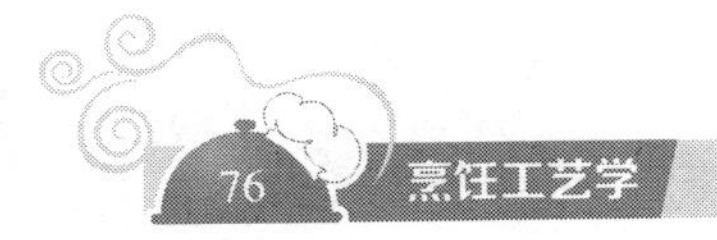

土豆等表面的斑点。

操作方法:左手抓稳原料,或按稳在砧墩上,用刀尖或专用的剜勺,将原料要除去的部分剜去。

技术要领:刀具应旋转着进行,两手的动作要协调,剜去的部分大小要掌握好。

(10)揿法

揿法是将本身是软、烂性的原料加工成蓉泥的一种刀法,如豆腐、熟山药、熟土豆等,要加工成豆腐泥、山药泥、土豆泥,则不需要用排剁的刀法,而用揿。

操作方法:将原料放在砧墩上,用刀身的一部分对准原料,从左向右在砧墩上磨抹,使原料形成蓉泥。

技术要领:刀身倾斜接近平行,用刀身将原料揿成泥。

4.4.2 原料基本形状成型及刀法运用

原料基本成型及将原料经过不同的刀法处理后,就成为既便于烹调又便于食用的各种形状,其分为基本形状和美化形态两种类型。至于何种原料适合加工成什么形状,要看烹调的需要,其目的是便于火候的处理,使食物入味、易嚼烂,还能收到美化原料、使菜肴造型美观的效果。成型后的原料是多种多样的,根据刀工成型后原料的形状特征来分,较常采用的有块、段、片、条、丝、丁、粒、末、蓉泥、球等形状。

1)块

块是指类似方块的形状,各种块形的选择主要是根据烹调需要以及原料的性质来决定。块的常见种类有自然块、长方块、滚料块、菱形块、劈柴块、瓦块、骨排块、排骨块。一般用于焖、焗的块可大些,用于炒、蒸的块可小些;质地松软、脆嫩的块可稍大些,质地坚硬而带骨的块可小些。对于某些块形大的,则应在其背面剞上十字花刀,以便烹制时受热均衡入味。

(1)块的成型方法

质地较为松软、脆嫩的原料,或去骨后的肉类,一般都是采用切的刀法使其成块。质地较韧或者有皮有骨的原料,则可以采用斩的方法,使其成块。块的大小主要决定于原料所改成条的宽窄、厚薄,使用的刀法要正确。

(2)块形的分类

①自然块。

成型规格:连长约为4厘米。

成型方法:根据原料性能,先按规格的边长切或斩成条、段,再按原来长度改刀成块。

适用范围:把各种原料加工成块状,如鸡块等。

②长方块。

成型规格:大块长5厘米×3.5厘米,厚1~1.5厘米;小块长3.5厘米×2厘米,厚0.8厘米。

成型方法:先按规定的高度加工厚片,再按规定的长度改刀成条或段,最后加工成长方块。

适用范围:把各种原料加工成块状,如鱼块等。

③滚料块。

成型方法:用滚料切刀法加工而成,一般用于圆柱形或球形的原料,每切一刀就将原料滚动一次。根据原料的滚动幅度大小,分为大滚料块和小滚料块,也叫梳背块、剪刀块。大滚料块一般用于烧、煮、炖、焖,小滚料块一般用于炝、拌、炒、烩等。

适用范围:一般把圆形、圆柱形的原料加工成滚料块,如土豆、茄子等。

④菱形块(又称象眼块)。形状似几何图形中的菱形,又与象眼差不多,故得名。

成型规格:大块4厘米×1.5厘米;小块2.5厘米×1厘米。

成型方法:先按高度规格将原料批或切成大片,再按边长规格将大片切成长条,最后斜切成菱形块。

适用范围:适用于形状比较规则、平整的原料,如方干、蛋白糕等。

⑤劈柴块。

成型规格:长、短、厚薄、大小不规则,加工成块后像烧火劈柴。

成型方法:一般将圆柱形的原料,劈成几瓣,即劈柴块;也可先用拍刀将原料纤维拍松,再按长方块的成型方法加工成块。

适用范围:主要用于纤维组织较多的茎菜类蔬菜,如冬笋或茭白等原料。另外,凉拌黄瓜也有用劈柴块的。

⑥排骨块。原是指切成约3厘米长的猪软肋骨,后类似其形状的块就叫排骨块。

2)段

段比条粗,有粗段和细段之分。

成型方法:段主要用直刀法加工成型。

成型规格:1厘米×1厘米×3.5厘米;0.8厘米×0.8厘米×2.5厘米。

适用范围:常见有黄鳝、带鱼、豇豆、刀豆等。

3)片

片为面宽而形薄的形状,大小多种多样,厚薄也不尽相同。常用的有长方片、柳叶片、菱形片、月牙片、夹刀片、梳子片、指甲片等。一般有切法和片法两种成型的方法。切法适用范围较广,特别是韧性、脆性和细嫩的原料。如各种肉类宜用推切和推拉切,植物类原料宜用直切。片法适用于一些质地松软、直切不易切整齐或者本身形状较为扁薄的原料,无法直切的,可将原料用斜刀法批切成片状。

(1)长方片

成型规格:大厚片5厘米×3.5厘米,厚0.3厘米;大薄片5厘米×3.5厘米,厚0.1厘米;小厚片4厘米×2.5厘米,厚0.2厘米;小薄片4厘米×2.5厘米,厚0.1厘米。

成型方法:先按规格将原料加工成段、条或块,再用相应的刀法加工成片(长、宽、厚可根据原料的性质及大小而定)。

适用范围:可将原料加工成长方片。

(2)柳叶片

成型规格:长5~6厘米,厚0.1~0.2厘米,呈薄而狭长的半圆片,形状如柳叶。

成型方法:一般运用切、削或批的刀法加工而成。将圆柱形原料顺长从中间切开,再斜切成柳叶片。

适用范围:常见有炒猪肝、炒鸡片等。

(3)菱形片(又称象眼片)

成型规格:形状似菱块,边长2.5~4厘米,厚度0.1~0.3厘米。

成型方法:①可加工成菱形块后再批或切成菱形片。②先加工成整齐的长方条,再斜切成菱形片。

适用范围:同菱形块。茭白的粗端及冬笋、毛笋等也可加工成菱形片。

(4)月牙片

成型规格:片呈半圆形,厚度0.1~0.2厘米。

成型方法:将球形、圆柱形原料一切为二,再切成半圆形的薄片。片的大小一般根据原料的粗细、大小而定。

适用范围:常见有胡萝卜、土豆。

(5)夹刀片

成型规格:凡一端切开成两片,另一端连在一起的片,叫夹刀片。其厚度为0.1~0.3厘米。

成型方法:夹刀片用切或批的刀法。

适用范围:常见有椒盐藕夹、椒盐茄子。

(6)梳子片

成型规格:先在原料的表面剞上一些直刀纹,然后将原料转一个角度,加工成片。其厚度为0.1~0.3厘米。

成型方法:剞刀法和直刀法。

适用范围:常见有温拌猪腰。

(7)指甲片

成型规格:片形较小,一端圆、一端方,形如大拇指甲,所以称指甲片。

成型方法:将圆形原料一切为二,用直刀法或斜刀法切成指甲片。

适用范围:脆性原料(如菜梗、生姜等圆形或圆柱形的原料)。

4)条

根据条的长短、粗细的不同,可分为大指条、小指条、筷梗条等。

(1)大指条

成型规格:(4~6)厘米×1.2厘米×1.2厘米。

成型方法:将原料先批成或切成厚片,再改刀成条。

适用范围:动物性、脆性原料,如糖醋排骨、姜汁黄瓜条等。

(2)小指条

成型规格:4.5厘米×1厘米×1厘米。

成型方法:将原料先批成或切成厚片,再改刀成条。

适用范围:动物性、脆性原料,如油焖笋、干烧茭白等。

(3)筷梗条

成型规格:(4~6)厘米×0.5厘米×0.5厘米。

成型方法:将原料先批成或切成厚片,再改刀成条。

适用范围:动物性、脆性原料,如挂糊类菜肴——酥炸鱼条等。

5)丝

根据原料的质地和烹饪方法需要,我们可加工成黄豆芽丝、绿豆芽丝、火柴棍丝、棉纱线丝。

成型方法:切丝时先要把原料加工成片状,然后再切成丝。根据原料的性质不同,切丝的方法也不同。

适用范围:动物性、植物性原料。

(1)切丝的方法

瓦楞排叠法:一般适用于易滑动的原料,如猪肉、鸡肉、牛肉、萝卜、土豆等。

整齐堆叠法:一般适用于不易滑动的原料,如干片、百页等。

卷叠法:一般适用于面积较大的薄而软的原料,如蛋皮、海蜇皮、青菜等。

(2)切丝的要点

为了保证丝的质量,切丝时要注意以下问题:

①厚薄均匀加工片时,要注意厚薄均匀,切丝时要切得长短一致、粗细均匀。

②排叠整齐原料加工成片后,不论采取哪种排叠方法都要排叠整齐,且不能叠得过高。

③按稳原料不滑动左手,切时原料不可滑动,这样才能使切出来的丝粗细一致。

④根据原料的性质决定切法。应根据原料的性质来决定是顺丝切还是顶丝切或斜丝切,如牛肉纤维长且肌肉韧带较多,应当顶丝切;猪肉比牛肉嫩,应当斜切或顺切,使纤维交叉搭牢而不易断碎;鸡肉、猪里脊肉等质地较嫩,必须顺切,否则烹调时易碎。

6)丁

常见的丁有正方大丁,正方中丁,正方小丁,碎丁等。

成型规格:正方大丁1.5立方厘米,正方中丁1.2立方厘米,正方小丁0.8立方厘米,碎丁0.7立方厘米。

成型方法:丁的成型方法是将原料批或切成厚片,再由厚片改刀成条,再由条加工成丁。菱形丁规格如正方丁,成型刀法是成条后,成45°角斜切成菱形。

适用范围:较为常用,动物性、植物性原料均可。

7)末

成型规格:末比粒更小,与芝麻相仿,形状不规则。

成型方法:可将原料切成细丝后顶刀切成末或切成丁后,用排斩刀法斩成末。

适用范围:常用于点缀或作料、制馅用,如肉末、菜末、姜末、蒜末等。

8)蓉泥

成型规格:蓉与泥都是用原料加工成的一种极细的糊状。为便于区别和分类,根据常规的叫法，一般将加工成糊状的动物性原料称为蓉，将加工成糊状的植物性原料称为泥。

成型方法：动物性的原料去皮、去骨、去筋膜。植物性的原料需经初步熟处理。

适用范围：植物性的有菜泥、豆泥、土豆泥等；动物性的有鸡蓉、鱼蓉、虾蓉等。由于地区不同，也有一些其他的不同名称，如虾胶、肉泥等。

9）球

成型规格：圆形球状的大小可根据烹调方法确定。大型的球形直径为 4 ~5 厘米，中型的球形直径为 1.5 ~2 厘米，小型的球形直径为 0.5 厘米左右。

成型方法：有 3 种。

①挤捏成型，如珍珠鱼丸、鱼丸、肉丸等。

②特制刀具、模具加工成型。用剐取器或圆形挖匙，强力地压进萝卜中，转动挖匙，便能轻易剐取理想的球状材料，如冬瓜球、西瓜球、萝卜球等。

③在原料上用刀剞上花纹，烹制后收缩或卷曲略呈圆状的块形或件形，如荔枝球形。

4.4.3 小型花刀块原料的成型及刀法运用

原料经过不同的刀法加工处理，在加热以后形成各种优美的形状，既便于烹调和食用，又整齐美观。常用的有荔枝形、麦穗形、菊花形、金鱼形、网眼形、梳子形、鱼鳃形、麻花形、凤尾形、玉翅形、花枝形等。

1）荔枝形

荔枝形花刀是将原料用两次直刀剞的刀法加工而成，适用于猪腰、鱿鱼、墨鱼等原料。

荔枝腰花刀工基础训练：先在猪腰内侧（去腰臊）用直刀推剞出若干条平行刀纹，刀距相等，进刀深度为原料厚度的 4/5。将猪腰转 80° ~90°，仍用直刀推剞出若干条平行刀纹，刀距、深度同上，与上一步推剞出的刀纹相交成 80° ~90°。将剞好花刀的猪腰改刀成菱形块或等边三角形块，前者受热后对角卷曲，后者三面卷曲成荔枝形。

技术要求：刀距、进刀深度及改块大小都要均匀一致。

2）麦穗形

麦穗形花刀是运用直刀剞和斜刀推剞的刀法加工而成，适用于猪腰、鱿鱼、墨鱼、猪里脊肉等原料。

麦穗腰花刀工基础训练：将半只猪腰放在菜墩上，腰子内剖面（去腰臊）向上，右手持刀用斜刀推剞出若干条平行刀纹，刀距相等，倾斜角度约为 40°，进刀深度为猪腰厚度的 3/5。再将猪腰转 90°，用直刀推剞出若干条与斜刀纹相交成 90°的平行刀纹，刀距相等，进刀深度为猪腰厚度的 4/5。将剞好花刀的猪腰纵向等分一切为二，横向也等分一切为二，即半只猪腰改刀成 4 块长方条，经加热卷曲即成麦穗形。

技术要求：剞花刀时刀距、进刀深度、倾斜角度要均匀一致。直刀纹应比斜刀纹略深，斜刀纹的间距应比直刀纹略宽。斜刀的倾斜角度可根据猪腰的厚薄灵活掌握，倾斜角度越小，麦穗的外形越长。剞花刀后改块的大小要均匀。

3)菊花形

菊花形花刀有两种加工方法,一是两次直刀剞;二是先斜刀剞再直刀剞的刀法加工而成,适用于青鱼肉、肫仁等原料。

菊花形青鱼刀工基础训练:将去骨并修整的带皮青鱼肉正斜刀批剞,刀距为0.2厘米,深至鱼皮,连剞4刀,第五刀切断。将剞好的鱼块转90°,再用直刀剞,刀距为0.2厘米,深至鱼皮,连剞数刀。

技术要求:鱼肉较为细嫩,鱼皮不可去,否则易碎。刀距不宜过小,鱼丝过细易断。

4)金鱼形

金鱼形花刀是用两次反斜刀批剞的刀法加工而成,适用于鱿鱼、墨鱼等。

金鱼形鱿鱼刀工基础训练:将鱿鱼修切成长7厘米、宽3厘米的长方片,在原料长1/2处45°对角反刀斜剞,刀与墩面成50°夹角,刀距为0.3厘米,深至原料的3/4。将鱿鱼转90°,在原剞切的刀纹上再用同上的方法剞切,使两次刀纹形成90°。在没有刀纹的下半部切出3条金鱼的大尾巴,在剞切刀纹的上半部修去4个角成鱼身。

技术要求:两次反斜刀批剞的角度要一致、刀距相等、深度一致,修整鱼尾要自然逼真。

5)兰花形

兰花形花刀是在原料的两面分别采用直刀剞并形成一定夹角的刀法加工而成,适用于猪肚尖、豆腐干、肫仁、莴笋等。

兰花形刀工基础训练:在豆腐方干的一面,刀刃与方干的一条边成15°夹角,刀距为0.3厘米,剞成深度为方干厚度的2/3。在方干的另一面,用同上的方法再剞切一遍,形成正反两面相交叉刀纹。

技术要求:刀距相等,深浅一致。

6)梳子形

梳子形是将原料先用直刀剞,再用直刀切或斜刀批的刀法加工而成,适用于猪腰、鱿鱼、墨鱼、黄瓜等原料。

梳子形猪腰刀工基础训练:将半只猪腰放在菜墩上,腰子内剖面(去腰臊)向上,右手持刀用直刀推剞的刀法推剞出若干条平行刀纹,刀距相等,进刀深度为猪腰厚度的3/5。将猪腰转50°~90°,用直刀法或斜刀法将原料切断,成片状。

技术要求:剞切的深度一致,成片的厚度一致。

7)鱼鳃形

鱼鳃形花刀是将原料先用斜刀拉剞,再斜刀批剞的刀法加工而成,适用于猪腰、鱿鱼、墨鱼等原料。

鱼鳃形腰花刀工基础训练:将半只猪腰放在菜墩上,腰子内剖面(去腰臊)向上,右手持刀顺猪腰的长头用斜刀拉剞的刀法推剞出若干条平行刀纹,刀距相等,进刀深度为猪腰厚度的4/5。猪腰转90°,再用斜刀拉批的刀法批剞一刀,深度为3/5,第2刀批切断成夹刀片。加热后即成鱼鳃片。

技术要求:刀距要均匀,片形大小要一致。

8)麻花形

麻花形花刀是先将原料用批、切的刀法,再经穿拉制作而成,适用于猪腰、鸡脯肉、里脊肉等原料。

麻花形猪腰刀工基础训练:腰子去腰臊,批切成4.5厘米×2厘米×0.3厘米的片。在长方形腰片中间顺长划开约3.2厘米的口子,两边各划一道2.8厘米的口子。用手抓住原料的两端,将其中的一端从中间的切口穿过,整理即成麻花形。

技术要求:切口要适中,不宜过长,否则不利于造型。

9)凤尾形(佛手形)

凤尾形花刀是运用直刀切配合弯曲翻卷的手法制作而成的,适用于制作花色拼盘围边或菜肴点缀。

凤尾形黄瓜刀工基础训练:将黄瓜从中间顺长一切,形成2个半圆的长条,将原料横断面的4/5切断成连刀片,5~11片(奇数片)为一组。将偶数片弯曲翻卷,插在切口距间成圆圈。

技术要求:每组的片数为奇数。凤尾越长,刀与原料的夹角越小。

10)玉翅形

玉翅形花刀是运用平刀批和直刀切的刀法加工而成的,适用于白萝卜、莴笋等原料。

玉翅形花工实例——菊花莴笋刀工基础训练:莴笋切成6厘米×1.5厘米×1.5厘米的长方体。平刀批切,进原料长头5.5厘米,把批切的连刀片再用直刀切成丝,展开后成菊花状。

技术要求:批切时刀身要平,片的厚薄一致。切丝时要控制好刀距,丝的成型粗细划一。

11)花枝形(又称花枝片或蝴蝶片)

花枝形花刀是运用斜刀拉剞和斜刀批的刀法制作而成,加热后其形状如同花瓣,或似蝴蝶,故而得名。适用于韧性或脆性原料,如鳝鱼、墨鱼、鸭肫、茄子等。

墨鱼花枝片刀工基础训练:将墨鱼修成5厘米宽的长片。墨鱼片顺长横放,第1刀用斜刀剞的刀法剞一刀,深至鱼皮;第2刀用斜刀批切的刀法将原料切断,如此一刀连一刀加工成片即为花枝片。

技术要求:批切的片要薄而均匀一致。

4.4.4 整型原料美化的刀法及运用

整型原料的美化不同于小型原料美化,运用的刀法技术更为复杂,技术难度也较高,需经过不断实践才能领悟并逐步掌握。常见的整料美化的形状有斜一字形、柳叶形、十字形、牡丹形、鱼网形、松鼠形、葡萄形等。

1)一字形

一字形花刀一般可运用斜刀、直刀推剞、斜刀拉剞的刀法成型。用斜刀的称斜一字形花刀,用直刀的称正一字形花刀。

斜一字形花刀:是在整鱼鱼身两侧,分别从左到右剞上一定间距的斜向一字形的平行刀纹。其刀纹间距的大小可分为一指刀、半指刀和兰草花刀3种。一指刀,又名让指花刀,刀纹间距与食指同宽,约1.2~1.5厘米;半指刀,刀纹间距为一指刀的一半;兰草花刀,又名密纹花刀,刀纹间距小于前两种,为0.5~0.6厘米。以上3种间距的刀法,刀深约为鱼肉的1/3。鱼背部刀纹可相应深一些,鱼腹部刀纹相应要浅一些。斜一字形花刀可用于常见的鱼类,如黄鱼、鲈鱼、鳜鱼、青鱼、鳊鱼等。一指刀宜用红烧方法成菜;半指刀宜用干烧、干熳等方法成菜;兰草花刀宜用清蒸方法成菜。

正一字形花刀:刀法与斜一字形花刀的刀法相同,区别在于刀纹是直刀纹。正一字形花刀加工时,在鱼身两侧分别用剞刀剞切上刀距一致的正向一字形刀纹,刀距为1.5~2厘米,刀深约为鱼肉的1/2。正一字形花刀多用于鲈鱼、鳜鱼、鲩鱼等鱼类,采用清蒸的方法成菜。在具体运用中,多将其他片状原料插入刀纹里。

实例:红烧鲤鱼

在鲤鱼身体的两侧剞斜一字(一指刀)形花刀。操作过程在鲤鱼身体的两侧分别剞斜一字形的平等刀纹,刀距为1.2~1.5厘米。

2)柳叶形

柳叶形花刀也称秋叶花刀,以鱼身作为叶面,直剞上象征叶脉的条纹,加工时先在鱼体一面的中间,顺长剞一直刀纹。以此刀纹为基准线,等距向背部剞3~4刀斜刀纹,再于基线等距向腹部拉剞2~3刀斜刀纹。加工要求为刀距宽窄一致,刀深约为鱼肉的2/3。加热收缩后即成柳叶状。

柳叶形花刀适合鱼身较窄的鱼类,如鳜鱼、白鱼、鲚鱼、牙鲆鱼、鲫鱼等,其烹制方法多用于清炖、清蒸、氽等,如清蒸糟白鱼、萝卜丝氽鲫鱼等。

实例:清蒸鳜鱼

在鳜鱼身体的两侧剞斜一字(一指刀)形花刀。操作过程在鳜鱼一侧鱼体表面中线的靠近脊背部顺长直刀剞一条刀纹,深度为近脊骨的1/2。再以第一刀为基线,在两边各斜剞刀,向背部剞3~4刀斜刀纹,再于基线等距向腹部拉剞2~3刀斜刀纹。

3)十字形

十字形花刀的刀纹是运用直刀推剞和拉剞相结合的方法加工而成的,一般可分为单十字花刀形、双十字花刀形和多十字花刀形。多十字花刀形根据刀纹之间的夹角不同,又可分为棋盘花刀和菱格花刀两种。棋盘花刀又名丁字花刀,其刀纹交叉角为90°,整个外观如同棋盘;菱格花刀,相交十字刀纹的夹角小于90°,即成菱格图案。

加工单十字形花刀时,应右手持刀,左手按稳原料,用推刀剞的方法先在原料的表面斜剞一刀,然后在剞好的刀纹上再拉剞一刀,使其呈十字交叉状,刀深约为鱼肉的1/2。

双十字形花刀、多十字形花刀和单十字形花刀的刀法相同。原料体大而长的,剞多十字花刀,刀距可窄一些(约2厘米);体小而短的,则剞双十字形花刀或单十字形花刀,刀距可适当宽一些。

适用十字形花刀的原料有鲤鱼、鳊鱼、鲳鱼、鳜鱼等。单十字形花刀宜用红烧、白汁、酱汁方法成菜；双十字形花刀宜用干烧方法成菜；多十字形花刀宜用干烧、炸熘、网烤等方法成菜。用十字形花刀加工处理后的原料，一般需要拍粉、挂糊或上浆，否则易使原料表皮脱落。

实例：干烧鳜鱼

在鳜鱼身体的两侧剞多十字形花刀。操作过程将净鳜鱼(600～750克)一侧鱼体朝上，剞成深度为鱼肉的1/2，刀距约2厘米，十字刀纹的夹角小于90°的菱格图案，又称斜象眼刀纹。

4)牡丹形

牡丹形是采用正斜刀批剞的刀法制作而成的。剞切成的花刀的刀口截面呈圆弧形。加工时，运用斜刀法在鱼身两侧剞至鱼椎骨，刀刃再沿椎骨平批1厘米，刀距约1.5厘米，每片大小一致，且两侧剞刀次数要相等，鱼肉经受热后，翻开即成花瓣状。注意：切忌不要剞破鱼腹。

牡丹花刀宜用于体长肉厚，重1.5千克左右的鱼类，如鲤鱼、黄鱼、青鱼、鳜鱼等，多用熘法成菜。

实例：醋熘鳜鱼

在鳜鱼身体的两侧剞牡丹形花刀。操作过程将净鳜鱼(约750克)一侧鱼体朝上，从鱼鳃下起，正斜刀剞深至鱼骨，刀刃再沿椎骨平批1厘米，刀距约1.5厘米，直到脐门后，另一侧面同上。

5)渔网形

渔网形花刀又称为网眼花刀和兰花花刀，是采用直刀剞的刀法制作而成的。先将原料加工成厚片，在表面上采用直剞或推剞刀法，剞上一条条平行的刀纹，然后将原料翻过来，剞上与第一面交叉的刀纹(30°左右)。一般用于方干、肫头、肚尖、莴笋等多种原料。

实例：五香兰花干

在方干的正反两面剞一字形花刀。修去四周的老边皮，底部向上，刀刃与方干的一边成15°夹角，剞上一条条相互平等的一字刀纹，深度为方干厚度的2/3，刀距为0.3厘米；将方干沿其一边翻转180°，再用以上的刀法剞切一遍；用竹签撑开成网状，风干；入油锅炸至定型，用五香卤水卤制入味。因花纹交叉如兰花草，故而得名兰花干。

6)松鼠形

松鼠形花刀是采用直刀拉剞和反刀斜剞两种刀法制作而成的，常用于大黄鱼、青鱼、鳜鱼等原料。它适用于炸、熘等烹调方法制成的菜肴，如松鼠鳜鱼、松鼠黄鱼等。

实例：松鼠鳜鱼

用直刀拉剞和反刀斜剞制成松鼠形。去鱼头后沿脊骨将鱼身剖开，至鱼脐门后1厘米处停刀，然后去脊骨，再去胸腹肋骨；在鱼去骨的肉面，顺长直刀拉剞平行刀纹深至鱼皮，刀距约0.6厘米；刀刃转90°反斜刀批剞，刀身与墩面成60°角，深至鱼皮，刀距为0.6厘米；拍粉后，炸制成松鼠鱼的身和尾。

7)葡萄形

葡萄形花刀是用直刀剞刀法剞切而成的，常用于带皮的整块青鱼、鲳鱼肉和黄鱼肉等。适用于炸熘类的烹调方法。

实例:双色葡萄鱼

用直刀将鱼肉推剞成葡萄串形。选用长12厘米、宽7~8厘米带皮青鱼肉;与45°对角线平行直刀剞,深至鱼皮略有肉连,刀距约1.2厘米;刀刃转90°再直刀剞,深至鱼皮,刀距为1.2厘米;翻青鱼肉,在鱼皮面将鱼块修成梯形,拍粉炸制。制作两串,一串一味。

思考与练习

1. 简述砧板使用和保养的基本要求。
2. 简述剞刀工艺的种类及要求。
3. 结合实际谈谈剞花刀原料的选择。
4. 举例说明美化整型原料的刀法及运用。

单元 5 糊浆调配工艺

【知识目标】

1. 了解糊浆的作用和常用淀粉原料的特性。
2. 理解糊浆的保护原理及挂糊与不挂糊对菜品质量的影响。

【能力目标】

1. 掌握挂糊、上浆、拍粉等糊浆工艺的选料范围和基本工艺流程。
2. 学会使用勾芡、淋油的方法。
3. 熟练掌握发蛋糊、脆皮糊的调配方法。
4. 熟练掌握蛋清浆、制嫩浆的调配方法。

本单元内容是菜肴烹制的重要流程,它对菜品色、香、味、形的完善有非常重要的决定作用,是菜肴做到更嫩、更香、更脆、更滑、更鲜的具体方法。本单元内容以淀粉为主要对象,通过淀粉的变化原理、调配方法、风味特色等几个方面讲述糊浆在烹饪中的作用和意义。本单元的重点:糊浆的目的、糊浆的种类,挂糊、上浆、勾芡、拍粉的工艺流程,特别是常用糊浆的调配方法,如发蛋糊、脆皮糊、蛋清浆、制嫩浆等。勾芡与挂糊、上浆方法有所不同,学习时还要掌握勾芡、淋油的方法和要领。

任务1 糊浆的功能及保护原理

糊浆工艺是用蛋、水、粉等原料在主料的外层加上一层保护性膜或外壳的加工。使原料在加热过程中起到对水分和风味物质的保护作用,这种保护膜的制作方法就是糊浆加工的主要内容。根据烹调的具体要求以及保护膜的加工方法的不同,常见的保护措施又分为上浆、挂糊、拍粉3大类型。在3种方法当中其保护的原理是基本相同的,主要是利用淀粉糊化和鸡蛋蛋白质凝固形成的外膜起保护作用。

5.1.1 糊浆的功能

1)保护原料的水分和风味

挂糊与不挂糊的原料,在加热过程中原料水分的变化差异是很大的。里脊肉挂糊炸比清炸后的水分保存率提高18% ~56%,鸡脯肉则提高15% ~30%,鱼肉则提高34% ~41%。糊的品种不同对原料成分的影响效果也有差异,一般蛋泡糊的保护能力最强,全蛋糊次之,水粉糊较差。如里脊肉挂蛋泡糊比挂全蛋糊的水分保存率高34%,比水粉糊高38%;而鸡脯肉的水分保存率分别提高13%和15%。

2)保护原料的形态

各种加工成型的菜肴原料,在加热中很容易出现松散、断裂、干瘪等现象。通过挂糊使原料外表又多一层保护层,上浆可使原料肉质收紧,增加了黏性。这样既避免了松散、断裂、干瘪等现象的产生,又美化了原料的形态,使挂糊、上浆的原料形态完整饱满、色泽光亮。

3)形成丰富质感

原料挂糊经油炸后,可形成丰富的口感,糊在油中加热使水分挥发,形成酥脆的口感,而原料因糊的保护,形成嫩的口感,外脆内嫩是挂糊菜肴的一大特色。由于糊的不同,除酥脆口感外,还可形成外松内嫩、外香内嫩、上嫩下脆等多种口感。

4)提高菜品的营养价值

挂糊对原料的水分保护有明显的效果,对脂肪、蛋白质、维生素等也有一定的保护作用。对蛋白质的保护率也有所提高,一般在2% ~8%,对维生素有微弱的保护效果,但对脂肪效果不太明显。如果原料脂肪含量较多时,才有明显的保护效果。脂肪、蛋白质、维生素的保存率是蛋泡糊大于全蛋糊大于水粉糊。

5)增加菜肴创新的手法

同一种原料因挂糊品种的不同会出现不同风味的菜品,是菜肴创新的途径之一,如鱼片,挂发蛋糊制成松炸鱼片,挂全蛋糊制成椒盐鱼片,挂糊拍粉制成香松鱼排等。其他原料可以此类推,创造出许多各具风味的新菜品。

5.1.2 糊浆的保护原理

1)淀粉的糊化

天然淀粉的分子排列很紧密而形成胶束的结构,特别是直链淀粉,其螺圈形的大分子结构把亲水性的羟基卷入圈中去了,因此水分子难以进入胶束中,故淀粉不溶于冷水。但将淀粉加热,由于提供的热能可使胶束运动的动能增强,一部分胶束被溶解而形成空隙,水分子可以进入淀粉粒内部,与一部分淀粉分子结合,胶束逐渐被溶解,淀粉粒吸水膨胀,膨胀后体积可增加数10倍。继续加热,当动能超过胶束分子间的引力时,胶束全部崩溃,淀粉分子分散出来,并被水包围而成为溶液状态。由于淀粉分子为链状和分枝状,而且彼此结合,形成有序的网络,因而形成具有黏性的胶体溶液。挂糊和上浆就是利用淀粉的糊化达到保护目的的。它们在原料的外表形成隔膜,避免了原料直接与导热介质的接触,阻止了原料水分的流失,使菜肴鲜嫩、饱满。

2)蛋白质的凝固

机械运动、加热、加酸、加碱都可使蛋白质结构发生变化,丧失可溶性,烹饪中应用较多的是加热变性。保护性加工中利用鸡蛋上浆挂糊,烹调加热后蛋白质凝固,蛋清在原料表面形成一层保护层,使原料中的营养素和水分不致大量流失,对热敏感的营养素不因受热氧化而大量被破坏,原料中的蛋白质不会过度变性而影响消化,同时还使成菜光洁饱满。

5.1.3 淀粉的品种与特性

在挂糊、上浆所用的原料中淀粉原料的选择十分重要,因为淀粉品种的不同,对挂糊、上浆的质量有直接影响。每种淀粉由于结构紧密的程度不同,因此每种淀粉都有其各自的糊化温度,糊化的难易除与淀粉分子间结合的紧密程度有关外,还与淀粉颗粒的大小有关。颗粒大的结构较疏松的淀粉比颗粒小的、结构紧密的淀粉易于糊化,所需的糊化温度也较低,含支链淀粉数量多的也较易于糊化。常用的淀粉及特性如下:

1)绿豆淀粉

绿豆淀粉含直链淀粉较多,在60%以上,淀粉颗粒小而均匀,粒径15~20微米,热黏度高,稳定性和透明度均好,宜作勾芡和制作粉皮原料。

2)马铃薯淀粉

马铃薯淀粉粒形为卵圆形,颗粒较大,粒径达50微米左右,直链淀粉含量约为25%,糊化温度较低,为59~67℃,糊化速度快,糊化后很快达到最高黏度,但黏度的稳定性差,透明度较好,宜作上浆挂糊之用。

3)玉米淀粉

玉米淀粉是目前烹饪中使用最普遍的一种淀粉。玉米淀粉为不规则的多角形,颗粒小而

不均匀，平均粒径为 15 微米，含直链淀粉为 25% 左右，糊化温度较高，为 64 ~ 72 ℃，糊化过程较慢，糊化热黏度上升缓慢，透明度差，但凝胶强度好。在使用过程中宜用高温使它充分糊化，以提高黏度和透明度。

4）小麦淀粉

小麦淀粉为圆球形，平均粒径为 20 微米，含直链淀粉为 25%，糊化温度为 65 ~ 68 ℃，热黏度低，透明度和凝胶能力都较差，在烹饪中经加工可制成澄粉，在面点中用于船点制作。

5）甘薯淀粉

甘薯淀粉的颗粒呈椭圆形，粒径较大，一般为 25 ~ 50 微米，糊化温度为 70 ~ 76 ℃，含直链淀粉约为 19%，热黏度高但不稳定，糊丝较长，较透明，凝胶强度很弱。

6）糯米淀粉

糯米淀粉几乎不含直链淀粉，不易老化，易吸水膨胀，也较易糊化，有较高的黏性。糯米淀粉宜作元宵、年糕等，也可用于特殊挂糊的原料。

在挂糊上浆时应选择糊化速度快，糊化黏度上升较快的淀粉。实践证明，马铃薯淀粉最适宜作为上浆和挂糊的原料。马铃薯淀粉颗粒大，吸水力强，糊化温度低，而且淀粉的黏度高，透明度好。而玉米粉颗粒小，且不均匀，糊化温度高，糊化黏度上升缓慢，所以不适合作为上浆挂糊的原料。最适合勾芡的淀粉是玉米淀粉。

任务 2　挂糊工艺

用淀粉、面粉、水、鸡蛋等原料调成的厚糊，裹附在原料的表面，这一工艺流程就是挂糊工艺。经挂糊后的原料一般采用煎、炸、烤、熘、贴的烹调方法，根据不同烹调方法的要求以及调配方法和浓度的差异，糊的品种也相当繁多，制成的菜肴也各有特色。在色泽上有金黄、淡黄、纯白等，在质感上有松、酥、软、脆等，并使外层与内部原料形成一定的层次感，如外脆内嫩、外松内软等，从而增加和丰富了菜品的风味。

5.2.1　挂糊的作用

挂糊后的原料多用于煎、炸等烹调方法，所挂的糊浆对菜肴的色、香、味、形、质各方面都有很大影响。其作用主要有以下几个方面。

①保持原料的水分和鲜味，并使之获得外部香脆、内部鲜嫩的效果。

②保持原料尤其是易碎原料的完整形态，并使之表面光润，形态饱满。

③保护原料中的营养成分。挂糊后的原料不直接接触高温油脂，能够防止或减少原料中所含各种营养成分的热损耗或流失。

④使菜肴呈现悦目的色泽。在高温油锅中，原料表面的糊浆所含的糖类、蛋白质等可发生羰氨反应和焦糖化作用，形成悦目的淡黄、金黄、褐红等色。

⑤使菜肴产生诱人的香气。原料挂糊后，烹制时不但能保持原料本身的热香气味不致逸散，而且糊浆在高温下发生褐变所形成的产物，如醛、酮、酯等，可形成菜肴的良好风味。

5.2.2 挂糊原料的选择

1）粉料的选择

挂糊的粉料一般以面粉、米粉、淀粉为主，选择时粉料一定要干燥，否则调糊时会出现颗粒，不能均匀地包裹在原料的表面。同时，还要根据糊的不同品种合理选择粉料品种，有的以面粉为主，如全蛋糊；有的以淀粉为主，如水粉糊；有的需要将几种粉料混合使用。

2）鸡蛋的选择

鸡蛋是上浆和挂糊必需的原料之一，选择鸡蛋首先要新鲜，因为有的糊只用蛋黄或蛋清，如果鸡蛋不新鲜就不利于将两者分开，特别是制作发蛋糊时，鸡蛋的新鲜程度直接影响到起泡的效果。

3）主料的选择

挂糊的主料选择范围较广，除动物性肌内外，还可选择蔬菜、水果等，在料形上除切割成小形的原料外，也可选用形体较大或整只的动物原料。

4）油料的选择

有一些糊需要起酥、起脆，通过油脂可使糊达到酥、脆的质感，一般脆皮糊用色拉油，酥皮糊用猪油。

5）膨松剂的选择

脆皮糊、发粉糊等糊的调制需要一定数量的膨松剂，常用的品种有苏打粉、发酵粉、泡打粉等，添加数量根据不同品种灵活掌握。

5.2.3 糊的种类与调制方法

1）水粉糊

水粉糊即用水与淀粉直接调制成的糊。由于淀粉的密度大，每立方厘米为1.5～1.6克，淀粉浆在放置过程中会出现分层和沉淀现象，挂糊时要不断搅拌，以免糊浆不均或脱落，调糊的投料标准为800克干淀粉可掺入650克水，糊的浓度较大。一般适用于脆熘的烹调方法，如醋熘鳜鱼、熘皮蛋等菜肴。

2）蛋粉糊

蛋粉糊就是用鸡蛋同淀粉、面粉一起调制而成的糊。由于淀粉黏度不够，不易包裹原料表面，因此大部分糊中都要加入一定比例的面粉。因为面粉含有面筋质，黏劲较强，具有筋力，但纯面粉糊成熟后易吸湿回软，脆度不及淀粉糊，所以将两者结合起来可以相互补充，一般面粉与淀粉的混合比例为6∶4。根据使用鸡蛋部位的不同，又将蛋粉糊分为3种类型：

(1)全蛋糊

全蛋糊就是将整只鸡蛋与面粉、淀粉、水一起调制成糊,调制时应先用水与淀粉、面粉调均匀,然后再与鸡蛋一起调匀。如果先用鸡蛋与面粉调和,会出现许多颗粒,而且很难调开,直接影响菜肴的美观。一般面粉和淀粉的重量是鸡蛋的3倍左右,水则根据需要来控制糊的浓稠度。挂全蛋糊的菜品色泽金黄、质感酥脆。

(2)蛋黄糊

蛋黄糊选用鸡蛋黄与面粉、淀粉、水、猪油一起调匀成糊。蛋黄与面粉、淀粉、油的调配比例为2∶3∶1∶1,此糊的最大特点是酥,面粉与油混合后会增加酥松感,所以在糊中加入了猪油,并加大了面粉比例。

(3)蛋清糊

蛋清糊有两种调配方法:一种是将蛋清直接与面粉、淀粉调成糊;另一种是蛋泡糊,又称发蛋糊、高丽糊等。后者在实际运用中使用更多,其通过发蛋器对蛋清的搅打,将空气搅入蛋清中,形成泡沫液膜,将空气截留住,经反复搅打,蛋清形成的气泡由大变小、由少变多,由流动性泡沫逐步变成稳定性的泡沫,然后加入干淀粉拌匀,一般蛋清质量与淀粉的比例为2∶1。调好的发蛋糊不宜过多搅拌,否则会使蛋清蛋白质分子表面变性过度,造成泡沫破裂,使体积变小、色泽变次,使糊的膨松性和黏附性减弱。由于蛋泡糊形成的关键是蛋白质振荡引起的变性,因此制作蛋泡糊的鸡蛋必须新鲜。在鸡蛋清所含的蛋白质中,卵蛋白和类黏蛋白是蛋清起泡的主要物质,而这两种蛋白质的含量与鸡蛋的新鲜度有直接关系。此外,调好的蛋泡糊必须立即使用,否则也会使空气走失,使糊变稀泄劲而影响品质。使用蛋泡糊的菜肴在油炸时温度不能太高,一般控制在90~120 ℃。成品的特点是色白、松软。

3)发粉糊

发粉糊就是在面粉和淀粉糊中加入发酵粉,使糊成熟后更加膨松、香脆。但发粉糊的调配难度较大,特别是发酵粉添加的数量和时间一定要控制准确,发粉过少时间较短则不能达到膨松效果,发粉过多或时间太长则膨松过度而容易破裂。

(1)脆皮糊

脆浆有酵粉脆浆和发粉脆浆两种。酵粉脆浆一般由酵粉(或酵面、称面种)、面粉、生粉、马蹄粉、碱水及生油、精盐、清水调剂而成;发粉脆浆一般是由面粉、生粉、精盐、泡打粉、生油、清水调剂而成。采用酵粉脆浆炸制的菜肴特点是皮脆、色泽深黄,膨胀饱满,内部软嫩;采用发粉脆浆炸制的菜肴特点是皮略脆、色泽金黄,内部膨胀松发。

发粉糊调配方法是将面粉和淀粉掺和,一般常用的发粉糊用料及比例是:面粉30%,淀粉20%,水35%,蛋清8%,色拉油6%,发酵粉1%。先加入水调成糊状,再加入蛋清拌匀,放入发酵粉搅拌,最后将色拉油均匀地调入糊中,放置30分钟后即可挂糊油炸。油温控制在170 ℃左右最利于糊的膨松。

酵粉糊的调配与发粉糊基本相同,但需要放置较长时间,而且需要兑碱,其他配料和方法一样。它们在调制时都要注意以下要点:

①调剂酵粉脆浆时，调成后要静置3～4小时，临用前，再加碱水调匀，方可使用；调剂发粉脆浆时，调成后要静置15分钟以上，临用前要调均匀，方可使用。

②原料挂脆浆炸制时，要沾挂均匀。挂浆后，要在盛脆浆的容具边缘抹净下附的多余脆浆，不宜“拖泥带水”地放入油锅内，那样会出现满油锅的“尾巴”。

③油温宜在六成热后将原料下入。油温低，脆浆中会含油、不脆；油温高，会使表面颜色加重，影响菜肴的品质。

(2)啤酒糊

啤酒糊的用料及比例：面粉30%，淀粉20%，啤酒35%，发酵粉5%，色拉油10%。先加入啤酒调成糊状，再放入发酵粉搅拌，最后将色拉油均匀地调入糊中，放置30分钟后即可挂糊油炸。油温控制在170 ℃左右最利于糊的膨松。其成品既膨松又有啤酒的香味。

(3)蜂巢糊

蜂巢糊有两种调制方法：一种是将面粉烫熟后与油充分混合均匀，然后将原料包裹在里面，放入油中炸，成熟后形成丝网状；另一种是将煮熟的芋头塌成泥，加油混合均匀，将原料包入，与上面的方法一样炸制成型即可。

有些菜肴为了增加某种香味或特殊口感，还在调好的糊中加入一些辅助原料，如吉士粉、花椒粉、葱椒盐、豆腐泥、虾蓉等，使菜品风味更加突出，但调糊方法都是以上述几种类型的糊为基础。

5.2.4 挂糊的方法

根据不同原料，挂糊方法有如下几种。

1)拌糊法

将原料投入糊中拌匀，适用于体形较小且不易破碎的原料挂糊，如肉丁、土豆块等。

2)拖糊法

将原料缓缓从糊中拖过，适用于较大扁平状原料的挂糊，如鱼和猪排等。

3)拍粉拖糊法

先拍干淀粉，再拖上黏糊，适用于含水量较大的大型原料。拍粉的目的，主要是吸收一些水分，提高糊的黏着力。

5.2.5 挂糊的操作要领

挂糊的操作要领如下。

①糊的浓稠度要据原料质地灵活掌握，质地较老的原料，糊的浓度应稀一些；较嫩的原料，糊的浓度应稠一些。因为较老的原料，本身所含的水分较少，可容纳糊中较多的水分向里渗透，所以浓度应稀一些；较嫩的原料，本身所含水分就较多，糊中的水分要向里渗透就比较困难，所以浓度就应稠些。特别是一些果蔬原料，因水分较多，如果糊过稀会使原料水分蒸发，成

品变软而且不能成型，所以在炸果蔬原料时糊应稠浓一些。

②经过冷冻和未经冷冻的原料，糊的浓度也不应相同，前者应浓稠一点，后者相比要稀一些。因经过冷冻的原料在解冻时会发生汁液流失现象，所以糊的浓度应稠些，以便吸收从原料内流出的汁液，如果过稀则容易脱糊；而未经冷冻的原料，不存在汁液流失现象，所以糊的浓度可相对稀些。

③对水分较多、表面光滑的原料进行挂糊时，可在原料的外表先拍上一层干粉，然后再拖上糊下锅油炸。这样可使干粉吸收原料表面的水分，同时使表面干燥不平，便糊更加容易附着，避免脱糊现象的发生。

④调粉时一定要调开，不能带有颗粒；挂糊时也要包裹均匀，不能出现破裂，否则原料水分溢出，会出现脱糊和油锅爆炸等现象；挂糊后的原料在下锅时要分散、分次投入，防止相互黏结。

任务3 上浆工艺

将原料用盐、淀粉、鸡蛋等裹拌外表，使外层均匀粘上一层薄质浆液，外表形成软滑的保护层，此过程称为上浆工艺。上浆的主料应该是动物性的肌肉组织，因为上浆工艺与原料蛋白质有直接关系，而且原料的形状必须是片、条、丁等小型的形状。由于上浆后的原料一般采用爆炒等旺火速成的制熟方法，因此，原料过大，既不利于成熟也不便于上浆。

5.3.1 上浆的目的和作用

1）增加原料的持水能力

上浆时一般先要投入一定量的盐，并进行搅拌，使得肌原纤维中的盐溶性肌蛋白在食盐作用下不断地搅拌而被游离出来，从而增加蛋白质水化层的厚度，提高蛋白质的亲水能力。因为动物性肌肉的蛋白质也存在着两性离子，蛋白质颗粒的表面都带有电荷；当加入适量的食盐后，既增加了蛋白质表面的电荷，提高了蛋白质的持水能力，同时经人为的机械搅拌后，又使肌肉的柔嫩性得到一定程度的改善。

上浆原料不同，采用的上浆措施也就不同，添加盐的方法也有各种差异。本身质地细嫩，水分含量较多的原料，上浆时先加入盐与原料一起搅拌，而且是一次性加盐，直接搅拌到原料上劲（具有一定的黏稠性），然后再添加淀粉和蛋清。对本身质地较老、含水量不足的原料来说，则需要通过加水和加碱的方法来加以改善，行业中称为“苏打浆”，如牛肉上浆，上浆时先加入总量盐的一部分，同时加入一部分水然后进行初次搅拌，待水分被牛肉吸进以后，加入 $NaHCO_3$ 粉末搅拌。若此时水分不足，还可加入少量水分并搅拌，最后再将多余的盐加入，与其他辅料一起搅拌上劲即可。

2）使菜品口感滑爽

盐还可以缩短上浆原料的成熟时间，减少组织水分的损失。此举既保证了菜品滑嫩柔软的要求，又保持了原料原有形态，使之饱满光润，不致在烹调加热后发生萎缩。

3)使菜肴具有基本味

上浆时除了用盐使原料有一个基本咸味外，我们还要添加一些香辛调味汁，常用的就是葱、姜、卤汁，起去腥增香的作用。上浆原料的外层是淀粉浆，淀粉受热后糊化，可阻止原料水分外溢，起保护水分的作用。但同时也对调味料的进入有阻止作用，加上烹制时间较短，调料是无法进入原料内部的，一般是包裹在原料的外表，虽然在包裹的调料中也有葱、姜等香辛料，但对原料起的作用只能是间接的，所以在上浆时必须先加入葱、姜、卤汁与原料一起搅拌入味，才能直接起到去腥增香的作用，同时与原料外层包裹的调料相互协调，使内外口味均匀一致。

5.3.2 上浆的工艺流程

1)制嫩

在上浆的过程加入碱、苏打、食粉等制嫩剂，能使原料充分吸水，达到制嫩目的。上浆时一般与淀粉浆、蛋清浆配合使用。制嫩工艺主要针对动物肌肉原料，常用有如下几种方法：

(1)碱制嫩

在肌肉中与持水性相关最深的主要是肌球蛋白。每克球状蛋白质能结合0.2～0.3克水，溶液pH值对蛋白质的水化作用有显著的影响。碱制嫩主要是破坏肌纤维膜，使基质蛋白及其他组织结构疏松，有利于蛋白质的吸水膨润，提高蛋白质的水化能力。但是，用碱嫩化的肉类原料，成菜常常会有一种令人感到不愉快的气味，更重要的是原料的营养成分受到破坏，损失最大的为各类矿物质和B族维生素。根据使用的制嫩剂不同，其制嫩方法可分为两种：①碳酸钠制嫩。用0.2%的碳酸钠溶液将肚尖或肫仁浸置1小时，可使体积膨胀、松嫩而洁白透明，取出漂净碱液即可使用于爆菜。②碳酸氢钠制嫩。常用于对牛、羊、猪瘦肉的制嫩，每百克肉可用1～1.5克苏打上浆制嫩，上浆后需静置两小时使用，常用于滑炒菜肴和煎菜。在用苏打制嫩时，需添加适量糖缓解其碱味，糖的折光性使原料成熟后，又具有一定的透明度。

(2)盐制嫩

盐制嫩就是在原料中添加适量食盐，使肌肉中肌动球蛋白渗出体表成为黏稠胶状态，使肌肉能保持大量水分，并吸附足量水。这在上浆与制嫩中具有显著作用。

(3)嫩肉粉(剂)制嫩

现在对有些原料特别是牛肉、肫、肚等，用嫩肉粉(剂)腌渍制嫩。嫩肉粉(剂)的种类很多，如蛋白酶类，常见的有木瓜蛋白酶、菠萝蛋白酶、无花果蛋白酶、猕猴桃蛋白酶、生姜蛋白酶等植物蛋白酶。这些酶能使粗老的肉类原料肌纤维中的胶原纤维蛋白、弹性蛋白水解，促使其吸收水分，细胞壁间隙变大，并使纤维组织结构中蛋白质肽链的肽键发生断裂，胶原纤维蛋白成为多肽或氨荃酸类物质，达到制嫩的目的。由于嫩肉粉主要是通过生化作用制嫩，对原料中营养素的破坏作用很小，并能帮助消化，在国内外已广泛应用。嫩化方法通常是将刀工处理过

的原料加入适当的嫩肉粉，再略加少许清水，拌匀后静置15分钟左右即可使用。蛋白酶对蛋白质水解产生作用的最佳温度为60～65 ℃，pH值为7～7.5。大量使用时为每千克主料用嫩肉粉5～6克，如原料急于要用，加入嫩肉粉拌匀后放在60 ℃环境中静置5分钟即可使用，效果也很好。

(4)原料中添加其他物质制嫩

在肉糜制品中加入一定量的淀粉、大豆蛋白、蛋清、奶粉等可提高制品的持水性。热加工时，淀粉糊化温度高，蛋白质变性温度相对较低，这种差异使制品嫩度提高；在咸牛肉中添加精氨酸等碱性氨醛酸有软化肉质的作用；锌可提高肉的持水性。

(5)常用原料的制嫩实例

牛肉制嫩：原料有牛肉500克，食粉5克，松花粉1克，生粉25克，生抽10克，清水75克。先把牛肉切成厚片，取部分清水和食粉调匀，再放进生抽搅拌，将剩余的生粉用清水调匀，分几次加入牛肉片中，边加边搅拌，最后加入生抽搅匀，放置两小时即可。

虾仁制嫩：原料有虾仁500克，蛋白15克，食粉2克，味精5克，精盐5克，生粉15克。虾仁洗净后用毛巾吸干水分，加盐、味精拌匀，将蛋白加生粉、食粉、调成糊，加入虾仁拌匀，放入冰箱冷藏两小时即可。

猪肚制嫩：将猪肚洗净，铲去皮、肚膜、肥油，切成梳子形，加碱腌1小时，然后用清水浸泡1小时即可。

排骨制嫩：原料有猪排骨500克，食粉3克，味精2克，沙姜粉10克，五香粉12克。将它们一起拌匀后腌两小时，油炸前拍上干粉或面包粉即可。

带子制嫩：带子500克，食粉4克，精盐2克，味精3克，白胡椒粉2克，生粉15克。先将带子用毛巾吸干水分，加调料腌制1小时，再加淀粉拌匀即可。

2)加盐搅拌

在切割好的原料中加一定量的盐并搅拌，直至原料黏稠有劲，此法是稳定原料持水量的手段，使得肌原纤维中的盐溶性肌蛋白在食盐的作用下不断地搅拌而被游离出来，从而增加蛋白质水化层的厚度，提高蛋白质的亲水能力。同时，加盐搅拌还增加了蛋白质表面的电荷，提高蛋白质的持水能力，并使肌肉中部分蛋白质游离出来，具有黏稠性，使肌肉更加柔嫩。在对肌肉粗老的原料进行搅拌时要加入一定量的小苏打或其他制嫩剂，如牛肉的上浆。由于牛肉中纤维粗韧，牛肉内部筋膜较其他动物性肉类原料多，含水量低，因此，加入碳酸氢钠可促牛肉肌纤维中肉蛋白吸水膨胀；同时，碳酸氢钠对牛肉纤维膜具有一定的作用，能够破坏肌肉蛋白中的一些化学链，从而使牛肉的组织更加疏松。

3)挂浆

(1)水粉浆

水粉浆是将调好的湿淀粉直接与原料拌均匀，主要适用于含水量较大的一些动物内脏，如猪腰、猪肝等，它们上浆前也不需加盐搅拌上劲。但挂浆时间不能过长，一般在起锅前用湿淀粉直接拌均匀即可，如炒肉丝、炒猪肝等。

(2)蛋清浆

它可以先用淀粉与原料拌匀,再用蛋清调匀后包在原料外面,也可以将湿淀粉与蛋清一起调匀后再与原料拌匀上浆,蛋清浆上浆前原料一般要先加盐上劲或制嫩。上浆后的原料遇热后,浆层中的蛋白质凝固,淀粉遇热吸水糊化,形成致密性保护层,最大限度地保持了原料的持水能力,如滑熘肉片、滑炒鱼片、清炒虾仁等。

(3)全蛋浆

它的主要用料有全蛋、淀粉、食盐等,制作方法及用料标准基本上与蛋清浆相同。这种浆能使菜肴滑嫩,微带黄色,常用于炒菜类及烹调后带色的菜肴,如辣子肉丁、熘肉片、酱爆鸡丁等。

(4)苏打浆

它的主要用料是鸡蛋清、淀粉、食盐、小苏打、水等调味品。制作方法是先用少量水将小苏打、食盐等调味品调化开,然后与原料拌匀腌制一下,再加入蛋清、淀粉拌匀。拌好后,最好静置一段时间使用。苏打浆可使菜肴松、嫩,适用于制作质地较老、纤维较粗的牛、羊肉菜肴,如制作蚝油牛肉等。

4)静置

上浆后的原料不宜立即下锅滑油(蛋清浆),否则容易脱浆,应放置在5 ℃左右的温度中1小时,使原料表面稍有凝结,这样既保护了原料的成型,也不容易脱浆。对加入小苏打制嫩的原料,静置时间可以更长一些,便于肌肉进一步地膨松吸水,但在原料中要加入一些色拉油,防止时间过长后引起外表干燥、失水。

5.3.3 上浆工艺的操作关键

上浆工艺的操作关键有以下几个方面:

①淀粉在使用前应提早将淀粉浸泡在水中,使淀粉粒充分吸水膨胀,以获得较高的黏度,从而增加在烹饪原料上的黏附性。

②烹饪原料上浆前,原料的表面不能带有较多的水分。如果表面沾有许多水时,必须用干布吸去水分,以免降低淀粉浆的黏度,影响淀粉浆的黏附能力,造成烹饪过程中的脱浆现象。

③在调蛋清浆时,蛋清不能用力搅打,以免起泡而降低黏度,蛋清用量也不宜过多,否则会出现泻浆或下锅后相互粘连的现象。

④准确掌握盐的用量,盐除了能增加原料持水性外,还使原料具有一定的基本味。如果口味偏重则无法调整,更无法进行继续调味,从而影响菜品的整体风味。

5.3.4 上浆和挂糊的区别

从挂糊和上浆所用的原料、种类及调制方法等方面加以分析,可看出挂糊和上浆的区别有如下几点。

1)在操作顺序上的区别

挂糊一般先制糊,再把腌渍的菜肴原料逐一从糊中拖过,使糊均匀地包裹在原料上;而上浆则是把各种调味品及淀粉等直接投入菜肴原料中搅拌上劲。

2)在浓度上的区别

一般来说,挂糊较厚,上浆较薄。

3)在用料上的区别

挂糊除使用淀粉外,根据需要还可使用面粉、淀粉、面包粉等;上浆一般用淀粉。

4)在油温、油量上的区别

挂糊原料下锅的油温要高,油量要大;上浆原料下锅的油温相对较低,油量略小。

5)在烹调方法上的区别

挂糊适用于炸、熘、煎等烹调方法;上浆适用于炒、爆等烹调方法。

6)在制品形态和质感上的区别

挂糊的制品形态饱满,质感上有脆、酥、香、嫩等特点;上浆的制品形态光滑,质感上有鲜、嫩、软、滑等特点。

任务4 拍粉工艺

所谓拍粉,就是在原料表面沾附上一层干质粉粒,起保护和增香作用的一种方法。保护的基本原理与上浆、挂糊一样,但它的粉料相当丰富,干淀粉、面包粉、芝麻、花生末、松仁末以及各种味型的香炸粉都可以作拍粉原料,所以在香味上比上浆和挂糊更加丰富。拍粉后的原料外表干燥,比较容易成型,比挂糊的菜品更加整齐、均匀。在选择拍粉的粉料时要注意粉料的口味,只能是咸味或无味的,如果带有甜味,油炸时很快变焦、变黑。粉料本身应是干燥的粉粒状,潮湿的粉料不容易酥香,也不容易包裹均匀;颗粒过大则不易粘牢,加热后易脱落,整只的面包、饼干、花生等必须加工成粉粒状以后,才能作为拍粉的原料。拍粉根据具体操作的要求分为两种类型:辅助性拍粉和风味性拍粉。

5.4.1 辅助性拍粉

辅助性拍粉,行业中称为先拍粉后挂糊,就是先在原料表面拍上一层干淀粉,然后挂糊油炸或油煎。此法主要用于一些水分含量较多、外表比较光滑的原料,为了防止脱糊,先用干粉起一个中介作用,使糊与原料黏合得更紧。还有一些原料直接拍上一层干淀粉,原料不需上浆或挂糊,拍粉后直接炸制或油煎,但不是成菜的最后工序,而是一种辅助性的加工方法,主要是起定型和防止黏结的作用,如炸素脆鳝、菊花鱼等。辅助性拍粉要求现拍现炸,否则原料内部水分渗出,使粉料潮湿,下锅后不能松散、黏结。

5.4.2 风味性拍粉

风味性拍粉是拍粉工艺主要的内容，拍粉后经炸制或油煎直接成菜，形成拍粉菜品独特的松、香风味。其方法是先在原料外表上浆或挂上一层薄糊，如果原料外表水分较多，还可黏附各种粉料，这样既有保护作用也增加了原料的黏附性，使粉料油炸以后不易脱落，能整齐、均匀地黏附在原料表面。但原料的形状应为大片形或筒形，如制作面包猪排、芝麻鱼卷等。

风味性拍粉对油温有一定的要求，油温过低，粉料易脱落；油温过高，外焦内不熟。一般初炸油温控制在160 ℃左右，复炸温度控制在190 ℃左右。

5.4.3 拍粉的原料

1）拍香粉类的粉料

常用香粉类的粉料有面包粉、面包丁、饼干末、椰蓉等。拍粉时由于原料外表的黏性不足，需要拖一层蛋液增强黏性，保证粉料均匀地黏附原料的表面。有时在拖蛋液前还要先拍一层干淀粉，目的是让原料在油炸时更平整。

2）拍干果类粉料

常用的干果粉料有芝麻、松子仁、桃仁、杏仁、花生仁、瓜子仁等。

3）拍丝形的特殊粉料

常用的有腐皮丝、细面条丝、糯米纸丝、土豆丝、芋头丝等。

任务5 勾芡工艺

中国菜肴大部分在烹调时都需要进行勾芡。所谓勾芡，又称着腻、着芡、扰芡、打芡等，是在烹制的最后阶段向锅内加入湿淀粉，使菜肴汤汁具有一定稠度的调质工艺，它实质上是一种增稠工艺。

5.5.1 勾芡的目的与作用

1）使主料更突出

勾芡的最大目的就是使菜肴汤汁变得浓稠。这种变化过程实际是淀粉液受热糊化的过程。淀粉粒受热吸水，体积略有膨胀，所以勾芡可使汤汁变得稠浓，从而增加了汤汁的浮力，特别是使汤羹类菜品的主料能漂浮在汤面上，使之更加突出。

2）提高菜品的滋味感

稠浓仅仅是勾芡的表面现象，其真正目的是通过稠浓增加调味汁的吸附能力，使更多的调

料汁均匀地黏附在原料的周围，提高人们对菜肴滋味的感受，增加汤汁的绵厚感觉。虽然不同的烹调方法有不同的勾芡要求，如爆炒菜要求将所有调味汁紧包在原料外表，而烧烩菜则是增加汤汁浓度，使汤、菜的口味相互交融等，但它们改善和增加调味效果的目的是完全一样的。同时淀粉本身具有调味作用，勾芡的卤汁比以前更加润滑可口，对整个菜肴风味的协调、滑润、柔和起到了增强作用。

3）使菜品更光亮

淀粉糊化后，产生透明的胶体光泽，能将菜肴与调味色彩更加鲜明地反映出来。通过勾芡后的淋油方法，可以增加菜品的光亮度，提高了客人的食欲。

5.5.2 勾芡的基本原理

勾芡是在烹制的最后阶段向锅中加入湿淀粉（淀粉和水的混合液），使菜肴汤汁变得浓稠的调质工艺。可见，芡汁的形成是淀粉在水中受热发生变化的结果，表现为菜肴汤汁的浓稠度增大。这种变化就是淀粉糊化。淀粉在一定量的水中加热都会糊化。其过程为：淀粉可逆吸水，体积略有膨胀；发生膨润，体积增大很多倍；逐渐解体，形成胶体溶液或黏稠状糊液。在糊化过程中，淀粉分子从天然淀粉粒中游离出来，分散于周围的水相中。淀粉是高分子化合物，含有较多的极性基团，虽然糊化后呈游离态，但淀粉分子结合并吸附了大量水分，体积增大，之间存在着较强的相互作用。这便是淀粉糊化后，菜肴汤汁变得黏稠的根本原因，也是勾芡操作的科学依据所在。人们用淀粉作勾芡原料，除了因为糊化淀粉具有黏稠度较大的特点外，还在于淀粉糊化后形成的“糊”具有较大的透明度。它黏附在菜肴原料表面，显得晶莹光洁，滑润透亮，能起到美化菜肴的作用。

5.5.3 菜肴芡汁的

1）芡汁的种类

芡汁是指勾芡后形成的具有 汁。菜肴的芡汁由于制作要求的不同，种类也不同，有的浓厚，有的稀薄，有的量大，有的量小。一般按其浓稠度的差异，将菜肴芡汁粗略地分为厚芡和薄芡两大类，也可具体分为包芡、糊芡、流芡、米汤芡4类。

①包芡。包芡也称抱芡、抱汁芡、抱汁、吸汁、立芡，一般指菜肴的汤汁较小，勾芡后大部分甚至全部黏附于菜肴原料表面的一种厚芡。包芡要求菜肴原料与汤汁的比例要恰当，尤其是汤汁不宜过多，否则就难以成其为包芡；还要求芡汁浓稠度要适中，过大时菜肴原料表面芡汁无法黏裹得均匀，过少时又缺乏黏附力，芡汁在菜肴原料表面无法达到一定的厚度。此法多用于炒、爆一类菜肴。

②糊芡。糊芡指菜肴汤汁较多，勾芡后呈糊状的一种厚芡。它以菜肴汤汁宽而浓稠度大为基本特征，多用于扒菜。

③流芡。流芡又称奶油芡，流漓芡，是薄芡的一种。其特点类似于糊芡，但浓稠度要小一

些。流芡就是因其在盘中可以流动而得名。它常用于烧、烩、熘一类菜肴。

④米汤芡。米汤芡又称奶汤芡,浓稠度较流芡小,多用于汤汁较多的烩菜(也作为酿制菜肴的卤汁),要求芡汁如米汤状,稀而透明。

2)芡色的种类

芡汁的口味不仅是多种多样的,芡汁的颜色也是五彩缤纷的,而且,芡汁的颜色又与芡汁的调味紧密联系在一起,大体可分为红、黄、白、黑、青5种。

①红芡。红芡又有鲜红、老红之别。用茄汁、红果汁等调味的菜肴,一般有鲜红的颜色,如茄汁螃蟹、茄汁虾、果汁猪扒等菜肴。用生抽、糖醋汁、蚝油、甜椒酱、辣豆瓣酱、柱候酱等调味的菜肴,一般具有老红的颜色,如咕噜肉、葱爆鹿柳、葱爆羊肉等菜肴。

②黄芡。黄芡又有金黄、浅黄之分。用上汤加少许生油、并用湿粉调剂的芡汁,一般具有金黄的颜色,如红烧鲍鱼、皇冠大鲍翅等菜肴浇盖的芡汁即是这种颜色。用鲜汤和咖喱粉调剂的芡汁,则具有浅黄的颜色,如咖喱鸡块、咖喱牛肉等菜肴。

③白芡。白芡又有蟹汁、奶汁和椰汁之分。制作蟹汁时,要用熟蟹肉;根据烹调需要,熟蟹肉可捺碎或不捺碎,然后用白汤、精盐、味精(或味粉)、湿粉调剂加热而成,如蟹汁扒盖菜。制作奶汁时,主要调料是鲜奶,并加白汤、精盐、味精、湿淀粉等调剂加热而成,如奶汁酥虾。制作椰汁时,主要调料是椰汁,并要加白糖,如椰汁燕窝(甜品)。

④黑芡。黑芡是以生抽、蚝油、晒油(黑酱油)、豆豉酱等调味的菜肴所具有的颜色。如新加坡的著名小吃海南牛肉粉、豆豉蒸鱼、北菇扣鹅掌等菜肴,其浇盖的芡汁即是以生抽、老抽、蚝油、豆豉酱为主要调味品调制的。

⑤清芡。清芡一般是以高汤、精盐、味精、湿粉等调剂加热而成,芡汁清洁透明,略带稠度,如竹笙扒鲜露笋等菜肴即是用清芡。

3)芡汁的应用

芡汁是人们评判菜肴质量的基本依据之一,因为不同的菜式对芡汁的数量(相对于菜肴原料的量)和浓稠度均有严格的要求。下面介绍几种菜式对芡汁的要求。

①炒菜。用芡最轻,一般芡汁与菜肴原料交融,吃完后盘内见油不见芡。

②烧菜。芡汁量多于炒、爆菜,浓稠度较大,芡汁包裹菜肴原料,吃完后盘内有少量流滴状汁液。

③熘菜。芡汁较浓稠,量大于炒、爆菜,除包裹菜料外,盘边有流滴状汁液,吃完后盘内有余汁。

④焖菜。芡汁量较多,部分黏附于菜肴原料,一部分流动于菜肴原料之间,使菜肴光润明亮。

⑤扒菜。芡汁量与熘菜相似,一部分黏附于菜肴原料,另一部分呈玻璃状态,吃完后盘中有余汁。

⑥烩菜。芡汁量多而稀薄,黏附能力较小,吃时需用匙舀。

5.5.4 影响勾芡的因素

1)淀粉种类

不同来源的淀粉的糊化温度、膨润性及糊化后的黏度、透明性等方面均有一定的差异。从糊化淀粉的黏度来看,一般地下淀粉,如马铃薯淀粉、甘薯淀粉、藕粉、荸荠粉等,比地上淀粉,如玉米淀粉、高粱淀粉等较高。持续加热时,地下淀粉糊黏度下降的幅度比地上淀粉要高得多。透明性还与糊化前淀粉粒的大小有关,粒子越小或含小粒越多的淀粉,其糊的透明性越好。因此,勾芡操作必须事先对淀粉的种类、性能做到心中有数,这样才能万无一失。

2)加热时间

每一种淀粉都相应有一定的糊化温度。达到糊化温度以上,加热一定的时间淀粉才能完全糊化。一般加热温度越高,糊化速度越快。所以勾芡在菜肴汤汁沸腾后进行较好,这能够在较短的时间内使淀粉完全糊化,完成勾芡操作。在糊化过程中,菜肴汤汁的黏度逐渐增大,完全糊化时最大。之后随着加热时间的延长,黏度会有所下降。不同来源的淀粉,下降的幅度有所不同。

3)淀粉浓度

淀粉浓度是决定勾芡后菜肴芡汁稠稀的重要因素。浓度大,芡汁中淀粉分子之间的相互作用就强,芡汁黏度就较大;浓度小,芡汁黏度就较小,实践中人们就是用改变淀粉浓度来调整芡汁厚薄的。包芡、糊芡、流芡、米汤芡等的区别,也有淀粉浓度的作用。淀粉浓度还是影响菜肴芡汁透明性的因素之一。对于同一种淀粉而言,浓度越大,透明性越差;浓度越小,透明性越好。

4)有关调料

勾芡时往往淀粉与调料融合在一起,很多调料对芡汁的黏性有一定影响,如食盐、蔗糖、食醋、味精等。不同来源的淀粉受影响的情况有所不同。例如,食盐可使马铃薯淀粉糊的黏度减少,但使小麦淀粉糊的黏度增大;蔗糖可使这两种淀粉的糊化黏度增大,但影响情况有一定区别,蔗糖超过5%,小麦淀粉糊黏度急增;食醋可使这两种淀粉的糊化液黏度减小,不过对马铃薯淀粉的影响更甚;味精可使马铃薯淀粉的黏度减少,但对小麦淀粉几乎没有影响。一般而言,随着调料用量的增大,对其的影响程度也随之加剧。因此,在勾芡时应根据调料种类和用量来适当调整淀粉浓度,以满足一定菜肴的芡汁要求。

5.5.5 勾芡的操作方法

1)淀粉汁的调制方法

(1)兑汁芡

兑汁芡是在勾芡之前用淀粉、鲜汤(或清水)及有关调料勾兑在一起的淀粉汁。它使烹制过程中的调味和勾芡同时进行，常用于爆、炒等需要快速烹制成菜的菜肴。它不仅满足了快速操作的需要，还可先尝到滋味，便于把握菜肴味型。

(2)水粉芡

水粉芡是用淀粉和水调匀的淀粉汁。在兑汁芡的菜肴中，除了爆、炒等菜之外，几乎全都用水粉芡。无论是兑制兑汁芡还是水粉芡，都要注意根据淀粉的吸水性能和菜肴的芡汁要求而定。

2)勾芡的方法

常用的勾芡方法有烹入翻拌、淋入翻拌、淋入推摇、浇粘上芡4种方法。

(1)烹入翻拌法

此法系兑汁芡所用。在菜肴接近成熟时，将兑汁芡倒入，迅速翻拌，使芡汁将菜肴原料均匀裹住。或者，先把兑汁芡烹入热锅中制成芡汁，再将初步熟处理的菜肴原料倒入，翻拌均匀。

(2)淋入翻拌法

此法的裹芡形式与烹入翻拌法基本相同，不同之处在于不是将所用淀粉汁一次烹入，而是缓慢淋入。用水粉芡进行爆、炒、熘等菜肴的勾芡操作时常用此法。

(3)淋入推摇法

此法的淀粉汁下锅方式与淋入翻拌法相同，芡汁裹匀菜肴原料的方式却不一样。它是在菜肴接近成熟时，将淀粉汁徐徐淋入汤汁中，边淋边晃锅，或者用手勺推动菜肴原料，使其和芡汁融合在一起的勾芡方法。常用于扒、烧、烩等菜肴的勾芡。

(4)浇粘上芡法

此法中淀粉汁入锅的方式可以是一次倒入，也可以是徐徐淋入，菜肴原料上芡的方式与前3种方法大相径庭。它是在原料起锅之后再上芡，或者将芡汁浇在已装盘的成熟原料之上，或者将成熟原料及酿制花色菜的上芡，后者适用于需要均匀裹芡又不能翻拌的菜肴原料的上芡。

3)使用明油(尾油)

明油，又称尾油。即在勾芡和芡汁泼入原料中后，紧接着还要加些植物油或麻油、葱油、辣椒油等，淋在包芡的菜肴原料上，或渗在调剂、加热后的芡汁里，再浇盖在菜肴上。使用明油与勾芡、调剂芡汁的程序紧密相连，也可以说是勾芡和调剂芡汁的补助方法。

菜肴烹调后，最后使用明油，这是中餐烹调的普遍规律性操作程序。运用明油有4种益处：第一，可以使菜品增加光度、亮度，提高菜肴的观感；第二，可以使菜肴表面的芡汁渗进适量明油，增强芡汁的滋味；第三，因使用的明油多是含有香味的(如葱油、麻油等)，它随着菜肴的热气飘散，有诱人食欲的作用；第四，由于芡汁中渗进适量明油，起到一定的保温作用，能一定程度地控制菜肴热量的散发速度。介于上述4种益处，合理地使用明油也是烹调菜肴时不可忽视的技术环节。合理使用明油应该掌握以下4个要领。

①芡汁边缘不外露明油，如外露明油，说明芡汁中含油量过多，已经溢出。

②明油要含在芡汁里，这样芡汁就增加了光度、亮度。

③要灵活掌握对明油的使用，有些脂肪含量略多的菜肴原料，烹调后可不必加明油或加少许明油；有些脂肪含量少的菜肴原料，烹调后可适量多加些明油，以补充菜肴原料脂肪含量的

不足。

④走油类的菜肴(如爆、熘一类的菜肴),因菜肴原料中已含油质,芡汁一般较为薄、小,只用稍许明油即可,烧、扣一类的菜肴,因芡汁较多,明油可适量多些。

5.5.6 勾芡的注意事项

勾芡的注意事项包括以下5个方面。

1)准确把握勾芡时机

勾芡必须在菜肴即将成熟时进行,过早或过迟都会影响菜肴质量。过早,菜肴不熟,继续加热又易粘锅焦煳;过迟,菜肴质老,有些菜肴还易破碎。此外,勾芡必须在汤汁沸腾后进行。

2)芡汁数量要准确

各种菜肴因原料数量不同,烹调时所需芡汁的多少也不同。有时还要2~4个同样的菜肴一起烹调,这样,调剂芡汁的数量就要做到心中有数。所谓"心中有数",主要指烹调的经验,当芡汁泼入加热的原料中时,要不多不少,恰到好处,如过少,包裹不住原料,而且味道也会轻淡;如过多,芡汁外溢,味道就会浓重,影响口味的标准。各种菜肴,所需芡汁的多少也有区别。

3)芡汁中湿淀粉的稀稠度要准确

在调剂芡汁时,湿淀粉投放的比例也要准确,如多了,芡汁泼入加热的原料中后,就会浓糊黏结;如少了,黏性又不够,包裹不住原料。这都达不到菜肴的质量标准。原料数量、调剂的芡汁及湿淀粉投放的比例要成正比。另外,芡汁中投放湿淀粉时,湿淀粉本身的稀稠程度也有很大关系。

4)淀粉汁须均匀入锅

勾芡必须将淀粉汁均匀淋入菜原料之间的汤汁中,同时采用必要的手段,如晃锅、推搅等使淀粉汁分散。否则,淀粉汁入锅即凝固成团,无法裹匀原料,影响菜肴质量。

5)勾芡须先调准色、味

勾芡必须在菜肴的色彩和味道确定后进行。勾芡后再调色、味,调料很难均匀分散,被菜肴吸收,还会影响菜肴的造型等。勾芡一般与调味料同时或在调味料调配准确以后进行,除爆炒菜因加热时间很短,而将调味料与淀粉汁一起下锅勾芡外(行业中称兑汁芡),其他菜肴都是在各种调味料投放并调准以后才有淀粉汁勾芡,如果着芡后再添加调味品则不易入味,因为淀粉糊化后,卤汁浓稠,特别是芡汁较厚的一些菜肴,它们对原加调味料有阻碍作用,很难进入糊化的体系中,即使部分进入,但也很难均匀化。如果添加的固体调味料,由于糊化体系的溶解能力减弱,就更加不能均匀地进入糊化体系,反而会造成色泽味道出现偏差不均的现象。

5.5.7 自来芡的形成与运用

很多烹饪原料质地脆嫩,口味清淡,烹制出的菜肴可以不进行勾芡,如炒豌豆苗、鸡汁干丝等。还有一些红烧菜、酱制菜、蜜汁菜也不需要勾芡，在这类菜肴接近成熟时往往采用大火收稠卤汁，使之黏稠似胶，包住原料，起到勾芡的作用，行业中称为“自来芡”。

自来芡的菜肴一般选用富含胶原蛋白的原料，以水为主要导热体，通过小火长时间加热，胶原蛋白变成明胶，溶于卤汁中发生一系列理化反应。调料重用油和糖，最后用旺火收稠卤汁，水气渐干，卤汁益浓，明胶、糖、油三者互相作用，紧密结合，形成自来芡，并黏于原料四周，原料、调料融为一体，使成菜独具浓郁风味。因此，自来芡形成的实质就是——明胶作为增稠剂。

1）自来芡与粉质芡的比较

自来芡细腻柔滑，粘裹原料均匀，口味咸鲜之中透出甜味。与粉质芡相比，自来芡有其独特的优点。

①粉质芡菜肴有时会因淀粉的黏腻味而影响菜肴本身的美味，且技术性强，在勾芡时掌握不好会出现粉芡疙瘩现象；自来芡没有湿淀粉的腻味，且本味纯正，比粉质芡更入味，操作容易，只要收稠卤汁即可，且与菜肴的结合非常均匀，附着力强。

②粉质芡菜肴冷却后，色泽变暗，卤汁常会吐水，如用质量差的淀粉勾芡常是菜未冷，水先出；而自来芡卤汁所含成分决定了它绝无吐水之虑，菜肴冷后色泽依然光亮诱人。

③淀粉勾芡的菜肴，温度下降，芡汁会变硬（淀粉老化），且重热效果差，常会出现食物焦煳现象；自来芡汁冷后变成柔软富有弹性的“冻”，吃起来入口即化，即使重新加热只会融化，而不会产生煳底现象。

以上所述优点与自来芡的形成机理是分不开的，因此了解自来芡的成因对充分利用和发挥自来芡的优点，对提高菜肴质量无疑是有益的。

2）自来芡的形成原理

（1）胶原蛋白水解成黏稠似芡的明胶，这是自来芡中主要的增稠剂

胶原蛋白存在于动物性烹饪原料的肌肉、皮肤和结缔组织中，它不溶于水，其分子结构十分独特，构成的组织韧性强，需长时间炖焖，才能将这种胶原蛋白的结构逐步软化和分解。当富含胶原蛋白的原料在水中加热时，胶原蛋白的空间结构受到解体，且不断吸水膨润，最终水解成溶于汤汁的明胶，使得汤汁的黏度越来越大，焖烧时间越长，汤汁中明胶的含量就越多。

明胶易溶于热水，且有较高的黏性，是食品工业中常用的增稠剂。汤汁中明胶越多，给人的直觉就是黏稠似芡，它的附着力强，能均匀地包裹住原料，起到勾芡的作用。

当温度下降时，明胶凝固成富有弹性的凝胶，凝胶的网状结构使得网眼中的水分子被牢固地保持在其中，几乎不能流出。所以，自来芡汁不会吐水。凝胶受热后开始缓慢熔化，重新形成流体状态的溶胶，这种变化使自来芡菜肴重热效果好，不会产生煳底现象。

（2）油脂的乳化作用使汤汁的浓度增加

常见的烹调用油与水是不相溶的，并且油总是浮在水面上，即使通过搅动混合成为悬浊液，稍微静置，水油立即分开，其原因是油的比重小于水，表面张力强，且油的极性与水相反。自来芡用油较一般菜肴多，然后成菜时并不见很多油，此种现象的产生是由于油脂的乳化作用，使得它与汤汁融合在一起形成稳定的乳浊液。

乳化作用的产生需要乳化剂，然而烹调时人们并没有向菜肴中添加乳化剂，那么促使油水结合的乳化剂是什么呢？实验表明，烹调用油及原料中所含的蛋白质和磷脂就是一种天然的乳化剂。菜肴经小火长时间焖烧，在热力的作用下，油脂会被分解成微小的油滴分散于汤汁中，再经过乳化，形成黏稠的乳浊液。油脂本身具有一定的黏度，加热过程中所有的油脂的黏度都会增高，乳化进入汤汁后，使汤汁的黏度相应增加。如果油脂没有乳化，则会浮在汤汁表面上，使菜肴的外观和风味受到影响，让食客感到腻味而影响口味。

油脂的乳化还跟明胶及糖有关。明胶也可作为乳化剂，特别是冷却后形成的凝胶，其网状结构使油水的结合变得更长久，烹制时所加的蔗糖与油脂中的脂肪酸发生酯化反应。酯化产物中有亲水性物质，也有亲油性物质，具备乳化剂的性能，因此它和明胶、磷脂一起充当油脂的乳化剂，加快了卤汁的稠浓（在做拔丝菜肴时，水、油、糖三者随加热而融为一体的现象可证明这点）。

（3）糖的黏度使卤汁进一步增稠

自来芡用蔗糖较多，蔗糖有黏性，溶于水后，随着水分的蒸发，浓度变高，汤汁的稠度增强，因此常见的蜜汁菜肴，不经勾芡即可收浓卤汁，就是利用蔗糖本身所具有的黏性之故。蔗糖可提高原料中蛋白质的热凝固温度，这种现象称为蛋白质解胶作用，可使蛋白质加快膨润，水解成明胶。

随着锅底的部分糖由于受热温度高而发生焦糖化反应，其产物给菜肴带来悦人的色泽及浓郁的香味，起到增香、着色、美化菜肴的作用。在菜肴收稠卤汁时，焦糖化反应更为强烈，这时可见到芡汁的颜色随水分的蒸发、汤汁的黏稠而显得金红光亮。

因此，胶原蛋白、油脂、糖是构成自来芡的主要物质基础，三者相辅相成、协同作用，导致了自来芡的形成。

3）自来芡的烹调应用

（1）合理选择原料、调料

能产生自来芡的原料有大型鱼类、黄鳝、河鳗、鮰鱼、甲鱼、蹄筋、猪爪、带皮肉类等，某些高档原料也富含胶原蛋白，如鱼皮、鱼肚、蹄筋等。这些原料随动物生长时间的延续，胶原蛋白的含量也相应增加，因此胶原蛋白的多少与原料的品种、老嫩、大小、质地密切相关，只有足够的胶原蛋白，才会产生一定量的明胶，自来芡也就水到渠成。对于胶原蛋白不足的原料，在不影响菜肴质量的情况下，可加入肉皮与之同烹，成菜后去掉肉皮，同样可得到自来芡。

油脂的选择以富含磷脂为宜，烹调用油一般都有磷脂，但含量各不相同，粗制豆油所含磷脂量在烹调用油中是最高的，这也是利用豆油烧菜而看不见油花漂浮的原因所在。大豆色拉油因为在精制时除去了磷脂，所以没有这个效果。

常用的糖为蔗糖或冰糖，有些菜肴胶原蛋白不足，但通过重用糖和油也能构成自来芡。如糖醋排骨就是采用自来芡烧法，排骨中胶质较少，它的自来芡主要是靠糖和油的黏性起作用。

（2）正确使用调味品

酱油、汤汁应一次加准，中途追加汤汁会影响菜肴醇浓之味。盐要中途添加，不宜早放，这样才能利于胶原蛋白分解，促进成品酥烂。自来芡用糖较多，如果一开始就加足菜肴所用糖量，糖受热熔化后，使卤汁黏性很快增强，其他调味品不易渗透到原料内部，卤汁很快变得稠浓收尽，同时易于粘锅煳底，产生焦煳味，并使卤汁变得灰暗，失去光亮，严重影响菜肴的口味和质量。因此，要分两次加糖：第一次加少许糖，主要起调味作用；当菜肴成熟时第二次加糖，能使卤汁迅速稠浓，口味醇正而适口，汁明油亮，色泽美观，菜肴能达到最佳效果。

(3)旺火收汁时要不停地晃锅

菜肴收汁时不停地晃锅，使菜肴在锅中转动或来回滑动，使其受热均匀，晃锅能防止菜肴粘锅煳底、汤汁变黑产生异味，同时还能使菜肴调味、着色、粘挂芡汁均匀一致，原料不易破碎，从而提高菜肴质量。调味品的正确使用及收汁晃锅是形成自来芡不可缺少的技术条件。

思考与练习

1. 简述淀粉在糊浆工艺中的作用。
2. 比较不同糊对原料水分及营养成分的保护效果。
3. 勾芡的时机对菜品特色有何影响？
4. 简述自来芡的形成与应用。

【知识目标】

1. 了解制冻、着色工艺的方法。
2. 了解制汤和蓉胶工艺的作用、种类及选料要求。
3. 理解吊汤变清的原理和蓉胶吸水上劲的原理。

【能力目标】

1. 掌握常用胶冻的制作方法。
2. 掌握高汤、顶汤的制法和应用。
3. 熟练掌握浓汤、清汤的火候控制,以及三吊汤的步骤和要领。
4. 熟练掌握鱼丸蓉胶的调配方法。

本单元内容与其他章节有所不同,不是连贯的一个主题内容,而是由几个独立、不连贯的主题内容组成,如制汤工艺、蓉胶工艺、制冻工艺等。从工艺流程上讲,预制调配工艺应该是初加工以后的精加工过程。本单元的重点是理解吊汤的原理、蓉胶调配原理等,掌握制汤的火候、蓉胶的种类和方法,特别是吊汤的方法、鱼丸蓉胶的调配方法等。

任务1 制汤工艺

制汤工艺是加工工艺中重要的工艺环节。在传统的烹饪技艺中,汤是制作菜肴的重要辅助原料,也是形成菜肴风味特色的重要组成部分。制汤工艺在烹饪实践中历来都很受重视,无论是低档原料还是高档原料,都需要用高汤加以调配才能更加鲜美。虽然已有味精、鸡精等各种增鲜剂,但其味与高汤的鲜美是有差异的,它们并不能取代高汤的作用,只能与高汤配合使用才能收到更好的效果。因此,了解制汤的原理,掌握制汤的基本技法,对学习菜肴制作,特别是高档菜肴的制作,有非常重要的意义。

6.1.1 制汤的种类

1)按用途分

按用途分:有菜肴原汁汤和专用调味汤。菜肴原汁汤是指原料经炖、焖后形成的汤汁,它是菜肴的组成部分,一般以主料的原味为主体;专用调味汤,是用多种原料烧制而成,其作用是用于调味,按菜肴档次的高低分顶汤、高汤、毛汤等。

2)按原料性质来分

按原料性质分:有荤汤和素汤两大类。荤汤是用动物性原料制成的汤,荤汤中按原料品种不同有鸡汤、鸭汤、鱼汤、海鲜汤等;素汤是用植物性原料制成的汤,素汤中有豆芽汤、香菇汤、鲜笋汤等,也有用花生、大豆、胡萝卜、红枣等制成的混合素汤。

3)按汤的味型分

按汤的味型分:有单一味和复合味两种。单一味汤是指用一种原料制作而成的汤,如鲫鱼汤、排骨汤等;复合味汤是指用两种以上原料制作而成的汤,如双蹄汤、蘑菇鸡汤等。

4)按汤的色泽分

按汤的色泽分:有清汤和白汤两类。清汤的口味清纯,汤清见底;白汤口味浓厚,汤色乳白。白汤又分一般白汤和浓白汤,一般白汤是用鸡骨架、猪骨等原料制成,主要用于一般的烩菜和烧菜;浓白汤是用蹄髈、鱼等原料制成的,既可单独成菜,也可用于高档菜肴的辅助。

5)按制汤的工艺方法分

按制汤的工艺方法分:有单吊汤、双吊汤、三吊汤等。单吊汤是一次性制作完成的汤;双吊汤是指在单吊汤的基础上进一步提纯,使汤汁变清,汤味变浓;三吊汤则是在双吊汤的基础上再次提纯,形成清汤见底、汤味纯美的高汤。汤的品种虽然很多,但它们之间并不是绝对独立的,它们之间都有一定的联系或相互重叠。

6.1.2 制汤原料的选择

制汤的原料是影响汤汁质量的重要因素。不同的汤汁对原料的品种、部位、新鲜度都有严格的要求。

1）必须选择新鲜的制汤原料

制汤对原料的新鲜度要求比较高，新鲜的原料味道纯正、鲜味足、异味轻，制出的汤味道也就纯正、鲜美。熘菜、炸菜、红烧菜的原料稍有异味可用调味品加以调节，而汤一般很注重原汁原味，添加的调味品比较少，所以要求更高。

2）必须选择风味鲜美的原料

制汤的原料本身应含有丰富的浸出物，原料中可性呈味物质含量高，浸出的推动力就大，浸出速率也就快，在一定的时间内，所行到的汤汁就比较浓。除素菜中使用的纯素汤汁外，一般多选鲜味足的动物性原料。同时对一些腥膻味较重的原料则不应采用，因为其所含的不良气味也会溶入汤汁中，影响甚至败坏汤汁的风味。

3）必须选择符合汤汁要求的原料

不同的汤汁都有一定的选料范围，对于白汤来说，一般应选蛋白质含量丰富的原料，并且选择含胶原蛋白质的原料。胶原蛋白质经过加热后发生水解变成明胶，是汤液乳化增稠的物质。原料中还需要一定的脂肪含量，特别是卵磷脂等，对汤汁发生乳化有促进作用，使汤汁浓白味厚。制作清汤时，一般应选择陈年的母鸡，但脂肪量不能大，胶质要少，否则汤汁容易发生乳化，无法达到清澈的效果。

6.1.3 制汤的基本原理

制汤原理可分为两个部分来论述：一是汤色的形成原理；二是汤汁风味的形成原理。

1）汤色的形成原理

汤色一般分清汤、白汤两种，其形成的主要原因是火候和油脂。白汤形成的原因实际是油脂乳化的结果；原料中的脂肪在制汤的过程中溶入汤中。一般情况下，油和水因为汤的温度高，特别是在剧烈沸腾的情况下，汤向原料传递的热量多，原料温度升高快，一方面，增大了呈味汤物质中原料里的溶解度；另一方面，增大了呈味物质向原料表面的扩散速度，同时还能增大呈味物质在汤中的扩散系数，沸腾时对流引起的搅拌作用就能迅速使汤中呈味物质的浓度均匀化，使汤汁浓白黏稠。

2）汤汁风味的形成原理

制汤的过程实质上是原料中呈味物质由固相（原料）向水相（汤）的浸出过程。原料在刚入锅加热的时候，原料表层呈味物质的浓度大于水中的呈味物质浓度，这时呈味物质就会从原料表面通过液膜扩散到水中。当表面呈味物质进入水中之后，使表层的呈味浓度低于原料内层的呈味浓度，导致了原料内部液体中的呈味物质浓度不均匀，从而使呈味物质从内层向外层扩散，再从表层向汤汁中扩散。经过一段时间受热以后，逐渐使原料中的呈味物质转移到汤汁当中，并达到浸出相对平衡，这一原理的依据就是费克定律。汤汁的质量与原料中呈味物质向汤中转移的程度有关，转移得越彻底，则汤的味道越浓厚。此外，汤汁的品质还与原料的形态、

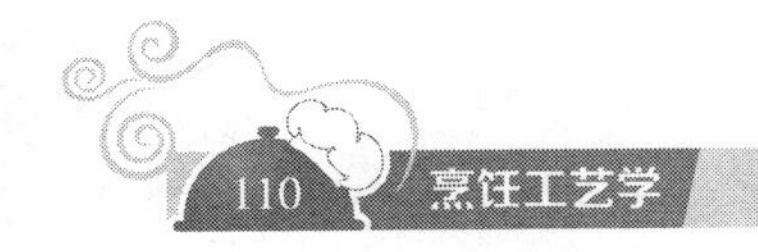

呈味物质的扩散系数、制汤时间的长短等有关系，原料越小，呈味物质的扩散系数越大，制汤所用的时间越长，则剩余率越小，呈味物质从原料白汤转移越彻底。

6.1.4 制汤的方法和要领

菜肴原汁汤的制作方法将在炖、焖、煨等具体烹调方法中详细介绍，这里主要介绍专用调味汤的制作方法。

1）毛汤

行业中称为一般白汤，它属复合味汤类，用鸡骨架、猪骨、火腿骨等几种原料焯水洗净后，加葱姜、黄酒用中火煮炖而成。制作时以中火为主，使汤保持沸腾状态并发生乳化作用，从而使汤汁乳白黏稠。有时还将制作高汤后的原料加水继续煮炖而成，制成的汤汁主要用于一般菜肴的制作。

2）高汤

高汤也称上汤、浓汤，其选择原料的要求比毛汤高，一般用鸡肉、猪蹄、火腿骨等原料，制作方法是将原料洗涤，放入沸水锅中焯水，再用清水洗净后放入冷水锅中加热。水沸后，除去汤面的血沫和浮污，然后加葱、姜、绍酒，用旺火烧至沸腾，改用中火继续加热，使汤始终保持沸腾状态，使原料中的蛋白质、脂肪、各种呈味物质逐步从原料中溶出。制汤时以小火加热，汤面不能沸腾。如果火力过旺，沸腾剧烈，将会导致汤色变为乳白，不易澄清；但火力也不能太小，否则原料内的呈味物质因温度偏低、扩散系数小而不易浸出，同样会影响汤的品质。

3）顶汤

顶汤又称顶级高汤，主要用于高档菜肴的制作，如鲍鱼、鱼翅、海参等。制汤的原料有老母鸡、火腿、精猪蹄肉、干贝，制作方法基本与高汤一样，但炖制时间比高汤长，汤的浓度也比其他汤要浓厚。

4）制汤的技术要领

（1）要控制料水的比例

制汤开始的最佳料水比为1∶2左右。水分过多，汤汁中可溶性固形物、氨基酸态氮、钙和铁的浓度降低，但绝对量升高；水分过少，则不利于原料中的营养物质和风味成分浸出，绝对浸出量并不高。顶汤的浓度高，是指成汤以后的浓度，但开始制汤时的比例与其他汤一样，经长时间加热使水分挥发，绝对量升高。

（2）制汤的火候

根据浓汤和清汤要求的不同，适度掌握火候的使用。火力过大，汤汁水分蒸发很快，原料中呈味物质不能充分浸入汤中，使汤汁黏性差，鲜味淡；火力过小，又会减慢浸出速度，同样会影响汤汁质量。

（3）调味品的投放顺序和数量

盐是汤菜主要的调味品，若制汤时过早加盐，则会使汤汁溶液渗透压增大，原料中的水分就会渗透出来，盐也会向原料内部扩散，导致蛋白质凝固，原料中呈味物质难以浸出，从而影响汤汁的滋味。所以，盐应在成汤以后加入定味，葱、姜、黄酒可以提前投入，但数量也不宜多。

6.1.5 清汤的吊制

吊制清汤是一种特殊的制汤工艺，是在一般汤汁的基础上，进一步提炼而成的。其特征是汤汁清澈见底，口味清鲜醇厚。清汤用于高级清汤菜肴的制作，如清汤燕窝等。

1）吊汤的基本原理

在进行吊汤时，必须以原汤为基汤进行提炼吊制。在原汤中无论是毛汤还是一般高汤，都不同程度地存在着浑浊状。这是因为原汤的汤汁中含有未被水解、水溶的微小颗粒以及其他一些沉浮颗粒。由于它们密度与原汤密度相近，因此可在汤汁中不停地沉浮运动，很难稳定在某一个层面，从而使汤汁浑浊不清。吊汤的目的就是要去除这部分颗粒，但这些颗粒很小，直径一般为 4 ~ 10 毫米，即使用很细的汤筛也无法将其去除，因此，这些悬浮颗粒必须经过一定的化学、物理方法处理，才能使汤汁提炼得清澈见底。我们采用鸡腿、鸡脯等蓉泥物进行吊制，这些蓉泥实际上是一种助凝剂。这些蓉泥中的蛋白质是凝聚基汤中悬浮物的主要物质。蛋白质的离子型的分子量很大，当它加入汤液中，由于分子量很大，而且是链状结构，在汤液中加热可形成很长的链，并强烈地吸附汤液中的悬浮微粒，因此形成更大的凝聚块，更有利于悬浮颗粒的沉淀或上浮，使汤汁清澈。为了使蛋白质能快速地分散于汤液当中，我们必须将吊汤的原料斩成细蓉，然后再用冷水调开，使它均匀、快速地散到汤中，由于表面积增大、吸附性增加，吊汤效果就更佳。

2）吊汤的方法

吊汤的方法有如下 3 步。

①先用纱布或细网筛将一般清汤过滤一下，再用新鲜的鸡腿斩蓉后加葱、姜、酒和清水浸泡出血水，然后将血水和鸡腿肉一起倒入汤中。上大火烧沸后再改成小火，待鸡蓉浮起后捞出，压成饼状，然后放入汤中加热使其味道溶于汤汁中。加热一段时间以后，将浮物去除。用此法制成的汤行业中称为“一吊汤”。

②将鸡脯肉斩蓉后加葱、姜、酒和清水浸泡，将血水去除，将鸡脯肉倒入凉透的汤中，一边加热一边用手指轻轻搅拌，待鸡蓉上浮后捞去，此法称为“双吊汤”。

③在双吊汤的基础上，再用鸡腿和鸡脯蓉重复吊汤，方法与上面两种方法基本相同。经过重复吊汤后，使汤汁更为清澈，口味更加鲜纯。此法称为“三吊汤”，主要用于高级菜肴的制作。

3）吊汤的关键

（1）必须将原汤中的浮油撇除干净

原汤中的脂肪是形成汤汁浑浊的主要因素，但这些散布均匀的脂肪仍然是不稳定的，当它经过一段时间的静置，特别是经 0 ℃左右的温度冷藏以后，由于脂肪的密度小于水，脂肪便会逐渐上浮与水分层。这样可以将未发生乳化的脂肪去除，以免在吊汤时继续乳化，影响汤汁的清澈度。

(2)吊汤前还需要在原汤中投入少量的食盐

虽然在制汤过程中加盐会影响蛋白质的浸出,但在吊汤之前加入少量的食盐,可使汤液处于低浓度盐的状态,增加蛋白质溶解度(称盐溶作用)。低盐浓度可使蛋白质表面吸附某种离子,导致其颗粒表面同性电荷增加而排斥加强,同时与水分子作用也增大,从而提高了蛋白质的溶解度。所以在吊汤前加少量的盐,可使汤汁的浓度和营养在吊汤时得以增加。同时,在吊汤前加盐,有利于清汤的稳定性,因为原汤中的蛋白质多以负离子形式存在。如果在汤中加入正离子的电解质,其稳定性就会遭到破坏(化学中称为胶体脱稳)。盐就是一种中性的阳离子电解质,汤中加入食盐后有一小部分水溶蛋白质就会脱稳,脱稳后由于清除了相互间的静电排斥,通过加热运动使它们凝聚成了较大的颗粒,对吊汤起到了积极的作用。如果吊汤后加盐,会再次出现脱稳现象,从而影响了汤汁的清纯度。

(3)掌握投放吊汤原料的时机

一般应在加热开始的时候投放吊汤原料。如果在汤液沸腾后投入,容易使吊汤的蓉泥成团,不能均匀地扩散到汤汁当中,同样也会影响吊汤的效果。

6.1.6 荤汤的制作

1)荤白汤的制作

荤白汤又称奶汤,有普通荤白汤与高级荤白汤之分。制作荤白汤一般用旺火煮沸,用中火煮制,始终保持汤的沸腾状态。

(1)普通荤白汤的制作

①采用新鲜原料。将鸡、鸭、猪肉、鸡翅、猪骨等原料放入冷水锅内,水量要足,加葱、姜、料酒,用旺火煮沸后去掉浮沫,加盖后继续加热,直至汤汁呈乳白色。

②采用制过荤白汤的原料。将制过荤白汤的原料加水再加热 2 ~ 3 小时,至汤汁呈乳白色。也可再加入鸡爪、猪骨、鸡架等原料同煮,这种汤汁浓度不大、鲜味不足,只能用作一般菜肴的调味。

(2)高级荤白汤的制作

①制汤原料。制取高级荤白汤时选料要严格,应选用鲜味足、无腥膻气味的原料,如老母鸡、肥鸭、鸡鸭骨架、猪肘、猪蹄、猪骨等,有时还适当加入干贝、海米、火腿等。

②制汤方法。将制汤原料清理洗净,放入沸水锅内焯水后捞出,再放入冷水锅内用旺火加热。待汤将沸时,撇去血沫,加入葱、姜、料酒,烧沸后转中火,使汤保持沸腾状态。加盖煮 3 ~ 4 小时,视汤色乳白、汤汁浓稠后,滤去渣状物即可。制得的汤汁一般是汤料的 1 ~ 1.5 倍。

2)荤清汤的制作

荤清汤清澈见底,口味鲜醇。制作荤清汤时一般是汤汁沸腾后立即改为小火长时间加热,使汤汁始终保护沸而不腾的状态。煮好后要对汤汁进行清制,使汤汁更加清澈、鲜醇。按汤汁的质量好坏,有普通荤清汤和高级荤清汤之分。

(1)制作荤清汤的原料

制作荤清汤的原料以老母鸡为主,适当选配猪肘、鸭、猪骨及鸡鸭骨架等。制汤原料的脂肪含量不宜过多,避免因脂肪乳化影响汤色,猪蹄、肉皮等也不宜选用,否则会影响汤汁的清澈度。

(2)荤清汤制作的方法

清汤的质量取决于制汤原料的质地、用料的比例、火候的掌握、蓉料的品种及制作的方法等。制汤时,应根据清汤的档次灵活掌握。

①普通荤清汤的制作。制作原料为老母鸡,也有用瘦猪肉或牛肉的,适当选猪骨及鸡鸭骨架,用料比例也比较灵活。将制汤原料清理洗净,入沸水锅焯水后冲洗干净,然后放入锅内加清水烧沸,立即转为小火,撇净浮沫,加入葱、姜、料酒,使汤始终保持微沸。煮3~4小时后将原料捞出,经过滤清或用猪肉蓉提清后制成。

②高级荤清汤的制作。可以将制得的普通荤清汤进一步提炼清制而成高级荤清汤。提清的臊子一般用鸡脯肉蓉制成白臊,用鸡腿肉或猪瘦肉蓉制成红臊,各提清一次或多次,直至汤清为止。制作高级荤清汤以现用现制为宜,用料比较讲究,火候的运用与制作普通荤清汤一样。

3)制作荤汤的要领

(1)合理选用制汤原料

制作荤汤时应选鲜味足、营养丰富、无异味的原料。原料的选择一定要符合汤汁特点形成的条件,如制作荤白汤的原料应含有一定的脂肪和促使乳化稳定的乳化剂,以及使汤汁浓稠的胶原蛋白。而制作荤清汤的原料中,脂肪和胶原蛋白的含量都不宜过多,以免影响汤汁的清醇度。

(2)原料应冷水下锅,中途不宜加冷水

制作荤汤时原料应冷水下锅,这样可以延缓原料中蛋白质受热凝固的过程。如果将原料放入沸水锅,其表层蛋白质会过早变性凝固,将影响原料中营养物质及鲜味物质的充分析出。制汤中途不宜加入冷水,否则因汤汁温度突然下降,原料表层蛋白骤然凝固,已经疏松的肌肉组织遇冷收缩,使原料中鲜香营养成分不易析出,从而影响汤汁的质量。

(3)恰当运用制汤火候

制作荤白汤时应该先用旺火再用中火煮制,汤始终保持沸腾的状态,以提供使脂肪乳化所需的能量。火力也不能过大,以防焦底产生异味和水分蒸发过快;火力过大,汤色、汤味及浓度都达不到要求。

制作荤清汤时应该先用旺火烧沸再用小火煮制,汤始终保持沸而不腾的状态。火力过大,溶于汤中的脂肪易于乳化,使汤浑浊;火力过小,鲜味物质难以充分析出。

(4)适时撇去浮沫

在制汤过程中,待汤将沸时,原料内部的血红蛋白自己充分渗出凝固,脂肪溶出较少。这时撇去汤面上的浮沫,可减少脂肪的损失(对荤白汤尤为重要)。制作荤清汤的原料脂肪含量较少,火候运用也与白汤不同,汤面要保存一定的浮油,这样不会影响荤清汤的质量并且能减少汤内香味的散失,浮油可以在提清前撇去。

(5)恰当使用调料

葱、姜、料酒等调料应在撇去浮沫后加入,其目的是除异增香。制汤时应掌握好放盐的时机,应在放入臊子前加入少许精盐,以促使汤汁中悬浮物加速聚集,有助于提高提清效果。若加盐过早,将使原料表层蛋白过早变性凝固,影响原料中营养成分的析出。

6.1.7 素汤的制作

用植物性烹饪原料加工制作的鲜汤称为素汤。制作素汤常选用富含蛋白质等丰富营养成分的植物性烹饪原料,如黄豆、黄豆芽、蚕豆、冬笋及菌类中的香菇、口蘑、竹荪等。

由于制汤原料及火候运用不同,制得的素汤在风味特点上也不同。素汤汤汁清澈、鲜美、醇厚,制作的火候是用旺火烧沸,转小火或微火煮制,煮 2 ~3 小时。煮白汤汤色乳白、汤鲜味浓,制汤时的火候宜选用旺火或中火沸煮,直至汤浓色白即可,煮制时间视原料而定。下面介绍几种素汤的制作方法:

1)素清汤

素清汤又称素什汤。将鲜笋根部、香菇蒂、黄豆芽清理洗净,放入锅内,加冷水用旺火烧沸,转微火使汤微沸。煮制 2 ~3 小时离火,用洁布过滤后即可。素清汤口味鲜美、清爽利口。

2)黄豆芽汤

将黄豆芽择洗干净,漂净豆皮,放入油锅内煸炒至豆芽发软时加入冷水(水量要多),加盖后旺火熬煮,至汤汁剩六成、汤浓色白时将汤用洁布过滤后即可。黄豆芽汤色乳白,味鲜美、醇厚。

3)口蘑汤

用温水将口蘑反复揉搓刷洗,去净泥沙及杂质,放入沸水锅中焖泡至透,捞出放入锅内。再倒入澄清的泡口蘑原汁,加入冷水,用旺火烧沸后转微火,煮制 2 ~3 小时,用洁布过滤即可。口蘑汤汤汁澄清、香醇味美。

4)冬笋汤

将鲜笋去壳后洗净,放入锅内加入冷水,用旺火烧沸,再转小火煮 1 小时左右,用洁布过滤即可。冬笋汤清香、鲜浓。

任务 2 蓉胶制作工艺及其菜品的特征

蓉胶又称缔子或糁子,是动物性肌肉经粉碎性加工成蓉状后,加入水、盐等调辅料并搅拌成有黏性的胶状物。其实际上属于胶体体系的一种,搅拌上劲的蓉胶处于稳定的胶体状态。蓉胶在烹饪中的应用十分广泛,既可以独立成菜,也可作为花色菜肴的辅料和黏合剂。蓉胶的形成是对原料组织和风味进行优化和改良的产物,从加工制作到菜肴成品都与制蓉胶前的原料有关。

6.2.1 蓉胶的作用

蓉胶有如下几个方面的作用。

①丰富了菜肴的造型和色彩。原料制成蓉胶后可塑性增强，易于菜肴的造型。原料经粉碎加工后，原料的组织结构发生了改变，形态成了颗粒细小的蓉状物体，经加水、加盐搅拌后产生了黏性，使可塑性大为增强，可制作多种形态的菜肴，如鱼丸、鱼线、鸡粥、虾饼、鸡糕等。扬州名菜狮子头虽然肉都是小粒状，但经过盐等调味料搅拌上劲后，增加了肉粒之间黏性，做成肉丸后能保持完整的成型。如果肉丸下锅后出现松散，肯定与用盐不足，未能搅拌上劲有关系。

②改善了原料的质感。这主要表现在嫩度和弹性两个方面，如鱼肉，经过粉碎、加水以后，使肉质嫩度明显增加。牛肉本来肉质比较老韧，经过捶泥后制成牛肉丸，使肉质变得富有弹性。

③利于原料的入味。蓉胶制品一般都用盐调制上劲，同时加入了葱、姜、酒等调料，使原料内部具有基本味，另外蓉胶制品水分较多，有利于调味原料的渗透，加快了入味的速度。

④缩短了烹调的时间。首先是蓉胶的料形非常小，其次是蓉胶中掺入了一定的水分，使蓉胶具有良好的导热性能，特别是一些质地细嫩的蓉胶菜肴，其加热成熟的时间非常短，如果过火反而会发生口感变老、形态干瘪的现象。

⑤利于菜品的定型和点缀。蓉胶是一种黏稠状的复合物料，除主料上劲后具有黏性外，蓉胶中还添加了蛋清、淀粉等辅料，增加了蓉胶的黏附能力，在制作酿菜、包卷菜、锅贴菜等花色菜肴时，蓉胶就是菜肴定型的黏合剂。许多热菜，如百花香菇、兰花鱼肚等菜肴的点缀，都必须用蓉胶作为中介物，使点缀物在受热过程中不容易脱落。

⑥便于食用和消化吸收。蓉胶原料中的纤维组织已基本破坏，而且蓉胶菜中都没有筋络和骨刺，所以口感都以细嫩爽滑为特色，既方便食用又利于消化吸收，适合各年龄层的人食用。

6.2.2 蓉胶的形成机理

蓉胶形成的主要过程是加水、搅拌、加盐上劲。在蓉状的肌肉中其吸附水分的表面积比原来大大增加，边搅拌边加水，增加了肉馅对外加水分的吸附面积；由于剁碎及搅拌的结果，在肉馅内部形成了大量的毛细管微孔道结构，在毛细管内水所形成的蒸气压低于同温度下水的蒸气压，所以毛细管能固定住大量的水分，这是肉馅能再吸附大量水分的重要原因。肉馅对水分的吸附既可以是蛋白质极性基团的化学吸附，也可以是非极性基团的物理吸附以及水分子与水分子之间发生的多分子层吸附。如果在搅拌肉馅时加入适量盐分，吸水量还能进一步增加，其原因如下：首先，食盐是一种易溶于水的强电解质，很快就溶解在水里，电离为钠离子和氯离子并进入肉馅的内部，使肉馅内水溶液的渗透压增大，因此外部添加的水就更容易进入肉馅。其次，由于球蛋白易溶于盐液，加盐后增大了肌肉球蛋白分子在水中的溶解度，这样也就加大了球蛋白分子的极性基团对水分子的吸附量。最后，肌肉中的蛋白质是以溶胶和凝胶的混合状态存在的，胶体的核心结构——胶核具有很大的比表面积，能在界面上有选择地吸附一定数量的离子。加入食盐后，食盐离解为带正电荷的钠离子和带负电荷的氯离子，其中某一种离子有可能被未饱和的胶粒所吸附，被吸附的离子又能吸附带相反电荷的离子。不管是钠离子还是氯离子，它们都是水化离子，即表面都吸附许多极性的水分子，所以肉蓉经加水、加盐搅拌成蓉胶以后，吸收了水分，使其口感更加嫩滑爽口。

6.2.3 蓉胶原料的选择与功能

1）肌肉

制蓉胶的原料一般都是鸡、鱼、虾、猪、牛、羊等蛋白质含量较高的动物肌肉，而且以脂肪与结蓉胶组织少的部位为佳。对畜类动物而言，应选用成熟期的肌肉组织，因为僵直期的肌肉 pH 值下降，肌肉的持水能力低，而且口感粗硬，风味低劣，不适宜作为蓉胶的原料。实践证明，鲜活的动物肌肉在制蓉胶时，不易斩成蓉泥状，肌肉的延伸性很差，同时吃水量少，黏性低，加热时容易散裂。充分解僵后的肌肉持水性增高，其原因如下：一是由于蛋白质分子分解成较小的单位，从而引起肌肉纤维渗透压增高；二是肌肉蛋白质电荷发生了变化，不同电荷阳离子出入肌肉蛋白质的结果造成肌肉蛋白质净电荷的增加，使结构疏松并有助于蛋白质水合离子的形成，因而肉的持水性增加。成熟后的肉除持水性增强外，肉的质地软化，风味也显著增加。

2）淀粉

淀粉在蓉胶中起着重要的作用。蓉胶中添加少量的淀粉可使蓉胶黏性增大，持水的稳定性提高。淀粉糊化时所吸收的水分是蓉胶中与蛋白质变性后结合不够紧密的水分，因为蛋白质变性温度比淀粉糊化温度低，淀粉糊化所吸收的水分并不影响蛋白质变性所形成的网络体系，而是固定了体系以外的不稳定水分，保证了蓉胶的嫩度，并使蓉胶菜品在加热过程中不易破裂、松散。但添加的用量必须控制，用量过多则会使蓉胶失去弹性，口感变硬。

3）鸡蛋

鸡蛋一般与淀粉一起使用，以提高蓉胶的弹性和嫩度。鸡蛋可以提高主料和淀粉之间的亲和力，增加蓉胶的黏性；鸡蛋还可增强蓉胶的乳化性，从而使蓉胶的胶体性能加强，提高吸水能力；鸡蛋本身质感嫩滑，特别是鸡蛋清可使菜品更加洁白、光亮。但投放时要分次加入，不能添加过量，否则会使蓉胶黏劲下降，加热时不易成型。

4）肥膘或油脂

大多数蓉胶在制作过程中需要加入适量的肥膘以使成品油润光亮，形态饱满，口感细嫩，气味芳香。肥膘在剧烈震荡或加热时，脂肪会从组织中析出，加热还使脂肪释放出香味，所以会使蓉胶油润芳香。肥膘使用的量要根据蓉胶品种灵活掌握，在蓉胶中脂肪、水、蛋白质发生乳化作用，形成均匀的油水分散系。如果蓉泥中加入肥膘太少（特别是鸡肉和虾肉等脂质较少的原料），会使成菜质地粗老；如果蓉泥中加入肥膘太多，超出蛋白质的乳化能力，脂肪会析出，造成蓉泥的松散。

6.2.4 蓉胶制作的工艺流程

蓉胶的品种虽然很多,但加工的基本流程是一致的,选择、修整、破碎、调味、搅拌是制作蓉胶必要的几个程序。

1)选择、修整

制作蓉胶的原料要求很高,选择的原料应是无皮、无骨、无筋络、无淤血伤斑的净料,原料质地细嫩、吸水能力强,要达到这一目的,必须对原料进行选择和修整。如鱼蓉胶制作,一般多选鳜鱼、白鱼等肉质细嫩的鱼类,加工时要去尽皮和骨刺,肉中夹有细刺的应先用刀背排斩,将筋络和细刺排到肉的底层,将上层净肉取下后放入清水泡尽血污。虾蓉胶一般选用河虾仁,加工前要去除虾背的沙肠,冲洗并沥干水分后才能斩蓉。鸡蓉胶的最佳选料是鸡里脊肉,其次是鸡脯肉,鸡腿肉不能作为制蓉胶的原料,在斩蓉前要将里脊肉或鸡脯肉中的筋络和脂肪剔除干净,用刀排松后放入清水中泡尽血污。

2)粉碎

将修整、浸泡后的原料加工成小颗粒或蓉泥是粉碎加工的目的。加工的手法有机械破碎和手工破碎两种,机械破碎的特点是速度快、效率高,但肉中会残留筋络和碎刺,而且机械运转速度较快,破碎时使肉中温度上升,使部分肌肉中肌球蛋白变性而影响可溶性蛋白的溶出量。手工破碎速度慢、效率低,但肉中不会残留筋络和碎刺,因为排斩时将肉中筋络和碎刺全部排到了肉蓉的底层,采用分层取肉法就可将杂物去尽。在手工破碎的方法中也应根据具体菜品的要求和地区特色不同而采用不同的方法,如狮子头采用细切的方法;虾仁采用细塌粗斩的方法;鱼肉则采用先刀背排捶再刀口排斩的方法。福建、广东一带在制作鱼丸、肉丸时,采用铁棒反复捶打的方法使肌肉破碎成蓉,其鱼丸、肉丸的特点是弹性足、质地硬实。目前,行业中常采用机械和手工并用的方法来加工,对鱼肉而言可先将肌肉用刀排斩,使筋络和骨刺与肌肉分层,将上层的净肉放入功率较小的粉碎机中绞成蓉泥,对鸡肉、猪肉、牛肉来说可先改成小块,放入粉碎机中绞成粗蓉,再用刀排斩过细。在用手工处理时一定要先将墩板清理干净,斩制时不能用力过猛,否则会污染蓉料,产生异味或带有墩板的屑末;也可选用塑料斩板或在墩板上垫上一张干净的猪肉皮的方法来避免污染现象的发生。

3)调配

蓉泥物在调蓉胶前要进行调味,一般粗蓉状的蓉胶可加入细葱、姜末和料酒、胡椒粉等,细蓉状的蓉胶则只能加葱、姜、酒汁以及胡椒粉等一些粉末状的调味品。盐是蓉胶最主要的调味品,也是蓉胶上劲的主要物质,对硬质蓉胶和汤糊蓉胶来说,盐可以与其他调味品一起加入,对嫩蓉胶和软蓉胶来说,应在掺入水分后加入。加盐量除跟主料有关外,还与加水量成正比。蓉胶中的辅料除淀粉、蛋清在搅拌上劲后加入外,肥膘、马蹄应在加盐前投入。

4)搅拌

加盐后的硬蓉胶通过搅拌使蓉胶黏性增加,使成品外形完整、有弹性。软蓉胶、嫩蓉胶先加水,加水后也要搅拌均匀,使肌肉充分吸水,加盐以后再搅拌上劲,增加蓉胶的持水能力。但加水量不能超过原料的吸水能力,否则很难搅拌上劲。一般来说,鱼类吸水率为100% ~150%,畜肉的吸水率为60% ~80%,禽肉的吸水率为80% ~100%,虾肉吸水率约为10%。上劲后的蓉胶如果需要添加蛋清、淀粉等辅料也要搅拌均匀,并保持蓉胶的黏性。

5)静置

搅拌上劲后的蓉胶应放置2 ~8 ℃的冷藏柜中静置1 ~2 小时,使可溶性蛋白充分溶出,进一步增加蓉胶的持水性能,但不能使蓉胶冻结,否则会破坏蓉胶的胶体体系,影响菜品质量。

6.2.5 蓉胶制品的种类及调配实例

蓉胶依据不同的类别有多种分类方法,以原料的品种分,有鸡肉蓉胶、虾肉蓉胶、鱼肉蓉胶、猪肉蓉胶、牛肉蓉胶以及多料混合蓉胶;以颗粒大小分,有粗茸蓉胶(虾球蓉胶、狮子头蓉胶),细茸蓉胶(鱼丸蓉胶);以蓉胶的弹性分,有硬质蓉胶、软质蓉胶、嫩质蓉胶、汤糊蓉胶。但各种蓉胶并不是独立存在的,它们之间都有一定的联系。

1)硬质蓉胶

硬质蓉胶的料形较大或调蓉胶时水分掺入较少,蓉胶的浓度较厚,适用于炸、煎、贴等方法(肉蓉胶可以烧、炖)。常见的代表菜有水晶虾球、狮子头以及煎贴菜的黏合料等。

实例:水晶虾球蓉胶的调制

首先将虾仁洗净、粉碎,在制作此菜时一般虾仁不宜粉碎的过细,否则影响口感,马蹄拍散后斩成粗茸、熟肥膘斩成粗茸;然后调配虾蓉胶,调配时一般不掺入水分,将蛋清、马蹄、肥膘等辅料与虾茸一起混合,并加盐、葱、姜、料酒搅拌上劲;蛋清起黏合作用,马蹄茸可增加蓉胶的口感,肥膘使蓉胶更加油嫩,但肥膘应以熟肥膘为主,如果加入生肥膘在加热过程中就会有大量脂肪溢出,造成成品外形干瘪,表面和内部会产生孔洞,口感粗糙。而熟肥膘经水煮后,网状纤维膜和结蓉胶组织膜变性收缩,溢出部分脂肪后形状较为固定,与虾茸混合搅拌,这样制成的成品在加热过程中就不会变形,而且光洁软嫩。一般虾茸中需要加入生肥膘10%,熟肥膘25%。调配好的蓉胶挤成球,下温油锅中养熟,油温不能太高,否则虾球膨大,出锅后干瘪起孔,而且色泽变黄。

2)软质蓉胶

软质蓉胶的料形应该细腻,掺水量比硬质蓉胶要多,一般适用于水氽,蒸等烹调方法。这种蓉胶在烹饪中的用途很广,如鱼丸、鸡糕以及酿菜、包卷菜的辅料等。调蓉胶时应据具体菜肴灵活掌握掺水量和辅料品种,一般蒸制或作黏合剂使用的蓉胶,可加入鸡蛋液、生肥膘、淀粉、水等辅料;用于水氽的蓉胶(鱼丸),以水分为主,也可掺入生肥膘和少量鸡蛋清。

实例:鱼丸蓉胶的调配

鱼肉经漂洗后粉碎,粉碎颗粒很细,然后加入葱、姜、酒水调匀,加入盐搅拌上劲。根据蓉胶的厚度再用水调节,可加入油脂和少量淀粉,也可不加。调和好的蓉胶放冷藏箱静置,加热

前再调匀，挤成圆球下冷水锅中养熟，加热时温度在60 ℃左右，停留的时间要短，否则影响成品的弹性；水不能沸腾，如沸腾会使鱼丸失水、无弹性、口感粗糙。成熟的鱼丸应放在清水中备用。

3）嫩质蓉胶

在水调蓉胶的基础上加入发蛋清，使蓉胶更加膨松软嫩、色泽白洁。制作嫩蓉胶的原料必须是细茸状，且首先用水、盐搅拌上劲，然后将打发的蛋清分次掺入蓉胶中。如果是鱼蓉胶，肥膘可少一点；虾蓉胶则肥膘多一点，但不能掺入水分。嫩质蓉胶适用于油氽、蒸、滑炒等烹调方法，如鸡蓉蛋、芙蓉鱼片、香炸云雾等都是嫩蓉胶的代表菜品。嫩蓉胶菜品在加热过程中的温度控制是制作的关键，一般应控制在100 ℃以内，油氽的菜肴要以中/温油养熟，否则色泽变黄，成品容易干瘪。蒸制的菜肴要采用放汽蒸的方法，否则会破坏发蛋的结构，使蓉胶中的水分和气体排出，成品出笼后迅速干瘪，而且口感粗老。

实例：芙蓉鱼片的调配

调制蓉胶的方法与鱼丸一样，只是水分略少一些，在鱼蓉胶中分次加入做好的发蛋，一般150克鱼肉加4个鸡蛋清的发蛋，搅拌均匀后用手勺舀成长片形，放入温油锅中养熟。成熟的鱼片可制作汤菜，也可炒、烩等。

4）汤糊蓉胶

在鸡蓉或鱼蓉中加较多的水分或汤汁，再掺入鸡蛋清、生肥膘、淀粉，使蓉胶成稀糊状，鸡粥、鱼粥就是汤糊蓉胶的代表菜品。

实例：鸡粥的调配

鸡脯或鸡里脊肉粉碎成细蓉，制作此蓉胶的肉蓉越细越好，有时可用过筛法将粗颗粒去除。生肥膘也粉碎成蓉，然后加调料和汤调制，一般150克鸡蓉，可掺入50克生肥膘、3个鸡蛋（清）、20克淀粉、350克汤汁。调蓉胶时蛋清不需打发，蓉胶也不需要搅拌上劲，搅拌均匀即可，下锅时用手勺轻轻推拌，经加热依靠蛋清、淀粉使菜品稠浓成粥状。蛋清、淀粉的用量不宜过多，它会使汤汁过早稠浓，而肉不熟；用量过少，稠浓时间长，肉质变老。

6.2.6 影响蓉胶质量的因素

影响蓉胶质量的因素包括以下两个方面：

1）盐的浓度及投放时间

蓉胶能否达到细嫩而有弹性的质感，跟盐的浓度和投放时间有直接的关系。我们以鱼蓉胶为例，鱼蓉胶成品的弹性是由于鱼肉蛋白主要成分的肌球蛋白盐溶性的特性所形成的。食品工艺学的有关资料认为，形成鱼蓉胶最佳弹性的食盐浓度应在1.5～3摩尔/升，食盐的添加可使活性蛋白质溶出作用加强，但对菜品来说，如果添加食盐浓度超过1.5摩尔/升口味就变咸，所以应控制在0.6～1.2摩尔/升为佳（食品工业常添加无咸味的复合磷酸盐作为改良剂来解决）。调蓉胶时应先加水后放盐，如果在制作过程中先往鱼蓉中加盐，就会导致鱼肉细胞内溶液的浓度低于细胞外的浓度，鱼蓉不仅吃水量不足，甚至会造成水分子向盐液渗透，出现脱水现象。所以应先往鱼蓉里逐步加水并不断搅拌，使鱼肉细胞周围溶液的浓度低于细胞内的浓度，这样细胞内的渗透压就大于细胞外，水在渗透压差的推动下，就能从细胞外向细胞内渗透，待到渗透平衡时，鱼蓉就吃够了水，再加盐搅拌上劲，这样做出来的鱼蓉胶菜肴鲜嫩而富有弹性。

2）温度和 pH 值范围

制作蓉胶的最佳温度是在 2 ℃左右，因为这一温度的蓉胶最稳定，最利于肌肉活性蛋白质的溶出。温度达到 30 ℃以上，蓉胶的吸水能力下降，因为形成蓉胶嫩度和弹性的主要蛋白质——肌球蛋白在加盐后对热很不稳定。所以，夏天比冬天调蓉胶的难度要大一些，夏天的投水量也要稍少一点，有时把调好的蓉胶放入冰箱冷藏，使蓉胶更加稳定、更加利于成型。在加热成熟时，温度也要控制好，如水氽鱼丸一般应在 85 ℃左右，如果沸腾鱼丸会失去弹性，特别是加入发蛋的蓉胶菜，温度过高不但失去弹性，而且会出现外形干瘪和粗老的现象。此外，蓉胶的弹性与蓉胶的酸碱度有密切关系，pH 值在 6 以下弹性能力下降，pH 值为 6.5～7.2 形成的弹性最强。

任务 3　制冻工艺

冻实际上就是凝固的汤汁，根据凝固的方法一般分为自然凝固和凝固剂凝固两大类。自然凝固是动物原料经长时间加热后，形成的卤汁在常温下自然凝结成冻。它主要是动物原料中的胶原蛋白溶于汤汁后形成的汤冻，就是利用皮、骨、结缔组织中的胶原蛋白变性所得。胶原蛋白分子由 3 股螺旋组成，外观呈棒状，许多胶原分子横向结合成胶原纤维存在于结缔组织中。胶原纤维具有高度的结晶性，当加热到一定程度时会发生突然收缩，使结晶区域产生“溶化”。胶原分子的热分解产物称为明胶。所以制冻要选择结缔组织丰富、胶原蛋白含量多的动物原料。自然凝结成冻的特点是风味好、易消化吸收。凝固剂凝固的冻是使用琼脂、明胶等凝固剂使汤汁凝固成冻。琼脂是以石花菜等原料制成的，明胶主要成分是蛋白质，缺少色氨酸和胱氨酸，多含赖氨酸的氨基酸组成。琼脂、明胶，用水膨润后，加热溶解成溶胶状态，冷却后得到凝胶，琼脂分子或明胶分子能形成立体的网状结构，将水分子包围在中间，形成凝胶，从溶胶到凝胶的变化是热可逆的反应，其特点是晶莹透亮、感观效果好。

6.3.1　凝固剂成冻法

以水晶果冻的制作为例：

①溶解琼脂。首先将琼脂用清水泡软并洗净，然后放入干净的碗中，注入清水，使琼脂浓度在 2% 左右，然后上笼用大火蒸制。待琼脂全部溶解后（大约 30 分钟），加入少量白糖拌匀待用。

②加入水果。水果冻有两种加入方法：一是加入果汁；二是加入果肉。如果加入果汁，应待溶化的琼胶冷却到 60 ℃左右时加入果汁迅速调匀，然后倒入平盘中冷却；如果加入果肉，应

先将果肉加工成一定的形状，既可以加入一种水果，也可加入多种不同颜色的水果，以丰富果冻的色彩，但果肉不能增加过多，一般占30%左右，否则会影响果冻的成型。

③凝结定型。琼脂水果胶经过冷却一段时间后即凝结成透明的果冻，夏季为了加快凝结的时间，可以将它放在冰箱中进行冷却。在制作果肉冻时，因果肉会沉结于底层，所以我们经常将调好的果肉胶倒在小型的杯盏之中。待完全凝结之后将杯盏中的果胶冻倒扣在盘中，再将杯盏揭开，这样果肉附于果冻的表面，增加了美观感。

6.3.2 自然成冻法

1）猪肉冻的制作

猪肉皮等原料中的胶原蛋白质虽是不完全蛋白质，但它具有低脂肪、低热量。其中所含的脯氨酸、羟脯氨酸和氨酸的含量高，可与其他蛋白质起互补作用，易消化吸收等特点。将肉皮制成肉冻后，由于吸收大量的水分而形成稳定的凝胶，富有弹性，可制成类型繁多的“水晶”菜。

①肉皮的预煮处理。先将肉皮洗净，切成方块，入水中焯烫后先洗净，然后将肉皮放入水中煮制，待肉皮软烂后将其捞出。水与肉皮的比例一般为5：1。

②皮冻的熬制。将捞出的肉皮放入粉碎机中搅碎，然后再放入原汤中，用小火进待熬制，待肉皮全部熔化后，即可停火冷却。

③调味凝结。在熬好的肉皮胶中加入盐调味，然后倒入平盘中凝结即可，用熬制方法加工成的肉皮冻，具有弹性强、清鲜度高的特点，但皮冻的透明度较差。如果要制作透明的肉皮冻，可以将焯水后的肉皮，按1：3的比例加入清水，上笼蒸100分钟，再将汤汁用细筛过滤，然后倒入平盘中凝结，这样就可以得到透明的“水晶肉冻”。

2）鱼鳞胶冻的制作

①取鳞。将未开膛的鱼洗涤干净后，用刀将鱼鳞刮下，选择的鱼鳞一般是青鱼、鲤鱼、草鱼等鱼体较大的鱼鳞。鳞比较大，蛋白质含量越多，制成的鱼鳞胶质量越好，刮下的鱼鳞用清水反复漂洗后待用。

②蒸制。将鱼鳞放在盛器中，按1：2的比例加入清水，并放少量的葱姜、黄酒，然后上笼用大火蒸10分钟，待鱼鳞卷曲并成半透明状时，将火熄灭，将葱姜去除，加盐、味精调味，也可加其他味型的调味品调味。

③凝结。将蒸制好的鱼鳞胶用细网筛过滤，然后倒入平盘中自然冷却，待温度下降后会自动结成鱼凝冻，制成的鱼冻可直接冷却食用。有时可以在凝结前加入煮熟的净鱼肉，以增加食用性，也可以将整鱼与鱼鳞一同煮制，然后将鱼肉拆出来，放入原汤中调味，冷却后即成鱼肉冻，其风味更佳。

3）混合成冻法

将猪肉冻和鱼鳞胶冻两种成冻法混合使用，结合它们的优点，弥补它们的不足，使制成的冻既晶莹透亮，又便于消化吸收，而且具有良好的风味。

实例：牛肉汤冻法

牛肉洗净后焯水，然后用小火炖2小时。将汤汁过滤，加鱼胶搅匀，待完全冷却后下冰箱稍冻，食用时划成小块即可。

思考与练习

1. 简述三吊汤的制作程序。
2. 简述蓉胶形成机理。
3. 简述蓉胶加工时的注意事项。
4. 简述制冻工艺的方法。

【知识目标】

1. 了解味的基本概念。
2. 了解味觉的基本概念。
3. 理解影响味觉的因素。
4. 清楚基本味的种类及相互关系。

【能力目标】

1. 掌握心理味觉的相乘、相加、相抵等现象及在烹饪中的应用规律。
2. 掌握原料新鲜度对菜品风味的影响。
3. 熟练掌握盐在烹饪中的调味功能。
4. 熟练掌握醋在烹饪中的调味功能。

本单元内容是学习调味技法的基础,它从生理和心理两个方面讲述了味觉的基本概念,味与味之间的相互关系,以及影响味觉的各种因素,为准确把握调味技法提供了理论依据。在学习时,重点掌握味觉的心理影响和味的相互关系,如相乘、相加、相抵等心理影响,以及鲜味、咸味、酸味、甜味等基本味的相互关系。熟练掌握味觉的影响因素,常见调味料的调味功能,特别是温度、油脂、新鲜度对味觉的影响,以及盐、醋、糖在调味中的功能。

任务1 味觉的基本概念

7.1.1 味的感觉系统

味的感觉是由盐、醋、糖等呈味物质的刺激而引起的，反映味的部位，普通动物几乎分布全身，人类和高等动物则限于舌的表面。呈味物质首先刺激舌表面的味感受体，然后通过一个收集和传递信息的神经感觉系统传导到大脑的味觉中枢，最后通过大脑的综合神经中枢系统分析，从而产生味感。

在口腔中味感的受体主要是味蕾，味蕾除小部分分布在软腭、咽喉和会咽处外，大部分都分散在舌头表面的乳突处，尤其在舌黏膜皱褶处的乳突侧面更为稠密。味蕾呈椭圆形，在乳头周围的轮形沟中有开口的味孔，溶于水的呈味物从味孔进入味蕾，刺激味细胞而产生味感。味蕾的数量随人的年龄变化而各有差异，幼儿的味蕾有1万个左右，因为幼儿的味蕾分布较广，从舌头到硬软上下腭以及咽头壁等部位均有味蕾，而成人只限于舌部，所以数量不及幼儿的数量多，一般只有几千个味蕾，老人起味感作用的味蕾数有所减少，对味的敏感度也随之减弱。

味蕾是由味细胞构成的，每个味蕾含40～60个味细胞，味蕾中又分味细胞、支持细胞，两者是同一种细胞，只是细胞年龄或形状不同。味细胞在不断成长、退化，10～14天更新一次。味细胞的尖端(长约2微米、宽0.1微米)在味孔上突出，同舌表面的溶海接触。这个突出部位被认为是反应化学刺激的场所，所以一般将味细胞称为味的感受器。味细胞表面由蛋白质、脂质及少量的糖类、核酸和无机盐离子组成。不同的味感物质在味细胞的受体上与不同的组分作用，例如，甜味物质的受体是蛋白质，苦味和咸味物质的受体则是脂质。味细胞的下部有味神经纤维相连，分别是无髓神经纤维和有髓纤维，这些神经纤维再集成小束通向大脑。各个神经传导系统上有几个独特的神经节，它们在各自位置支配着所属的味蕾，以便有选择性地反映出呈味物质的化学成分。不同的味感物质在味蕾上有不同的结合部位，尤其是甜味、苦味和鲜味物质，其分子结构有严格的空间专一性要求。味蕾分布密度最大的舌头，在其不同部位的味蕾，对不同的味道的敏感程度也不同。一般来说，人的舌前部对甜味最敏感，舌尖和边缘对咸味较为敏感，而靠腮两边对酸味敏感，舌根部则对苦味最为敏感。味觉在舌面不同部位的分布情况见表7-1。

表7-1　味觉在舌面不同部位的分布情况

(单位:摩尔/升)

味　道	呈味物质	舌　尖	舌　边	舌　根
咸味	食　盐	0.25	0.24～0.25	0.28
酸味	盐　酸	0.01	0.006～0.007	0.016
甜味	蔗　糖	0.49	0.72～0.76	0.79
苦味	硫酸奎宁	0.000 29	0.000 2	0.000 5

唾液对引起味觉有极大的关系，因为只有溶于水中的物质才能刺激味蕾，而唾液就是食物的天然溶剂。巴甫洛夫的试验证明，唾液分泌腺的活动在很大程度上与食物的种类相关，食品越干燥，在单位时间内分泌的唾液数量越多，即唾液的分泌量和食物的干燥程度成正比。另外，味觉感受器的激发时间很短，从呈味物质开始刺激到感觉有味，仅需1.5～4.0毫秒，比人的听觉、视觉、触觉都要快得多，因为味觉神经传递达到了极限速度。

7.1.2 食物的呈味机理

1）呈味阈值

在感受系统感觉基本味时，以甜味的感觉最快，苦味最慢。可是从味觉的敏感性来说，却刚好相反，这就与呈味物质的味觉强度有关。目前，采用阈值作为衡量味觉强度的标准，所谓阈值是指能感受到该物质的最低浓度。几种代表性呈味物质近似的敏感阈值见表7-2。

表7-2 几种代表性呈味物质近似的敏感阈值

物质名称	味 道	呈味阈值（摩尔/升）
蔗糖	甜	0.03
食盐	咸	0.01
盐酸	酸	0.009
硫酸奎宁	苦	0.000 08

一种物质的阈值越小，表示其敏感性越强。同时，应该指出，对呈味物质的感受和反映，不仅依动物种类而不同，人与人之间也存在差异，许多外界因素对呈味阈值也有一定的影响，如温度、习惯、种族等因素。温度引起的呈味阈值变化情况见表7-3。

表7-3 温度引起的呈味阈值变化情况

名 称	味 感	CT（%）	
		25%	0 ℃
食盐	咸	0.05	0.25
蔗糖	甜	0.1	0.4
柠檬酸	酸	0.002 5	0.003
盐酸奎宁	苦	0.000 1	0.000 3

2）呈味物质的结构

呈味物质的结构是影响味感的内因，据有关专家归纳，物质的味道和化学结构之间有以下的规律。

①具有咸味的物质都是金属盐类，而且起决定性因素的部分是这些盐的阴离子。

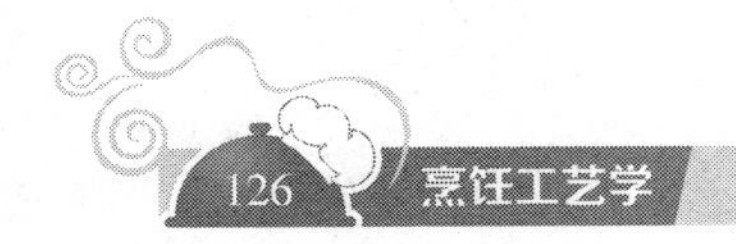

②具有甜味的物质都是氨基酸和多肽,多元羟基化合物(包括多元醇和多元羟基醛、酮)、酚和多酚。

③具有酸味的物质都是可以电离产生 H^{+} 的化合物。

④具有苦味的物质多为生物碱、萜类、糖苷以及一部分氨基酸和肽。

⑤具有鲜味的物质的分子,从结构特征来看,都是在水溶液中两端都能电离的双极性化合物,而且都含 3 ~9 个碳原子的脂链,这个脂链不限于直链,可以是环的一部分,而且其中的碳原子还可以被 O,N,S,P 等元素所代替。

⑥具有辣味的物质都是两亲性分子,定味基是极性的头,助味基是非极性的尾。辣味强度随尾链增长而加剧,目前,味道化学的研究还不够深入,仍有许多机理尚未搞清,还需作进一步深入的研究和探讨。

7.1.3 味觉的心理现象

人的心理作用与味觉和呈味物质之间有着非常微妙的关系,当两种或两种以上的呈味物质,同时在口腔中所产生的味道与它们独自在口腔中产生的味道会发生一些变化,这种变化对我们调味技术、准确运用调味的品种和数量有非常重要的作用。

1)对比现象

把两种或两种以上的不同味觉的呈味物质以适当的数量混合在一起,可以导致其中某一种呈味物质的味道变得更加突出的现象称为味的对比现象。例如,我们在 15% 的蔗糖溶液中加入 0.017% 的食盐,其结果是这混合液所呈现出的甜比原来蔗糖溶液显得更甜,即使在 15% 的砂糖溶液中添加 0.001% 的苦味(奎宁),所感到的甜味也比不添加奎宁时的对照溶液强。另外,如果在舌头的一边舔上低浓度的食盐溶液,在舌头的另一边舔上极淡的砂糖溶液,即使砂糖的甜味在最低甜味浓度之下,也会感到甜味。也就是说,一种味可以改变另一种味的呈味阈值。几种味的对比现象引起阈值的变化情况见表 7-4。

表 7-4　几种味的对比现象引起阈值的变化情况

主溶液	添加溶液	阈值变化
甜味	咸　味	下降
甜味	酸咸味	下降
苦味	咸　味	下降
苦味	甜　味	上升

在烹调的调味过程中,我们常利用这种对比现象,改善和调和菜肴的口味。例如,我们在鲜味的汤汁中添加盐后,使鲜味更加突出,特别是味精的鲜味,只有在食盐存在的情况下才能显示出鲜味,如果不加食盐,不但毫无鲜味,甚至还有异味的感觉。再如,在豆沙、枣泥等甜馅中加入少量的盐,在甜汤,水果羹中加入少量的盐,都可以增加菜点的甜味感。我们在品尝或评比菜点时,更要注意这种对比现象,必须把对比效果的范围缩小,才能准确地进行评定。

2）相乘现象

把同一味觉的两种或两种以上的不同呈味物质混合在一起，可以出现使这种味觉增强的现象，称为味的相乘作用。例如，甜味剂甘草酸铵本身的甜度是蔗糖的50倍，可当将其与蔗糖混合使用时，甜度可以加大到100倍。再如，由95%的味精和5%肌甘酸混合组成的特鲜味精，其鲜味强度是同样重量单纯味精的5～6倍，这就是利用了肌甘酸和谷氨酸相乘效果。谷氨酸和肌甘酸的相乘效果十分明显，表现出来鲜味强度不是两者的简单相加，而是鲜味相乘，如将99克味精和1克肌甘酸混合后，表现出来的呈味力是味精量2.9倍，相当于290克的味精效果；如果在99克味精中加入4克肌甘酸，则相当于520克味精的鲜味效果。

在烹调工艺的组配加工时，常将几种原料混合使用，目的就是利用味感的相乘效果，如蘑菇炖鸡、羊方藏鱼、冬笋烧肉、花菇焖鸭等。一般是将富含肌甘酸的动物性原料（鸡、鸭、鱼、猪骨等）与富含鸟苷酸、鲜味氨基酸和酰胺的植物性原料（竹、笋、冬笋、食用菌等）混合在一起进行炖、煨，这样可以使两种原料的鲜味效果更为突出。

3）抵消现象

两种不同味觉的呈味物质以适度的浓度混合以后，可使有一种味觉比其单独存在时所呈现的强度减弱，这种现象即为味的相消现象。如果我们将咸、甜、苦、酸4种呈味物质任意选择两种按一定的浓度比进行混合，会发现其中任何一种味感要比单独存在时的味感要弱。例如，在橘子汁里添加少量柠檬酸，会感觉甜减少，如再加砂糖，又会感到酸味减弱了。糖精是一种合成甜味剂，食用时有苦味的余味，但是如果添加少量的谷氨酸钠，苦味就可以得到明显缓和。味觉的抵消现象在烹调中应用也相当广泛，如菜肴味如果调得过酸或过咸时，常用添加适量食糖的方法来进行减弱，也可以利用谷氨酸钠来缓和过咸或过酸的食物，这都是利用抵消现象达到调和口味的目的。

4）转化现象

由于某一种味觉的呈味物质影响，使得另外一种味觉的呈味物质原有的味觉发生了改变，这种现象就称为味的转化作用。例如，口渴时喝水会感觉到甜味，在品尝过食盐的咸味以后，再饮无味的淡开水，则有一种甜的感觉，这就是味的转化现象。又如，非洲有一种灌木的果实叫“神秘果”，人们食用这种果实后，再去品尝有酸味的食物时，不但原有的酸味不能感觉，反而使人产生甜味的感觉，这是一个奇异的转味现象。味觉转化现象，在制作菜肴时虽然发生的不多，但厨师会利用这种现象制作出一些以假乱真的菜肴。例如，素蟹粉、素长鱼等素菜，巧妙地运用姜、醋，特别是高粱酒的增腥作用，使素菜原料具有蟹和长鱼的味觉，是素菜制作中常采用的一种调味的方法。

以上的几种变化现象，对我们掌握调味技法，合理使用各种调味原料的数量和混合比例，有着重要的作用，特别是对一些复合调味的制作加工，也具有重要的参考意义。

7.1.4 影响味觉的因素

影响味觉的因素包括4个方面。

1）年龄对味觉的影响

随着年龄的增长，味觉也随之逐渐衰退。日本的小川教授对各种年龄层进行了味觉的调查，挑选幼儿、小学生、初中生、高中生、大学生各20人，用砂糖作为甜味物质，食盐作咸味物质，柠檬作酸味物质，盐酸奎宁作苦味物质，谷氨酸钠作鲜味物质，研究了它们的阈值和满意浓度。例如，成人对甜的阈值为1.23%，孩子为0.68%，孩子对糖的敏感是成人的2倍。在满意浓度上，幼儿喜欢高甜味，初中生、高中生喜欢低甜味，老年人则又喜欢高甜味；在咸味方面不像甜味那样有明显的变化；苦味一般人都不太喜欢，幼儿对苦味最敏感，老年人较为迟钝；在酸味和鲜味方面，调查的结果有所不同，有人对两种味都有减弱，有的则对酸味没有明显的影响。年龄对味觉的影响，主要是味蕾数量的变化，一般以45岁作为一个转折点，随着年龄的增长，味蕾数减少，一是表现在总数量，随年龄增加而减少；二是表现在味蕾存在的场所也随年龄增加而减少；三是唾液分泌量随年龄增长而减少。以上三点都对味觉的反映能力有直接的影响，味蕾总数的减少，分布范围的缩小，溶解呈味物质的唾液减少，味觉的反应能力也就随之减弱。因此，在为老年人制作菜肴时，可以适度加重菜肴的口味，以弥补老年人因味蕾数目减少而造成菜肴口味偏淡的不足。

2）温度对味觉的影响

温度对味觉会产生一定的影响，因为最能刺激味觉神经的温度为10～40 ℃，其中又以30 ℃对味觉神经刺激最为敏感。例如，在28 ℃左右感觉到砂糖甜味的最低呈味浓度是0.1%，而在60 ℃时是0.2%，0 ℃时则为0.4%。有一些甜味的冷饮食品，在冷冻时的甜度适中，但溶化后甜味就增加，其原因主要是，随温度的升高，各种呈味物质分子的运动速度也相应地加快，这样可使呈味分子和舌头表面的味蕾接触机会相应增高，能够进入味孔的呈味分子增多，从而对味觉神经的刺激作用也就加强。但这种正比关系是具有一定限度的，它们只是在一定范围内二者存在正比关系，对4种基本味而言，从0 ℃到接近体温的温度范围，味觉敏感性随温度升高而增强，但温度范围超出体温以上的温度时，则味觉敏感性又随温度升高而降低。

但对于具体的菜品或饮品来说，由于长期以来形成的习惯，加之无法使每个菜品都固定在某个温度范围内食用，同时，还要考虑到温度对食品质感、香味等多方面的影响，不同的菜品或饮品都有各自的最佳食用温度。例如，咖啡的最佳饮用温度在70 ℃左右，啤酒的饮用温度8～10 ℃，炸菜的进口温度以70 ℃左右为佳，温度过低，菜品的脆度、香味就明显不足。因此，我们在调味时必须考虑到温度与味觉的关系。例如，在制作冷菜时，应该加重冷菜的口味，以弥补由于温度低而造成冷菜在品尝时显得口味不足的影响，使得品尝时单位面积内的呈味分子数量增加，导致刺激味觉神经的作用有所加强。

3）浓度和溶解度

味感物质在浓度适当时会给人带来愉快感，反之则会产生不愉快的感觉。一般说来，甜味在任何被感觉到的浓度下都会给人带来愉快的感受；苦味与甜味相反，不论多少浓度总不太令人愉快；酸味和咸味在低浓度时使人有愉快感，而浓度高则快感下降。

前面所说的味觉敏感度与唾液分泌量有一定关系，其实就是呈味物质的能力与味觉的关

系,溶解度大小及溶解速度快慢,也会使味感产生的时间有快有慢、维持时间有长有短。如果将一块干燥的方糖放在用滤纸擦干的舌面时,并不能很快感到甜味,其原因就是糖没有溶解而无法产生味觉。糖精比蔗糖的溶解度小,所以糖精味觉产生较慢,维持时间也较长。

4)油脂对味觉的影响

食品的味是以水溶液形成传导到味觉器官末端的,在有油脂存在时,会改变或减弱食品的味道。有人曾经做过这样的实验:先将3%食盐水溶液与沙拉油按1:1制成乳化液,再用3.3%食盐水溶液与沙拉油按1:1制成乳化液,然后让尝评员识别哪种乳化液浓度高,结果6.5%的人回答正确,3.5%的人回答错误,而3%和3.3%的纯食盐水溶液任何人都能分别出来。一般人对3%和3.15%的食盐水溶液都能识别出来,可见乳化剂的识别能力有所下降。再如,乳状食品的蛋黄酱与黄油比较,由于乳化类型不同,食味也明显不同。蛋黄酱属O/W型(水包油),食用时水溶性呈味物质直接作用于舌头,因此用舌头一舔,便会感到明显的酸味;而黄油属W/O型(油包水),食用时是油面作用于舌头,总的感觉是油性大,然后才感到咸味。在4种基本味中,以咸味表现最明显,其他味次之。油脂除对呈味阈值上升有影响外,同时也可以使食品的口味更加柔和协调。

任务2 味的分类及相互关系

7.2.1 味的分类

最初发表味觉科学分类的是德国人海宁,他认为甜、酸、咸、苦是4种基本味觉,一切其他滋味都可由它们混合而成。但是,不同的国家和地区,因为人们生活习惯、饮食习俗的不同,对味的喜好也就不同,所以,各个国家和地区对味的分类也有所区别。不同国家和地区对味的分类情况见表7-5。

表7-5 不同国家和地区对味的分类情况

国别	味型
日本	咸、酸、甜、苦、辣(或鲜)
中国	咸、酸、甜、苦、辣
欧美各国	咸、酸、甜、苦、辣、金属味
印度	咸、酸、甜、苦、辣、淡、涩、不正常味

从生理学角度严格划分,只能是甜、酸、苦、咸4种基本味,因为这4种是味蕾能感觉到的。辣味是刺激口腔黏膜而引起的痛觉,也拌有鼻腔黏膜的痛觉;涩味实际是舌黏膜的收敛感,但从菜肴烹调的角度来看,辣味、鲜味仍然可以看作两种独立的味,特别是鲜味,在烹调中是非常重要的一种风味成分。传统的中国烹饪一直重视菜品的鲜味。因为“本味论”实际上就是说

各种原料的独特鲜味，所以中国把鲜味列为烹调中的一个独立味型，是完全必要的，但也把鲜味物质看作“风味强化剂”或“风味增效剂”。

7.2.2 基本味的相互关系

1）咸味

在咸味中的盐、酱油、鱼酱、黄酱等调味原料，以盐作为咸味的代表原料。食盐的咸味成分是氯化钠，氯化钠的咸味是钠和氯两个离子产生的，只有一个离子就不出咸味，食盐的阈值一般为0.2%，入口最感舒服的食盐水溶液的浓度是0.8%～1.2%，在实际烹调中一般不可能只有单纯的咸味，往往需要与其他口味一起调和，所以在调和盐浓度时，还要考虑到咸味同其他味的关系。

（1）咸味与甜味

在咸味中添加蔗糖，能使咸味减少，在1%～2%食盐浓度中，添加7～10倍蔗糖，咸味大致被抵消。但在20%的浓食盐溶液中，即使添加多量蔗糖，咸味也不消失。在甜味溶液中添加少量的食盐，甜味会增加，但咸味的用量要掌握好，一般10%蔗糖溶液，添加0.15%食盐；25%蔗糖液，添加0.1%的食盐，50%蔗糖液添加0.05%食盐时，甜味感最强。从上面的比例中可以看出，甜浓度越高，添加食盐量反而要低，说明食盐对甜味的对比效果，甜味度越大越敏感。

（2）咸味和酸味

咸味因添加少量的醋酸而加强，在1%～2%的食盐溶液中添加0.01%醋酸，或在10%～20%的食盐溶液中添加0.1%的醋酸，咸味都有增加。但醋酸添加量必须控制好，否则咸味反而减弱，如果在1%～2%的食盐溶液和10%～12%的食盐溶液中分别添加0.05%和0.3%以上的醋酸则咸味减少。对酸味来说也一样，当添加少量食盐时酸味增强，当添加多量食盐时酸味变弱。

（3）咸味和苦味

咸味因添加咖啡因（苦味）而减弱，苦味也因添加食盐而减弱，双方添加的比例不同，味感变化也有差异，在0.03%咖啡因溶液里添加0.8%食盐，苦味一方感觉稍强，添加1%的咸味变强。

2）酸味

酸味在烹饪中的使用非常多，在酸味调味中以醋的使用最普遍，但醋一般不能单独对菜品进行调味，必须与其他调味品配合使用，如酸辣、酸甜等。酸味在与其他调味品配合使用时，也要考虑到味觉的变化因素。

（1）酸味与甜味

一般说来，甜味和酸味混合引起抵消效果，如果在甜味物质中加少量的酸则甜味减弱；在酸中加甜味物质则酸味减弱。实验得出在稀盐酸中加上3%的砂糖溶液，pH值没有变化，而酸味约减少15%。

（2）酸味与苦味

在酸中加少量的苦味物质或丹宁等有收敛味的物质，则酸味增加。

3)甜味

呈甜味的化合物种类很多,范围很广,除糖类以外,氨基酸、含氧酸的一部分也具有甜味,但在烹饪中很少作为甜味剂使用。在食品工业中常用而重要的糖是葡萄糖,在烹调中则以蔗糖为代表。蔗糖的最强甜味温度是60%左右,在这个温度下,它比果糖要甜,但在品尝时它却没有果糖甜;蔗糖在烹调中与其他味也发生各种味觉变化,除前面提过的蔗糖和酸味有相杀现象外,与苦味和咸味也有相互影响。

(1)甜味和苦味

甜味因苦味的添加而减少,苦味也因蔗糖的添加而减少,但苦味达到一定浓度时,需要添加数十倍的甜味浓度才能使苦味有所改变。例如,在0.03%的咖啡因中必须添加20%以上的蔗糖才能使其苦味减弱。

(2)甜味和咸味

添加少量的食盐可使甜味增加,咸味则因蔗糖的添加而减少。

4)鲜味

在烹饪中除各种原料制成的鲜汤可以做鲜味调味剂外,使用较多的就是谷氨酸钠。在烹调过程中加入谷氨酸钠可以与其他味觉形成良好的味觉效果,虽然人们对鲜味是否属于独立的味型存有争议,但对鲜味在烹调中的协调和改善作用是公认的。鲜味与咸味配合是中国菜肴中最基本一种味型,可使咸味柔和,并与咸味协调,有改善菜品味道的作用;另外,可使酸味和苦味有所减弱。当谷氨酸钠与肌甘酸钠、鸟苷酸钠等鲜味物质配合使用时,在味觉上产生相乘作用,使鲜味明显增强。但鲜味与甜味一起会产生复杂的味感,甚至让人有不舒服的感觉,所以在用糖量较大的菜肴中,一般不宜添加味精,如甜羹、拔丝、挂霜、糖醋熘等一些菜肴。

5)苦味

单纯的苦味虽不算是好的味道,但它与其他味配合使用,在用量恰当的情况下,也能收到较好的味道效果。苦味物质的阈值极低,极少量的苦味舌头都感觉得到,舌尖的苦味阈值是0.003%,舌根只有0.000 05%,苦味的感觉温度也较低,受热后苦味有所减弱。苦味与其他味的关系在前面几种味中已经介绍过了,除了减弱或增强现象外,少量的苦味与甜味或酸味配合,使风味更加协调、突出。在甜味物质中有一种糖精的合成甜味剂,但糖精后味偏苦,当加入少量谷氨酸钠后可使其后味得以改善,添加量为糖精的1%~5%。

7.2.3 原料的成分与风味的关系

烹饪原料的自身风味是构成菜品风味的重要组成部分,同时原料的风味特征还决定调料的使用品种和使用量,所以烹饪原料品质的优劣以及品种的构成与菜品风味有着密切的关系。下面从原料的成分、原料的品质以及原料的呈味特征3个方面来讨论与调味和风味的关系。

1)水与风味

(1)水的品质与风味

水分子是由一个氧原子和两个氢原子组成的,其化学式为 H_2O,是无色、无味、无臭的物质。但在实际生活中,我们饮用的并不是纯净的水,无论是江河湖的地面水,还是井水,泉水等地下水,都含有一定量的其他离子,如钙、镁以及它们的碳酸盐、硫酸盐等。此外,还含有铁、氟等无机离子。我们常用“硬度”来表示水中无机离子的浓度,1 度表示 1 升水中钙和镁离子的总量,相当于 10 毫克的氧化钙。水的硬度低于 8 度时为软水,8 ~ 16 度为中等硬度的水,17 ~ 30 度时为硬水。不同的地区、不同的水来源,水的硬度也有不同,不同的水与原料所形成的风味也不尽相同,据说有的地方产的鱼虾,必须用当地的水煮才能形成鲜美的风味,但我们还未对这种现象做比较性研究,不能确定其是否对风味有直接的影响。据有关方面的研究,确认水的品质对菜的风味影响很大。对此,我们还需要进一步研究,目前水的硬度对原料质地的影响研究已经开始,认为用硬水腌制蔬菜比用软水好,因为钙离子的渗入,把细胞内处于无序排列的果胶酸联结起来,形成有序结构的果胶酸钙,从而增大了腌制品的脆性。烹调加热时则要选择中等硬度水,如果硬度过大,肉类和豆类原料在水中就不容易煮烂。

(2)水的溶解能力与风味

首先,水可以溶解各种调味料,增加调料的扩散及吸附能力,在调味料中食盐、味精、苏打、小苏打等属于离子型化合物,它们在水中具有很大的溶解度。水分子由于结构上的特点,属强极性分子,其偶极矩很大。与离子型化合物作用时,化合物的阳离子与水分子负极一端相吸,阴离子与水分子正极一端相吸引。这样离子型化合物的阳离子和阴离子就分别被水分子团团围住,它们之间的吸引力大大削减,所以离子型化合物在水中具有较大的溶解度。食糖、料酒、酱油和食醋等,虽然属非离子型化合物,但它们在水中也很容易溶解,这是因为上述调味料分子中含有带弧电子对,电负性大而且原子半径小的元素(如氧、氮等),很容易吸引水分子中半径很小、呈正电性的氢原子,从而与水分子形成氢键,增大它们在水中的溶解度。

水还可以溶解原料中的风味物质。原料中的营养成分和呈味物,如水溶性蛋白质、氨基酸、糖类和无机盐等也都能溶解于水,烹饪中的制汤就是利用水具有良好的溶解能力和分散能力,把新鲜味美的动物性原料和水共煮,使原料中的呈味物质溶解或分散在水中,成为美味的鲜汤。同时水也能溶解原料中的某些不良气味,原料的焯水处理就是利用水的这一性质,例如,萝卜、鲜笋经焯水处理后可除去辣味和苦涩味,牛、羊肉及动物的内脏等经焯水可排出血污,除去腥膻气味。

(3)水的传质能力与风味

水是呈味物质与味觉感受器的传质介质,因为食物中的呈味物质,只有溶解在水中或口腔的唾液里,经过刺激舌面的味蕾,再由味神经纤维传到味觉中枢,经大脑中枢神经分析,才能产生味觉反映。如果没有水的传质性能,再多的呈味物质也难以产生良好的味感,所以,菜肴需要带有一定的水分或汤汁,以利于味觉器官对滋味的感受。

在以水导热的烹调方法中,调味料进入原料内部是由于水的传质而进行的。水由于分子黏度低,具有较强的渗透能力,当调味料溶解在水中之后,调味料的分子成微粒以水为传递媒

介，向食物组织中扩散，从而达到入味的目的。例如，烧、煮、烩、炖、焖、卤、酱等烹调方法，首先将调味料溶解于水中，然后加热促进传质的速度，使原料充分入味，这时的水既是导热介质，又是传质的介质。

2）蛋白质与风味

蛋白质是食品成分中比较复杂的营养素，组成蛋白质的元素主要是碳、氢、氧、氮，多数含有硫、磷，少数的蛋白质还含有镁、铁、铜、锰、碘等元素。蛋白质在酸、碱、酶的作用下，其水解最终产物都是氨基酸，所以氨基酸是构成蛋白质分子最基本的单位。在烹饪中，蛋白质不但在营养方面不可缺少，而且对菜品的色、香、味、形的构成也起着重要作用。

（1）蛋白质的变性凝固与风味

蛋白质受热变性是最常见的变性现象，一般在 45 ~ 50 ℃时，蛋白质就开始变性，到 55 ℃时，开始迅速变性，这时组织收缩、体内水分大量排出。蛋白质的凝固现象必须在蛋白质变性的基础上才能发生，而且变性蛋白质不一定都会发生凝固现象。烹饪中常利用这种现象来改善和保护原料的风味。例如，爆炒、熘、涮等方法，可加速蛋白质变性，同时由于原料骤然受到高温，表面蛋白质变性凝固，细胞孔隙闭合，可保持原料的水分和减少呈味物质外溢，对风味有保护作用。

动物性原料在进行焯水处理时，必须采用冷水下锅，这样可减慢蛋白质热变性凝固的时间，使原料中血污和异味充分溶出，使腥、臊、臭等气体去除得比较彻底；如果采用热水下锅，原料的表面骤然受到高温，蛋白质立即变性、凝固而收缩，使细胞孔隙闭合，原料内部的血污、异味就不易除尽，这样就会影响成菜的风味。调味品投放的时间与蛋白质变性凝固也有关系，如炖汤时，过早加盐会使蛋白质提前凝固，影响呈味物质的析出，使汤汁味淡不浓。

（2）蛋白质的分解与风味

凝固了的蛋白质进一步加热，便可以使部分蛋白质逐渐分解，生成蛋白质酶、蛋白胨、缩氨酸、肽等中间产物，进一步水解后会产生氨基酸和低聚肽。氨基酸呈味性强，特别是低聚肽更为重要。低聚肽对食品味的作用是使食品中各种呈味物质变得更协调、更突出。发酵调味品中的酱油、豆酱是利用大豆蛋白经酶解作用制成的调味品，除含有鲜味氨基酸外，还有由天冬氨酸、谷氨酸和亮氨酸构成的低聚肽，而使这些调味品具有鲜的味道。

在制汤或炖、煮、焖等长时间加热的菜肴，一般选择蛋白质比较丰富的动物性原料，使蛋白质分解的产物溶解在汤液中，使汤汁鲜美可口，部分具有挥发性，呈现出特殊的香气。例如，长时间加热牛肉时会使蛋白质水解，产生肌肽、鹅肌肽等低聚肽，形成牛肉汁特有的风味。鱼肉蛋白质中，也含有天冬氨酸和谷氨酸以及这些氨基酸组成的低聚肽，它们是鱼肉鲜美味道的主要成分。

蛋白质水解后可形成原料的鲜美口味，但同时也容易被微生污染，造成腐烂或产生不良气味。例如，鱼类蛋白质，其中组蛋白酶的活性比哺乳动物的肌肉中高 10 倍，很容易被污染的细菌分解成三甲基胺六氢吡啶、氨基戊醛等物质，这些物质会发出令人不愉快的腥味。

3）碳水化合物与风味

碳水化合物是烹饪中的重要原料，主食中米、面的淀粉，甜味调料中的蔗糖、饴糖以及上浆、勾芡用的芡粉等，它们与菜肴的色、香、味、形也有密切的关系。碳水化合物是由碳、氢、氧3种元素组成，根据分子结构可分为单糖类、双糖类和多糖类。它们都广泛存在于食品当中，但烹饪中利用较多或对风味起作用的主要是双糖中的蔗糖麦芽糖、多糖中的淀粉。

（1）蔗糖

蔗糖是双糖，由一分子葡萄糖和一分子果糖脱水而成。它本身就是常用的甜味调味品的主要成分。例如，白砂糖中含有99%的蔗糖，在菜肴中除盐以外，用得比较广泛的就是蔗糖，除可形成带有甜味的味型外，也有增鲜的调味作用，还可以同食盐一起或独立使用在腌制的菜肴当中，起解腻增鲜、改善质地的作用。另外，有许多独特的甜菜技法，就是利用蔗糖在受热过程中的特征而形成的。例如，挂霜技法，是利用蔗糖再结晶性原理制成的。蔗糖在过饱和时，不但能形成晶核，而且蔗糖分子会有秩序地排列被晶核吸附在一起，而重新形成晶体，这就是蔗糖的再结晶或重结晶，其具体方法是将蔗糖加水熬化，再将炸好的原料放入搅拌，取出冷却后，外面挂有一层白霜，使菜肴具有松脆，甜香、洁白似霜的外观和质感。再如，拔丝技法，是利用蔗糖玻璃体的形成原理。拔丝时是将白砂糖用水或油炒到一定程度后，放入经过油炸的主料进行翻炒，食时可拉出细长的糖丝。炒糖使蔗糖熔化，随着温度的升高，其含水量逐渐降低，当含水量为2%左右时，将其迅速冷却，蔗糖分子不足以形成结晶，而只能形成非结晶态的玻璃体。

蔗糖的焦糖化反应，除了具有上色的作用外，同时也产生一种独特的焦香气味，蔗糖在150～200 ℃高温下，可发生降解作用，其产物除糖色外，还有醛、酮类化合物。它们可形成菜品的焦香气味，烘烤菜品的特殊香气与焦糖化反应有一定的关系。

（2）麦芽糖

麦芽糖常用的有结晶麦芽糖、无水不定型麦芽糖和粗制麦芽糖3种类型，烹饪中使用的主要是粗制麦芽糖——饴糖。

麦芽糖也可作为甜味调味剂，因其甜度只有蔗糖的一半；只能作为甜味较淡的一些食品，烹饪中麦芽糖很少用作调味目的，多数用作炸菜，烤菜的作色剂，在着色的同时，也产生一些诱人的香气。

（3）淀粉

从原料中提取的纯淀粉为白色粉末，吸湿性不强。淀粉中含有两个性质不同的组成分，能够分散于冷水中的可溶性淀粉，其化学结构为支链粉，而化学结构为直链淀粉的淀粉则完全不溶于凉水。当水温增高，直链淀粉和支链淀粉的吸水性增强，同时淀粉颗粒也发生膨胀，当温度加热至60～80 ℃时，淀粉粒破坏而形成半透明的胶体溶液，这种变化称为淀粉的糊化。烹饪中的上芡、勾芡技术就是利用淀粉的糊化作用。上芡后的原料，在受热后发生糊化，可阻止原料中水分的外溢，保持了原料的鲜美风味，同时原料的外层形成滑润的质感。在前面已经讲过勾芡，它可增加菜肴卤汁浓稠度，提高调味料的吸附能力，使菜肴达到味浓，滑润的风味效果。

原料中淀粉在加热过程中很易被分解为麦芽糖或葡萄糖的中间产物——糊精，凡含有淀粉较多的食物，在高温作用下都能产生糊精，如面包、馒头等烤制后，不但外表呈现黄色而且产生香气和微甜味。马铃薯、山芋等蔬菜因淀粉含量较多，在油炸、烘烤时也会产生大量的香气

成分和甜味。

4)脂肪与风味

(1)脂肪与原料风味的关系

烹饪原料的风味形成与油脂的存在有直接的关系。实验表明,当加热不含脂肪的牛肌肉时,能够判断出是牛肉的比率仅为45.2%,但如果加热含10%脂肪的牛肉时,判断出是牛肉的比率增至90.2%。对加热不含脂肪的牛、羊、猪肉进行比较时,发现所产生的肉香成分非常类似,但加热含有脂肪的猪、牛、羊肉时,却产生了明显的风味差别。牛肉的香味成分很多,其中以硫化物为主,在牛肉加热所得的挥发物质中除去硫化物后,牛肉香气几乎完全消失。牛肉所含硫化物中以噻吩类化合物为主,另有噻唑类、硫醇类、硫醚类、二硫化物等多种成分,此外,呋喃类物质也在牛肉香味中起一定的作用。猪肉香气成分以4(或5)-羟基脂肪酸为前提而生成的y-或8-内脂较多,而且猪肉脂肪中的C_5 ~ C_{12}脂肪酸的热分解产物与牛肉有所不同,尤其不饱和的羰化物和呋喃类化合物在猪肉的肉香成分中含量较多。羊肉受热后的香气脂肪与脂肪的关系更为密切,羊肉的脂肪比起牛肉、猪肉脂肪,其中游离脂肪酸的含量要少得多,不饱和脂肪酸的含量也少,因此羊肉加热时产生的香气成分中,羰化物的含量比牛肉还少,从而形成了羊肉的特别肉香。

烹饪原料的风味与脂肪在原料中的分布状况也有一定的关系。如果选择花生、鳝鱼、蛋黄等常见原料进行比较,发现实际的油脂含量与食用的油腻感觉正相反,花生油分含量为46.6%,鳝鱼18%,蛋黄32.5%。而食用时的油腻感是鳝鱼大于蛋黄大于花生。此外,有许多鱼膘实际很肥,但并不使人感到油的存在,这都是由于脂质很合理地分布在肌肉蛋白质中的原因。金枪鱼、河豚鱼的美味可能都与此有关系。

油脂成分的构成与原料风味也有一定的关系,除不同的原料有风味差异外,同一种原料因油脂成分的微小差异,也会引起风味变化,例如,人工养殖的鳝鱼脂质虽少,但味道浓厚,有油腻感,而天然鳝鱼含油虽多却味道清淡。原因就是油脂性质的不同,从鳝鱼油的碘价来看,天然鳝鱼为10左右,人工养殖鳝鱼为130~150。再从其油的脂肪酸组成来看,人工养殖鳝鱼中含有较多的C_{20}戊烯酸、C_{22}乙烯酸等多种不饱和脂肪酸,而天然鳝鱼中则基本没有。此外,野生麻雀与候鸟型麻雀,以及其他一些天然与人工养殖动物的风味差异,都与脂肪构成有一定的关系。

(2)脂肪与菜品风味的关系

①菜品的气味。原料在油中加热成熟,除油脂本身产生游离脂肪酸和具有挥发性的醛类、酮尖等化合物,使菜肴产生香味外,还可以使原料中的香味成分得以挥发。如原料中的碳水化合物、淀粉等,在加热过程中可生成多种香气成分,而且反应速度快,反应的程度比在水中更加明显,生成的芳香气味更为突出。

油脂又是芳香物质的溶剂。甘油对亲水性呈味物质具有较好的亲和能力,脂肪酸却具有对疏水性香味物质的亲和能力。因此,油脂可将形成的芳香物质的挥发性的游离态转变为结合态,使菜点的香气和味道变得更柔和协调。烹饪中常用葱、姜、蒜、椒等原料,可使它们的辛辣刺激气味转变成特殊的芳香气味。有时还用油熬制辣椒、花椒等香辛原料,把它们的呈味物质转移到油脂当中,既便于贮存和使用,也可使菜肴风味更加突出。

②菜肴的口味。油脂对菜肴的味觉有缓和作用。油脂本身虽然有明显的味觉反应,但油脂的存在可以使其他味觉反应发生一些变化。例如,用乳化液来试验味觉变化程度,首先将3%食盐水溶液和沙拉1∶1调配,再用3.3%食盐水溶液和精炼油1∶1调配成乳化液,然后分别让感官检查员识别哪种盐浓度大,结果59个人回答错误,28个人回答正确,而3%和3.3%的盐水溶液正常人都能准确地区分开来,说明油脂使味觉识别能力有些下降。再如,黄油属于“油包水”型的乳化液食品,食用时首先感觉油性很大,然后才能感到有咸味,而蛋黄酱属于“水包油”型的乳化液,所以食用时首先就有酸、咸等味觉反应,因为食品的呈味物质一般都是水溶性的,当舌头上沾满油时,不仅减弱味觉反应,还可使味觉发生一些转移,使菜肴的味道更加协调、柔和。

③菜品的质感。原料在油中炸熟后,因外表水分蒸发,使原料外表变得酥脆,同时也对原料有保护作用,使内部肉质鲜香细嫩,所以“外脆内嫩”的质感是炸菜的特征之一。油脂在面点中具有起酥作用,并被广泛应用,四大面团之一的油酥面团就是利用了这一特点。当油和面一起调和时,面粉颗粒被油脂包围,面粉粒中的蛋白质和淀粉无法吸收水分,蛋白质在没有水分的条件下不能形成网络结构的面筋质;淀粉既不能膨润又不能糊化,因而形成黏性的面团;当淀粉颗粒被具有黏性和润滑性的油脂包围后,使面团变得十分滑软,这样的面团经烘烤后即可制出油酥点心。

油脂还经常用于蓉胶菜肴的制作加工,起润滑致嫩的作用,如虾球、鱼糕、鸡粥等,特别是鸡蓉加工,如果不加肥膘,无论添加多少水分其口感总觉得粗老,但在鸡蓉中添加肥膘后立即变得细嫩可口。扬州狮子头之所以独具风味,跟肥膘的使用比例有直接关系。肥膘过多则油腻不易成型,但过少就显得粗老。

油脂在烹饪中的应用还十分广泛,例如,油脂可以增加菜肴的光泽度,防止原料的粘连,有保温和上色的作用等。这里都不展开讨论,只是将油脂与烹饪风味的关系作了一些归纳和总结。

7.2.4 原料的品质与风味的关系

原料品质鉴定的标准很多,不同的原料在成菜后呈现出的色、香、味、形、质、养等方面有一定的差异,为了从烹饪角度出发,找出对菜肴风味影响较大的品质因素,所以从原料品质中选择成熟度、新鲜度和生长环境等几个要素来讨论它们对菜品风味的影响。

1)成熟度与风味

(1)果蔬原料的成熟度

果蔬原料在成熟过程中化学成分有显著的变化,这种变化直接影响到它们的食用品质和风味。仁果类和香蕉等果实主要的化学成分变化表现在淀粉的减少、糖的增加与原果胶的下降,可溶性果胶相应地增加,因此果实成熟时甜味显著增加,硬度适当降低,此外,随着果实的成熟,酸和纤维素的含量亦逐渐减少;核果类随着果实的成熟,果实体积迅速增大,糖分迅速增

加，丹宁和纤维的含量一般均降低，酸的含量则因种类不同而增减情况亦异；浆果类中葡萄是主要种类，葡萄中的还原糖随着果实的成长过程逐渐增加，特别是在生长后期增长的数量尤为显著，果糖含量明显增多，酸含量逐渐降低；柑橘类也是随着成熟度的增大而甜度增加，酸味下降。果蔬类在成熟过程中，化学成分不断地变化，将复杂的物质转变为简单的物质，并显示其果实应有的色、香、味。以番茄为例，其在成熟过程中酸、甜度的变化情况见表7-6。

表7-6 番茄成熟过程中酸、甜度的变化情况

成熟期	总酸度/%	总甜度/%
绿熟期	0.854	1.92
黄熟期	0.943	2.31
成熟期	0.91	2.28
完熟期	0.646	2.63

对水果原料来说，根据果实的成熟特征，又可分为下列3种成熟度：

①采收成熟度。这个时期果实的生长已经停止，母株不再向果实输送养分，果实体积停止增长，已达到采摘的程度。但这时果实的风味尚未达到最佳程度，需贮藏一段时间，风味才能呈现出来。对于需要贮存并长途运输的果实，一般在此时采收。

②食用成熟度。果实在这时其外形、色泽、风味充分表现出来，在化学成分和营养价值上也达到最高点，此时采收质量最佳。烹饪中的水果最宜选择此时采收，但果实不宜长期存放。

③过熟。果实在生理上已达到充分成熟阶段，果肉中的化学成分和营养物质不断分解；使风味物质消失，变得淡而无味，质也松散，营养价值也大大降低。

在实际生活中，我们大部分是在采收成熟期进行采摘，特别是一些非地产的水果，尽管贮存一段时间以后风味有所改善，但与食用成熟期的风味相比，仍有一定的差别。

(2)动物肉的成熟度

这里所指的成熟度并不是生长过程中的成熟度，而是指动物宰杀后其风味变化的过程。刚刚宰杀的动物肉是柔软的，有很高的持水性，经过一段时间的放置，肉质开始变得粗硬，持水性也大为降低。如果继续放置一段时间，肉又会变得柔软，风味也有极大的改善。这一系列的变化过程，是从生活着的动物的肌肉转变成为被人食用的肉的过程。肉的这种变化过程称为肉的成熟。这一过程实际上是动物死后，体内继续进行着生命活动。它包括一系列的生物化学变化和物理化学变化，由于这种变化，肉类变得柔嫩，并具有特殊的鲜香风味。肉的成熟过程一般有3个阶段。

①僵直期。动物死后，肌肉所发生的最显著的变化是出现僵直现象，即出现肌肉的伸展性消失及硬化的现象。僵直期的肌肉pH值下降，持水性下降，咀嚼时有如硬橡胶感，风味低劣，不宜制作烹饪菜肴，特别是肉蓉胶的菜肴，搅烂时不容易上劲，下锅后容易松散且肉香不足。

②僵直的解除。肌肉在死后僵直结束以后，其僵直缓慢地解除而变软，这样的变化称为僵直的解除或解僵。肌肉必须经过僵直、解僵的过程，才能成为作为食品的所谓“肉”。充分解僵的肉，加工后柔嫩且有较好的风味，持水性也有所回复。

③成熟。将解僵期终了的肌肉在低温下存放，使风味增加的过程谓之成熟。以成熟为结果的各种变化过程，实际上解僵期已发生，故而从过程上来讲，解僵期与成熟期不一定要加以区别。在成熟过程中会发生一些变化，对风味有很大的改善作用。如死后的动物肌肉随着 pH 值的降低和组织破坏，组织蛋白质酶被释放出来，而对肌肉蛋白质发生分解作用。变性蛋白质较未变性蛋白质易于受组织蛋白质酶的作用，肌浆蛋白质一部分分解成肽和氨基酸游离出来，这些肽和氨基酸是构成肉浸出物的成分，既参与加工中肉的香气的形成，又直接与肉的鲜味有关，因而大大改善了肉的风味。

2）新鲜度与风味

(1)肉的新鲜度

根据烹饪中使用的情况，一般将肉的新鲜度按新鲜肉、冻结肉、腐败肉 3 大类加以区分。新鲜肉的风味变化上面已经讲过，下面就冻结肉和腐败肉的风味变化进行介绍：

①冻结肉。冻结肉的使用在烹饪中已相当广泛，主要是使用方便，加上各部位的分割已处理完毕，为保证厨房加工的清洁卫生、简化烹饪工序起到了积极的作用，但冻结肉与新鲜肉相比，无论是质地、营养、风味方面都有一定的差异。首先是肉的成分发生一些变化，从而导致风味的变化。如脂肪，虽然在低温下氧分子的活化能力已大大削弱，但仍然存在，脂肪依然在氧化，特别是含不饱和脂肪酸较多的脂肪。脂肪氧化后，产生刺激性臭气及令人不快的、有时发苦的滋味，这种脂肪不宜食用。在动物原料中鱼肉脂肪易氧化，冻结的温度对脂肪变化影响极大，同一猪肉的肥膘，在-8 ℃下贮藏 6 个月以后，脂肪变黄而有油腻气味，经过 12 个月，这些变化扩散到深 25 ~40 毫米处，而在-18 ℃下贮藏 12 个月后，肥膘中未发现任何不良现象。

另外，冻结肉在解冻处理时，无论采用哪种解冻方法都有汁液流失现象。汁液当中除水分外，还有一定的呈味物质，易造成风味损失。

②腐败肉。肉类的腐败是肉类成熟过程的继续，动物宰后，由于血液循环停止，吞噬细胞的作用亦即停止，这就使得细菌有可能繁殖和传播到整个组织。健康动物的血液和肌肉通常是无菌的，肉类的腐败，实际是由外界感染的微生物在其表面繁殖所致，表面微生物沿血管进入肉的内层，并进而深入肌肉组织。然而，即使在腐败程度较深时，微生物的繁殖仍局限于细胞与细胞的间隙内，即肌肉内的结缔组织，只有到深度腐败时才涉及肌纤维部分。微生物繁殖和播散速度较快，在 1 ~2 昼夜内可深入肉层 2 ~14 厘米。在适宜条件下，侵入肉中的微生物大量繁殖，以各种各样的方式对肉作用，产生许多对人体有害，甚至使人中毒的代谢产物。

由于腐败，肉蛋白质和脂肪在发生一系列变化的同时，外观上也发生了明显的改变。而且，肉的弹性，气味也随着腐败程度的加重而产生越来越浓厚的腐败臭气。冷藏后的新鲜肉、不太新鲜肉和不新鲜肉的风味对比情况见表 7-7。

表 7-7　冷藏后的新鲜肉、不太新鲜肉和不新鲜肉的风味对比情况

特　征	新鲜肉	不太新鲜肉	不新鲜肉
气味	具有恰好的该种肉的特有气味	具有微酸和陈腐的气味，有时外部有腐臭，但内部无腐败气味	在较深的肉层内感觉出有显著的腐败气味

续表

特　征	新鲜肉	不太新鲜肉	不新鲜肉
脂肪	脂肪没有酸败或油污气味,色泽正常	脂肪带有微灰而无光泽的色度,有轻微的油污味	灰色,有黏性,具有酸败和显著的油污气味
炖汤时风味	肉汤透明时,芳香,脂肪气味好、口味正常并有大量脂肪聚集在表面	肉汤混浊,无芳香,常有陈腐肉的滋味,有油污的滋味,表面的脂肪滴是小的	肉汤污秽,有陈腐和腐败气味,几乎没有脂肪的味,口味酸败

(2)水产的新鲜度

一般鱼死僵直持续时间比哺乳动物短,经过硬直期后,肌肉逐渐增加柔软性,这个变化是由于肌肉中酶的作用所引起,称为自溶作用。由于自溶使畜肉组织软化,抑制细菌的增殖,这时香味更佳。但鱼和贝类原料很容易受外界微生物的侵入,使鱼和贝类原料的腐败速度加快。水产原料品种繁多,不同种类的腐败进行状况也不同,同一体内不同部位也有显著差别,所以引起原料风味变化的程度也有区别。

非常新鲜的活鱼和生鱼片具有芳香,与商业渠道供应的产品完全不同,后者的芳香和新鲜风味已大部或完全消失。同时产生腥味,这种腥味主要来自表面的体表黏液,由8-氨基戊酸、8-氨基戊醛和六氢吡啶类化合物共同形成。当鱼肉新鲜度下降后,鱼体内含有的氧化三甲胺也会在微生物和酶的作用下降解生成三甲胺和二甲胺,纯净的三甲胺仅有氨味,在很新鲜的鱼中并不存在,当它们与上述不新鲜鱼的8-氨基戊酸、六氢吡啶等成分共同存在时增强了鱼腥的嗅觉,由于海鱼中含有大量的氧化三甲胺,尤其是白色的海鱼,而淡水鱼中含量极少,鲤鱼甚至没有,故一般海鱼的腥臭气比淡水鱼更为强烈。当鱼的新鲜度继续降低时,最后会产生令人厌恶的腐败臭气。这是由于鱼表皮黏液和体内含有的各种蛋白质、脂肪等在微生物的繁殖作用下,生成了硫化氢、甲硫醇、腐胺、尸胺、吲哚、四氢吡咯、六氢吡啶等化合物而形成的。

3)生长环境与风味

(1)原料的生长季节

生物性原料在一年四季中,有其生长的旺盛期,也有生长的停滞期,也有成熟期等。不同时期的原料,其质地、肥美度是各不相同的,表现出来的风味也是各有特色的。例如,鲫鱼系冬眠水产类,在秋末冬初时,鲫鱼贮备了大量的养分,准备进入冬眠,这时肉质特别肥美,鲜香味足。过冬以后由于体内损失过大,肥美度下降,风味欠佳;螃蟹以10月、12月为佳;刀鱼以清明节前上市为好;韭菜有“元月韭,驴不同秋,九月韭,佛开口”之说等。这些都说明了原料的品质与其生长的季节有密切关系。

(2)原料的产地

由于地区的地理环境、气候温差,以及光照时间、降水量等因素的不同,所产的原料品质也有差异,同一种原料在不同的产地其风味各有特色,地方特产的形成与地理环境有着直接的关联。例如,江南产的黄河鲤鱼比浙江产的鲤鱼品质好、鲜味足,长江中下游的刀鱼、鲥鱼只有洄游到长江以后才鲜美肥嫩,在上游或海中却无法达到如此风味。据说同长在一座山上的植物,

山南面的比山北面的口味好,虽然没有这样明显,但有一定的差异,主要是由于光照时间的不同引起的。再如,东北的哈士蟆、松口蘑,江苏太湖莼菜,两淮蒲菜,北方的填鸭等都是地区性的风味原料,它们都是构成地方菜系的重要因素。

(3)人工种植或饲养方法

随着人工种植饲养技术的新发展,许多原料都可以采用人工种植饲养的方法所得,打破了季节和地区限制,无疑对丰实原料的品种、增加菜肴的种类有非常积极的意义。虽然人工饲养的原料在形态、色泽上与天然生长的原料没有明显的差异,但在风味上与天然原料仍有一定的差异。不同的饲养方法引起的风味也不尽相同,特别表现在饲料的配比方面,有的按照天然动物、植物的食料或养料配比种植饲料,品种多、营养全面,风味较好,有的则在饲料中添加激素以及一些化学物质,虽然成长的速度加快,出品率提高,但风味明显下降。

任务3 基本调料的调味功能及应用

7.3.1 盐的调味功能及应用

"烹"起源于火的利用,"调"起源于盐的利用,从使用盐以后,人们又发现了很多单一的调味品,并发明了不少复合的调味品,但它们都不能够代替盐在烹饪中的调味作用。有人称盐是"五味之王""百味之首",确实是很有道理的。

1)盐在腌渍中的功能与应用

腌渍的动、植物性原料是中国特色烹饪原料的一个重要组成部分,它们的特点是便于运输,耐贮存,更重要的是形成了独特的风味特色,如南京板鸭、金华火腿、四川腊肉、扬州风鸡、苏州雪里蕻等都是腌渍品中非常有名的特色原料,既不失原有的风味,又更加突出鲜、香、风味。

盐还可以用于烹调加热前的短暂腌渍,其目的与上面的腌渍功能有所不同,主要是给一些整只或料形较大的原料,以及一些在加热过程中不宜调味的原料(炸、烤)一些基本味。其是菜品调味工艺的一个组成部分,起直接调味功能,如清蒸鱼、炸鸡腿、煎猪排等。

2)盐在洗涤加工中的应用

(1)植物性原料和洗涤

食盐具有一定的杀菌和消毒作用,一些新鲜的蔬果原料在烹调前可用盐水溶液洗涤,更利于去除原料外表的细菌和有害物质,特别是一些生吃的果蔬原料。另外,夏季的蔬菜易夹带虫卵,特别是体内钻有幼虫的豆荚类原料。用盐水浸泡后不仅可以使蔬菜表面的虫卵脱落,还可以使原料体内的幼虫钻出体外,但盐水浓度一定要掌握好,浓度过低不容易逼出幼虫,浓度太高又会把幼虫腌死在里面,一般以每升水加入20~30克盐为佳,浸泡时间以15~20分钟为佳,盐水与原料的比例不低于2∶1。

(2)动物性质原料的洗涤

有许多动物性原料或原料的内脏器官,其体表都带有一定黏液,这些黏液不但不利于切配烹调,而且带有较浓的腥臊气味,在烹调前必须将其去除干净,而这些黏液用清水很难洗净,但加入一定的食盐则容易去除干净。因为盐具有高度渗透作用,可使肠、肚、鳝鱼等体表胶原蛋白改变颜色并收缩,使胶原蛋白与肠、肚壁脱离,达到清除污物去掉异味的目的。

(3)水产养殖洗净

许多水产原料带有较重的土腥味,有的内脏中带有泥沙而不易去除,它们在洗涤时应采用一种特殊的清理方法,就是用盐水活养淡水鱼,特别是池塘里的鱼总觉得有股土腥味,如果在烹调前把鱼放入5%的盐水中浸泡一下,土腥味就可以大大减弱。有一些海产原料形体较大,体内含有泥沙,加工时不容易将其去除干净,但可放在3%的淡盐水中洗养,使其吐出泥沙。

3)盐在上浆中的应用

上浆工艺离不开盐,盐在上浆中的作用涉及整个上浆的目的。首先是嫩度,在切割好的动物性原料中加一定量的盐搅拌,直至原料黏稠有劲。这一过程实际是保持水量的一种手段,可使肌原纤维中的盐溶性肌蛋白在食盐的作用下经不断地搅拌而被游离出来,从而增加蛋白质水化层的厚度,提高蛋白质的亲水能力,同时加盐搅拌还增加了蛋白质表面的电荷,提高蛋白质的持水能力,并使肌肉中的部分蛋白质游离出来,具有黏稠性,使肌肉更加柔嫩。其次,可以使原料有一个基本味,因为上浆的原料一般适宜爆炒等旺火速成的烹调方法,调味形式主要是包裹法,外面的调味原料很难渗透到原料的内部,经过上浆加盐后,使原料内部有了一个基本的咸味,与外层的调味料达到了味觉的平衡,否则会出现外咸内淡的口味差异。此外,加盐上浆后的原料有一定的黏性,增加了对淀粉的吸附能力,使原料炒制后外表更加光滑、红亮。

4)盐在蓉胶制作中的应用

蓉泥状的动物性原料,在加盐调味后制成黏稠状的蓉胶,使它们具有很好的可塑性,可以形成各种造型的菜肴,例如,鱼蓉、虾蓉经加盐搅拌后成为鱼胶、虾胶,它们可以做成丝、圆形、片形、饼形,以及各种模具的形态。扬州名菜狮子头虽然肉都是小粒状,但经过盐等调味料搅拌上劲后,增加了肉粒之间黏性,做成肉丸后能保持完整的成型。如果肉丸下锅后出现松散,肯定与用盐不足、未能搅拌上劲有关系。

5)盐在菜肴调味中应用

绝大多数菜肴的调味都离不开盐,从凉拌到爆炒、烧、煮、炖、焖的菜肴,特别是一些白汁的菜品,几乎无盐不成菜,归纳起来有3个调味特性。

(1)协调性

盐的加入可使鲜味更加突出,它与鲜味有互相和谐作用,盐可使糖醋味、茄汁味,果汁味等甜酸味类的菜品口味协调可口,如果甜酸味型的菜品不投放少量的盐,无论酸味和甜味如何配比,都无法达到纯正、和谐的风味。

(2)补充性

红烧、酱一类的菜品,虽然在烧制或炒制过程中添了带有咸味的酱油、酱料等调味品,但它们都是有色泽的调味原料,受到菜品色泽要求的限制,有时会出现色泽正好但咸味不足,或咸味正好而色泽过深的矛盾。因此，红烧的菜品，在加入酱油后，一般要用盐进行补充调味，使成品的色泽、口味达到和谐统一。油炸、油煎的菜品调味属于烹煎调味的方法，而油炸、油煎的菜品在调味时一般采用“半量”的方法投放调料的用量，因为一次调味过多以后则无法弥补，但如果味道不足则可用佐味碟的形式加以补充。盐就是常用的佐味碟之一，它可制作成花椒盐，五香盐、辣椒盐等多种风味佐味盐料，既补充了口味的不足，也丰实了菜品的味型。

(3)定味性

酱油、醋、味精、辣椒等调味原料，虽然都有调味作用，但它们都不能单独进行调味，必须与其他调味原料一起进行调配后才能形成各自的风味，也就是说它们不能独立给菜品定味。盐和糖具有独立定味的功能，盐可与原料本身的鲜味形成纯正的咸鲜味，而不需要添加其他调料。例如，清炖鸡、清炖鸭等一些清汁的炖焖菜品，它们本身的汤汁就具有很强的鲜味，只要添加盐味便可形成菜品的风味，无须再添加味精、鸡精等鲜味剂。

7.3.2 醋在烹调中的功能及应用

食醋自古以来就是我国人民生活中的调料，醋对人体健康大有好处，可使胃酸增多，促进食欲，帮助消化，消灭病菌等作用，在烹调中应用也十分广泛，能起到独特的调味功能。

1)在初加工中的应用

首先在动物内腔以及无鳞鱼体表的黏液洗涤时，醋起到明显的去除作用，同时还能将异味去除，猪肚、猪肠等畜类的内腔中带有一定污秽杂物，腥臊气味较浓，在洗涤时放入盐和醋一起搓洗，则可将黏液去除干净。如果在焯水时加入醋，去腥、去黏液的效果更佳，例如，鳝鱼在烫制时加入一定的食醋，很容易将体表的黏液去净，同时将鳝鱼的臊味挥发，并能增加鳝鱼的光活度。

食醋在初加工中还有保色作用，能使蔬菜维持原有颜色，当煮土豆时加 10 ~ 15 克醋放入水中，会使土豆保持本色，藕如果切片后立即放在醋水里，就不会变色。

2)在渍浸中的应用

醋渍的目的就是提高 pH 值，确保食物不会对人体产生危害，同时产生一种特殊醋香风味，并保持原料中的脆嫩质地不变。在加工时，为了适应大众口味，可添加糖以缓解酸味。对纯酸渍来说，它还有治病养颜的功效，如醋蛋、醋花生、醋黄瓜、醋蒜等，醋渍的方法与泡菜相比所不同的是利用醋酸味入味，而不是发酵产生酸味。

3)醋在烹调中的功能及应用

醋在烹调中的应用十分广泛，可形成多种特色酸味的风味味型，如糖醋味、酸辣味等。

糖醋鳜鱼、醋椒鲤鱼等著名菜肴都是以突出的醋香味为特色；另外，在许多复合味汁的调配中也离不开醋的加入，如茄汁味、鱼香味、怪味、荔枝味、蒜泥味型、姜汁味等，它们在调配时都需要加入一定的醋，虽然不是以酸为主体，但它可调节味型的风味，丰实味型的内容，是调料构成的原料之一；此外，醋有很强的挥发性，在调味时可发挥其他调料无法达到的调味作用，不仅可去除腥味、异味，还可将菜品中的香气挥发出来。根据醋的调味特征，可将其归纳为两个

方面。

(1)中和与挥发性

中和与挥发性是醋去腥解腻、挥发香味的一个重要特性,例如,鱼肉稍有不新鲜就会产生带有腥味的三甲胺,尤其是海产类产生的腥气味比淡水鱼更为强烈,这些腥味成分一般表现为碱性,使成品带有较重的氨气味,而且对人体有一定的害处,但加入醋后,可以起到中和作用,不但解除了异味,而且增加了特殊的风味。

醋的挥发性很强,利用这一特性可将带有异味的成分从原料中挥发出来,同时也可将其自身的香味与原料特有的香味一起散发出来,达到去腥增香的效果。烹调中常用的“底醋”“暗醋”“明醋”法,就是利用这一特性,如底醋因菜肴色泽与口味的要求,在烹制过程中不能直接加入醋进行调味,但又需要去除菜肴的腥味,所以采用在盘子的底面滴上几滴香醋,然后将菜肴装入,这样既不影响色泽和口味,同时也利用醋的挥发性达到去腥增香的目的;明醋也是一样,醋不是起增酸的作用,而是在菜肴出锅前淋在锅边,增加醋的香味,使整个菜品的香味快速溢出,香气扑鼻,它在许多冷菜中作为佐料碟作用,也是利用醋的去腥解腻、杀菌的功能。

(2)食醋的软化性

食醋不仅在烹调中具有调味作用,同时也是一种良好的软化剂。它可使牛肉、鸡肉等动物性原料的质地软化,加快成熟酥烂的时间,既可以在加热前用醋腌渍一下,也可在加热过程中添加少量的醋,都可以使肌肉纤维软而变得容易成熟,除了鸡、鸭、鹅、牛肉等动物性原料外,它对一些植物性原料也有软化作用,如海带,经清水浸泡后变得坚硬,食用时不利于消化,这是因为海带里含有“藻朊酸”的缘故,要使海带变软和易消化,可在浸泡海带的清水中放些醋,使“藻朊酸”溶解,待海带变软再煮食,但加醋之后,注意不能使海带浸泡过久,以防过分软化。另外,烧芋头时加醋,芋头也容易酥烂。食醋的软化作用还常用于煮鱼或炖骨头汤中,它既可使肉软嫩,同时也能使骨头软化,因为醋可使骨头中的钙分解出来,便于人体的吸收。

7.3.3 蔗糖的调味功能应用

1)蔗糖在腌渍中的功能及应用

蔗糖在腌渍中的原理与盐一样,主要是提高外部溶液的渗透压,使原料内部的部分水分通过细胞膜向外部渗透,而细胞内的蛋白质因分子很大,不能透过半透膜,但外部调味品因分子小,可以通过半透膜向原料内部扩散,使原料内外的渗透压逐渐趋于平衡,腌制的时间越长,调味品向原料扩散的量就越多,调味品在原料内部的分布就越均匀。

食品工艺中利用糖渍的品种比较多,如各种蜜饯、果脯等,烹饪中也有一些菜肴,需要经过蔗糖的腌渍,如肥膘用糖腌渍后,可减少肥腻感,用于制作汤圆的馅心或菜肴就有肥而不腻的感觉。有些动物性原料的肌纤维比较粗糙、韧性较大。如果先用蔗糖稍加腌渍,由于进行渗透与扩散,原料发生某些物理变化与化学变化,从而促进了肌纤维的柔软。如炒肚类,要求质地爽脆,制作前就必须用蔗糖腌渍。

2)蔗糖在调味中的功能及应用

蔗糖在烹饪中除具甜味作用,还具有其他调味所不具备的特殊调味功能。

(1)定味性

蔗糖在几种常见的单一调味品中,定味性最强。食盐虽然具有定味作用,但必须在汤汁十分鲜美的情况下形成咸鲜味,而蔗糖可以直接以甜味一种单一味形成风味,如各种甜点、甜菜、甜汤等。同时由于糖非常容易被人们接受,虽然对复合味中的甜度人们喜好不一,但单纯的甜味,绝大部分人都是喜好的,这为糖的调味提供了很大的空间。首先,调味形式多样,它可以参与各种复合味的调味,既可以浓甜味、淡甜味的形式出现,也可以提鲜为主而不以甜味的形式出现;既可用于凉拌、热炒、红烧、汤羹,也可直接撒在菜点的外层或蘸食,这一特性是其他调味料无法相比的,它不仅溶解性极高,而且不会产生不愉快的刺激感。其次,它与其他复合味的结合比较容易,亲和能力较强。酸甜味就是糖与醋以及其他调味品结合的典型代表,不仅深受食客的喜好,而且形成了酸甜味型,例如,果汁味、茄汁味,荔枝味、糖醋味、山楂味等。

(2)再结晶性

蔗糖在过饱和时,不但能形成晶核,而且蔗糖分子会有秩序地排列被晶核吸附在一起,而重新形成晶体,这就是蔗糖的再结晶或重结晶。这是制取蔗糖的结晶原理,也是制作挂霜菜的依据。

挂霜菜是制作甜菜的主要方法之一,是蔗糖制作单纯甜味菜品代表技法之一。其方法是:将蔗糖加水熬化,先是在锅中起大泡,随着水分的挥发,泡沫由大变小,并趋于平静,这时将炸好的原料放入其中搅拌;取出冷却后,外面挂有一层白霜,使菜肴具有洁白似霜的外观和松脆甜香的质感,在制作中应注意糖与水配比合适;炸制的主料放入熬化的糖汁中,待糖汁充分包裹原料后,缓慢离火降温,以形成过饱和溶液,加速蔗糖微细结晶的形成。另外,主料含的水量不宜过大,如果原料含的水分较多时,在油炸前必须采取拍粉、挂糊等措施,以防止蔗糖吸水溶化不能形成再结晶;此外必须注意,在制作挂霜熬糖时,锅中不能掺入其他杂物,因为在蔗糖溶液中添加其他的糖类、蛋白质、明胶、淀粉会使蔗糖分子的运动受到抑制,并使晶核中心失效,从而抑制了成核作用,人们常将这种物质称为抗结晶物质。所以,在熬糖时添加物会影响挂霜的效果。

(3)蔗糖玻璃体的特性

玻璃体也是蔗糖溶液的特性之一。蔗糖溶液达到饱和状态时,当过饱和程度很高,其溶液极不稳定,则会很快形成结晶;而当过饱和程度稍低的情况下,蔗糖的过饱和溶液在某些条件的影响下,不会产生结晶。当蔗糖溶液在熬制过程中,随着温度的升高,其含水量逐渐降低,当含水量为2%左右时,迅速冷却,蔗糖分子不足以形成结晶,只能形成非结晶态的无定型体(玻璃体)。它的特性是从液态向固态转变时的温度范围很广,对压缩、拉伸有一定的强度,在低温时呈透明状,具有脆性。

蔗糖玻璃体的形成,在烹饪中的应用主要是制作拔丝菜肴,制作时先将白糖用水或油炒到一定程度,炒糖的目的是利用加热的方法使蔗糖熔化,由结晶态转变为液态,最后形成无定型的玻璃体。在化糖过程中,一方面彻底破坏蔗糖晶核结构,并阻止晶核重新形成;另一方面蒸发糖液中的水分,使糖液形成均一状态,达到出丝均匀的效果。玻璃体中水分含量应低于2%,冷却后食用时,硬而不粘牙。用于拔丝的原料一般都要经过拍粉、挂糊、油炸的过程,因为挂糊后的原料容易粘连糖液,使拔出的丝既多又细长。

炒糖时应注意温度的控制,特别是用油拔的方法。温度上升快,温度高,火力过强,蔗糖分

解会发生糖的焦化反应，会使蔗糖色泽变深、味变苦。一般温度控制在120～130 ℃为好，加热缓慢进行，使糖熔化均匀，不能留下未熔化的晶体，晶体的存在会影响无定型玻璃体的亮度、脆度，还会影响出丝的长度。

(4)蔗糖的焦糖化反应

糖类化合物在没有含氨基化合物的情况下，加热至熔点以上，也会变为黑褐色的色素物质，这种作用称为焦糖化作用。

蔗糖在150～200 ℃高温下，可发生降解作用，经过聚合、缩合生成黏稠状的黑褐色产物，这就是焦糖化反应，其反应物有两类：一类是焦糖，另一类为醛、酮类化合物。焦糖是呈色物质，约占固体的25%，而挥发性的醛、酮类化合物是焦糖化气味的基本组分。所以在烹饪中蔗糖的焦糖化，可使制品产生诱人的色泽和风味，蔗糖的这一特性在烹饪中常有应用，主要是用于一些红烧类的菜肴，也可用于蒸、焖等烹调方法。烹饪中糖色的加工方法是将糖、油或糖、水经熬制，使糖色由浅变深，待棕红色时，加入水调均匀，就可以用于菜品的调味、调色，能使菜品色泽红润、艳丽。蔗糖的焦糖化作用在烘烤食品中也会发生，可使产品形成一定的色泽和特有的焦香气味。

7.3.4 油脂的调味功能及应用

油脂在烹饪中是不可缺少的重要原料，它既是三大传热介质之一，又是常用的调味原料之一。从导热功能讲，它不仅是有热容量小、温度上升快、上升幅度广等特点，同时它也是菜点酥、脆、外脆内嫩等风味质感形成的主要因素。油脂的发烟点、闪点、燃烧点均较高，发烟点一般为230 ℃，闪点约为329 ℃，燃烧点约为362 ℃。油脂在加热后能储存较多的热量。在烹饪中，用油煎、炒、烹、炸时，油脂将较多的热量迅速传递给原料，用油脂烹调，有利于菜肴色、香、味、形等达到所要求的品质。同时，对保持菜品温度、改善原料的色泽有一定的作用。油脂在烹饪中的调味功能主要表现在3个方面。

1)赋香作用

油脂在烹饪中，当其加热后温度较高，使原料中的成分发生多种化学反应，并产生香味，同时，油脂本身在加热后会产生游离的脂肪酸和具有挥发性的醛类、酮类等化合物，从而使菜肴具有特殊的香味。

原料中的成分不同，受热后产生的香味也不同。例如，葡萄糖加热后生成呋喃、甲基呋喃和各种羰基化合物，淀粉加热后可生成有机酸、酚类、麦酚等多种香气成分，这些原料在油脂的高温作用下，不但反应速度快，而且反应的程度比在水中更加明显，生成的芳香气味更加突出。蛋白质中的氨基酸与油脂中羰基发生羰氨反应，不但能使菜肴、糕点产生金黄色泽，还会产生诱人的香味，油脂与蛋白质作用还可生成脂蛋白，使食品富有特殊香味。

2)溶味作用

油脂是芳香物质的良好溶剂，可以将原料中的香味、辣味转移到油脂当中，既方便保存，更利于调味。甘油对亲水性呈味物质具有较好的亲和能力，脂肪酸也具有对疏水性香味物质的亲和能力。因此,油脂可将加热形成的芳香物质从挥发性的游离态转变为结合态,使菜点的香气和味道更柔和协调。例如,烹饪中常用的炝锅技法,就是让葱、姜、蒜等调味料在加热煸炒时产生香气,使菜肴香味突出;再如,辣椒、花椒等香辛原料,经温油慢慢熬制后,将辣椒、花椒中的香味、辣味以及色素溶解到油脂中,制成辣椒油、花椒油,可直接用于凉拌、热菜、佐食。

3)润滑作用

油脂的润滑作用在菜点加工时应用十分广泛。

(1)上浆工艺的应用

将上浆后的原料,用植物油拌匀,既可防止脱浆,又可防止风干,对原料有一定的保鲜作用,更重要的是利于原料下锅后迅速扩散,防止原料受热后相互粘连,造成受热不均。

(2)蓉胶中的应用

蓉胶制品大多需要加入肥膘或油脂,特别是虾胶、鸡胶菜品,如果不加肥膘,其口感粗老、外表不光洁,很难达到良好的效果,但加入肥膘或油脂后,蓉胶菜品变得油嫩爽滑,外表也更加光洁。

(3)烧烤菜品中的应用

有些烧烤菜品,为了保持内质的细嫩,需要在原料的表层包上层油脂物,既起保护作用,又使原料更加油润,如叫花鸡在烧烤前先要把网油包在鸡的外面,其目的是防止鸡肉水分挥发过多,同时也使鸡肉吸收油脂,让鸡肉更香、更嫩。

(4)面点中的应用

在面点加工时,对使用的容器、模具、用具表面抹上油脂后便可防止粘连。面包制作时也常加入适当的油脂,降低面团的黏性,便于加工操作,并增加面包制品表面的光泽度、口感和营养。在制作澄粉面团时,常在案板上抹上油脂,使成熟后的澄粉面皮光亮透明。

7.3.5 酒、葱、姜、蒜的调味功能及运用

酒、葱、姜、蒜都属香辣调料,是烹饪必不可少的调味原料之一。它们虽然不具有独立定味性,但在去腥解腻、挥发增香方面有着独特的调味功能。

1)在腌制中的功能及应用

腌制原料以盐或糖作为功能性调味料,葱、姜、酒则是重要的辅助调味料,在动物性原料以盐腌制时作用特别明显,例如,腌制鱼类时,若加上葱、姜等调料,葱、姜中的姜酮、二硫化二丙烯等物质便会渗透到原料内部,当腌鱼烹调时,它们便挥发出来,与鱼香混合,能形成一种特有的香气。再如,肉类原料腌制时加入适量的黄酒,酒中具有香气的酯类扩散到肉中,使肉的风味更加鲜美,酒中的乙醇也会与脂肪中的脂肪酸结合生成有香气的酯类物质,料酒还可以使肥膘肉减少油腻感。

2)在烹调中的调味功能及应用

(1)除臭性

葱、姜、蒜都有特殊的辛辣气味,除了能刺激口腔黏膜外,还具有挥发性,它能将原料中的

异味成分一起挥发，达到除臭作用，同时，还能与原料中的异味成分起化学反应，并变异味为香味。料酒中含有乙醇、酯类等成分，特别是乙醇，可以促进异味的挥发，同时还能与异味中的酸性成分发生反应，并形成具有香气的酯类。许多水产原料存放时间稍长后，通常会产生明显的腥臭味。产生腥臭味的主要成分有氨、三四胺、硫化氨、甲硫醇、吲哚等。这些成分都不稳定，当与葱、姜、料酒一起加热后，便挥发和分解。

(2)增香性

葱、蒜在加热前有刺激性的香辣气味，形成这种气味的主要成分是原料中所含的硫化合物。它们经烹调受热后，风味发生了很大变化，其刺激性香辣催泪气味下降，香味突出，味感变甜。其原因主要是加热后除一些易挥发成分损失外，所含的含硫化合物发生了降解。例如，葱中含有 S-丙基、半胱氨-S-氨化物等，加工时由于酶促作用，发生分解而形成游离的硫化物，并产生浓郁的香辣味，烹调时常将葱拍松或切成末，其目的就是让葱在加热过程中充分地放出香味。蒜一般经加热后，其辛辣味逐渐消失而产生甜味，这是蒜加热后形成的香味特征。料酒中的香味成分更加丰实，加热后与原料的香味综合，能产生美好的风味效果。

(3)独特性

葱、姜、蒜、料酒虽然是辅助型调味料，但它们在菜品制作中也能形成独特的风味特色，在以盐、糖作为基本调料的同时，可以突出葱香味、蒜香味、姜香味、酒香味，从而形成菜品的风格。例如，葱油味就是突出葱香的味型之一，将葱用油熬制成葱油，用它作为烹调的明油，用于葱烧、葱炒、葱爆等热菜，也可直接用于凉拌菜品，使之成菜后的葱香味更为突出。蒜香味一般以凉拌为主，如蒜泥白肉、蒜泥鱼片等。当用于热菜时加热时间不宜太长，用油煸香后即可，以突出香辣味。以生姜味为主体的菜品也不少，如芽姜里脊、姜汁鲈鱼、姜汤鸡翅煲等。在酒香味中，除以突出料酒香味的黄酒醉鸡、东坡肉等菜品外，还有以突出啤酒、酒糟、葡萄酒、白酒等系列酒香味的菜品，如啤酒可制作啤酒鸡、啤酒鸭；酒糟可制作香糟鱼片、香糟鸡丝；葡萄酒可制作贵妃鸡翅；白酒可制作醉蟹、醉虾等。它们都具有独特的香味，并作为系列的味型之一。

思考与练习

1. 简述味觉的心理现象。
2. 比较盐和糖在调味功能方面有何异同点。
3. 年龄为何会对味觉产生影响?
4. 简述料酒在烹调中的调味功能。

单元 8 调味方法与原理

【知识目标】

1. 了解调味方法分类的依据。
2. 理解预制调味方法中泡法、腌法的基本原理。
3. 理解调味的渗透、扩散等物理性原理。

【能力目标】

1. 掌握调味的作用和意义。
2. 学会使用常用味型的调配方法和机理。
3. 熟练掌握咸辣味型、咸鲜味型、酸甜味型、香甜味型的调配方法，并结合具体菜品说明调味的机理和要领。

调味技术是三大烹饪技术要素之一，是烹饪技术的核心与灵魂，通过本单元的学习，应了解预制调味方法的种类和常用方法的工艺流程；掌握调味工艺的作用，重点理解味型分类的目的和味型的种类，对每种味型的特征以及包含的具体风味，能举例并加以说明。学生可能对本地区的风味特色比较了解，对其他菜系或地区的风味和调味方法较难掌握，学习时，应结合书中列举的具体实例，把握主体调料的比例、用量、投放时机，特别是常用的一些味型的调味方法，对掌握本单元的重点有很大的帮助。

任务1 调味的基本原理

菜品风味的形成是一个十分复杂的过程。首先,构成菜品的主料、辅料、调料之间形成了一个复杂的多组分体系,而且各组分的比例和浓度都不均匀;其次,调味的过程并不是调味料简单相加的静态过程,而是相互混合、相互协调的动态过程。烹和调往往是密不可分的,大多数菜品的调味过程都是在加热的过程中完成的,有的甚至必须通过加热,才能达到调味的目的。加热必然使菜品体系中的各组分发生变化,既有分解、合成等化学性变化,也有挥发、渗透等物理性变化,从而综合形成了菜品的口味与香味。

8.1.1 物理性的变化

1)扩散作用

扩散是由于组分在体系中存在着浓度差引起的,是指分子或微粒在不规则热运动下浓度均匀化的过程。扩散的方向总是从浓度高的区域朝着浓度低的区域进行,而且扩散可以进行到整个体系的浓度处处相同为止。香气浓郁的菜肴之所以香气扑鼻,就是因为呈香物质的分子从浓度高的区域向浓度较低的外界扩散并进入鼻腔的结果。在调味过程中,无论是烹前调味、烹中调味还是烹后调味,都与原料及调料中呈香、呈味物质的扩散有密切关系。浓度差、扩散面积和扩散时间是影响扩散量的主要因素。

(1)浓度差

浓度差是扩散的动力,如果体系内各点的浓度相同,就不会出现扩散现象,所以,要想使调味料进入原料的内部进行调味,就需要增大与原料的浓度梯度,加大其扩散量,因为扩散量与浓度梯度成正比。特别是一些色泽较浅、口味较淡的原料,要通过添加调味料的用量或选择味浓色深的调味料进行调味,达到增色、入调的目的。

(2)扩散系数

物质的扩散量与扩散系数成正比,而扩散系数的大小又与体系的聚集状态、温度、压力以及物质的性质等因素有关。据研究表明,扩散系数与绝对温度(T)的3/2次方成正比,温度升高,香气增浓;反之,温度降低,其香气也随之减淡。温度增加1 ℃,各种物质在溶液中的扩散系数平均增加2.6%,因此,加热可以加快入味的速度。扩散系数还与呈香物质的分子量有关,分子量越小,扩散系数就越大。在调味品中,盐、醋的扩散速度比糖和味精要大。

(3)扩散面积

物质的扩散量与其在扩散方向上的面积成正比,原料越大越厚,其单位质量物质所具有的表面积就越小,调味入味的难度就越大。同时,在操作过程中翻拌、搅动要均匀,确保原料受热均匀,使调味能均匀地扩散到原料的每个部位。特别是一些用干腌法腌制的原料,要经常翻拌。如果腌制剂不能均匀地与原料接触,会出现部分地方风味过浓而部分地方风味过淡的现象,使制品的色泽和风味达不到均匀一致的要求。

(4)扩散时间

扩散所需要的时间一般与温度和料形有关。温度高则分子运动的速度较快,完成一定扩散量所需的时间较短,温度低则扩散时间就长。例如,冷菜中常用的肴肉,如果在夏天腌制一般2~3天即可使用,而在冬天则需要7~9天才能达到色红、肉香、味咸的效果,原因就是腌制剂分子在低温下的原料内部扩散的速度较慢。另外,原料的形状与扩散时间也有关系,原料形状越大,扩散所需时间越长。例如,腌制整鱼、整只猪腿肉时,必须经过很长时间,才能使调味剂扩散到原料的内部,并使浓度均匀化。如果原料内部调味剂的浓度达不到均匀化程度,腌制品的内味和质量也就达不到优质的要求。

2)渗透作用

渗透也是由于浓度差引起的。在蔬菜或鱼、肉等烹饪中添加食盐后,原料中的水分很快就从细胞里往外流,这一现象就是"渗透"。原因是蔬菜、鱼、肉等原料细胞内溶液的浓度低于外界盐液的浓度,出现了细胞内外的浓度差,溶剂水就从细胞内部通过细胞向外渗透。这一现象与扩散很相似,只不过扩散的物质是溶质的分子或微粒,而渗透现象的物质是溶剂分子。

动植物体的细胞不仅能让水分子从细胞膜中渗透出来,而且还能让一些小分子物质通过,但后者通过细胞膜的速度比较缓慢。调味的目的不是让水分渗出,而是让调味物质进入原料内部,但水分如果不渗出,组织细胞就有活性,对调味剂的进入也具有较大的阻力。例如,蔬菜的腌制,在腌制初期,蔬菜的细胞是有生命的,细胞膜就是半透膜,由于细胞液的浓度低于外界盐液的浓度,所以水分向外渗透,蔬菜因失水使细胞死亡后,细胞膜便失去阻止溶质通过的性质,这时食盐、糖等腌制剂就向蔬菜细胞内扩散,达到调味目的。

在渗透作用中,渗透压是渗透的动力,调味液的渗透压越高,调味料向原料的扩散力就越大,原料就越容易赋上调味料的滋味。溶液渗透后的大小与其浓度、温度成正比,调味时控制好这两个要素,再准确掌握时间,就能达到调味目的。

3)吸附作用

吸附是在一定条件下,一种物质的分子、原子或离子能自动地附着在某固体或液体表面上的现象,或者某物质在界面层中,浓度能自动发生变化的现象。具有吸附作用的物质称为吸附剂,被吸附的物质称为吸附质。

烹饪中的吸附现象有两个类型:一类是物理吸附;另一类是化学吸附。物理吸附的作用力是分子间引力,其一般表现为无选择性,如活性炭既可吸附食物中的异味物质,也可以吸附原料中的香味物质,而且吸附过程是可逆的。物理吸附的特点是速度快、容易达到平衡。化学吸附是固体表面的某些基因与吸附质分子形成化学键。化学吸附具有明显的选择性,并且大多是不可逆的。吸附作用仅发生在表面的某些基团,因此,化学吸附只能是分子层的,吸附的速度较慢,在低温时不易达到平衡。

烹饪中常见的吸附现象是固体表面吸附气体或吸附溶解后扩散,使调料中的香气和口味被烹饪原料吸附。如在烧羊肉时,要放一点萝卜与其同煮,目的就是让萝卜吸附一部分腥膻气味,减弱羊肉的不良异味。再如,在焯火处理时,要将异味重的原料与清淡的原料分开进行焯水,目的是避免清淡的原料吸附不良的异味物质。烹饪原料对风味物质吸附量的多少,影响到菜的质量,而吸附量又与吸剂质的浓度、扩散速度、原料形态、结构等有直接关系。

(1)风味物质的浓度

根据沸点定律,风味物质的浓度越大,扩散到原料表面的风味物质就越多,烹饪原料就有可能吸附更多的风味物质。

(2)扩散与对流传质的速度

烹饪原料吸附风味物之后,原料周围风味物质的浓度就会下降,如果风味物质扩散或对流传质的速度快,就能迅速恢复原料周围风味物质的浓度,以保证原料进一步吸附风味物质。

(3)原料的形状、结构与成分

烹饪原料切得越薄,单位重量原料所具有的表面积就越大,吸附的风味物质也就越多。同时,如果原料内部结构有大量的毛细管道,吸附能力就比较强;反之,如果组织结构紧密,吸附能力就较弱。此外,如果原料含有大量的亲水性极性基团,就能吸附比较多的极性吸附质。

(4)吸附的时间

无论是扩散还是吸附,它们所进行的速度都是缓慢的,因此许多香郁味浓的菜肴,由于要吸附大量的风味物质,都必须进行较长时间的烹制。

(5)环境温度

环境温度高,能提供更多的能量,加快吸附的速度。特别是化学吸附,升高温度可提高活化能,便于原料的吸附。

8.1.2 化学性变化与风味形成

在烹调过程中,调料与原料都不是独立运作的,而是扩散、渗透和吸附交织在一起进行的。此外,烹饪原料和调料在受热过程中还会使组织成分发生一些化学变化,改变原料原有的风味特征,然后再进行扩散、渗透和吸附,混合形成了菜品的风味。但这种变化是非常复杂的,到目前为止尚未完全搞清楚,因为食物的实际风味效果都是多因子的综合效应,要找出哪些成分是菜品风味的主体是很困难的,所以只能从对菜品有影响的一些化学变化入手,做一些简要的分析说明。

1)降解反应

食料中的基本成分(脂肪、蛋白质、碳水化合物)在烹调过程中相互作用,可以形成良好的风味。其中,最主要的是糖类与氨基酸之间发生的羰氨反应。例如,一般认为,煮的香味由氨基酸与糖反应的生成物所形成,但抽提透析物中的氨基酸和糖分,分别进行加热,都不能产生肉的气味,若将两者混合加热,则产生此味。鱼类香气物质形成的途径与畜禽肉类受热后的变化类似,主要也是通过羰氨反应,氨基酸热降解、脂肪热氧化降解以及硫胺素的热降解等反应途径而生成。辛香调料如葱、姜等,经加热后刺激性气味变成了香甜的风味,其过程也是降解反应所形成的。

2)焦糖化反应

原料中的糖类在受强热的作用下,生成两类物质,一类是糖脱水的产物,即焦糖色;另一类是裂解生成挥发性产物。烧制、油炸的色泽和风味与焦糖化反应有直接关系。

3)脂肪自动氧化、分解、脱水反应

原料中脂肪在受强热后,发生自动氧化、分解、脱水等反应,其生成物多为低级挥发性的醛、酮、酸等有气味的化合物。但不同动物肌肉中所含的脂肪可形成不同的风味。猪、牛、羊脱脂后加热,三者肉味基本相似,但带脂肪加热后,可形成各自的特色香味。

任务 2 预制调味方法

8.2.1 腌 渍

腌渍是多种生食原料所采用的方法。从使用的溶质来看,腌渍包括盐渍、糖渍、酸渍和碱渍 4 种。在加工中,这几种方法所运用的原理各不相同。

1)盐渍

盐渍是利用盐溶液的渗透作用,既可以使原料中的水分脱出,味汁进入原料内部,又可以使细菌细胞体中的水分渗出。细菌细胞内因大量失水,原生质萎缩,从而使细菌细胞的原生质分离,导致细菌的“质壁分离”,细菌将不能繁殖,进而死亡。这些都是因为盐有很高的渗透作用,1% 的盐溶液会产生 7.18×10^5 帕的渗透压力,而一般微生物细菌体内的压力为 $3.55\times10^5 \sim 16.29\times10^5$ 帕,因此高浓度的盐能形成强大的渗透压,抑制细菌的活动或杀死细菌。

2)糖渍

糖渍是利用糖的渗透作用使原料入味的加工方法,主要应用于水果类原料,它的基本原理与盐渍相同。

3)醋渍

醋渍是利用 pH 值来抑制细菌的生长,因为每一个微生物的繁殖都有适应的 pH 值,通常各种微生物所能忍受的最小 pH 值的范围:乳酸菌 pH 值为 3.0 ~ 4.0,酵母菌 pH 值为 2.5 ~ 3.0,霉菌 pH 值为 1.2 ~ 3.0,腐败菌 pH 值为 4.4 ~ 5.0,大肠杆菌 pH 值为 5.0 ~ 5.5。由此可以看出,在 pH 值为 4.5 以下时腐败菌、大肠杆菌不能生长,从而使食物不会对人体产生危害。

4)碱渍

碱渍是利用碱与原料中的蛋白质发生化学反应,使蛋白质发生变性,形成冻胶状凝固体,既可以杀菌又可以使原料形成特殊的风味。如变蛋的加工制作,在食用时一般加醋中和去除碱味。

8.2.2 发 酵

“发酵”原来指的是轻度的发泡。很久以前,人们对发酵的原理并不了解,仅知是气体的

逸出，后来，巴士德（Pasteur）证实酵母和发酵的关系后，才进一步明确发酵是由微生物引起的。现在对发酵的理解是有氧或缺氧条件下，糖类或近似糖类物质的分解，而非热熟处理所讲的烹饪加工中的蔬菜原料的发酵是厌氧条件的，这样就抑制了酵母菌和霉菌的生长，因为它们是好氧菌，所以只有乳酸菌能够繁殖。实践加工中，腌菜的容器要装满压紧，盐水要淹没原料，并要密封，这样才可以迅速发酵，排出二氧化碳，使原料内的空气或氧气很快排出。这能少氧的环境，不仅能够抑制有害微生物的生长，同时也可创造一个有利于乳酸发酵的条件，促使乳酸的迅速生长。当然，乳酸发酵还与食盐的浓度和发酵的温度有关，一般盐浓度越低，乳酸就越易发酵，如盐浓度为6%时，24 小时内就产生气体，到了第 9 天发酵就可以停止；盐浓度为8%时，第 5 天开始产气，至第 12 天发酵停止；当盐浓度为 10%时，第 6 天开始发酵，至第 18 天发酵才停止。另外，温度要在一定的范围内才能使微生物得以生长繁殖，乳酸菌的生长适宜温度为 26 ~30 ℃，在这一温度区域内，乳酸菌发酵快，腌菜成熟早，否则发酵时间要延长。如在 25 ~30 ℃，发酵一般要 6 ~8 天完成，而在 10 ~15 ℃，则需要 15 ~20 天。在实际加工中，温度不宜过高，一般控制在 12 ~22 ℃，这是因为太高的温度，不仅使乳酸菌生长旺盛，而且会使有害的微生物繁殖加快，这对加工料不利，相反，太低的温度只会增加发酵的时间，也对加工不利。

1）泡

泡是将新鲜的蔬菜原料在一定浓度的盐溶液中厌氧发酵至熟的方法。泡法是一种古老而传统的加工方法，制作泡菜要使用特制的盛器——泡菜坛子，这种坛子是凹槽式小口细颈肚大平底的陶瓷盛器，凹口处可以用水封口，上加盖碗，这一切都是为了乳酸菌的厌氧发酵。泡菜的制作一般有制盐水、出坯和装坛泡制 3 道工序。

①制盐水。泡菜的质量好坏与盐水的质量有关，一般以井水或泉水制成的盐水为好，因为井水和泉水含矿物质多，可以保证泡菜的脆性。而处理过的软水、塘水、湖水及田水由于杂菌含量高，不能作为配制盐水的用水。通常盐水可分为出坯盐水和泡菜盐水两种，其中，泡菜盐水按种类又分为洗澡盐水（边泡边吃时使用的盐水）、新盐水、老盐水（存放两年以上的盐水）和新老混合盐水 4 种。

②出坯。就是将原料装坛泡制前用出坯盐水预腌，逼出原料中的水分，渗透部分盐味，以避免装坛后降低盐水与泡菜的质量。同时，保证出坯杀菌、褪色、定形和去异味。

③装坛泡制。鉴于原料品种和泡制、贮存时间的不同需要，装坛泡制大致可分为浸泡装坛、间隔装坛两种方法。其中浸泡装坛是指将原料放入坛中，压上重物后，再加入盐水泡制的加工方法；而间隔装坛是将原料与香料分层间隔放置，然后注入盐水泡制的加工方法。泡制加工中有时会遇到盐水冒泡、生霉花、长蛆虫及盐水涨缩的变质现象，此时应及时进行补救，如搅动盐水、加白酒、加重盐水的咸度；如果霉花少，可捞去；如果霉花多，可灌入新盐水，使霉花溢出。盐水如果剧涨，可以酌情从坛内舀出一些；如果骤缩，则要酌情加盐水，使之淹过泡菜。

2）醉

醉是用酒、盐对原料浸渍至发酵成熟的加工方法。醉法主要是依赖酒精的发酵，需密封和加大盐量，尤其是生醉，加工时间较长，为5～15天。比如，制作醉蟹时首先要将蟹洗干净，入篓压紧，使之吐净污物，装入洁净的坛中；再将香料、酒和盐注入坛内，用干荷叶扎口，用黄泥封住以隔绝空气，使微生物在厌氧条件下发酵，一般在环境温度15 ℃下发酵6～7天即可。醉法依原料可分为生醉和熟醉两种，生醉由于是生食，所以多选用质嫩味鲜的河鲜、海鲜原料。当然，尽管醉法是用来制作发酵制品，但为了防腐还应使用盐，一般盐的使用量都较大，如每5千克生螃蟹可用1千克盐，为此醉制的菜肴都较咸，食用前可用黄酒浸泡去咸。

3）糟

糟是将原料置于以酒、糟和盐为浸渍液中密闭发酵成熟的加工方法。糟与酒的加工方法类似，同时糟是生产酒留下的副产品，因而风味上也有类似之处。当然，尽管糟加工原料要酒的辅助才风味更佳，但由于糟也可以发酵，且可以添加其他的香料，使糟香更加突出，故将糟与醉加以区分很有必要。烹饪加工中的糟法与食品加工中的糟法是不一样的。烹饪加工中的糟法是利用自制的糟汁浸泡原料，并不发酵。具体的制作方法是将酒糟和黄酒调和，加入香料水，一起入纱布中吊制，至糟汁清澈即可，再将加工好的原料浸泡在汁中，待入味即成。而食品加工中的糟法是将原料放入密闭的坛中发酵制成。

调味方法就是利用各种调味原料，通过合理组合、加工，为达到消除异味，增加香味，协调味的目的而采取的各种调味手法。在调味方法中，因调味目的、调味程序的不同而有不同的调味方法。例如，在调味目的中，有的侧重于异味清除，有的侧重于调香或调味，在调味程序中主要侧重于调味原料与主辅料的结合方式。还有的调味方法是从菜品味型的角度进行分类。虽然调味方法在侧重点或分类依据方面有所不同，但它们并不是独立的个体，而是相互联系、相互交叉的。

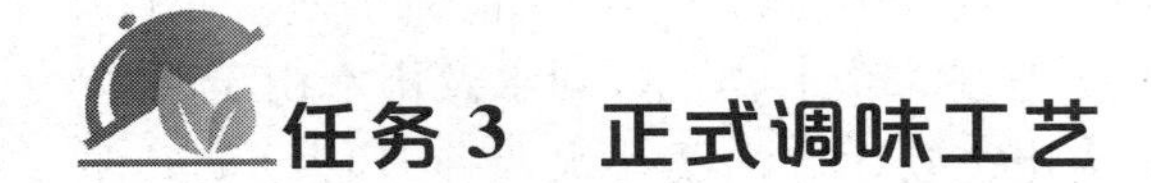

任务3　正式调味工艺

8.3.1　调味的目的与作用

1）确定和丰富菜肴的口味

菜肴的口味主要是通过调味工艺实现的，虽然其他工艺流程对口味有一定的影响，但调味工艺起决定性的作用。各种调味原料在运用调味工艺进行合理组合和搭配之后，可以形成多种多样的风味特色，人们的味觉虽然只能感受到5种基本味，但利用它们对5种味感觉的次序和敏感度的差异，将多种调味料按不同比例进行组合，就可以变化出丰富多彩的味型来。另外，利用调味还可以改善原料中的不良口味，例如，含有苦味的蔬菜原料在用盐腌渍后，可使苦味成分浸出，减弱原料的苦味。

调味料组合的主要目的是除突出本味或去腥解腻外，还可以突出调味料自身的风味特色。以上都是调料围绕原料的风味特征选择和使用，在适当的时候，原料也可围绕调料进行选择和使用，以突出表现某种调味料组合的特色。例如，香糟味、香味、怪味等，它们都是从纯口味的角度组合而成的，在组配时根据这一味型特色选择相适应的原料。这样可以打破组合的局限性，充分发挥调料的风味特长，以丰富和调节整体菜肴的风味。

2）去除异味

在烹调时，加入较重的香辣调料，使调料的气味浓郁而突出，将部分腥异味掩盖。例如，添加八角、桂皮、丁香、姜、蒜、辣椒、胡椒等调味料，可以缓冲和减轻肉类的各种异味的味觉，但这些方法主要适用于异味较轻或经过除味加工的原料在烹调时使用。另外，在预煮或烹调过程中加入各种香辛调味料，利用其挥发作用除去原料中的异味。例如，料酒中含有乙醇、酯类等成分，特别是乙醇可以促进异味的挥发，同时还能与有异味的酸在加热时形成有香气的酯类；酯和酒中氨基酸都能促进肉的香味；食醋中的酸还可以与肉类中一些异味的成分结合，使它们形成不易挥发的成分，从而抑制肉类原料散发出腥膻气味。葱、姜、蒜等香辛调料对鱼肉的腥味有很好的去除作用。此外，鱼腥味的成分呈碱性，加醋酒后可以使碱性中和，减弱腥气味。

3）食疗保健

在传统中医学自古有“医食同源”之说，其中调味与养身的关系更是传统医学所重视的方面。有许多有关调味养身的理论论述，诸如五味所合、五味所伤、五味所禁以及与人体的辩证关系等，这些在前面的调味史论中已作阐述。

从现代营养学的角度来说，调味原料不仅具有调味作用，对人体的生理功能也有作用。例如，盐是体内必需的营养物质，人每天都需要食用一定的食盐，如果过少，则影响人的正常生长发育，而食盐过多也可能产生高血压病；糖属碳水化合物，它可提供人和动物生命活动的热能，是人类获得热最主要、最经济的能源；醋除了含有多种营养成分外，还能溶解植物纤维和动物骨刺，烹调时添加适当的醋，可以加速其煮烂，并能减少维生素的损失，同时还使食物中钙、磷、铁处在溶解状态，因此，醋可促进人体对钙、磷、铁的吸收。在醇香型的调料中绝大部分则列为中药行列之中，都具有各种食疗保健作用。但各种调料都有一定的使用范围，超过了这个范围，对人体也会产生不利的作用。据报载，甜味是需要补充热量的热源，食之有补充血糖，解除肌肉紧张和解毒之效，但是食之过多会引起血糖升高，血液中胆固醇增加，使身体发胖；酸味是新陈代谢加速的信号，它是由有机酸产生，食之可增强肝脏功能，对防治某些肝脏疾病有益处，但食之过多会引起消化功能紊乱；苦味是保证人体不受有害物质危害的信号，它由有机碱产生，有燥湿利尿的作用，但过苦则易导致消化不良症；辣味则是刺激食欲的信号，它由辣椒碱产生，吃辣食可消除体内气滞、血滞等症状，但是，因辣味有较强的刺激性，过食会使肺气过盛肛门灼热；咸味是帮助人们保持体液平衡的信号，它由食盐产生，吃咸能软化体内的肿块，在剧烈呕吐、腹泻和大汗不止时，适当补充淡盐水可防止体内水电解质紊乱，但食之过多会诱发高血压、水肿及妇女经前的极度紧张现象。

从原料中营养成分的损失情况来看，菜品的风味形成往往与营养处于矛盾之中。因为食品风味物质（主要是香气）形成的基本途径，除了一部分是由生物体直接生物合成之外，其余都是通过在贮存和加工过程中的酶促反应或非酶反应而生成，这些反应的主体物质大多来自食品中的营养成分，如糖类、蛋白质、脂肪以及核酸、维生素等，所以，从营养学的观点来考虑，食品在烹饪过程中生成风味成分的反应是不利的,这些反应会使食品的营养成分受到损失,尤其会使那些人体必需而自身不能或不易合成的氨基酸、脂肪酸和维生素得不到充分利用。从烹饪工艺的角度看,各种原料包括酒、酱、醋等调料,在加工过程中其营养成分和维生素虽然受到了较大的破坏,但同时也形成了良好的风味特征,而且消费者一般不会对其营养状况感到不安,所以这些变化又是有利的。可见,营养与风味存在着一定的冲突,特别对一些粮食、蔬菜、鱼肉等原料来说,它们必须经过烹饪才能食用,但烹饪同时又会使营养损失。如何在营养损失不多而同时又产生人们喜爱、熟悉的风味,是人们所期待的,更是营养和烹饪人员需要共同研究的课题。

4)丰富菜品的色彩

菜肴的色彩是构成菜品特色的主要方面,它可起到先声夺人的作用。美好色彩给人以悦目愉快之感,能引起一种美的享受,同时还能引起生理上的条件反射,促进人体内消化液的分泌,增进食欲和提高对菜肴的消化吸收。菜肴呈现的各种色泽,主要来源于原料中固有的天然色素,其次就是调料和人工色素形成的色泽。调料着色来自两个方面:一是调味品本身的色泽与原料相吸附而形成的;另一个是调味品与原料相结合后发生的色彩变化反应所形成的。调料的色彩非常丰富,而且染色能力强,糖类原料在加热过程中还会形成更加诱人的色彩。这些在调色工艺中已经讲到,不再重复介绍。

5)调节菜品的质感

调味工艺对质感的影响没有火候那么直接,但运用调味工艺却可以改善和调节菜品质感风味。例如,在烹调时添加酸味调味品,可以加速肉类原料的酥烂,并能减少维生素的损失;鱼蓉胶在调制的时候会因盐投入的次序而影响质感,如果先加盐,就会导致鱼肉细胞内离子数目浓度低于细胞外,鱼蓉不仅吃水量不足,甚至会造成细胞内水分子向细胞外渗透,出现脱水现象,这样的鱼丸就达不到理想的质感,所以,应先加一定量的水再加盐搅拌上劲,这样才能达到细嫩而富有弹性的效果。

质感的变化还跟调味时间有关系。例如,鱼的腌制,鱼肉的质地与用盐量及腌制时间成正比,腌制时间短,可以保持鱼肉的嫩度,如果时间稍长,肉质就会变老,最终质感由嫩转变成酥、韧的咸鱼质感。这里以苏式蒸白鱼和粤式蒸鱼做对比:江苏在制作清蒸鱼时很注重入味,加热前要腌制并投放所需的所有调味料,而蒸制时间往往掌握不准,成品的质感容易粗老;粤式的清蒸鱼则非常注重质感,加热前不投放咸味调料,蒸制时间掌握得非常准确,肉质的鲜嫩程度超过苏式蒸鱼。

8.3.2 调味方法的分类

1)以调味目的为主的调味方法

(1)消除异味法

烹饪原料中有一些干制原料、野味原料、水产原料及动物内脏等都含有一定的腥臊异味,运用各种调味品使这些异味得以去除,同时产生良好的风味。葱、姜、蒜、醋、料酒等调味料是

消除异味常用的调味料。例如，醋有较强的除腥解腻能力，同时有杀菌防腐作用；黄酒在受热后挥发性增强，可以带走一部分物质，如鱼体中腥味成分，遇到黄酒后会发生反应，不但能消除异味，还能产生鲜美的香味。

(2)增香调味法

通过调味使菜品形成各种独特的香味，以改善和补充原料香气的不足，香辛调味料是增香调味常用的调味原料。例如，葱烧、葱爆的菜肴，使成菜后的葱香味突出，姜汁、蒜泥味也有同样的功效。行业中的“炝锅”就是典型的增香调味法。另外，桂皮、八角、丁香、桂花等都具有独特的香气成分，既可以单独调香，也可以混合使用，使菜肴形成浓郁的香型。

(3)定味调味法

将几种调味料按一定比例进行混合调配后形成菜品的口味，其中调味料用量的比例是确定口味的重要因素。例如，咸味占的比重较大，其他味占的比重较小时，菜品的口味是咸鲜味型；如果咸味占的比重较小，而糖、醋占的比重较大时，菜品的口味则属于酸甜味型。根据定味次序，在进行定味调味时，通常有以下 4 种手法。

①分次加入调味料定味。将调味料按菜品的要求，分别投入到菜品中进行调味，如红烧菜一般先加入盐、酱油，成熟前加入糖，最后加入味精；油炸菜肴则在加热前调定基本味，在加热后补充特色味；卤菜、烩菜的调味手法也采用分次调味的方法。

②投放调味料定味。在原料经过熟处理以后，投放调味料定味。例如，制作鱼汤，一般在鱼汤出锅前才投入盐、味精等调味料，因为过早投入盐，会使汤汁不浓、味道不鲜。此法一般适用于煮、炖、焖、煨等汤汁类菜品的调味。

③混合料一次定味。行业中称“对汁芡”，此法适用于爆炒类菜肴，就是将所有调料与淀粉一起调和均匀，在爆炒菜的原料划油后，倒入锅中与原料一起翻拌，使卤汁包裹在原料表面，调此“对汁芡”有一定的技术难度，因为速度太快，而且对淀汁包裹程度要求很高，所以在投放各种调味品，特别是淀粉的用量时，要一次性把握准确。

④增色调味法。运用调味品的色泽或在受热后色泽变化的特征来改善菜品的色彩。在调味的同时，也调和菜肴的色泽。例如，红烧菜为了达到色泽要求，在烧制前先在其外表拌上酱油，然后下油锅中炸，使原料上色，这个过程在行业中称为“走红”。再如“烤鸭”，烤制前要抹上饴糖和白醋，烤制后鸭皮才能有红亮的光泽。

2)以调味品与原料的结合形式为主的调味方法

(1)腌浸调味法

此法主要是利用渗透原理，使调味料与原料相结合，根据使用的调味品种不同可分盐腌法、醋渍法和糖浸法，如醋渍萝卜、酸白菜等属醋渍法。根据腌渍过程和干湿程度，腌浸调味法又可分为干腌法和湿腌法。

①干腌法。就是将调料直接搽在原料表层进行调味，对于形体大的原料，还要用竹签扎一些孔，便于调味料的浸入。

②湿腌法。就是将原料置于调配好的溶液中，进行腌浸调味，此法较干腌法腌制得均匀，但由于水分较多，如果保管稍有不慎，容易出现变质现象。

(2)热传质调味法

此法通过加热使调味料进入原料内部,从而达到调味目的。加热可以加速原料入味的速度,例如,烧菜或烩菜,其中水分既是导热介质,也是传质介质,又把调味料传到原料当中,使菜品入味。

(3)烟熏调味法

此法就是将调料与其他辅助原料加热。利用产生的烟味使原料上色并入味。常用的生烟原料有糖、米饭、茶叶等,但这些原料产生的烟味主要是起增香目的,所以在烟熏前一般先要腌渍,使原料有一个基本味。另外,原料外表必须干燥,否则不利于烟香味的吸附。熏烟成分因所用的材料种类而不同,其中的主要成分有酚、甲酚等酚类,甲醛、丙酮等羰化物以及脂酸类、醇类、糖醛类化合物等。以酚类、酸类、醇类化合物对熏肉制品的香气影响最大。

当熏制方法不同时,熏肉制品产生的香气也不同。例如,在较低的温度下熏制,这时肉类对高沸点酚类化合物的吸附将大为减少,从而也使熏肉制品的香气产生差异。

(4)包裹调味法

将液体或固体状态的调味黏附于原料表面,使原料带味的调味方法叫包裹调味法,根据用料品种和操作方法的不同,可分为液体包裹法和固体溶化包裹法。所谓液体包裹法,就是前面所提到的“对汁芡”法,运用淀粉受热糊化,产生黏附性,将调味料一起包裹在原料表面。固体溶化包裹法主要是指拔丝、挂霜两种调味方法。运用糖加热熔化后产生的黏液,将原料包裹均匀,挂霜的糖液冷却后仍然结晶成固体,但将原料包裹其中,便使菜品具有了香、甜、脆的效果。

(5)浇汁调味法

此法是将调味料在锅中调配好以后,淋浇到已成熟的原料上面,使菜品带味,此法主要适用于脆溜或软溜的菜肴。因为有的原料经过剞刀以后,形成了一定的造型,不便下锅翻拌,只能采用浇汁的方法调味,如菊花鱼、兰花鱼卷等;也有的因形体较大,加上菜品质地的要求,也不便下锅调味,如醋熘鳜鱼、西湖醋鱼等。

(6)粘撒调味法

此法是将固体粉状调料黏附于原料的表面,使菜品带味。根据受热的先后次序可分为生料粘撒法和熟料粘撒法。如粉蒸肉、粉蒸鸡、香粉鱼排等菜肴,就属于生料粘撒法,操作方法是先在原料的外表上蛋液、淀粉,然后将调配好的香粉粘撒在表层,最后进行蒸炸处理。熟料粘撒法,就是原料成熟以后粘撒调味料,如“椒盐虾段”就是将虾段炸好后,撒上椒盐粉末,翻拌均匀后即成;再如“椰丝虾球”,也是将虾球炸好后再滚上椰丝,这都属于熟料粘撒法。

(7)跟碟调味法

跟碟调味法也称补充调味法,是将调好的调料盛装在小碟中,随同菜肴一起上桌,起补充和改善口味的作用,但这种调味法主要是弥补菜肴的口味不足,原料在加热前必须已有一定的基本口味,而且这种调味方法主要适用于加热过程中不便于调味的一些菜肴,如烤、炸、涮、煎、蒸等。调味碟的品种可以是一种,也可以是多种,根据客人喜好自行选择。如椒盐、沙司、甜面酱、沙律等是常用佐味碟原料,一般作为跟碟的调味料,都要经过加热、调配,以保证直接食用的卫生安全。

3）以调味程序为主的调味方法

（1）烹前调味法

从调味程序上看是烹前调味，也是第一阶段的调味，行业中称为“基本调味”。其主要方法就是前面提到的腌渍调味，以及制作蓉胶、上浆过程中的调味。关于腌渍调味的方法前面已有介绍，现将制作蓉胶和上浆过程中的调味方法简介如下：

①蓉胶的调味。所谓蓉胶，就是将斩成细蓉状的动物肌肉，通过调味原料以及其他一些辅助原料（水、蛋清、淀粉）调品而成的相对稳定的胶体。其中调料在蓉胶的调品过程中起非常重要的作用，特别是盐在蓉胶的调品过程中起双重作用，首先是调味作用，其次盐可溶解肌动球蛋白，增加持水能力和肉蓉黏性，使菜品达到更好的嫩度和弹性。

②上浆的调味。上浆的目的就是保证菜肴的嫩度和形状，除蛋清、淀粉起一定的保护作用外，盐也有保护的作用，因为上浆的首道工序就是腌拌，利用盐的电解作用，使肌动球蛋白的溶解度增大，原料表面蛋白质的静电荷增加，提高水化作用，引起分子体积增大，黏液增多，达到吸水嫩化的目的，同时也使原料有了一个基本味。

（2）烹中调味法

烹中调味法就是在烹调过程中对菜肴进行调味，根据菜肴的口味要求，在适当的时候加入相应的调味品，加热中调味因温度高，调味品扩散的速度快，也容易达到吸附平衡，所以这一阶段的调味对菜肴的滋味起着决定性的影响。除炸、煎烤、蒸以及部分凉拌菜肴外，其他大部分菜肴都要运用烹中调味法。根据烹调方法及成菜的特色来看，可以将其分为无卤汁和有卤汁两种。一般爆、炒的烹调方法属于无卤汁的范围，调味品在原料成熟后加入，快速颠翻几下就可出锅。这种方法一方面利用了高温扩散快的特点，使原料迅速入味；另一方面因为原料与调味品接触时间短，原料中水分向外渗透的量少，保持了菜肴的软嫩，蛋白质以蓉胶或凝胶的状态存在，营养成分破坏和流失极少。采用煨、烧、煮、炖的烹调方法制成的菜肴，具有一定的汤汁，添加调味品时应根据需要掌握好投放的次序。例如，红烧鱼一般先加入猪油、盐，快成熟前加入糖，这样既便于入味，又能保持与鱼肉成熟相一致。而清炖鸡、焖牛肉等，一般应在原料完全成熟后，上大火入盐调味，如果过早加盐，汤汁的渗透压就变大，原料中的水分向外渗透，组织变紧，蛋白质凝固，呈味物质难溶于汤，使菜肴的质感变劣，所以不宜过早加盐。

（3）烹后调味法

烹后调味法就是在原料加热成熟后，对原料进行调味，根据调味目的又可分为补充调味和确定调味两种。补充调味主要适用于加热过程中不宜调味的一些烹调方法，但菜品在加热前都已经有了一个基本口味，这时主要是弥补加热前调味的不足。确定调味主要适用于炝、拌类的一些凉菜和白焯、涮等特殊热菜的调味，这些菜品的原料，在加热前没有经过腌渍调味或上浆调味，在加热过程中也没有进行调味，而是在加热后趁热给原料确定口味，所以它不同于补充调味，而是决定菜肴口味的一种方法。如炝腰片、温拌肚丝、白焯河虾等。

以上从不同的角度介绍了各类调味方法的特征和类型。从中可以看出，各类方法既有个性，也有共性，有的还相互交叉、重叠，很难明确划定一个界限。我们从图 8-1 各类调味方法的特征中，可以看出它们之间的关系。第一层次是调味程序，第二层次是结合方式，第三层次是调味目的。

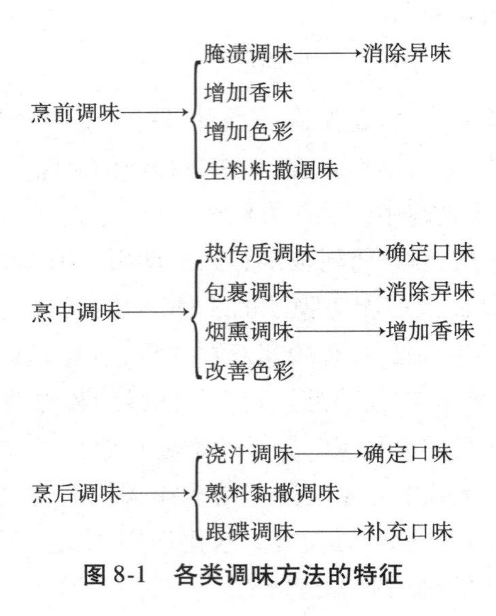

图 8-1 各类调味方法的特征

8.3.3 调味的时机与用量

调味技术的两大要素包括调味品的用量和投放时间。调味品投放顺序不同,不仅影响各种调味品在原料中的扩散数量和吸附量,也影响调味品与原料之间、调味品之间所产生的各种复杂变化,因此,不同的调味品投放顺序会影响菜肴的特有风味。各种菜肴在制作中其调味品的投放顺序则要根据原料的性质、菜肴的质量要求和调味品的特性而灵活掌握。

1)调味的时机

(1)咸味调料的投放时机

咸味原料投放的时机主要根据具体菜品的操作要求进行投放,下面列举几种盐在烹饪中的投放时机:

①腌制菜品。一般来说,盐是最先放入原料中,但腌制的时间则根据菜品要求而灵活掌握,如腌鱼、腌肉、腌鸡等腌制时间需要长一点。因为这些原料形体较大,不易腌透,腌制时间越长,调味品向原料扩散的量就越多,调味品在原料内部的分布就越均匀。但对一些原料较小、肉质细嫩的炒菜或炸菜原料进行腌拌调味时,时间则不能长,否则会使组织中的水分溢出,影响成品的细嫩口感。

②蓉胶菜品。一般来说,蓉胶菜品具有鲜嫩而有弹性的特点。要达到这一质感,与鱼蓉的吃水量有密切关系,而吃水量又与加盐的时机有直接关系。就鱼丸的调制来说,如果在制作过程中往鱼蓉里先加盐,就会导致鱼肉细胞内溶液的浓度低于细胞外的浓度。这样一来,鱼蓉不仅吃水量不足,甚至会造成水分子向盐液渗透,出现脱水现象。所以,在制作鱼丸时,应先往鱼蓉里逐步加水并不断搅拌,使鱼肉细胞周围溶液的浓度低于细胞内的浓度,这样细胞内的渗透压就大于细胞外,水在渗透压差的推动下,就能从细胞外向细胞内渗透,待到渗透平衡时,鱼蓉就吃够了水,再加盐拌匀,并立即挤成圆状制熟,就能达到细嫩而有弹性的质感。

③汤类菜品。制汤时盐应该在最后投入，由于食盐所形成的溶液有较大的渗透压，若在制汤时先加盐，原料中的水分就会渗透出来，盐也会向原料内部扩散，导致蛋白质凝固，呈味物质难以浸出，影响汤汁的浓度和滋味，所以制汤时切不可先加盐。

（2）酸味调味品的投放时机

酸味调料挥发性较强，经高温加热后，因为酸味料挥发而使酸香味减弱，所以一般菜品用醋时都是在起锅前加入。但有的菜品因某种需要可在中途加入，如红烧鱼，由于醋能溶解动物骨刺，加速成熟时间，减少维生素的损失，特别是有去腥增香作用，因此应在中途添加，出锅前再淋少量的醋起香，行业中有"暗醋""明醋""底醋"之说。

①暗醋。直接将醋加入菜中拌匀，一般在加热初期或中期投放，起去腥增香、溶解钙质等作用。

②明醋。在原料出锅前，将醋从锅边淋入，使菜品醋香浓郁，并略带微酸，爆、炒、烹、熘的菜肴多用此法。

③底醋。为了不影响菜肴的色泽，但又要起到去腥的目的，可将几滴醋置于盘底，再将菜品装于其上，利用醋挥发上来的香气解腥，此法主要适用于白炒一类的菜肴，如炒鱼丝等。

（3）甜味的投放时机

除单纯的甜味菜肴可以提前加入甜味以外，其他大多数用糖的菜肴一般都在成熟后期投放糖。因为糖可以加强卤汁液的黏稠度，过早加入使卤汁提前稠浓，不利于原料的成熟，也不利于原料继续入味，如红烧肉，如果一开始就放糖，在肉质尚未成熟的时候，卤汁已经稠浓，必须添加少量水继续煮制，这样就影响了肉质的色泽和香味。另外，糖还不耐高温，加热时间过长易发生焦化反应，颜色发黑，口味变焦，所以加糖后必须注意卤汁的变化，对单纯的甜菜来说最好采用笼蒸的办法烹制。虽然也有一些菜品需要提前投放甜味料，如糖腌肉条、烤鸭等，但主要目的是调色而不是调味。

（4）鲜味的投放时机

味精是鲜味剂的代表，虽然在一般加热条件下，对谷氨酸钠没有多大的影响，但在强酸及碱性条件下或长时间高温加热，会使谷氨酸钠分解，影响味精的呈鲜效果，所以味精一般都在菜品成熟后投入，但必须趁热，否则鲜味的效果也会受到影响。

（5）香辛调料的投放时机

大多数香辛调料的使用一般都在加热初始阶段投放，如葱、姜、蒜的炝锅，就是将葱、姜、蒜的香气通过热油使其挥发，起去腥增香的作用。同时油脂中还吸收了一定的香味，提高了增香效果，对于茴香、丁香、草果等一些干制的香料来说，更应在加热初期投放，因为加热时间越长香味溶出越多，香气越浓郁。但对加工成粉末的香料来说，一般在起锅前投放，如花椒粉、桂花卤、胡椒粉等，加热时间过长，会使香气散失。调味酒的应用一般也在加热初始阶段投放，利用酒的挥发性去除异腥味，同时能充分与原料发生酸化反应，提高肉的鲜味感，加速蛋白质的软化，如果添加过迟，则因酒精挥发不尽而造成不良气味。

2）调味的用量

（1）咸味的用量

从口感的效果来看，食盐水溶液的浓度为0.8%～1.2%时让人感觉最舒服。从人体的需要量看，通常成人每人每天 15 克左右，喜欢吃咸的人摄取食盐量占食物总量的 1.0% ~ 1.2%，按成人每人每日食物量 1.35 千克计算，食盐的摄取量为 13.5 ~ 16.5 克，在特殊环境中工作的人们，如重体力劳动者、高温中工作者、哺乳妇女，每天需盐量为 20 克左右。

不同的烹调方法，用盐的比例也有一定的差异。一般腌鱼、腌肉时，食盐量应占 20% 以上。将 20% 的食盐溶于水中的溶液感到很咸，腌制品含同量食盐就感到不那么咸。腌制品中存在大量的氨基酸，也缓和了食盐的咸味，况且腌制品一般不单独食用，多同主食同吃，从而稀释了食盐浓度。汤菜用盐的比例为 0.8% ~1.0%，炒蔬菜的用盐比例为 1.2%，烧煮菜的用盐比例为 1.5% ~2.0%。烧烤和油炸过程中，原料水分会有损失，盐浓度会有所增加，如果味道偏淡，则可以通过跟碟调味法进行补充，但如果调味过重则无法弥补。不同原料基液汁的渗透压是不完全相同的，盐的用量也有一定的差别。以淡水鱼为 1% 作为标准，蔬菜需 1%，海水鱼需 2%，家畜肉需 0.9%。

(2)甜味的用量

甜味虽然是人们比较喜欢的口味，但也不是越甜越好，也必须根据菜品的要求，控制好使用的范围。对单纯表现甜味的甜菜，如蜜汁、甜姜等，糖的用量一般在 20% 左右，虽然稍轻或稍重一点对口味的影响不太大，但不能收到最佳的味觉效果。糖醋味型、荔枝味型的用糖量为 5% ~10%。糖醋味稍重一点，荔枝味稍轻一点。我们平常用的红烧菜、卤酱菜、红焖菜也需要添加一定的糖，主要是起提鲜增香的作用，操作中应以加糖而不觉甜味为原则。用糖一般控制在 1% ~2% 为宜，其中红烧、卤酱菜的用糖稍重一点，红焖的菜要稍轻一点。

(3)酸味的用量

酸味的呈味阈值较低，浓度较低也能感觉出来，而且与甜味、鲜味不同，甜味、鲜味稍多一点，味觉不受大影响，而酸味稍多，味就会很浓，过酸会令人产生不愉快感。一般糖醋味、醋辣味属用醋较多的味型，但醋酸含量也只能在 0.1% 以内。市场销售醋含醋酸为 3% ~4.5%，也就是说用醋量在 3% 左右。其他炒菜、烧菜用醋的量就更小，一般不超过 1%。

(4)鲜味的用量

鲜味的使用以所含盐量为标准，烹调中在制作清汤菜肴时，最低使用量为食盐的 10%。因为汤菜的汤汁中已溶解了原料的许多鲜味成分，为了突出原料的自然鲜味，所以要减少味精的使用量。在酸味较重的菜肴中，如糖醋菜、酸辣菜，因醋不能溶解味精的鲜味，所以不必加入味精增鲜。在单纯的甜味菜品中也不宜添加味精，因为糖与味精结合，会产生一种不愉快的变味现象。另外，投放味精还应根据原料的质量以及味精本身含谷氨酸钠量的高低来决定其投放量。总之，味精投放量不宜太多，否则会产生近似涩味的不良口感。一般味精用量与菜品风味的浓烈程度成反比。

(5)调味用量的基本原则

全国不同的地区在味的轻重上虽然有一定的区别，很难用一个明确的规范来规定某个菜品的调料量，但有一个基本范围，这个范围是根据人体需要量及适应量、口味搭配的比例效果等几个方面综合确定的，只能提供给大家做实践的参考，调味时仍应根据具体情况灵活掌握。

①新鲜的原料。如鸡、鱼、瘦肉、蔬菜等，本身就具有可口的滋味，调味品就不宜加入太多，否则原料里吸附了大量的调味品后，调味品的滋味就会掩盖原料本身的美味，导致食用者所尝

到的主要是调味品的滋味,而不是原料本来的风味。

②带有腥膻气味的原料。家畜内脏、牛羊肉、野味等,如果调味品加入量不足,所形成的浓度梯度过小,调味品间原料的扩散速度慢,就不能完全消除原料的腥膻气味。所以对于这些原料加入的调味品应多一些。特别是解腥膻效果较好的、挥发性强的一些调味品,如酒、醋、葱、姜等。

③无味或味淡的原料。有些原料本身没有什么滋味或者味道很淡,为增加其滋味,必须加入足量的调味品,主要是香鲜型的调味品,如海参、鱼翅、燕窝等,本身味道很淡,调味时需用高汤,味道仍很淡薄,调味时除了用香鲜味调料外,还可增加一些辛辣的调味料,以增加其滋味。

任务4 味型与味型模式

中国地域辽阔,气温差异很大,表现在饮食方面主要是风味的差异。其菜品制作的基本工艺是相似的,但气候、环境、习俗等原因所造成的风味却表现出了很强的人文个性。另外,烹饪工艺一直是以手工操作的传统技艺,工业化、标准化生产和菜品综合调料,还没有在烹饪中得到广泛的应用。不同的人、不同的饭店,即使制作同一道菜也会有不同的口味,所以,菜品的口味具有较强的灵活性,虽然菜谱中对各种主料、调辅料的用量标注得十分精确,但在实际操作中,要么无法按图施工;要么按图施工也不能达到完美的味觉效果。让人怀疑其数据的准确性,有的菜谱在编写时可能并不是通过实际称量得出来的,这样给学习和研究烹饪都带来了很大的复杂性。如此种类繁多的味道,如此灵活多变的味道,任何人都无法完全彻底地掌握。为此,不得不去从中寻找味道中的共性和规律,把个性的味道进行比较和归纳,以味觉的主体特征为主线,形成一个完整的分类体系。味型就是这个体系的起点,它把调香手法相似、味道特征相同的各种口味,按其共性特征归纳为几大类型,使零散的、复杂的味道形成一个整体,既便于学习掌握,更有触类旁通、举一反三的效果,对开发和创新更多、更好的口味提供了一个科学的规律。

味型的分类体系如图8-2所示。

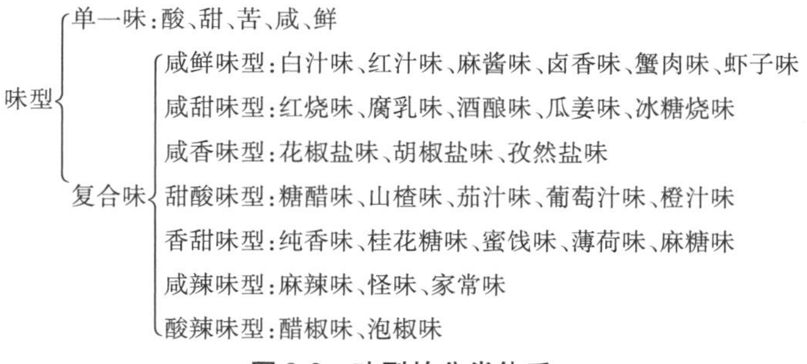

图8-2 味型的分类体系

8.4.1 咸鲜味型的调配机理

咸鲜味是中国烹饪中最常见、最基本的味型之一,适用区域和选料都十分广泛,不受季节、地区、年龄的限制。许多高档菜肴,都是运用咸鲜味调配的。尽管它运用比较广泛,但要真正调好咸鲜味型也是非常不容易的。一是对选料要求很严格,咸鲜味的特征实际上是突出本味的一种调味方法,它不具有任何掩盖性、调节性,如果原料不够新鲜或带有异味,就很难用咸鲜味直接进行调味;二是对原料的加工要求严格,对原料新鲜但带有轻微异味的原料来讲,在调味之前必须通过焯水、走油、浸泡、洗涤等加工方法,以去除异味,对本身既无异味又无鲜香的原料来讲,如海参、鱼翅、鲍鱼等高档原料,在定味前必须先使其吸收充足的鲜香味道,然后才能使用咸鲜味进行调味。

鲜味在没有咸味存在的情况下显得很薄,如果加入纯净的谷氨酸钠,不但毫无鲜味,反而有腥味,因为谷氨酸钠溶于水后会电离出谷氨酸的负一价阴离子和钠的正一价阳离子,电离产生的阴离子虽然有一定的鲜味,但如果不与钠离子结合,其鲜味并不明显。在这里钠离子起着辅助增鲜的作用,而且要在大量的钠离子包围着阴离子的情况下,才能显示出其特有的鲜味。而大量的钠离子仅靠谷氨酸钠中电离出来的钠离子是不够的,必须靠食盐的电离来供给。所以说食盐对谷氨酸钠的鲜味有很大的影响。食盐与味精在调配时要合理掌握其配比关系,一般谷氨酸钠的添加量与食盐的添加量成反比,只有这样,才能达到鲜味和咸味的最佳统一。例如,当食盐的添加量为0.80%时,味精的最适添加量为0.38%,而味精的添加量增加到0.48%时,则食盐的最适添加量则相应地减少到0.40%。

咸鲜味的调配还要根据具体菜品灵活掌握。例如,炖焖的汤类菜品,一般味精用量很少,因为汤中已含有肌苷酸等鲜味物质。此外还有许多特殊的肉类风味物质,少量的味精可以使鲜味增强,但稍多又会影响综合的风味效果。盐应该在最后定味,否则会影响肉中鲜香物质的溢出。一些腌制品中食盐含量达到15%~20%,远远超出了一般菜肴的使用量,但人们却都能接受,而且认为滋味别具一格,其原因是在腌制过程中,原料氨基酸的浓度提高,对食盐有缓冲作用,同时烹制时少添或不添食盐,有时还加少量的糖来降低咸味,使咸鲜味达到完美的结合。

8.4.2 咸甜味型的调配

咸甜味在我国南方地区使用十分普遍,特别是运用酱油作为咸味剂的菜品,经常以咸甜味的形式出现,如酱爆、红烧、卤酱、红扒等。咸甜味实际上是在咸鲜味的基础上加入一定的甜味剂而形成的。但咸鲜味多适用于白色的菜品,咸甜味多适用于红色的菜品。咸甜味的调配主要是掌握咸味与甜味的用量比例,比例不同所形成的风味效果差异很大。下面先了解咸味与甜味的相互关系。

添加蔗糖可以使咸味减弱,在1%~2%食盐浓度中,如果添加7~10倍的蔗糖,咸味基本上被抵消,而在20%食盐溶液中即使添加多量蔗糖,咸味也不消失。甜味也随食盐添加量的不同而出现不同的味觉效果,添加少量食盐,甜味增大,例如,50%蔗糖液中添加0.05%的食盐,对增甜的效果最明显。食盐对甜味的对比效果是甜味度越大越敏感。

咸甜味在实际调配过程中,一定要掌握好层次和主次。一般菜品并不是咸甜并重的,而是以咸味为主,甜味为辅,所以,调味时要控制好咸甜原料的使用比例,突出主次关系。另外,不

同的菜品所表现出来的味感层次也有所不同,例如爆炒一类的菜品,由于调味品投放的顺序是同时的,所以品尝时先感觉咸味后感觉甜味,行业中所谓"咸上口,甜收口",而对于红烧、卤酱的菜品来说,由于先投入咸味,使咸味渗透到原料内部,使原料入味,而后加入甜味,使卤汁稠浓,所以品尝时一般先感觉甜味后感觉咸味,即所谓"甜上口,咸收口"。这种不同的调配方法使咸甜味的菜品在味感上有明显的层次感。

咸甜味虽然适用范围很广,但不同的地区,对甜咸的调配比例有所差异。北方地区虽有咸甜味,但咸味占的比重很大,甜味占的比重很小,有时是放糖但不觉甜味,有时甜味的比例稍大,有明显的甜味感。例如,江浙名菜扒烧猪头、东坡肉、红烧划水等都是典型的咸甜味型的菜例。

8.4.3 香甜味型的调配

香甜味型,是以甜味为主,香味为辅的一种复合味型,在行业中一般称此为"甜菜"或"蜜汁",其是我国传统味型的代表之一,各大菜系中均有此味型的代表名菜。虽然北方地区对复合味中的甜味不太感兴趣,但对纯甜味的菜品却非常喜欢。"拔丝""挂霜"等许多纯甜味的调味技法正是北方地区厨师所擅长的。

香甜味中的甜味剂一般以蔗糖、冰糖和蜂蜜为主,有时是单独使用,有时也混合使用。如拔丝、挂霜一类的菜品,以蔗糖调配而成。甜汤、甜羹一般是蔗糖和冰糖混合使用,而蒸制的一些甜菜,一般是蔗糖、冰糖、蜂蜜混合使用。甜味剂的混合使用可以得到甜味相加的效果,也有少数产生相乘效果,如果糖和糖精的混合使用,相乘效果不明显。普通甜味物质是没有抑制或相杀效果的。此外,甜味剂的混合作用除使风味能力增强以外,还可使甜味的口感更加协调、互补。所以,调制香甜味时最好是多种甜味剂混合使用。

香味在此味型中主要起调节和改善作用,对主体的甜味并没有任何影响。选用的香味原料多为天然的香味植物的花或果实,如桂花、芝麻等。桂花的品种有金桂、银桂、丹桂和四季桂等4类。金桂花色橙黄、香气最浓;银桂花色黄白,香气清淡;丹桂最美,花色橙红色,香味较淡。桂花香味优雅,香中带甜,是一种深受大众喜爱的花卉香味调料。在用于香甜味的调配时,可以直接采用鲜品或干品,也可使用盐渍或糖渍的腌制品。此外,菊花、玫瑰花也是香甜味中可以作为香味剂的原料。

香甜味在调配中一般要掌握好调配的比例和投放次序,特别是香味较浓的花卉香料,如果投放过多,则香味过浓,反而影响味觉的调和。一般是占放糖量的1.5%左右,投放的时间应在成熟后放入,否则香味走失。对芝麻一类的香味来说,投放的时间可以与糖同步。如行业中常用的芝麻糖馅心,就是将炒熟的芝麻与糖一起混合而成,而且投放的比例也相对较大,一般与糖的比例为1:(0.5~1)。

8.4.4 咸辣味型的调配

1)麻辣味的调配

麻辣味是以麻、辣的调料为主体口味,和其他种调料有机地结合而产生的一种口感浓厚、余味无穷的菜肴味型，是川菜中典型的代表味型。麻辣味中的麻是指花椒，辣是指辣椒、辣油，同时配以咸味和鲜味而共同形成。

麻味和辣味虽然不能算是基本味觉，但在烹饪中却是常用的两种味，它们在形成菜品口味方面起着重要的作用。因它们引起的口腔刺激以及人的接受程度有所不同，所以调配时要掌握好两者的配比关系，就入口的感觉而言是麻第一，辣第二。但在调配其用量比例时并不代表麻的用量比辣多，因为麻味对口腔的刺激效果强，特别是人对麻味刺激的接受程度要比辣味小，因此，调配时辣味的分量要比麻味多，虽然没有人将辣味和麻味用阈值来表示，但道理是一样的，麻味的"阈值"小，而辣味的"阈值"大。麻辣味型在烹饪中可应用于凉菜，也可应用于热菜。不同的应用范围，也有不同的调味方法和次序。当应用于凉菜时，一般用量适当增加，例如，500 克冷菜原料，一般投放 85 克辣椒油，10 克花椒面，同时配以白糖、酱油、味精等辅助调料；当用于热菜时，因为温度对味觉的敏感性有所提高，特别是以辣味有明显的增强效果，所以同样是 500 克原料，一般投放 70 克辣椒油，8 克花椒面。在凉菜调味时可将麻味、辣味以及辅助调味料一起放在碗中调匀，然后淋在切好的冷菜原料上即可；而用于热菜调味时，应先将辣油或辣椒煸炒，放入原料烧熟，勾芡装盘后，再将花椒面撒于面上，其他辅助调料可在中间添加。如果麻味也在开始投入，麻味和香味都将部分走失，难以得到很好的麻辣效果。

辅助调味料对麻辣味的形成也是非常重要的。例如调制凉菜，在放麻辣味中一般要放葱花，虽然数量不多，但它的特殊辛辣芳香气味可以使麻辣味更加香醇；但葱花不宜在调味汁中浸泡时间过长，否则葱之爽口鲜香的辛辣气味会大大减退，而产生出一种食者很不愿接受的葱腐之味，一般在临浇汁前放入葱花。盐是底味，是麻辣味的基础，其投放的数量与一般咸鲜味的数量基本相似，并不因为麻辣味的浓厚而减少。麻辣味中放糖，却要控制一定的范围，不能吃出明显的甜味，对菜肴之整体口味来讲，它是起着"味厚"之作用，起间接的衬托作用。麻辣的整体特征是色泽红亮、麻辣浓郁、咸鲜醇香，其口感味型排列顺序为"麻辣咸鲜醇香"。

2）香辣味型的调配

香辣味型的范围很广，多以香辛料以自身的香味和辣味为主，再辅以盐、味精、香油等辅助调味品组合形成香辣味型，不同的香辛料所形成的香辣味也各具特色。

（1）蒜泥味

蒜泥味的适用范围很广，尤其以制作凉菜为最佳，如蒜泥白肉、蒜泥茄子、蒜泥黄瓜等，热菜也有用之，如蒜蓉开片虾、蒜蓉老蛏、蒜蓉扇贝等。但热菜以香为主，辣味减弱。从味型的用料来看，主要是蒜头。常用的蒜头有白皮蒜、独头蒜、紫皮蒜等。一般以紫皮蒜为最佳。麻油、盐、味精是蒜泥味不可缺少的辅助调味料，只有恰当地将它们调和在一起才能调制出口味醇香的蒜泥味型来。其调和方法是先用热汤将盐、味精熔化，待汤凉透后放入麻油和蒜泥，若把蒜泥放入热汤中，使蒜处于被"烫"的状态，这样会使其产生半熟后果，使香味走失，辣味也会减弱。蒜泥的细度以蓉状为宜，而且要均匀，使香辣味充分溢出，如果出现不均匀，大颗粒的蒜泥产生强烈的刺激，使人难以接受。此外，蒜泥味汁最好是现用现兑，蒜泥长时间浸泡后，除香味走失外，还会产生异味。一般蒜泥味汁的调配比例（冷菜用汁）：100 克蒜泥，30 克热汤，8 克酱油，2 克盐，3 克味精，10 克麻油。

(2)姜汁味

姜汁味是以姜末或姜汁为主要调料,再辅以醋、麻油、盐、味精调配成的香辣味型,要想使其香辣味突出,首先要选用好的生姜,一般以色泽橙黄、味香浓郁的老姜为佳,不宜选用干制的姜粉进行调制,因为它味道不够纯正,香辣味不浓郁。姜汁味既适用于凉菜,也适用于热菜,只是调味的方法有所不同。凉菜的调味多用“兑汁式”,就是将生姜捣成蓉后,调以汤汁,将盐、味精、麻油充分混合后用于凉菜蘸食或浇拌于原料中,其调配的比例为 70 克老姜,50 克热鸡汤,5 克醋,5 克盐,3 克味精,25 克麻油。热菜的姜汁味则根据烹调方法的不同采用投姜的多少,一般氽、炒菜选用姜汁占所用调料量的 55% 左右。炖焖的菜则可用姜片或姜块,与原料一起下锅,经长时间的加热,使姜汁味渗透到原料中,其用量占原料的 15% 左右。无论是用于凉菜还是热菜,其味型的基础是咸鲜味,特色是姜香浓郁。

8.4.5 酸辣味型的调配

酸辣味型虽然不是一种大的味型体系,但各地都有酸辣味型的特色菜,而且此味型也无法与其他味型相组合,所以将其独立为味型的一种。酸辣味中的酸味是以醋为主来调味,而辣味并不是指辣椒油等辣味调味料,而是由胡椒粉为主的调味品。它组合形成的味型具有酸、辣、香、鲜的综合特色,具有开胃、消食、增强食欲的功能。四川的酸辣蹄筋、江苏的酸辣汤、山西的醋椒鳜鱼、山东的酸辣乌鱼蛋、广东的酸辣鱿鱼等都是典型的酸辣味型代表菜。

酸辣味的调配与其他味型一样,要掌握好各自的用量和比例。酸味与甜味和咸味相比,在浓度很低时就能感觉出现。多数酸味物质在 1×10^{-3} 克分子浓度的溶液时,就能感觉出酸味。但它和砂糖、鲜味调味品又不同,如超过某限度,味就变浓。过酸会产生令人不愉快的感觉。胡椒粉过多会使汤有极辣之口味,过浓的胡椒辣味还会使食者产生头疼等不适之感,所以,一般主料是 500 克,醋 30 克,胡椒粉 5 克,香油 30 克,汤汁量为 1 000 克。酸辣味的调料投放次序也有一定要求,醋属挥发性的调味品,不宜在锅中久煮,否则会减少其酸味的程度和应有的香气;胡椒粉也不宜投放过早,否则同样出现醇香气味的走失。只辣不香、容易沉淀的现象都是过早投放造成的。其中,最主要的辅助调味料是盐和麻油,盐一般在烹饪过程中投入,使原料有一个基本味。麻油也是挥发性很强的调味品,也应该在成菜结束时投入。一般酸辣味的调配次序是先放盐入味,烧开后放入醋,胡椒粉和麻油可以直接放在容器中,将烧好汤汁冲入搅匀即可。酸辣味型主要应用于汤羹类菜品,它可以使酸辣味更加滑润爽口、协调和完美。

8.4.6 咸香味型的调配

咸香味型是以呈咸味的盐为主要调料,掺入各种香辛调料混合而成的复合调料,行业中称为“调味盐”,如花椒盐、胡椒盐、孜然盐等,其在烹饪中主要用于煎炸一类菜品的补充调味。咸香味型调料的作用是弥补炸煎的口味不足,同时改善和丰富煎炸的香味特色。

1)花椒盐

花椒盐是用花椒、精盐、味精调制而成的,多用于炸煎菜,其特点是香麻而咸。调制时,先将花椒梗、籽去掉,再放入锅中炒至焦黄色时倒出,冷却后碾成细末,另将精盐投入锅中炒至盐的水分蒸发掉,能够粒粒分开时取出,花椒末与盐按 1∶4 的比例配制,一般现用现炒,不宜久放。

2)胡椒盐

胡椒盐是用胡椒、精盐、味精调制而成的,其用途与花椒盐相同。

3)孜然盐

孜然盐是用孜然粉、盐、味精等调料调制而成的,孜然粉有一种特殊的香味,常用于烤羊肉的调味,也可用于爆、炒一类的菜肴。

8.4.7 甜酸味型的调配

甜酸味是复合味型中非常典型的味型之一,它一直深受人们喜爱。在甜酸味中,除了我们经常调制的“糖醋”味外,还有“荔枝”“茄汁”“橙汁”“山楂”等甜酸味。但即使只是“糖醋”味,也会因地区不同、人们的口味习惯不一样,而使甜酸的程度和比例各异。甜酸味在烹饪中的应用相当广泛,它既可作为炒菜、滑熘菜、炸熘菜以及凉菜卤汁的味型,也可作为煎炸菜、烧烤菜的佐味调料。

1)各种调味料在甜酸味中的作用和影响

在介绍甜酸味的调制方法前,应首先了解甜味和酸味在调制过程中的味觉关系,以及其他辅助调味料在味型中的作用和影响,这样才容易找到甜酸味调制的基本规律,使我们在调制过程中能更好地把握调味料的准确用量。

(1)甜、酸、咸 3 味的味觉变化

当甜味和酸味相互融合后,其味觉有相减的现象。也就是说,在甜味中添加酸味,会减弱甜味的程度;在酸味中添加甜味,同样也会使酸味减弱。所以,在调制甜酸味时,如果出现偏甜或偏酸的现象,可以用添加醋或糖的方法去加以调节。盐在甜酸味中起底味作用,目的是保证上菜有一个基本的口味。调味时要严格控制好盐的用量,因为咸味的轻重会引起甜味和酸味的变化。一般来说,在酸味中加盐,会使酸味减弱、咸味增强;在甜味中加盐,则会使甜味增强、咸味减弱。不过这种情况只在酸、甜、咸比例相当的条件下才会出现,而一般情况下,甜酸味中咸味的比例是比较小的。笔者在实践中发现,甜酸味中加入少量的盐,会使甜味和酸味有增强的效果,同时咸味还会对酸味起柔和作用,从而使甜酸味更加纯正。

(2)味精及葱、姜、蒜在甜酸味中的作用

对甜酸味中是否需要添加味精,说法不一。那么,味精在甜酸味中能起什么作用呢?有关专家通过实验证明,在含有 1% 以上食醋时使用味精,完全是一种浪费。因为在酸味达到一定浓度后,谷氨酸的溶解度会大大降低,且已沉淀为与色味无关的物质。实际上,一般的甜酸味其酸味浓度都超过了这个标准。因此，在调制甜酸味时无须再添加味精。葱、姜、蒜在甜酸味中的作用主要是去腥、增香、提鲜，同时还可以使诸味更加柔和协调。

2）常见甜酸味的调制方法

（1）糖醋味的调制比例

用料比例：水55%，糖23%，酱油6%，醋10%，葱、姜、蒜各6%。

这种比例为江浙地区的口味标准，其他地区因口味的差异，其中糖醋的比例略有变化。应用范围：糖醋味主要适用于炸熘类的菜肴，如糖醋鲤鱼、糖醋里脊等。如果用于糖醋排骨，则糖的比例应适当增加。

（2）茄汁味的调制方法

用料比例：水45%，番茄酱25%，糖20%，白醋4%，盐1.5%，葱、姜、蒜各4.5%。

江浙一带喜欢在茄汁味中添加虾仁、苹果丁、青豆等配料。广东一带则喜欢添加喼汁、山楂酱、菠萝丁等。但需注意的是，当茄汁味中添加了酸味成分时，糖的比例也需相应地增加。应用范围：茄汁味主要用于煎炸类菜肴，如"茄汁菊花鱼""茄汁大虾""茄汁鱼条"等。如用于佐味碟时，勾芡的浓度则应低一些，淋油的量也要相应少一点。

其他果味型甜酸味的调制方法与茄汁的调制方法基本相同，但调制时要注意，各种水果的甜酸比例是不同的。如柠檬、山楂等水果的酸味就大于甜味，而菠萝、葡萄等水果则甜味大于酸味。而且新鲜的果汁在受热时，其酸味都有增强的现象，这就需要我们在调制时灵活把握。

（3）山楂味甜羹的调制方法

用料比例：水50%，山楂糕30%，糖10%，鲜奶8%，桂花0.1%，猪油1.9%。

应用范围：这种调制方法主要适用于调制直接食用的甜羹。如用于熘菜味汁时，则应少添加或不添加其他酸味物质，其目的是突出山楂本身的酸味。

任务5 地区调味特色及调味实例

地方风味的特色主要表现在特色原料的选择、独到的烹调风格、鲜明的菜肴特色3个方面。这里面包括烹饪技法、调味技法、加工技法以及名人典故等方面的差异，其中，调味原料的选择、调味方法和菜品的口味特色表现得最明显，也是我们要探讨的主要内容。

8.5.1 四川风味中的调味特色

调味特色可以说是川菜最大的特色，近年来川菜遍及大江南北乃至国外，与它独特的调味有直接关系，素有味在四川的美誉。

首先有丰富的调味原料。调味变化的多样性，与当地丰富的调味原料是分不开的。常用的优质调味品有：自贡井盐、内江白糖、阆中保宁醋、中坝酱油、郫县豆瓣、茂汶花椒、永川豆豉、涪陵榨菜、新繁泡辣椒、忠州豆腐乳、金条海椒等，为变化无穷的川菜调味提供了物质基础。在调味时十分注重各种调味原料的组合，从而形成了层次有序、回味无穷的多种复合味型。常用的就有四川首创的口感咸鲜微辣的家常味型、咸甜酸辣香辛兼有的鱼香味型、甜咸酸辣香鲜十分和谐的怪味味型,以及表现各种不同层次、不同风格的咸辣味型,如红油味型、麻辣味型、酸辣味型、胡辣味型、陈皮味型、椒麻味型等。此外,还有突出香味的酱香、五香、甜香、香槽、烟香等复合香味型。荔枝味、蒜泥味、姜汁味也是川味特色的组成之一。川菜在烹调方法中常用煸炒的方法,其特点是不换锅、不划油。其目的是使原料外表失去部分水分,既增加干香味感,又更加利于吸收调味卤汁,表面上看是一种加热成熟的方法,实际上也是调味的一种手法。

四川菜的味型多,体现在具体菜品上也是一菜一格、百菜百味。归纳起来主要是以麻辣为显著特色,同时清、鲜、醇、浓并重。

1)麻辣味

主体原料:精盐0.3%,花椒末0.6%,辣椒末2.5%,豆豉3.1%(与主料比),味精适量。

调制方法:烹调中先将豆豉剁成蓉,辣椒末炒香上色,掺鲜汤放入原料烧沸入味,放入酱油、味精、蒜苗提味,花椒末最后撒入。

功能及运用:盐在调味中起基本味作用;酱油和豆豉起提鲜增香以及调节咸味作用,使麻辣味不会产生干燥的感觉;辣椒末增加辣味,改善色泽,提味增香;花椒末突出香麻味;味精起提鲜和增味作用,是连接咸味与麻辣的桥梁;蒜苗起增香点缀作用,增加菜品的色泽,改善菜品的香味。以上调料组合后形成麻、辣、鲜、咸、香兼备的复合型口味。在选择时要注意调料的品质。在应用时可据菜品要求,增补一些调配原料,例如,"麻婆豆腐"除上述调料外,还要运用牛肉或猪肉末煸香,并加入高汤一起提香,使麻辣味性烈浓厚,香鲜具备。此外,水煮牛肉、麻辣肉干等菜品的调味都以此味型为基础。

2)鱼香味

主体原料(与调料比):泡红辣椒2%,辣椒油4%,精盐1.2%,酱油6%,白糖3.2%,醋3.2%,姜末、葱花、菇末各0.8%,味精适量,香油2%。

调配方法:先将精盐、白糖、味精放入酱油、醋内,待其充分溶化呈咸酸甜鲜的味感后,加入泡红辣椒末,姜蒜末、葱花搅匀,再放入辣椒油、香油调匀,淋于菜肴上即可。

功能与应用:盐起定味作用,酱油提鲜并调节咸味,泡红辣椒决定辣味、除去异味,用量以鲜辣不燥为准;辣椒油有增色、增香的作用,使菜肴色泽红亮,并辅助泡红辣椒决定辣味,香油起增香滋润菜肴的作用,白糖决定甜味和增鲜,醋决定酸味,与糖配合后形成轻酸甜味感,姜、葱、蒜增香去异味,用量以突出其香味为好。味精提鲜和味,用量以略鲜味为度。调制的味汁应达到色泽红亮,咸、酸、辣、甜、香兼有,姜、葱、蒜味突出,互不压味,醇厚清爽,辣而不燥,香而不腻。

3)鱼香味(热菜)

主体原料(以净料比计):郫县豆瓣7.5%,酱油2.5%,白糖6%,味精适量,醋7%,姜、蒜各1.5%。

调配方法:先将酱油、白糖、醋、葱、味精兑成汁,锅内放入油烧至四成热时,投入码好芡浆的原料,散放入油中滑油致熟,倒出沥油,原锅中加入豆瓣炒香上色,加入葱、姜、蒜、炒出香味,再放入原料,烹出滋汁,收汁亮油起锅,即成鱼香菜品。

功能及运用：豆瓣决定菜肴咸味和香辣味，是主要风味成分之一，酱油提鲜增色，并补充咸味，精盐起上浆起劲和码味作用，生姜、葱、蒜炝锅，有除异增香作用，是热菜鱼香味重要的调制方法，醋、糖所形成的轻酸甜味与豆瓣味复合成浓郁的鲜香味，使菜品色泽红亮，味感醇厚。这种鱼香味一般适用于滑炒、烧、熘等烹调方法，如鱼香肉丝、鱼香鸡块、鱼香茄子等。但在调制过程中，一定要将豆瓣酱煸出香味，其他调味料的用量以食用时有明显的感觉为准。

4）家常味

主体原料（以净料比计）：郫县豆瓣辣酱12%，精盐适量，蒜片4%或蒜苗12%，酱油4%，豆豉4%。

调配方法：一般家常味是在炒锅内将油烧至六成热，放入原料炒散，加入微量精盐，炒干水气后，加入豆瓣、豆豉炒香上色，放入蒜苗炒出香味，加入酱油、汤，推匀收汁即成。在烹制肉类的家常味菜品时，调味中常用豆瓣，但鱼类菜肴多用泡红辣椒，用量与豆瓣近似。

功能及运用：精盐增香渗透入味，使菜肴具有基本味，郫县豆瓣定味并具香辣味，在咸度允许的幅度内，用量上尽量提高其咸辣浓度和醇香度，豆豉起增香作用，蒜片或蒜苗起增香配色作用，以蒜苗成菜的香味为好。成菜后菜品咸鲜香辣，浓厚醇正，四季皆宜。在烹调时豆瓣、蒜苗都要炒出香味，其他调料的用量以能感觉香辣、咸鲜为度，常见的菜品有家常海参、回锅肉、小煎香鸡等，其都属同一味型。

5）怪味

主体原料（以原料比计）：精盐少许，酱油4%，味精少许，芝麻酱6%，白糖2%，醋2%，香油2.8%，红油2.5%，花椒末0.8%，熟芝麻适量。

调制方法：先将白糖、精盐、酱油、醋溶化后，再与味精、香油、花椒末，芝麻酱充分和匀调制而成，此法主要适用于冷菜的调味。无论是否与其他味型相配合，调配时都要使怪味中几种调味料的味感突出来，调料之间相互配合，既不使某一种原料口味突出明显，但也能有所感觉，浓淡相宜。

功能及运用：酱油提鲜并定味，盐起补充咸味的作用，芝麻、芝麻酱突出香味，香油增加香味浓度，醋、辣椒油、白糖各表现独自的口味，使菜品具有咸、甜、酸、辣、鲜、香、麻各味兼备，彼此共存，互相压抑。但怪味在与其他味型配合时应注意配合清淡味型的复合味，不宜与纯油、麻辣、酸、辣相配合。常见的菜品有怪味鸡丝、怪味兔肉、怪味肚片等。

6）红油味

主体原料（以冷菜熟料比计）：辣椒油8%，精盐、酱油适量，白糖2%，味精少许，香油适量。

调配方法：先将酱油、精盐、白糖、味精调匀溶化后加入辣椒油、香油调匀即成，调配时要根据酱油的咸度，确定用盐的多少。

功能及应用：酱油提鲜定味，精盐辅助酱油定味，和白糖提鲜并结合成咸甜味，辣椒油要突出辣香味，在用油、辣味时不宜太烈，味精提鲜、香油增香。经调配后形成色泽红亮、咸中略甜、兼具香辣的复合味型。它在烹饪中是常用的调味料之一，一般用于凉拌菜肴，也可与其他复合味配合使用，还可作为原料的佐味碟。常见的菜品有红油鸡块、红油肉片、红油皮扎丝、红油腰花等。

7)陈皮味

主体原料(以生料比计):干红椒5%,花椒1%,白糖4%,料酒6%,酱油2%,精盐、味精适量,浸泡5分钟的陈皮10%。

调配方法:以陈皮牛肉为例,牛肉先用少许料酒、盐腌5分钟,用量以有基本味为准,然后将花椒放入锅中煸香,煸香捞出不用,再把辣椒放入稍炸,再放陈皮炸出香味(变色即可,不能炸焦),随即烹入料酒和酱油,添汤烧开,随后将牛肉、白糖、味精、适量的葱姜加入,移至小火慢烧,保持微开,待牛肉完全烧透,再将其移至大火,将汁收稠,盛放盘中,凉透后即可食用。如果喜食辣味,可在牛肉即将出锅前加入辣油和花椒油。

功能及应用:陈皮起独特的芳香作用,带有一定的苦味,只要用量适度,其芳香味溢于整个菜肴;白糖起调节苦味作用,只要能食出回甜之味,对于整体味型能起到味厚之作用;料酒起去腥作用;酱油不宜太多,其作用主要是调色;盐起基本味的作用。调好的陈皮味其味感特征是:陈皮芳香浓郁,麻辣味浓,咸鲜回甜,醇香味厚。

8)荔枝味

主体原料(以净料500克计):精盐10克,白糖60克,酱油6克,米醋60克,味精少量,姜、葱、蒜等适量。

调制方法:荔枝味与甜酸味的调配方法基本相同,其区别主要在糖醋的用量上。糖醋味突出酸甜,回味稍有微咸。而荔枝味的特点是醋、酸、咸味并重,在突出甜、酸味感的同时,也能有明显的咸味感。荔枝味在江苏也有“小糖醋”之称,在调配时糖、醋的用量比例应比酸甜味轻一些,盐的用量则要重一些。另外,荔枝的口味首先是酸味,然后感觉甜味,其味感过程是先酸后甜。

功能及应用:调料的基本功能与糖醋味完全一致,它与糖醋味相比,更容易与其他复合味配合,荔枝味在不同地区或不同菜肴中会出现酸、甜浓度的区别,但仍属荔枝味的范围。常用的菜品以水产原料为主,如荔枝鱼花、荔枝虾仁等。

9)四川火锅

(1)四川火锅调料(红汤)

调味原料(10份):牛油150克,猪骨、牛骨、鸡骨各250克,鱼泡椒100克,尖椒50克,辣椒粉40克,冰糖50克,老姜40克,炒姜25克,良姜8克,草果25克,桂皮10克,八角10克,花椒20克,荜拨7克,花生酱25克,面酱8克,生油15克,料酒15克,鸡精10克,盐6克,水适量。

制作方法:先将牛骨、猪骨敲块、鸡骨斩件一起焯水,然后洗净放入锅中加水熬煮两小时。将锅上火加牛油烧热,加姜、良姜、草果、桂皮、八角、花椒、荜拨、鱼泡椒、尖椒炒出香味,随后下料酒、生抽、花生酱、面酱,随后下水熬两小时即成。食用时,将卤汁过滤到火锅中,但香料不宜遗弃,留下备用。

(2)四川火锅调料(白汤)

调味原料(1份):鲫鱼500克,豆芽、鸭血等适量,猪肉汤100克,胡椒粉5克,花椒10克,葱和姜各25克,料酒20克,熟猪油25克,盐12克,味精5克。

制作方法:炒锅上火放入猪油烧热,放葱、姜煸香,将鲫鱼倒入略煸,然后放入猪肉汤、花椒、料酒、用大火烧开、转中火将汤熬成浓白色,然后用盐调好口味,放入豆芽、鸭血烧沸即成为白浓汤。此汤可单独使用,也可同红汤一起制成“鸳鸯火锅”,其相互调剂,风味更佳。

8.5.2 京鲁风味中的调味特色

山东、北京菜十分重视单一味调味原料的选择和应用,常见的特色调料有:章丘大葱、苍山大蒜、莱芜生姜、泺口食醋、济南酱油等,尤其擅用各种咸鲜的酱类调味品,如虾酱、甜面酱、豆瓣酱、鱼酱等,香菜也是山东特色的调料之一。

山东、北京菜的调味以纯正醇浓为主,注重突出单一调味品的风味,调味时多以某一调味品的风味为主体,同时配以相称的辅助口味,使菜品形成层次十分明显的口味特色。如在咸味方面,以咸味为主,可形成香咸、鲜咸、酱咸、五香咸等不同口味;在鲜味方面,以奶汤或清汤的鲜味为主,少量辅以味精、鸡精等鲜味剂;在酸味方面,以突出酸香为主,但不单独使用,一般要与糖或香料配合使用,使酸味更加协调;在甜味方面,喜欢直接单独制成甜品,拔丝、挂霜是山东菜常用的甜菜调味法,它可使甜味更加突出、更加纯正;在香辣味方面,则重用葱、姜、蒜,尤其以葱烧、葱爆、葱㸆、芫爆最具特色。有人说山东人嗜咸,其实是山东人十分注重咸味的调配,他们在用盐时,先将盐溶于水中,调匀澄清后再使用,而不像其他地方直接投入锅中调味,其目的是加强盐的调味速度,更主要的是使盐更纯正,《食宪鸿秘》在谈及用盐时认为:“古人调味,必曰盐格,知五味以盐为先。盐不鲜洁,纵极烹饪无益也,用好盐入滚水泡化,澄去灰滓,入锅煮乾,入馔不苦”,可见与山东用盐之法是一致的,同时也说明山东人用盐之讲究。

1)芥末味

主体原料(以熟料500克计):精盐5克,酱油少许,芥末粉50克,香油10克,味精少许,醋适量。

调制方法:将芥末粉、白糖、醋调拌后倒入沸水冲匀,然后密闭静置3小时,食前辅以精盐、香油、味精即成。

功能及应用:盐或酱油定味提鲜,醋激发冲味,能去苦解腻,以突出芥末糊冲味为佳,进而加入味精、糖、香油以调补酸味和冲味,使芥末味具有特殊辛香的冲味,但用量要控制好,以食者能接受的柔和味为度。芥末味清爽解腻,最宜春夏两季佐味。其即可单独使用,作为凉拌菜的特色调料,如芥末鸭掌、生鱼片等,也可与其他复合味组合调配使用。在使用时不宜摆放时间过长,否则香味走失。

2)甜面酱汁

主体原料:甜面酱200克,糖25克,味精5克,汤100克,麻油100克。

调制方法:炒锅上火、放油烧热,倒入甜面酱,煸炒,然后加入汤、糖、味精,用小火略加熬制,待卤汁稍浓时离火,淋入麻油拌匀即成。

功能及应用:甜面酱本身就具有香咸、鲜的风味特色,糖起提味增鲜的作用,如果不加糖,甜面酱会有轻微的苦味,经调制后的面酱汁色泽酱红,味香甜鲜咸,此味料稠腻、浓厚而不腻口，在烹饪中的用途也十分广泛。如烤鸭的佐味料，就是甜面酱汁，北方许多酱炒、酱爆的菜品也都离不开甜面酱，另外，它还可以与其他复合味汁掺配使用，如“辣酱”等复合味酱。

3）香菜味

主体原料：精盐5克，味精3克，酱油10克，料酒25克，香菜50克，葱、姜等适量。

调配方法：锅上火入葱姜煸香，下主料煸炒，同时下酱油、盐、味精、料酒，待原料煸炒成熟，放入切好的香菜末或菜段，与菜肴拌匀后即可。

功能及应用：香菜本身具有浓郁的清香味，它与菜品混合后具有除腥抑臭调味、调色的作用，盐、酱油、味精都是起基本味的作用，以突出香菜香味为主，在烹饪中一般在菜品成熟前放入，加热时间不宜太长，否则会影响口味，同时也失去爽脆的质感。常见的菜品有“香菜爆肚”“香菜肉丝”等。

4）涮羊肉调料

涮羊肉是北京地方名吃之一，它的调味方法不是直接放入火锅中，而是用于蘸食。

主体原料：腌韭菜花50克，豆腐乳25克，卤虾油3克，生油3克，盐1克，味精3克，辣椒油40克，芝麻酱15克，绍酒7克，花生酱10克，香醋5克，芥末油1克，麻油适量。

调制方法：先用豆芽、虾米、海米用清水烧开，然后倒入火锅当中，将上述调料混合一起调匀，另配上甜蒜、葱花等，也可放入香菜末。然后将切好的羊肉片逐片放入火锅中烫熟，随即蘸卤同食。

8.5.3 广东风味中的调味特色

粤菜的用料广泛是其最大的一个特色，不仅是指烹饪主料方面，还包括丰富的调料。其中，传统的调味原料除有沙茶酱、蚝油、鱼露、老抽、橘油、扁米、椰子汁、柠檬汁、豉汁等外，还有许多近年来吸收的港、台以及西餐中的一些调味料，如喼汁、烧烤汁、卡夫奇妙酱、牛尾汤、沙律酱、柱候酱、OK汁等。广东菜的调味方法与其他菜系也有明显不同。首先喜欢将各种调味品调成针对性很强的调味汁，直接应用到某个具体菜品中，如卤水汁、烧烤汁、燔骨汁、煎葑汁、西汁、蒸鱼汁、沙律汁、姜酒汁、果汁等，它们都是经过调配的混合味汁。此外，蒸菜在粤菜中占有较大的比重，对海鲜原料蒸制时，常将蒜泥作为突出调味料，对畜肉类原料蒸制时，常突出豉汁的风味。在制作冷菜时，卤水风味是其特色的代表之一。

粤菜的菜品口味特色整体表现为：鲜、嫩、爽、脆、清纯，但不同的地区也略有差异。广州菜口味重鲜、嫩、滑爽，潮州菜口味偏重香、浓、鲜、甜，东江菜则注重味醇。

1）豉蚝汁

主体原料：豆豉150克，蚝油55克，大蒜末47克，泡红辣椒37克，陈皮末20克，黄酒25克，老抽85克，红葡萄酒25克，白糖35克，生抽60克，泡红椒丝、姜丝和香菜枝叶各少许，鲜汤等适量。

调制方法：先用少许油烧热，将蒜末、豆豉（斩成细末或磨成泥）、陈皮末、泡红辣椒末煸香，加鲜汤、黄酒、老抽、白糖、蚝油、味精烧沸后离火，待冷却后再加红葡萄酒，把必需拌渍的原

料放入拌和用笼蒸熟，然后把泡红辣椒细丝和姜丝放在原料中另将余下的生油熬热，直至冒青烟，趁热浇在原料表面的泡椒丝和姜丝上面，再把香菜围在菜肴四周。

功能及运用：豆豉和蚝油起增香提鲜作用，要突出豉香和蚝油之鲜，酱油起调色、定味作用，老抽调色，生抽补充咸味，蒜、姜、辣椒主要是增香作用，使整个菜品鲜咸和醇，微有轻辣，常见的菜品有“豉蚝蒸汤鳗”“豉蚝水鱼煲”等。

2）牛柳汁

主体原料：桂皮 50 克，洋葱 140 克，泡红椒 60 克，八角茴香 10 克，鲜番茄 1 只，国光苹果 1 只，香菜 40 克，清水 2 000 克，喼汁 3 瓶，番茄汁 1 200 克，美极酱油 40 克，李派林汁 5 瓶，白砂糖 600 克，细盐适量，味精少许。

调配方法：先将桂皮、洋葱、泡红辣椒、八角茴香、鲜番茄、苹果、香菜都放在清水中煮开，5 分钟左右转入小火继续煮 45 分钟至香味溢出，然后离火并将所有香料提出，将喼汁、番茄汁、酱油、李派林汁、盐、味精、糖放入锅中搅匀即成。

功能及运用：桂皮、洋葱、八角茴香主要是增香作用，泡红辣椒增色、增辣作用，但辣味不宜太重，只能是回味轻辣的感觉。番茄、苹果增加果香味、调节酸甜味感，番茄还有增加色彩作用，酱油起基本咸味作用，白砂糖、番茄汁、喼汁共同形成甜酸味，使整个卤汁以鲜咸味为基础、带有明显的酸甜味，香味浓郁、色泽淡茄红。

3）黑椒酱

主体原料：洋葱末 90 克，西芹末 110 克，大蒜末 40 克，黑椒粉 150 克，番茄汁 130 克，OK 汁 75 克，蚝油 56 克，生油 56 克，精盐 15 克，白糖 150 克，味精 20 克，鸡精 12 克，鲜汤适量。

调配方法：先将生油上火加热，放入洋葱末、西芹末、大蒜末煸香，再放入黑椒粉煸香，然后加入鲜汤，烧开后将番茄汁、OK 汁、蚝油、精盐、白糖、味精、鸡精等继续煮熬，直至成薄糊酱即成。

功能及应用：洋葱、西芹、大蒜起增香作用，黑椒粉要突出香辣味，番茄汁、OK 汁起调节作用，使卤汁有轻微酸甜味，盐起定味作用。调成的卤汁香味浓郁，辣味和醇，鲜咸微甜酸，黏稠如酱，色泽酱红。常见的菜品有黑椒炸大虾、黑椒肉排等。

4）鱼露汁

主体原料：鱼露 300 克，生抽 2 000 克，花雕 220 克，美极酱油 520 克，凉开水适量，白砂糖 520 克，味精 40 克，鸡精 80 克，香葱丝 220 克，姜丝 70 克，蒜丝 70 克。

调配方法：将姜丝、蒜丝分散装入碟中，另用一个盒子将上述各种调料搅拌均匀，食用时将卤汁倒入装有姜丝、蒜丝的碟中即可。

功能与应用：生抽鱼露、美极酱油，主要是确定鲜咸口味，葱、姜、蒜、丝起去腥增香作用，白砂糖起调节作用，但不能有明显的甜味，味精主要是增鲜作用，使调好的卤汁味道特别鲜美，咸味柔和，回味和醇，常适用的菜品有白炒基围虾等。

5）精卤水的调配

主体原料：桂皮 200 克，甘草 200 克，八角 150 克，苹果 50 克，丁香 50 克，沙姜粉 50 克，陈皮50克,罗汉果2只,花生油400克,姜块200克,葱500克,酱油1克,绍酒500克,冰糖4 000克,汤适量。

调制方法:先将各种香料放入纱布药袋中,用绳扎紧袋口。然后把汤锅放在中火上,加花生油,拍扁的姜块、葱段、煸炒至香味逸出,然后放入酱油、料酒、冰糖和包扎好的香料袋一同烧沸,10分钟后转用小火煮煨约半小时,至香味完全溶到卤汁中。捞除姜、葱,将其浮沫去掉即可。注意:使用的酱油应是浅色酱油。

功能及应用:此卤水是广东特色的冷菜调味汁,适用于多种原料的卤制,同时也可多次反复使用,在卤制过程中除每次换去香料外,其他调料视消耗情况,按比例逐次增加,以保持精卤水的浓度,用此卤水卤制的菜品,香味浓郁,色泽淡红,常见的菜品有卤水豆腐、卤水牛舌、卤水鹅掌等。有些原料为了突出本色、本味,减少了香料的用量,同时将酱油改为盐,熬制成白卤水,其用途与精卤水相同。

8.5.4 淮扬风味中的调味特色

淮扬菜的口味特征是淡雅平和、醇和宜人,所以调味原料的特色也以此为主,如"淮盐"、"镇江香醋"、"太仓糟油"、"苏州红曲"、"南京老抽"、扬州"三和、四美酱油"、泰州"小磨麻油"、"桂花卤"、"玫瑰酱"等均为当地名品。此外,厨师们还擅于调配各种复合味,如"花椒盐""葱姜汁""红曲水""腐卤汁""五香粉""浓姜汁""蒜泥油""麻酱汁"等。辣味在淮扬菜肴中并不是绝对没有,只是不以辣味为主,而是起调节和辅助作用。淮扬菜在调味工艺中特别注重咸鲜味和咸甜味的调配,虽然调味品种不太复杂,但强调层次分明,有的先甜后咸,有的先咸后甜,有的甜咸交错、回味微辣,再加上葱、姜、蒜的配合,就形成了清淡平和、咸甜适中的风味特色,最大限度地保持了原料中的本味。淮扬菜的另一个调味特色是注重用汤,一种是注重本味汤。就是突出某种单一原料的原汁原味,淮扬菜擅长炖、焖,炖、焖,制作时要使用砂锅、焖罐等炊具,而且锅盖要封严,防止汤味走失。另一种是复合汤味。选用火腿、鸡肉、蹄髈等原料一起炖、焖成浓汤,使汤味更浓并集多味于一体。当用于高档筵席时,还需要对此汤进行深加工。行业中的三吊汤技术,是在原汤的基础上,用鸡骨、鸡脯、鸡腿分3次进行吊汤,使汤汁清澈见底、醇厚爽口,淮扬菜系中称"七咂汤",表示汤汁回味绵长,是淮扬高档宴席中不可缺少的重要调味原料。

1)椒麻味

主体原料(以熟料比计):酱油4%,精盐、味精等适量,香油2%,椒麻糊6%(以60%花椒与40%葱和少量精盐制成细蓉状)。

调制方法:先将精盐、味精用少量鸡汤调开,然后加入椒麻糊、酱油、香油充分调匀即成。以咸鲜味作为基础,突出椒麻味,香油味不宜太浓,否则会影响椒麻味的发挥,如果油量不足,可加用热菜油调匀。

功能及运用:酱油决定调味汁的色泽、辅补咸味,起确定咸味的作用。鸡汤起增鲜作用,花椒起麻香作用,葱起调节麻香作用。调好后的卤汁或麻香鲜,辛香爽口,在烹饪中的用途很广,

最主要的是用于四季凉拌菜。凡本身有鲜味的动物性原料或缺乏香味的原料都可以使用，制作如椒麻鸡片、椒麻腰花、椒麻凉粉等。

2）蒜泥味

①主体原料（以熟料比计）：蒜泥3%，酱油4%，精盐适量，红辣油4%，味精适量，香油少许。

②调制方法：将大蒜去皮后洗净，与菜油（或盐）一起捣成蓉，加水调至松散后与酱油、精盐溶化调匀后，再加入味精、辣椒油、香油调匀即成。调制时以咸鲜微甜为基础，突出蒜的辛辣味，辣油和香油起辅助作用，但不能压盖蒜香味。

③功能及应用：蒜泥味有浓厚的蒜辣味，有去腥解腻提鲜作用。但过多食用易刺激胃黏膜，并压盖主料的本味，此味主要用于凉拌菜肴，在春夏季节最为适宜，具有消毒、杀菌食疗效果，常见的菜品有蒜泥蛤蜊、蒜泥黄瓜等。

3）姜汁味

主体原料（以熟料比计）：精盐0.8%，去皮生姜16%，醋10%，味精少许，香油6%，酒适量。

调配方法：一种是姜醋味。老姜洗净去皮后，切成细蓉末，或用粉碎机粉碎后与精盐，醋、味精、香油调和即成，此方法主要用于佐食一些水产动物。另一种是姜汁味。将老姜切成细末，放入烧热的油锅中煸香，待香味出来后，烹入料酒、香油、鸡汤，将主料倒入锅中烧开，再取适量的精盐、味精，出锅前淋入香油和醋，个别菜中还常添加少量的辣油，但辣油量不宜太多，不能掩盖生姜的辛辣味，此方法主要适用热菜的烹制。

功能及应用：在姜汁味中，盐作为咸味的基础，突出姜醋的味道，味精可增强姜醋味的鲜味，缓和姜醋的浓烈味，香油衬托姜醋的浓郁香味，酸应不苦，淡而不薄，色泽以不掩盖原料本色为宜，调配好的姜汁以酸辣醇香、咸鲜适口为特色。常见的冷菜有姜汁莴笋、姜汁海螺等，常见的热菜如姜汁鸡。

4）葱油味

主体原料：精盐5克，葱25克，香麻油100克，味精5克。

调制方法：先将葱切细末状，然后将锅上火放入麻油烧热淋在装葱末的碗中，随即将精盐放入调匀，待稍凉后放入味精拌匀即成。

功能及应用：此味的调制要以咸鲜味浓为基础，重用盐和麻油，以突出葱的清香味，因它口味比较清淡香鲜，容易与其他复合味相互配合，特别是与味性烈、刺激大的复合味配合，既增加葱香又有一定的缓解作用。在凉拌使用时较多，如葱油酥蜇、葱油鸡丝等。也可用于一些烧的菜品，在成熟装盘后淋上葱油，起光亮、增香效果，但味感要控制好。

5）瓜姜味

主体原料：卤黄瓜、酱生姜、盐（酱油）、味精、麻油、葱等适量。

调制方法：先将卤黄瓜、酱生姜切成丝或片，放入水中液泡20分钟，以除去部分咸味，然后将主料划油至熟，锅中留少量余油，将葱花煸出香味，放入卤黄瓜、酱生姜、盐、味精，调好卤汁后倒入主料，淋上麻油即成。瓜、姜也可用于红烧、煮汤的菜品中，但一般都是成熟前加入，否则香味走失、口感变软。

功能及应用：卤黄瓜、酱生姜本身有一定的咸味，同时有一种特殊的酱香味，烹调时要注意用盐量，突出瓜姜的香味。此风味咸鲜为基础，回味清香，略带生姜辣，常见的菜品有瓜姜鱼丝、瓜姜鸡翅、瓜姜虾丸汤等。

6）糖醋味

主体原料（以熟料500克计）：精盐5克，酱油5克，白糖100克，醋100克，麻油20克，姜20克，蒜20克，食用油适量。

调料方法：炒锅放少许食用油，入姜、蒜煸香、放入清水、白糖、盐后烧开，使糖、盐充分溶化，再放入酱油，用淀粉勾芡，待卤汁稠浓时，淋入醋、麻油即成。

功能及应用：精盐起咸味作用，使菜肴有一定的咸味基础，酱油辅助定味并提鲜增色，姜、蒜起香的协调作用，糖、醋形成主体的微弱的咸味感觉，糖醋味浓厚醇和除腻作用很强，既可用于冷菜，也可用于热菜，在烹饪中的应用十分广泛。常见的菜品有糖醋鳜鱼、糖醋小排等，糖醋味四季皆可，以春、夏季应用尤宜，但当用于热菜时，主料一般都要经过油炸至酥脆，然后用调好的卤汁一起拌和。

7）茄汁味

主体原料（以净料500克计）：番茄酱25克，白糖75克，米醋70克，姜10克，蒜6克，盐5克，料酒10克，油适量。

调制方法：先将主料用盐、料酒腌制入味，再下油炸至外脆内嫩，捞出沥油待用，锅中留余油，入蒜、姜、煸香，然后下番茄酱稍炒，加入汤、白糖、盐、料酒等烧沸后用淀粉勾芡，待辅料稠浓时，倒入主料，淋入米醋和香油即成。

功能及应用：精盐一般用于原料的基本味，以及茄汁卤汁的底味。番茄酱调色、补酸、增香，是卤汁的主要风味，在番茄酱的基础上重用白糖、米醋，用量以突出甜酸味为宜。料酒、姜、葱增香除异提鲜，用量不宜太多，否则会使卤汁带有较多的颗粒，影响色泽的光洁度，调好的卤汁首先要感觉到甜酸味，回味时有微弱的咸味，卤汁色泽红亮，用醋以淡色醋、红醋或白醋为佳。常见的菜品有菊花鱼、葡萄鱼等。

8）甜香味

主体原料：有白糖、冰糖、红糖、蜂蜜、桂花、玫瑰、橘红等适量。

调配方法：首先将甜味用水熬化，也可加入少量的盐。出锅前放入香味原料，然后淋在原料上面。另外也可直接用白糖与香料掺和，撒在原料上即可。

功能与应用：甜香味属于纯甜味的菜肴，但甜度也应根据主料的分量而定，不能使人有发腻的感觉，在调配时一般突出一种香料的香味，不宜多种香料相互掺和，否则会影响风味的突出。

9）咖喱味

主体原料：精盐5克，白糖10克，咖喱粉6克，料酒20克，味精适量，姜末6克，蒜末10克，洋葱末50克。

调配方法:原料先用精盐、料酒、淀粉等上浆,另用盐、料酒、味精、胡椒粉、湿淀粉调成芡汁。锅内放油烧至170 ℃,放入浆好的原料划熟,锅中留少量余油,放入咖喱粉、姜、葱、蒜炒出香味,将划丝的原料倒入锅中略炒,烹入调好的兑汁芡,淋油即成。咖喱味也可用于烧、烩的菜品,调味时先将葱姜、咖喱煸香倒入主料,加汤、料酒、盐(酱油)烧焖至成熟,最后勾芡即成。

功能及应用:精盐确定基本味,白糖使菜品略带微甜、味精增鲜,使菜品具有咸、甜、鲜的基本味,在此基础上要突出咖喱的香味,姜、葱、蒜除异增香,改善咖喱风味,调好咖喱味使色泽黄亮,咸鲜醇厚,有咖喱特殊的辛辣鲜香味,而且能与其他复合味配合,在烹饪中可适用于炒、烧、烩以及凉菜中,常见的菜品有咖喱鸡块、咖喱茭白等。

10)腐乳汁味

主体原料:腐乳2块,腐乳汁100克,糖25克,味精6克,料酒15克,葱、姜等适量,麻油30克,盐3克。

调配方法:炒锅上火,放油烧热,下葱姜煸香,放水和腐乳汁烧开,同时将腐乳斩泥,也放入锅搅拌均匀,然后放入糖、味精、料酒、盐以及烧煮的主料,用小火焖至酥烂即可,出锅收汁前淋入麻油,这种方法主要用于烧煮类的菜肴。当用于炒爆菜品时只用腐乳汁与其他调味品调匀后即可;当用于凉拌菜品时,则无须下锅加热,直接将上述调味料拌匀,浇拌在原料上面即可。

功能及应用:调配时要将腐乳与腐乳汁一同使用,以增加腐乳的香味,但腐乳本身有一定的咸味,在加盐时要根据腐乳的品种灵活掌握,当用于冷菜时可加香菜、蒜泥等调味料,以增加香味。

11)油醉

醉的风味是淮扬菜系中特色风味之一,扬州地方特产醉蟹、醉虾、醉螺,并称“淮扬三醉”,名誉全国。

醉法主要是依赖酒精的发酵,需密封和加大盐量,尤其是生醉,加工时间较长,为5~15天。比如,制作醉蟹时,首先要将蟹洗干净,入篓压紧,使之吐净污物,装入洁净的坛中,再将香料、酒和盐注入坛内,用干荷叶扎口,黄泥封住以隔绝空气,使微生物在厌氧条件下发酵,一般在环境温度15 ℃时发酵6~7天即可。

醉法依原料可分为生醉和熟醉2种,生醉由于是生食,所以多选用质嫩味鲜的河鲜、海鲜原料,当然醉法尽管是发酵制品,但为了防腐还需加盐,而且一般加盐量还较大,如每5千克生螃蟹可用1千克盐,为此醉制的菜肴都较咸,食用前可用黄酒浸泡去咸。新式醉虾,也可不经发酵,在食用前加入的量的白酒,腌浸半小时左右即可加入调料拌和食用。

思考与练习

1. 简述调味工艺的作用。
2. 简述菜肴味型的分类。
3. 简述麻辣味型的调配机理。
4. 简述酸甜味型的调配方法与技巧。

【知识目标】

1. 了解调色的内容。
2. 了解调香的基本原理。
3. 了解香味的类型。

【能力目标】

1. 掌握调色的方法和工艺要求。
2. 掌握调香的方法。

本单元主要学习烹调过程中的调色与调香工艺。它们是在烹调过程中运用各种调料和多种调配手段,使菜肴的色彩、香味达到最佳的工艺过程。从本质上讲,调色与调香工艺是对菜肴原料固有的风味特征进行改良、重组和优化的过程,以去除异味,增色增香。

任务1 调色工艺

9.1.1 调色的内容

菜肴的色泽主要来源于4个方面:原料的自然色泽、加热形成的色泽、调料调配的色泽和色素染成的色泽。

1)原料的自然色泽

原料的自然色泽,即原料的本色。菜肴原料大都带有比较鲜艳、纯正的色泽,在加工时需要予以保持或者通过调配使其更加鲜亮。红萝卜、红辣椒、西红柿等的红色;红菜薹、红苋菜、紫茄子、紫豆角、紫菜等的紫红色;青椒、蒜薹、蒜苗、四季豆、莴笋等的绿色;白萝卜、绿豆芽、莲藕、竹笋、银耳、鸡(鸭)脯肉、鱼肉等的白色;蛋黄、口蘑、韭黄、黄花菜等的黄色;香菇、海参、黑木耳、发菜、海带等的黑色或深褐色,等等。

2)加热形成的色泽

加热形成的色泽,即在烹制过程中,原料表面发生色变所呈现的一种新的色泽。加热引起原料色变的主要原因是原料本身所含色素的变化及糖类、蛋白质等的焦糖化作用及羰氨反应等。很多原料在加热时都会变色,如鸡蛋清由透明变成不透明的白色,虾、蟹等由青色变为红色,油炸、烤制时原料表面呈现的金黄、褐红色等。

3)调料调配的色泽

调料调配色泽是用有色调料调配而成。用有色调料直接调配菜肴色泽,在烹制中应用较为广泛。常见的有色调料有以下6类:

①酱红色:酱油、豆瓣辣酱、甜面酱、牛肉辣酱、芝麻辣酱、甜醋等。

②黄　色:橙汁、柠檬汁、橘子汁、咖喱粉、咖喱油、生姜、橘皮、蟹油、虾黄油、木瓜等。

③酱红色:番茄酱、沙司酱、甜辣酱、草莓酱、山楂酱、干椒、辣油、红曲汁、南乳汁等。

④深褐色:蚝油、丁香、桂皮、八角、味噌、豆豉、花椒、香菇油等。

⑤绿　色:辣芥酱、葱、菜叶等。

⑥无色或白色:蔗糖、味精、卡夫奇妙酱、白醋、白酱油、白酒、盐、糖精、蜂蜜等。

以上调料在调色时一般不单独直接调色,而是几种调味料相互配合,同时再以芡汁、油为辅助,以增加色泽的和谐度。常用的方法有以下4种:

①腌渍调色。通过腌渍使原料吸收调料中的色素,从而改变原料的色泽。例如,酱菜的棕褐色就是吸附了酱的色素而形成的。

②拌和调色。主要是指一些冷菜原料的调味调色,将有色调料直接拌和在原料的外表,使原料带有调料的色彩,如腐乳鱼片,是将腐乳的红卤汁与烫熟的鱼片拌后,使鱼片成为红色。红油鸡丝、咖喱茭白、茄汁马蹄等都属拌和调色的范围。

③热渗调色。在加热的过程中,除调味料的味道渗透或吸附到原料中外,调料的色素成分也随之渗透或吸附到原料里。例如,腐乳汁肉除肉中带有腐乳的香味之外,还使肉色变红,红烧菜更是如此,酱油成酱类的色素使红烧的原料形成酱红色。在热渗调色中,除卤、酱类冷菜外,一般热菜都要与芡汁相配合,勾芡再淋上油脂,增加色泽的透明度和光洁度。

④浇黏调色法。将色泽鲜艳的调料通过调配以后,浇在原料的外表,使原料黏附上一层有色的卤汁,这种调色法与浇汁调味法是同时使用的。例如,茄汁鱼就是将红色的番茄酱通过加糖、盐、醋,并勾芡淋油后,浇在炸好的鱼花上面,使菜品呈现出红亮鲜艳的色彩。另有一些蒸、扒、扣的菜肴,由于蒸制过程中不能使原料达到上色的要求,出锅前要将卤汁倒出,再添加一些有色调料,并勾芡、淋油,然后浇在原料的上面,使菜品达到上色的目的,如扣肉、扒鸡等。

4)色素染成的色泽

其是用天然或人工色素对无色或色淡的原料染色,使原料色泽发生改变。天然色素有绿菜汁、果汁、红油、蛋黄等;人工色素有柠檬黄、苋菜红等。原料的自然色泽不属于调色工艺的内容,色彩搭配将在组配工艺中讲述,调料调配色泽其主要目的是调味,调色只是附带的功能,也将在调味工艺中讲述。本章要讨论的内容是有目的、有意识的调色方法。

9.1.2 调色方法

1)焦糖调色工艺

焦糖调色是利用糖受热后产生的色变反应进行调色的,其方法有糖浆调色与糖色调色两种。糖浆是用以麦芽糖为主要原料调制而成的汁液,主要用于烤鸭、烤鸡等菜肴的外皮涂料,它可使原料的外皮色泽红亮、酥脆可口;糖色调色是利用蔗糖熬成的焦糖水进行上色,主要用于红烧、红扒等菜肴,也可使菜肴色泽红亮。它们都是烹饪中常用的上色技法。

(1)糖调色的基本原理

将糖类调料(如饴糖、蜂蜜、葡萄糖浆等)涂抹于菜肴原料表面,经高温处理产生鲜艳颜色。糖类调料中所含的糖类物质在高温作用下主要发生焦糖化作用,生成焦糖色素使制品表面产生褐红明亮的色泽。糖类在没有氨基化合物存在的情况下,当加热温度超过它的熔点时,即发生脱水或降解,然后进一步缩合生成黏稠状的黑褐色产物,这个色变反应就是焦糖化反应。蔗糖在受热情况下生成两类物质:一类是焦糖(糖色);另一类为醛、酮类化合物。焦糖是呈色物质,约占固形物的25%,而挥发性的醛、酮类化合物是焦糖化气味的基本组分。蔗糖的焦糖化在烹饪中多用于制造糖色烹制红烧类菜肴,也可用于蒸、焖、煨、㸆等烹调技法,能使菜肴调色后的色泽红润艳丽。蔗糖的焦糖化作用在焙烤食品中也会发生,可使产品形成一定的色泽和特香的焦香气味。

麦芽糖又称饴糖,其甜度约为蔗糖的一半。具有热不稳定性,当加热至90~100 ℃时,即发生分解。在饴糖组成中,由于含有一定量的糊精,烹饪时,随着加热温度的升高而呈现出不同的色泽,即浅黄—红黄—酱红—焦黑。所以,加工时要控制好火候,调节好温度的变化,使产品产生诱人的色泽。北京烤鸭的红亮诱人的色泽就是利用饴糖在加热中变化形成的。烤鸭用沸水烫皮后，将稀释好的饴糖汁均匀地抹在鸭胚的表面，并放在阴凉处风干，在风干的过程中不能用手或其他东西擦抹鸭胚的表面，否则会出现色泽不均匀的情况。烤制时要翻动鸭身，并控制好火候，使鸭身受热均匀，才能达到色泽均匀和谐、红亮光洁的调色效果。

(2)调色的方法和应用

①糖浆调色。

乳猪糖浆：500 克白醋，400 克饴糖，500 克料酒，500 克浙醋，400 克米酒。

烤鸭糖浆：200 克饴糖，白醋 300 克，米酒 200 克，200 克开水。

鸡皮糖浆：白醋 500 克，饴糖 200 克，浙醋 100 克，柠檬 1 只。

②糖色调色。白糖 100 克用清水 100 克烧沸，并不断搅拌使水分蒸发，改用小火加热，待糖色变成深红、冒青烟时，加入 200 克沸水熔匀即可。主要用于烧焖一类的菜肴，但烧制时还要加糖，因为糖经熬制后甜味减弱，甚至还带有苦味，仍需要加糖调和口味。

2)色素染色工艺

(1)人工色素染色

①苋菜红。苋菜红又叫蓝光酸性红，它是一种紫红色的颗粒或粉末，无臭，在浓度为 0.01% 的水溶液中呈现玫瑰红色。苋菜红可溶于甘油、丙三醇，但不溶解于油脂，系水溶性的食用合成色素。苋菜红的耐光、耐热、耐盐性能均较好。

苋菜红主要用于糕点的调色，使用量少，使用量为 0.05 克/千克。我国卫生部门规定婴幼儿食用的糕点和菜肴中不得使用它。

②胭脂红。胭脂红又叫丽春红，是一种红色粉末，无臭。胭脂红溶解于水后，溶液呈红色。胭脂红溶于甘油而微溶于乙醇，不溶于油脂，耐光、耐酸性好，耐热性弱，遇碱呈褐色。

胭脂红在面点制作时主要用于糕点的调色，最大使用量为 0.05 克/千克。

③柠檬黄。柠檬黄也称酒石黄，是一种橘黄色的粉末，无臭。柠檬黄在水溶液中呈黄色，溶解于甘油、丙二醇，不溶于油脂。柠檬黄耐光性、耐热性、耐酸性好，遇碱则变红。

④日落黄。日落黄也称橘黄，是一种橙色的颗粒或粉末，无臭。日落黄易溶于水，在水溶液中为橘黄色，溶解于甘油、丙三醇，难溶于乙醇，不溶于油脂，耐光、耐热、耐酸性好。日落黄遇碱变为红褐色，用于面点调色，最大使用量 0.1 克/千克。

(2)天然色素染色

①红曲米汁。红曲米汁又称红曲、丹曲、赤曲等，它是用红曲霉菌接种在蒸熟的米粒中，经培养繁殖后所得。它的特点是对碱稳定，耐光、耐热，安全性好。

②叶绿素。叶绿素是绿色植物内含有的一种色素，它耐酸、耐热、耐光性较差，应用时加热时间不能过长，行业中一般取其汁液与菜品原料混合使用。

③可可粉。可可粉由可可豆炒后去壳，先加工成液块，再榨去油，粉碎成末而成。它色泽棕褐、味微苦，对淀粉和含蛋白质丰富的原料染色力强。

④咖啡粉。咖啡粉是咖啡炒制后粉碎而成，色泽深褐，有特殊的香味，常用于西式蛋糕的制作。

⑤姜黄素。姜黄粉加酒精后经搅拌干燥结晶即成姜黄素，在面点中经常使用，而且主要用于馅心的调配。

3）发色剂调色

瘦肉多呈红色，受热则呈现令人不愉快的灰褐色，有时在烹调时需要保持其本色。一般采用烹制前加一定比例的硝酸盐或亚硝酸盐腌渍的方法来达到保色的目的。肉类的红色主要来自所含的肌红蛋白，也有少量血红蛋白的作用。加硝酸钠、亚硝酸钠等发色剂腌渍时，肌红蛋白（或血红蛋白）即转变成色泽红亮、加热不变色的亚硝基肌红蛋白（或亚硝基血红蛋白）。此类发色剂有一定毒性，使用时应严格控制用量。硝酸钠的最大使用量为0.5克/千克，另外，亚硝酸盐不仅作为肉制品的发色剂，还具有提高肉制品风味、防止变味，特别是可抑制肉毒杆菌生长的作用。但是，腌制肉制品中，如果残留亚硝酸根过多时，可以与肉中存在的仲胺类进行反应而生成有致癌作用的亚硝胺类。因此，亚硝酸盐用量应控制适宜，一般要求肉制品中亚硝酸盐残留量不超过30～50 ppm。

9.1.3 调色工艺的要求

1）要了解菜肴成品的色泽标准

在调色前，首先要对成菜的标准色泽有所了解，以便在调色工艺中根据原料的性质、烹调方法和基本味型正确选用调色料。

2）要先调色再调味

添加调色料时，要遵循先调色后调味的基本程序。这是因为绝大多数调色料也是调味料，若先调味再调色，势必使菜肴口味变化不定，难以掌握。

3）长时间加热的菜肴要注意分次调色

烹制需要长时间加热的菜肴（如红烧肉等）时，要注意运用分次调色的方法。因为菜肴汤汁在加热过程中会逐渐减少，颜色会自动加深，如酱油在长时间加热时会发生糖分减少、酸度增加、颜色加深的现象。若一开始就将色调好，待菜肴成熟时，色泽必会过深，故在开始调色阶段只宜调至七八成，在成菜前，再来一次定色调制，使成菜色泽深浅适宜。

4）要符合人的生理需要和安全卫生要求

调色要符合人们的生理需要，因时而异。同一菜肴因季节不同，其色泽深浅要适度调整，冬季宜深，夏天宜浅。同时还要注意尽量少用或不用对人体有害的人工合成色素，保证食用的安全性。

任务2 调香工艺

9.2.1 嗅感及其生理学

嗅感是指挥发性物质刺激鼻腔嗅觉神经而在中枢神经中引起的一种感觉，其中产生令人

喜爱感觉的挥发性物质叫香气;产生令人厌恶感觉的挥发性物质叫臭气。

1)嗅觉感受系统

人体的嗅觉器官主要是位于鼻腔中的一个相当小的区域(约2.5平方厘米),称为嗅上皮和与之相联的嗅觉神经系统。嗅上皮覆盖在一部分中鼻隔的侧壁和上鼻甲的中央壁上,由嗅觉感受器细胞、支持细胞和基细胞3种类型的细胞组成,并构成了嗅上皮不同的3层。其表面层为黏膜层,厚为10~15微米,呈连续分布,整个嗅上皮都在其覆盖之下,所有的气味分子都必须透过此层才能与细胞要素相互作用。约有5×10^7个嗅觉感受器神经元组成了鼻腔侧部分的感觉上皮。这种嗅觉感受器细胞是原始类型的双极神经元,深植于嗅上皮中间层,而其纤毛则伸向嗅上皮表面的黏液中,感受器细胞的轴突则伸进黏膜下层,在此与其他轴突接合形成嗅丝。嗅上皮的第二种细胞即支持细胞,它为嗅上皮提供了厚度,具有保持末梢上皮表面的结构整体性,使上皮表面上的黏液与细胞周围的细胞外液分开,阻止初始非脂溶性分子移过嗅上皮等功能。至于基细胞,目前的研究还不多,大多数实验的结果说明它在正常细胞更新的过程中,周而复始地将衰朽的细胞除去,并能更新感觉上皮和恢复嗅觉功能,嗅上皮中嗅觉感觉器神经元的主要功能是对气味的强度,持续性和质量进行检测和编码,并传递给嗅球,嗅球是嗅觉的第一次中枢,神经纤维由此出发,于前嗅核、嗅结节,到达第二次中枢的前梨状皮质、扁桃核等处,所有这些组织构成第二个嗅觉区域。它有识别气味与对气味做出综合判断和鉴赏的功能。

2)嗅觉的生理特征

①敏感性。人的嗅觉相当敏锐,从嗅到气味物到产生感觉,仅需0.2~0.3秒的时间,一些嗅感物质即使在很低的浓度下也会被感觉到,正常人一般能分别3 000~3 500种不同的气味。

②适应和习惯性。某种香味,经长时间嗅闻以后,会不觉得香味存在,说明嗅觉细胞易产生疲劳而对该气味处于不灵敏状态,但对其他气味并非疲劳。当嗅球中枢神经由于一种气味的长期刺激而陷入负反馈状态时,感觉便受到抑制而产生适应性。另外,当人的注意力分散时会感觉不到气味,时间长些便对该气味形成习惯。

③差异性。不同的人嗅觉判别很大,即使嗅觉敏锐的人也会因气味而异。当人的身体疲劳或营养不良时,会引起嗅觉功能降低,人在生病时会感到食物平淡不香,女性在妊娠期、更年期也会有嗅觉的变化现象。

9.2.2 调香的基本原理

调味工艺是利用渗透、扩散、吸附等原理完成的,调香工艺的原理既有与调味相似的地方,也有其独特的机理。了解调香的基本原理,对合理使用调香方法,充分发挥调香的功能,有十分重要的作用。

1)物理性调香原理

(1)挥发扩散

香气的形成实际上就是挥发性物质刺激嗅觉器官引起的,调香的目的就是要让原料和调料充分产生挥发性物质,并扩散到空气中,引起人们的嗅觉反应。挥发性物质的浓度越大,其香气就越浓。决定气味强度的因素:蒸汽压、溶解度、扩散性、吸附性、表面张力等,其中除了与原料、调料本身所具有的特性以外,我们还可以通过烹调方法来改变蒸汽压、扩散性、吸附性,从而达到调节菜品香气的目的。例如,行业中常用的"炝锅"技法,葱、姜、蒜,虽然含有挥发性物质,但通过热油炸制,增强了挥发性和扩散性。辣椒、胡椒、花椒、芝麻等也是要通过加热促进其挥发、扩散增香。任何具有气味的物质只有具有挥发性,才能到达鼻黏膜,使人感觉到气味。加温、碾碎、煸炸、油炸等都是提高扩散性、挥发性的具体措施。

(2)吸附增香

通过烹调及加工手法,使具有香气的成分吸附在原料的表面使菜品增香。例如,烟熏方法就是将茶叶、树枝的香味,吸附到熏制原料的表面,使其带香。煎炸菜的佐味碟,也是吸附增香的典型代表,原料在煎炸成熟后,撒入调好的香味调味料,如椒盐、芝麻糖、炼乳、腐乳汁、果汁等,使这些调料吸附在原料表层。

(3)渗透交融

通过长时间的加热,使香味调料的香味渗透到原料中,使其具有很浓郁的香味。例如,卤酱一类的菜品,就是运用香味的浓香在加热过程中渗透到原料中;腌腊制品也是利用盐的渗透作用,将花椒、葱姜、酒的香味也渗透到原料中,形成风味特殊的腊香和腌香风味。中国菜特别讲究组合名菜,配菜时除了色彩、质感、荤素的搭配之外,更注意风味的交融,使菜品达到完美的风味体现,这是中国烹饪的一大特色。例如,福建名菜佛跳墙就是典型的代表作品,它将多种名贵原料放于一锅,通过长时间的加热,形成了复合的、诱人的香气。和尚并没有看到菜品的色彩,更没有尝其咸鲜,而引起他跳墙冲动的原因,正是浓郁诱人的香气,而且是多种原料之间相互渗透、交融后产生的香气。

2)化学性调香原理

(1)中和协调

绝大多数食品均含有多种不同的呈香物质,任何一种食品的香气即使有主体香气成分,但也绝非由某一种呈香物质所单独产生,而是多种呈香物质的综合反映。因此,食品的某种呈香物质气味阈值必然会受到其他呈味物质的影响。当它们互相配合恰当时,便能发出和谐诱人的香气;如果配合不当,会使食品的香气感到不协调,甚至会出现某种异常的气味。例如,汾酒的主体香气成分是乙酸乙酯,并配合一定数量的乳酸乙酯,但乳酸乙酯超过一定比例就会形成米香型的白酒。再如,双乙酰在白酒发酵制品中对香气起着正相作用,而在啤酒中则起着负相作用,使啤酒出现馊饭的气味。同样,烹饪中,原料自身的香味特征是各种各样的,有的呈现诱人的受人喜爱的香气,有的则是不受人欢迎的香气。在调味时,只有去除或化解不受欢迎的气味,才能充分体现好的香气。例如,鱼类,既有鲜香的好气味,也有腥臭的坏气味,烹调时可以加入醋,去中和呈碱性的腥气成分,生成中性的盐类,使腥气大大减弱。

(2)热变生香

食品中的嗅感物质种类繁多,形成的途径也十分复杂,但归纳起来大致可分为两类:一类是在酶的直接或间接催化下进行生物合成,许多食物在生长、成熟和贮存过程中产生的嗅感物质，大多是通过这条基本途径形成的。如新鲜的水果、蔬菜在自然生长过程中形成的各种香气物质。另一类就是非酶化学反应，食品在加工过程中在各种物理、化学因素的作用下所生成的嗅感物质，通常都是通过这条途径形成的。食物在热处理过程中嗅感成分的变化十分复杂，除了食品内原来经生物生成的嗅感物质因受热挥发而有所损失外，食物中的其他组分也会在热的影响下发生降解或相互作用，生成大量的新的嗅感物质。新嗅感物的形成既与食物的原料组分等内在因素有关，也与热处理的方法、时间等外在因素有关。

9.2.3 不同烹调方法所产生的嗅觉特征

1）烹煮香气

烹煮的温度相对较低，时间较短，对水果和乳品等原料来说，不仅不会产生很多的新嗅感物质，而且会使原有的香气挥发散失，所以在制作水果类菜品时，一般不宜加热时间过长，可在原料出锅前投入并迅速出锅。这样既可保证原有的清香，还能保持脆嫩的质感。蔬菜、谷类在烹煮时也有部分香气损失，但也有一定的新嗅感物质产生。嗅感变化最明显的是鱼、肉类的原料，在加热过程中主要是羟氨反应、多酚化合物的氧化、含硫化合物的降解等反应而形成大量浓郁的香气。

2）焙烤香气

这种热处理方式通常温度较高、时间较长，这时各类食品通常都会有大量的嗅感物质产生。例如，烤面包除了在发酵过程形成醇、酯类化合物外，在焙烤过程中还会产生多达 70 种以上的羰化物，其中的异丁醛、丁二酮等对面包香气影响很大。炒制干果等原料所形成的浓郁香气味，大都与吡嗪类化合物和含硫化合物有关。这是它们在焙烤时形成的最重要的特征风味物。例如，炒花生的香气成分中至少含有 8 种吡嗪类化合物；炒芝麻的香气物质中，其特征成分是硫化物。

3）油炸香气

油炸食品的香气，在高温下可能发生与焙烤相似的反应之外，更多地与油脂的热降解反应有关。经过加热的油同新鲜的油有不同的味。油炸食品的特有香气被鉴定为 2. 4-癸二烯醛，它是油脂热分解出的各种羰化物中贡献最大组分，除此之外，油炸食品的香气成分还包含有高温生成的吡嗪类和酯类化合物以及油脂本身的独特香气。例如，芝麻油的气味很强，即使将少量的纯芝麻油混入到其他气味中，仍可感觉出来。

9.2.4 香味味型的种类

1）酱香味型

酱香味型是以各种酱料为主要调料，配以葱、姜、蒜等香辣调料及酱油、糖、味精、麻油等辅助调料，混合形成的浓香味型，其香味特征仍以主体酱料的香气为主。

(1)甜面酱味型

它是以甜面酱、精盐、酱油、味精、香油、糖调制而成，主要用于热菜当中，如酱烧鸭子、酱爆肉、京酱肉丝、酱汁冬笋等。甜面酱的调味一般先煸炒，使香味充分逸出，再放入其他调味料和汤汁，烧开后放入主体入味，一般100克甜面酱，放入50克料酒、25克糖、1克盐、0.5克味精，炒制时油要温，火不可太旺，使其慢慢受热，才能将酱内多余的水分炒干，而且只有这部分多余的水分被炒干，其酱才会有“醇香之气”。面酱的选择以北京所产的为佳，其颜色红褐，稀稠适中，酱香浓郁。

(2)芝麻酱味型

芝麻酱的特点是在酱香味的基础上，添加了浓郁的芝麻香味。调配好的酱料可用于凉菜，也可用于点心，如麻酱冬笋、麻酱汤圆等。当其用于菜肴时多以咸鲜口味成菜；当用于点心时可以甜香口味成菜；当用于凉菜时，一般采用“兑汁式”。先把芝麻酱和其他调味品事先兑在一起，放入碗中，采取与主料“浇汁”的形式调味。一般100克芝麻酱，放入20克麻油、8克盐、5克味精，另兑少许汤汁，其浓稠度像“稀粥状”为宜。用芝麻酱味型调配菜肴的特点是酥香味浓、脆嫩爽口。

除上述两种常用的酱香调味料外，还有豆瓣酱、香辣酱、海鲜酱等。其用法大都与甜面酱相似，除用于酱爆、酱烧以外，还可用于氽、涮菜品的蘸食调料。

2)烟香味型

烟香气味是由一些专门用于食品熏制的燃料燃烧产生的。其在烹饪中的应用既广泛又悠久。如传统名菜樟菜鸭子、烟熏白鱼、烟熏排骨等，都是利用此法制作而成的。

构成烟香味的毛体材料是柏树枝、菜叶和锯末，四川一般使用樟树之叶来作为制烟的燃料，在具体运用时一定要掌握柏树枝和锯末两者之间的用量比例，也是香气好坏的根本原因。柏树枝过多，烟很不容易生成；锯末过多，会出现只有烟，没有香气的现象。一般是柏树枝与锯末的比例为3∶1。放入菜叶可使烟香气更浓，用时可以适当多一些，尽可能使菜肴能够吃出“菜香”气味。除上述香气之外，原料仍需要用精盐、黄酒、葱姜进行调味。

在进行烟熏时一般采用特制的熏炉，也可采用简易的烟熏方法。在使用熏炉时，将树枝、锯末、茶叶先燃烧，待浓烟过后，将腌好的原料放在上层(可用网或挂勺)，然后关好炉门，待完全上色后即可。如果采用简易的烟熏方法，就用大锅上火，在锅内放米饭、白糖、茶叶等原料，因不能燃烧，所以不用树枝和锯末，然后铺上一层网织放上葱，将原料放在葱上，盖上锅盖，用中火烧制起烟，再用小火焖熟，中途翻身一次，上桌前抹上麻油，起增香发亮的作用。适用于烟熏的原料一般是整只、整条的，其特点是色泽红亮、肉质嫩滑。

3)酒香味型

酒香味型的菜肴很有特色，闻其酒香，不食酒辣。各个菜系中都有典型的代表名菜：如扬州的三醉，即醉蟹、醉虾、醉螺；浙江的醉鸡；四川的红酒煨；江苏的百花酒焖肉等。酒香味型中的酒香根据使用酒的品种不同而有不同的调配方法和特色。

(1)白酒的香味

白酒的香气成分有200多种，包括醇类、酯类、酸类、羰化物、硫化物等，这些物质在恰当的

比例下组成了各具风味的白酒的特殊芳香。其醇类化合物是白酒香气中最为大量的一类物质。白酒在烹饪中一般不直接作为调味品，但有些特殊的菜品，不使用白酒就无法达到调味目的，如醉虾、醉蟹之类。乙醇添加到食品中会产生两种效果：一是增强防腐力；二是起调和作用。一般在使用1%的微量乙醇可以增强食品的风味。但这种浓度基本没有防腐作用。当达到2% ~4%的乙醇浓度时有防腐效果；当达到8%时，会使能增殖的菌类大为减少。而我们制作醉蟹时超过10%，制作醉虾时也达到了4%。他们都是生食的菜品，使用时主要是将酒与有关调味品一起与原料醉制。在制作时，要根据不同的品种掌握好时间，一般蟹需要10天左右，而活虾只需两个小时即可。

(2)黄酒的香味

黄酒在烹饪中使用十分广泛，几乎所有动物性原料在烹调时都要用到，但使用的目的是去腥增香，并不是以酒香为主体，只有部分菜品在用量上以黄酒为主，咸菜风味突出黄酒香味。

黄酒是一种含约50%的葡萄糖和0.3% ~0.5%的氨基酸的全氮物质以及含有13% ~14%的乙基乙醇。糖类的存在，使料酒中的甜味更加柔和。甘醇用在食品上可以起到很好的效果，并对糖色、色泽等产生影响，赋予黏稠性。此外，烹调加热时，氨基酸和糖类还会发生氨基酸羰基茎反应，生成加热香气。料酒中的氨基酸，以全氨基酸为主，烹调时，主要利用氨基酸羰基化合物加热时产生的香气效果，料酒中的乙醇是烹调时产生效果的重要因素，乙醇的效果在于对食品材料的渗透性和食品材料中的蛋白质施加影响，挥发怪味，加热时可生成许多二次性物质，这些物质会对色泽或香气产生好效果。

以黄酒香气为主的菜品主要有醉鸡、醉鹅掌、醉鸭舌等冷菜，也有酒焖肉等一些热菜。用于冷菜时主要是熟醉，就是将煮熟并调好味的菜品，放入酒中浸泡，使其具有浓郁的酒香。当用于酒焖肉时，主要以酒代替清水，使原料在成熟过程中充分吸收酒香气味。

(3)啤酒的香味

啤酒以前是一种单纯的饮料产品，但近几年来许多创新或引进的西式菜品中开始使用啤酒作为调味料。如啤酒鸡、啤酒鸭、啤酒糊大虾等。啤酒的香气中可测出的物质达300种以上，但总的含量很低，仅高碳醇和有机酸稍多些。从香气值来看，各成分对啤酒香气的贡献率分别为醇类占21%、酯类占26%、羰化物占21%、酸类占18%、硫化物占7%。此外，啤酒中还有约0.5%的二氧化碳，它有助于啤酒香气的和谐一致。

啤酒在实际运用时，一般是用于煮焖的菜品，但投放时不要过早，在原料快成熟时投入锅，再继续煮焖至完全成熟。其有时也可代替水用于挂糊、上浆工艺中。

4)乳香味味型

乳类包括牛乳、山羊乳、绵羊乳、马乳等，从产品质量和在烹饪中的应用来看，牛乳占绝对优势。牛乳制品的种类很多，如饮用乳、奶油、黄油、奶粉、炼乳、发酵乳、乳酪等。均以香气很淡的鲜牛乳作为原料，经过加工后形成了每种制品不同的特殊香气。形成乳制品特有香气的原因主要有以下两点：第一，鲜乳的香气成分会在加工过程中伴随着乳脂肪的转移发生分配。由于牛乳中的香气成分是由亲油性高的和亲油性低的各种成分组成的，所以随着脂肪的分离程度，这些香气成分按亲油性的强弱也会随之分配到不同的制品中。第二，其是在加工中生成新的香气成分。生成香气的主要机理有酶促反应、加热反应、自动氧化和微生物作用等反应类型。

目前在中式烹饪中应用的乳香菜品越来越多，主要用料是饮用乳、奶油、黄油、乳酪、炼乳等。特别是一些煎、炸、焗、烤的菜品，经常添加或蘸食乳制品，用来丰富和改善菜品的香味。但在选择乳制品时，一定要检验其新鲜度和风味的变化，因为乳制品在贮存、加工过程中，容易产生各种不良的嗅感，从而影响风味质量。例如，牛乳中的乳脂肪和乳糖吸收外界异味的能力较强，尤其在35 ℃时吸收能力最大。因此，夏天选用乳制品更要注意。

在烹饪应用中，乳制品主要应用于口味清淡或者是甜菜当中，在一些麻辣、红烧或甜香味型的菜品中添加乳制品可以收到较好的风味效果。

5）茶香味型

茶香风味在烹调中虽然不多，但是却很有特色，以其清鲜淡雅的特色受到食客的欢迎。如杭州名菜龙井虾仁、南京名菜香炸云雾等。各种不同的茶类都有其各自独特的香气，人们统称为“茶香”。近年来，通过现代检测技术鉴定出成品茶叶的香气成分中，含挥发性物质有300多种，而鲜叶中有的芳香物质只有数十种。茶叶的品种很多，一般分为两大类：绿茶与红茶。绿茶的香气，除鲜叶中原有的芳香物质外，在制菜过程中，还由于热湿作用会发生一系列变化，生成一些新的具有芳香气味的物质，使绿茶香气得到进一步提高。但绿茶一般不宜久放，否则会失去清香味，在与菜肴配合使用时也不宜加热时间过长，一般在菜肴成熟时投茶汁或茶叶，既保持绿色的淡雅，又保存清新的茶香。红茶香气的形成比绿茶更为复杂。其鲜叶中含有的50多种香味物质，在制成红茶后达到了300多种，其中醛、酸含量较高。说明大部分香味是在加工中形成的。红茶使用时主要是取其茶汁，如将嫩鱼片放在烧开的茶叶中涮食，不但去腥解腻，而且茶香浓郁。再如，将煮好的仔鸡，浸泡在红茶中，几个小时以后取出食用，色泽微红、茶香扑鼻。在烹饪中，无论是绿茶，还是红茶，都具有去除油腻、增加食欲、帮助消化的特殊功能，所以肯定会在烹饪中得到更多、更广泛的应用。

6）植物自然香味型

植物自然香味主要是指香味调料所形成的香味，香辣调料的使用目前呈上升趋势，而且应用在调味中的香味是复杂多样的，其作用是增加菜肴芳香气味，去掉或减轻腥膻气味，并可刺激消化液，增加食欲。植物自然香味型的调味料主要分两大类：一类是干制的加工品；另一类是新鲜花叶。常用的干制品的香料有桂皮、八角、小茴香、苹果、甘草、肉桂等。它们既是香味调料又是中药原料，所以使用时要控制好用量，过浓会有苦味，在烹饪中主要是用其汁液，不食其肉。因干制香料大多色彩较深，烹制时多用于卤酱、红烧的菜品。与几种肉类相适应的主要香辣料见表9-1。

表9-1　与几种肉类相适应的主要香辣料

肉　类	主要香辣料
牛肉	胡椒、多香果、肉豆蔻、肉桂、洋葱、小豆蔻、香菜
猪肉	胡椒、肉豆蔻、多香果、丁香、月桂、马里香、洋葱

续表

肉　类	主要香辣料
羊肉	胡椒、肉桂、丁香、多香果、月桂、肉豆蔻
鱼肉	胡椒、洋葱、肉豆蔻、香菜、多香果

新鲜的花叶一般色彩鲜艳，香味清鲜淡雅，常用的品种有荷叶、棕叶、菊花、荷花等，它们在烹饪中应用也很广泛，如荷叶鸡、荷叶粉蒸肉、棕叶鱼片、炸荷花盒等。新鲜花叶去腥味和异味的能力没有干制香辛味强，但其香味很受欢迎，对原料色彩有装饰作用。

9.2.5　调香方法

以上介绍了许多香味型的种类，但这些香味的形成，是靠具体的调香方法来实现的。根据原料品种不同、香味特征的不同可有各种各样的调香方法；根据调香的功能可将其分为两大类：一类是除腥调香法；另一类是增香调香法。

1）除腥调香法

所谓除腥调香法，是将原料中所夹带的异味、腥味、臊味掩盖去除，同时产生良好的香气。鱼类原料的新鲜度下降时，会产生令人不愉快的腥气，烹调时要将其腥味去除，这就是除腥调香法。鱼腥味的产生主要由鱼体表面的腥气和由鱼肌肉、脂肪所产生的香气共同组成的一种香臭气味，以腥味为主。鱼腥气的特殊成分是存在于鱼皮黏液内的S-氨基戊、S-氨基戊醛和六氢吡啶类化合物共同形成。这些腥气特征化合物的前体物质，主要是碱性氨基酸，在烹调时，通过调味料的食醋和料酒中的酸可把碱性腥臭成分中和，使腥臭气味减弱；同时，通过葱、姜、蒜等辛辣调味料，也可以起到解腥去臭的作用，并使鱼类的香气显露出来。在牲畜肉中，以羊肉的膻味最重，它主要来源于它们的脂肪，将羊脂加热或加水后加热，腥膻气味特别强，但羊肌肉并无腥膻气味，这些气味主要含有某些羰基化合物和具有侧链脂肪酸等。与腥膻味有密切关系的是4-甲基辛酸和4-甲基壬酸。猪肉有时也有类似羊肉的膻味，但膻味的程度要轻得多。烹调时可以添加料酒、食醋和辛辣味调和，经过加热烹制后，不但可除去大部分的腥、膻、臊味，并能产生可口的风味。因为料酒中含有乙醇、酯类等成分，特别是乙醇可以促进异味的挥发，乙醇还能与有异味的酸在加热时形成有香气的酯类；酯和酒中氨基酸都能促进肉的香味，食醋本身也具有调味作用，食醋中的酸还可以与肉类中一些异味的成分结合，使它们形成不易挥发的成分，从而抑制肉类散发出腥膻味。在含有腥味异味的原料中添加八角、桂皮、花椒、丁香、生姜、葱、蒜等辛辣味的调味料，由于它们本身的辛辣味较为突出，可以缓冲、减冲和减轻肉类的各种异味，属于掩盖增香的范围。

2）增香调香法

原料本身风味较正，没有腥臊异味，但为了使菜品更具风味特色，而运用各种香味调料使原料增香，此法就是增香调法。实施这种调香的具体方法，可以根据原料和调料的特点灵活掌握。

(1)添加调香料调香

凡是具有一定特色香味的调味料都可以利用,如八角、桂皮等香料,葱、姜、蒜等香辛料,荷叶、棕叶、鲜花等清香味型。由于增香调香法针对的原料是没有异味的,所以在使用香料时不宜过多过浓,既要增加香味,也不能完全掩盖原料本身的香味。在调味料中具有增香作用的调料主要有辛香类调料(姜、蒜、胡椒等)、发酵类调料(醋、酒、酱油等)、醇香型调料(丁香、八角、桂皮、草果、紫苏等)、油脂类调料(麻油、花椒油等)。在使用这些调料增香的时候,必须与调味的要求相结合,首先,要选择好调料的品种。对于新鲜味美的原料,或者加热时间较短的一些菜肴,宜选用发酵型调料为主,辅以少量的醉调料来进行调香、调味,因为醇香型的调料香气太浓,会掩盖原料的"本味",而且短时间内其香气成分不易浸出挥发。其次,要控制好用量。如果用量过大,除影响原料的香气外,还影响到原料的口味,因为有许多调料都含有呈味物质,用量越大,口味也就越浓。

(2)加热生香法

加热生香法就是利用原料中原有的香气物质,来增加和改善菜品香气。在调料当中除香辛调料具有除臭和增香作用外,大家数发酵型调味料也具有浓郁的香气。这些调味一般在受热后,挥发扩散出来,在受热前的香气并不太浓郁,有的甚至有刺激性的气味。例如,葱、姜、蒜在加热前有刺激性的气味,加热后变成了挥发性的香辛气味。酱油、料酒、醋等发酵调味料虽然本身都含有各种香气成分,但加热后可促进这些香气成分的挥发。例如,我们在制作凉拌菜肴时,如果将酱油直接与原料拌和,不但酱油的香气不足,而且还有生酱味,但将酱油加热后再与原料拌后,就会产生浓郁的鲜香气味。也有一些调料不需加热就能挥发生浓郁的香气,如芝麻油等。

9.2.6 调香的阶段和层次

菜肴的调香可分为加热前调香、加热中调香和加热后调香3个阶段。各阶段的调香作用因方法有所不同,从而使菜肴的香呈现出层次感。

1)菜肴调香的3个阶段

(1)原料加热前的调香

原料在加热前多采用腌渍的方法来调香,有时也采用生熏法。其作用有两个:一是清除原料异味;二是给予原料一定的香气。其中,前者是主要的。

(2)原料加热中的调香

此阶段是确定菜肴香型的主要阶段,可根据需要采用加热调香的各种方法。其作用有两个:一是原料受热变化生成香气;二是用调料补充并调和香气。水烹过程中的调香可以在加热中投入调香料;汽烹过程中的调香则需要在蒸制前用调香料腌渍一下,也可以将调香料置于原料之上一起加热。干热烹制的调香主要是原料自身受热变化生香。

加热过程中的调香,香料的投放时机很重要。一般香气挥发性较强的香料,需要在菜肴起锅前放入,才能保证浓香,如香葱、胡椒粉、花椒面、小磨麻油等;香气挥发性较差的香料,需要在加热开始时就投入,使其有足够的时间让香气挥发出来,并渗入原料中,如生姜、干辣椒、花椒粒、八角、桂皮等;此外,还可以根据用途的不同灵活掌握。

(3)原料加热后的调香

原料在加工后常采用的调香方法是在菜肴盛装时或装入盛器后淋入小磨麻油或者撒一些香葱、香菜、蒜泥、胡椒粉、花椒面等;或者将香料撒于菜上,然后淋上热油;或者跟味碟随菜上桌。此阶段的调香主要是补充菜肴香气的不足或者完善菜肴风味。

2)调香的工艺层次

从闻到菜肴香气开始,到菜肴入口咀嚼,最后经咽喉吞入,都可以感觉到菜香的存在。我们可以依此顺序,将一份菜肴中的香划分为3个层次。

(1)先入之香

先入之香是第一层次的香,即菜肴一上桌,还未入口就闻到的香,它由菜肴中挥发性最大的一些呈香物质构成,主要为加热时的调香所确定。先入之香的浓淡在香料种类确定之后,主要决定于香料用量多少和菜肴温度的高低。用量越多,温度越高,香气就越浓;反之,用量越少,温度越低,香气则越淡。一般热菜的香气比冷菜要浓。

(2)入口之香

入口之香为第二层次的香,即菜肴入口之后,还未咀嚼之前,人们所感到的菜肴之香。它是香气和香味的综合,其香气较之先入之香更浓,还有呈香物质从口腔进入鼻腔,更增浓了香气。对于有汤汁的菜肴,入口之香主要由炖锅或中途加入香料时溶解于汤汁的呈香物质和主料、配料中溶出的呈香物质构成;对于无汤汁的菜肴,则主要由原料表面带有的各种呈香物质构成。此层次的香,不论热菜和冷菜都应比较浓郁,因为它是菜肴香气的关键。

(3)咀嚼之香

咀嚼之香为第三层次的香,即在咀嚼过程中感觉到的香。它一般由菜肴原料的本香和热香物质以及渗入原料内的其他呈香物质(包括调料和其他主料、配料的呈香物质)构成,其中以原料的本香和热香为主。咀嚼之香对菜肴的味感影响较大,自身又受到菜肴质地的作用,是香、味、质三者融为一体的感觉,它的好坏与原料的新鲜度和异味的清除程度密切相关。

对菜肴香气和香味的层次进行划分是为了从菜肴呈香角度更进一步地认识菜肴的调香。菜肴香气的3个层次虽然存在,但是在食用时,它们之间并没有绝对的界线,而是彼此交错、重叠,并连续平滑过渡。在调香时,根据原料的性状和菜肴的要求,正确选用香料,合理运用调香方法,并与调味和烹制默契配合,才能使菜肴的香味协调统一,又富于层次感。层次感强的菜肴能充分激发食用者嗅觉神经的兴奋,使食用者感觉到菜肴香的自然、和谐,在物质享受的同时得到美好的精神享受。

思考与练习

1. 简述调色的内容。
2. 简述调色工艺的要求。
3. 简述调香的原理。
4. 简述调香的方法。

单元 10

食物熟处理的功能与原理

【知识目标】

1. 了解火候的概念。
2. 了解热传播的途径。
3. 理解传热介质的传热特性。
4. 清楚常用加热设备的工作原理。
5. 掌握火候在烹饪中的作用。

【能力目标】

1. 学会现代加热设备的使用方法。
2. 熟练掌握油温、水温的识别方法。
3. 熟练掌握微波炉、电磁炉的工作原理。

食物熟处理是烹饪加工中一项重要的技术环节,它的成功与否直接影响菜肴最后的色、香、味、形、质等方面,因而成为从业人员的基本技术要素之一。掌握和理解食物熟处理的基本原理和方法才能科学地运用,最终改进、完善、把握制作菜肴的关键。本单元着重阐述食物熟处理的基本原理及运用,主要内容是关于火候、传热、导热、传热介质等方面的知识、食物熟处理的原理和概念、学习和掌握烹调方法的基础、烹调方法分类和菜品风味特色形成的重要依

据。学习时应了解火候的基本概念,掌握传热形式和食物成熟的热传递形式,熟练掌握传热介质的种类和特点,理解食物从热源到成熟过程中热传递的程序和电灶、微波炉等现代烹饪器具的工作原理,同时还要结合具体菜品,分析不同介质的温度范围和适用对象,灵活掌握油温的鉴别方法。

任务1 食物熟处理的实质与内容

食物熟处理所研究的范围,事实上并非指传统意义上的“烹”。“烹”只是一种狭义概念,它与食物熟处理存在很大的差别。

10.1.1 食物熟处理的含义

食物熟处理简单地讲是将食物加热,达到可以食用的所有加工过程。通常加热的手段都是用火来完成的。火的出现,改变了人们茹毛饮血、生吞活剥的饮食习惯,使人类的发展大大地向前迈进。经熟制的食物不仅易被人类撕咬咀嚼,而且,易于人体对营养的吸收,从而使人类的大脑变得发达。可见,火的利用在人类的发展中功不可没,制熟用火的概念在人们的意识中留下深深的烙印,以至于在相当长时期的饮食活动中人们都是用火来加热成熟食物。随着科技的发展,人类的进步,多种科技手段被逐步利用到烹饪中,火作为热源的主导地位被打破了。我们知道的电磁波、红外线、太阳能、电能等都被广泛地利用,转变成厨房加热设备,这使我们对加热手段的选择范围进一步扩大。因此,简单地理解熟处理就是以火加热显然不十分恰当。同时,在长期的生产实践中,人们通过经验的积累发明了许多特殊的加工手段,如醉、腌、发酵等,此类菜肴都是未经加热制熟的,但经过了特殊的处理与调味,最终满足了人们的饮食需要。可以说将一些生食料依照一定的要求加工成可以食用的菜肴,对人体没有产生危害与不良反应,甚至有些对人体机能有益,如生吃蔬菜(黄瓜、生菜等)。这类制熟有类似果实成熟的概念,故其方法被列入食物熟处理的范畴。不过,由于非热熟处理不烹只调,属特殊方式,在下列加热原理中将不涉及。因此,真正意义上的熟处理应是运用适当的手段加工原料,在满足卫生、营养、美感的前提下,使之成为能被人们直接食用的菜肴的加工过程。在食物熟处理中,应该注意营养、卫生、美感三者有机统一,才能满足人们健康的要求。

10.1.2 火候及火候运用

在了解食物熟处理时,不能忽略火候这个概念,因为火候是烹饪技术三大基本要素中熟制的中心内容。“火候”一词原出于古代道家炼丹论著中,指调节火力文武的大小,后被用来形容厨师烹煮、煎熬掌握食物成熟的度。清代大文学家袁枚在《随园食单》中专门介绍了火候,使控制火候的经验被记载并传播开来。近代科技的发展使控制火候的技术进一步完善与提高,也使火候的概念从现象的认识过渡到本质的认识。“火候”一词是历史的产物,它必然带有历史的烙印。当今许多烹饪类书籍都将其定义为“火力的大小和加热时间的长短”。这其实不是火候的实质,而只是一种现象的表述。近代科技的发展,使越来越多的科技新发现运用到烹饪之中。如微波炉的产生是美国科学家在做实验时,发现口袋中的巧克力融化,原因查明是雷达上的磁控管作怪。在以后45年里,Raythen公司进行了开发研究,将微波加热设备推向了市场。此外,电磁波的开发、电能的运用,使传统的加热手段被大大地革新,可以使加热由明火到无明火,这样食物的加热就更安全、更卫生、更易操作,为食物的熟处理打开了一个广阔的空间。

由此看来,火候的定义只能用火来涵盖一切显然是不对的,因为科技的新发现,总会给人们带来许多惊喜。20世纪80年代初开发的,目前正在欧、美、日的食品工业中正广泛运用的通电加热,正是这种惊喜,它可以解决微波加热不均匀的问题,以及传统加热中能量过多耗散的问题。不论哪种加热方式,一般它都应包含热源、传热介质和原料3个部分。对热源而言表示在单位时间内产生热量的多少;对传热介质而言表示单位时间内传热介质所达到的温度和向食物所供热量的多少;对原料而言表示原料单位时间温度升高的速度。可以看出,温度与时间是两个关键的因素,改变任意一个因素,都会使火候产生不同的变化,使食物的加热产生不同的结果。当然,原料的大小、质地、数量、介质的种类、季节的变化等都会对火候产生影响,这就需要依上述变化来调节加热的温度与时间,使菜肴的品质达到人们所需要的结果。

总而言之,火候就是根据不同原料的性质、形态,不同的烹法与口味要求,对热源的强弱和加热时间的长短进行控制,以获得菜肴由生到熟所需的适当温度。可见,火候是食物成熟度的一种表示。

在传统的烹饪操作中,厨师更多的是通过现象来把握火候,正如袁枚在《火候须知》中所述:“熟物之法,最重火候。有须武火者,煎炒是也;火弱则物疲矣。有须文火者,煨煮是也;火猛则物枯矣。有先用武火后用文火者,收汤之物是也;性急则皮焦而里不熟矣。有愈煮愈嫩者,腰子、鸡蛋之类是也;有合煮即不嫩者,鲜鱼、蚶蛤之类是也。肉起迟,则红色变黑。鱼起迟,则活肉变死。屡开锅盖,则多沫而少香;火熄后再烧,则走油而味失矣。道人以丹成九转为仙,儒家以无过不及为中。司厨者能知火候而谨伺之,则几于道矣。鱼临食时,色白如玉,凝而不散者,活肉也;色白如粉,不相胶黏者,死肉也。明明鲜鱼,而使之不鲜,可恨已极。”

厨师们通过现象的把握来判断温度和时间,如油温是通过油的翻动及油烟生成的现象来把握;时间是通过原料质地的变化和血色的变化来把握。这使得经验的积累较为重要,因为丰富的经验可以使现象上的温度与时间更接近原料本质上的温度与时间。当然,经验积累非一日之功,这给初学者带来诸多不便。鉴于此,要想把握好火候,要以烹饪理论做指导。因为烹饪理论的研究是要将火候的本质反映出来,并运用科学的数据来指导生产实践,再运用更为科学的加热设备来控制火候,这样才能减少失败的概率,更快、更好地掌握烹饪的真谛。

10.1.3 加热设备的工作原理与运用

加热设备是利用加热源对烹饪原料进行加热的炊具,从形式上分主要有炉和灶两大类。炉一般是指封闭或半封闭的炊具,多以辐射作为传热方式,它能在原料周围形成加热;灶多是

敞开式的炊具,加热源多来自原料的下方。现代厨房的加热设备不论炉或灶,都要用热源来进行加热,故本节将以热源为分类依据,将加热设备分为明火加热设备、电能加热设备、蒸汽加热设备3种。

1)明火加热设备

通常可将明火加热的燃料分为固态、液态、气态3种。其中固态燃料有柴、木炭、煤,在厨房中多以煤作燃料;液态燃料有柴油、汽油、煤油、酒精,在厨房多用柴油;气态燃料有液化石油气、煤气、沼气,在厨房中多用液化石油气和煤气。

(1)煤灶

煤的种类较多,不同种类的煤燃烧值不同。煤灶一般分吸风灶和鼓风灶两种,是过去饮食业中常用的炊具,使用起来并不方便,需要生火、添煤、封炉等多道工序,调节起来也不容易,同时卫生状况不佳,所以现代厨房已将其淘汰。

(2)煤气灶

煤气是由煤炭干馏而获得的,是种气态燃料,主要化学成分有氢气、氧气、一氧化碳、二氧化碳、氮气、甲烷、不饱和烃(主要是乙烯)和饱和水蒸气。其中可燃成分达90%以上,主要是氢气(50%~55%)、甲烷(23%~27%)、一氧化碳(5%~8%)。现代家庭、饭店中多以煤气作加热燃料,使用起来非常方便,并且干净、卫生、无粉尘。使用时需注意的是,煤气中所含的一氧化碳易泄漏,从而引起煤气中毒。厨用煤气灶多分为炒灶、炖灶、蒸灶等几种。炒灶大多灶口大,一般配有鼓风机,以增加其燃烧速度,另外有点火棒、鼓风开关、气阀开关、淋水开关等,使加热操作十分简单;炖灶大多灶眼小,有气阀开关,无鼓风机;蒸灶是用煤气烧水产气,有点火棒、鼓风开关、气阀开关、加水开关等。

(3)液化石油气

液化石油气是将石油气温度控制在15 ℃,压力增加到8.1×10^5帕,形成的液态石油气。虽然它是液态燃料,但易汽化,其燃烧主要是以气态出现。由于液化石油气有压力,因此需要特制的钢瓶来盛装(抗压能力16千克/立方厘米),且气在燃烧前应减压。液化石油气是一种优质燃料,着火点低,液态热值在46 000千焦/千克,气态可达83 680千焦/千克,温度可达1 212 ℃,具有煤气的优点又比煤气好。厨用液化气灶可作炒灶、炖灶、蒸灶,与煤气灶相同。不过,液化气灶的钢瓶是唯一比煤气灶烦琐的地方,要定期更换。

(4)柴油灶

柴油也是石油的加工品,由石油分馏而得。主要由15~18个碳原子的烷烃组成,是一种液态燃料,其燃烧值为37 700~38 900千焦/千克,虽然其各项指标不如液化石油气,但价格较低,使用安全,完全燃烧效果不差,所以厨房中多有使用。唯一的问题是不完全燃烧时会产生柴油粒子,会污染菜肴;同时,也有预热时间长,噪声大的问题。厨用柴油灶主要用于炒灶中,需要专门的上油装置定期上油。使用时注意掌握好油量与风量的比例,否则火易熄灭。

2)电能加热设备的工作原理及运用

随着经济的发展,利用电来加热的设备已越来越多地被普及推广应用,目前以电加热的设备可分两大类:一类是通电后将电能直接转化为热能的装置;另一类是通电后将电能转化为电磁波，通过电磁波来加热的装置。第一类一般有电炸炉、电扒炉、电法兰板等，第二类一般有电磁灶、远红外线烤炉、微波炉等。

(1)电灶

通电加热主要是利用电热元件的发热来加热介质和金属板，将电能转化为热能。当然，由于此类通电多使用交流电，交流电的不断变化，也会产生电磁波，只不过其主要方式还是以电热元件中的电子运动的摩擦产热来进行的。电灶中的电炸炉、电扒炉、电法兰板，都有通电开关、温控器、定时器，这样操作起来就十分方便和有效，同时安全、卫生。

(2)电磁灶

电磁灶是一种新型炊具，主要是利用通电后产生的高频交变磁场，形成电磁感应来加热金属锅，它不断变化的磁场，使金属锅的磁向在瞬间产生改变，改变的结果使电子发生摩擦而生热，此种加热需要说明的是，锅与灶的接触(垂直方向)面积越大，磁通量就越多，导热就越快。另外，锅底尽可能不要与加热板之间形成间隙，否则会产生磁阻，一般电磁灶与锅之间的距离超过6毫米，电磁灶将停止工作。电磁灶加热一般有开关和强弱调节杆，使用起来非常安全和方便，由于对不产生磁性的原料不能被加热，故手和纸等物品放在上面并不能被加热。

(3)远红外线烤炉

远红外线属于非电离辐射电磁波，一般将波长为0.78～1 000微米之间的电磁波称为红外线。由于红外线波长范围宽，又可将其分为近红外线(0.78～1.4微米)、中间红外线(1.4～3微米)和远红外线(3微米～1毫米)。实际加热中常用波长为2～25微米的红外线。远红外线之所以可以加热，主要是由于物体的分子结构，不同结构的分子、原子团都有固有的振动频率，当辐射电磁波的频率与分子或原子团固有频率相同时，就会产生共振。这也就是说，此时被照射物质对电磁波反射小而吸收多，远红外线产生电磁波除可以将能量传播到物体表面外，还能将能量传播到物体的一定深度，尽管这种深度只有1～2毫米，但对一些薄形原料，可以显著地提高加热效率。远红外线烤炉一般都做成密封的装置，便于波的反射，从而使食物能吸收更多的电磁波，通常加热十分方便，只要启动温控器、定时器及上、下火调节装置即可加热。

(4)微波炉

微波是一种10 kHz～300 MHz频率的电磁波，波长最短，频率最高，具有很强的穿透力。微波的加热是利用食物中的水分、蛋白质、脂肪、碳水化合物等都是电介质，易在电磁场中产生极化现象，尤其是食物中水分多的原料。我们知道，水是一种极性分子，有极性分子在交变电场中随电场反复变化，使水分子运动加快，产生摩擦热，如果频率增加水分子运动就加快，摩擦热产生的就越多。如一微波频率为2 450 MHz，也就是说每秒变化24.5亿次，如此强烈的摩擦必然引起热运动的加剧，食物便会快速成熟。如果用理论分析表述，微波的功率可为$Po=5/9fE2\varepsilon tg\delta\times10^{-10}$(瓦/立方米)，公式中$Po$为被加热介质单位体积所吸收的微波功率，$f$为微波频率，$E$为微波电场强度，$\varepsilon$为被加热介质的相对介电常数，$\delta$为被加热介质的损耗，$\varepsilon tg\delta$称为介质的损耗系数。从公式中可以看出：提高微波频率和电场强度，可以提高被加热介质吸收微波的功率，进而增强加热效果。当然，电场强度太高也会击穿空气或介质，而微波频率的选择也应受到国际公约的约束；为了使介质加热均匀，微波电场强度应分布均匀，如可以搅拌液体食物使之均匀。介质的损耗系数越大，介质将微波能量转化为热能的能力就越强，水的损

耗系数大，所以，被加热介质中含水分时，介质易被加热，干制食物尽可能不用微波加热。需注意的是水在冰点附近的损耗系数是随温度的上升而增加的，因此，在冰解过程中，只要产生了几滴水，微波功率就首先集中消耗在液态水中，结果造成加热不均匀，所以高湿度的冷冻食物，通常采用低功率微波解冻，并且，解冻温度宜控制在-2 ℃较妥。我们已知，微波具有一定的穿透性，这给微波加热带来许多优点：

①对不吸收微波的玻璃、塑料等介质穿透性好，可使能量直达食物，如果选用适宜的频率，就可以将食物内外加热均匀。

②可以使食物内部的水分汽化，加快干燥或食物膨化的进程。

因此，微波在对食物的内部解冻、再加热、炖汤等方面有着巨大的优势。微波炉的操作较为简单，只需调节好火力的档位，选择合适的加热时间，就可以快速地将食物加热成熟。

3）蒸汽加热设备的运用

此类蒸汽加热多是选择高压蒸汽，原理前面已介绍过。常用的厨房蒸汽设备有夹层锅、高压蒸汽柜等，它们的共同点是使用管道提供的蒸汽，热源是热蒸汽，而非现加热水形成蒸汽。夹层锅是将高压蒸汽通入金属夹层中，使锅内快速受热升温来加热食物，其操作较为方便，只要打开气阀即可。需注意的是，由于是高压蒸汽，其气量不应超过锅上所配置的压力表的最高值，以防止产生危险。高压蒸汽柜是利用蒸气喷嘴喷出高压气流，在瞬间加热食物。目前，厨房中多使用的是国外设备，其压力在 82 737 ~96 527 帕，操作起来比较方便，可以调好时间，打开气阀，通过观察温度表的变化来控制加热的时间。

任务2　热传递的途径与特色

对食物进行熟处理时，需要热源与介质的参与，利用不同热源的加热和不同介质的传热可以形成食物不同的风味。一般利用热源与介质加热都是由外向内进行热传递，而目前采用的微波加热都是由内向外进行加热，为了便于区别与掌握，需对熟处理加工方法进行分类。

10.2.1　热传递的方式

热传递的方式包括3个方面。

1）热传导方式

热传导简称导热。一般说来，热能由物体的一部分传递给另一部分，或从一物体传递给另一物体，同时没有物质的迁移，这种传热叫热传导。没有物质的迁移是讲宏观中没有物质的位移，而微观粒子则通过移动、转动和振动来传递热量，因此，宏观上又可以概括地说，导热时热量从高温部分传给低温部分。一般说来，固体和静止的液体所发生的热传递完全取决于导热，而流动的液体以及流动或静止不流动的气体的热传递虽然发生，但起主导作用的是依靠内部质点的相对运动而进行的热对流或放热而形成的热辐射。通常，固体导热是由高温区向低温区传热，没有质点的位移，而液体则较为复杂。比如加热油进行导热时，在油保持静止阶段主要是以导热为主，而经过加热进一步继续，热油分子上升而冷油分子下降，使油中产生了相对的流动，形成了热对流。

2）热对流方式

流体中温度不同的各个部分之间，由于相对的宏观运动而引起热量传递现象，称热对流。热对流中热量的传递与流体的流动有关系。因流体存在温差，所以表现为微观粒子间能量传递的导热也必然存在，只是不处于主导地位而已。

当流体流动与不同温度的固体接触时，会产生热交换，此种交换称对流换热。此时的流体既有流体内的热对流作用又有流体分子与固体之间的热传导作用。事实上，流体流经固体表面时还会有一种现象，即流体的黏性受固体表面热阻的影响，会形成一薄层，即所谓的边界层。因对流换热的热阻主要存在于这一薄层内，所以可以通过破坏这薄层来提高换热系数。如烹制时的热锅冷油，一方面加大温差，更快地传热；另一方面搅动油破坏边界层，使油更多地吸热。

3）热辐射方式

凡温度高于绝对零度的物体都有向外发射辐射粒子的能力，辐射粒子所具有的能量称为辐射能。因此，凡物体都有辐射能力，物体转化本身的热能向外发射辐射能的现象称热辐射，物体的温度越高，辐射的能力越强。事实上，辐射热能的物体是向空间发出了一定波长（通常0.1～40微米，包括一部分紫外线、可见光和红外线）的电磁波，被其他物体吸收后，产生了热效应，如果这种辐射能全部为某物体吸收，则这物体就称为黑体。黑体的辐射能力也最强，它向周围空间所发射的辐射能量使原料成熟。

10.2.2 传热媒介

食物熟处理法以介质进行分类，介质的种类分为固态介质、液态介质和气态介质3种。其中液态介质以水、油为主；气态介质以热空气、热蒸气为主；固态介质以砂、金属为主。每种介质都有其不同的导热系数，如50 ℃饱和水的$\lambda=0.65$瓦/（米·度），油为0.12～0.15瓦/（米·度），金属铁为73瓦/（米·度），所以传热的效能会不同，故掌握火候时应区别对待。

1）油为介质

从热容量的公式中可知，在质量相同的前提下，将温度升高1 ℃，哪个物体的比热容大，哪个物体所需的热容量就多，水的比热容大于油的比热容（水的比热为4.184焦/（克·度），油的比热为1.88焦/（克·度）），说明油升高1 ℃所用的热量比水要少，因而较少的热量就可以使油升高1 ℃。另外，在油作介质传热时，因为油的导热系数比水小，静止的油主要传热方式是传导，此时的确比水传热慢，所以中国烹饪中的热油封面、明油亮汁都是利用其静止时导热慢同时散热也慢的特性起保温作用。尽管油的导热系数比水小，但油分子运动起来后的主要传热方式是对流而非传导，那么热源在放出同样热量的前提下，油会比水吸收的热量多，升温自然也比水快。同时，油的沸点比水高，通常油的沸点可达200 ℃以上，如牛油为208 ℃，复合油为210 ℃，猪油为221 ℃，棉籽油为223 ℃，豆油为230 ℃。这说明油的温域宽，比较而言，易

与食物形成较大的温差,可以使食物中的水分迅速汽化。所以,一般情况下用油为介质可以使食物迅速成熟,还可以使食物形成外脆里嫩、里外酥脆、软嫩等几种典型的口感。这几种口感是食物品质的要求,因此,一般遵循的原则是:要形成外脆里嫩型的菜肴,运用火候时应注意先用中油温(140 ℃左右)短时间处理后,再用高油温(180 ℃左右)短时间再处理;要形成里外酥脆型的菜肴,运用火候时应注意在中油温(140 ℃左右)中进行处理,加热中也可以将原料捞出(以利水分的蒸发),待油温回升再进行加热,直到内部水分排去。注意:过高的温度只能加速其外表的炭化,而不能使里外的质感一致;要形成软嫩型的菜肴,运用火候时应注意用低油温(60~100 ℃)短时间加热原料。

2)水为介质

水为介质与油不同,其沸点最高只达100 ℃,这样,使水具有独特的性质。比如,水的沸腾和微沸现象,虽然它们的温度都是100 ℃,可结果是不一样的,沸腾的水只能被加速汽化而不能被提高温度。事实上,沸腾的水比微沸的水在单位时间内能有更多的传热量,是因为沸腾强烈的运动,对流换热系数增大(此时对流为主要传热方式),水从热源吸收的热就多,同时传递的热就多,这样一来,食物在沸腾的水中加热就能更快地成熟,短时间的成熟才能保证食物中的水分不过度流失,使质感软嫩。相反,微沸状态的水可以保证单位时间的传热量少,减少水分的过度蒸发,从长时间加热来看,食物从中获得的总热量并不少,虽然可能使原料中水分流失,但是保证了食物分子间的键断裂,形成软烂的口感。因此,一般遵循的原则是:要形成嫩型菜肴,运用火候时多以沸腾的水短时间加热;要形成软烂型的菜肴,运用火候时多以微沸的水长时间加热。

3)汽为介质

(1)水蒸气为传热介质

以蒸汽加热为例。蒸汽加热的温度可达120 ℃,饱和的水蒸气快速加热能减少原料中水分的损失。蒸汽加热可使食物达到软、嫩、烂的口感。因此,一般遵循的原则是:要形成嫩型菜肴,运用火候时用足气速蒸;形成烂型的菜肴,运用火候时用足气缓蒸;要形成极嫩的菜肴,运用火候时用放气速蒸。

(2)热空气为传热介质

利用空气的温度进行加热,一方面是热辐射直接将热量辐射到原料的表体,另一方面又依靠空气的对流形成炉内的恒温环境,将热量均匀分布,在辐射热与对流热并存下使原料变化,温度随燃烧气化的强度而升降,水分易于蒸发,表层易于凝结,产生干脆焦香的焙烤风味,常作为第一层介质使用。

10.2.3 不同传热介质所形成菜肴的风味差异

不同导热介质因传热形式、性能以及温度控制范围等方面的差异,使原料在各种导热介质中受热后所形成的质感、香味、色泽等风味都有一定的变化,而且也使原料达到最佳成熟所需的时间也各不相同,所以了解不同传热介质对原料风味和成熟的影响及变化关系,对掌握和运

用各种烹调方法有重要的实践指导意义。

1)香味的差异

食物在热处理过程中嗅感成分的变化十分复杂，除与原料本身受热后香味物质发生变化外，还与热处理的方法、时间也有一定关系。

(1)水煮香气

水果、乳品等原料在进行水煮加热时，会使原有的香气挥发散失，而且反应生成新的嗅感物质并不多；蔬菜、谷类原料在水煮加热时，除原有香气有部分损失外，也有一定量的新嗅感物质生成；鱼、肉等动物性食物则通过反应形成大量浓郁的香气。特别是一些长时间加热的炖、焖菜肴，可散发出诱人的香气。在该条件下发生的非酶反应，主要有羟氨反应、维生素和类胡萝卜素分解、多酚化合物的氧化、含硫化合物的降解等。因此，对一些香气清淡，或虽香气较浓而易挥发的果蔬等食物，不宜长时间在水中加热，否则风味损失较大。

(2)油炸香气

一般人都比较喜欢油炸食品的香味，有人称油炸食品为“国际性食品”不无道理，因为，油炸的烹调方法是世界最普遍使用的烹调方法之一。原料在高温的油脂中加热，产生嗅感物质的反应主要与油脂的热降解反应有关。油炸食品的特有香气被鉴定为2,4-癸二烯醛，它是油脂热分解出的各种羰化物中贡献最大的组分。除此之外，油炸食品的香气成分还包含有高温生成的吡嗪类和酯类化合物，以及油脂本身的独特香气。例如，用芝麻油炸的食品带有芝麻的香味，用椰子油炸的食品带有甜感的椰香等。

(3)烧烤香气

这种热处理方式通常温度较高，加热时间比在油中加热时间要长，因此产生嗅感物质的量也比较多。例如，烤面包除了在发酵过程形成的醇、酯类化合物外，在烧烤过程中还会产生70种以上的羰化物。在炒米、炒面、炒花生等食物中的浓郁芳香气味，大都与吡嗪类化合物含硫化合物有关，这是它们在烧烤时形成的最重要的特征风味物。食物在烧烤时发生的炸酶反应，主要有羟氨反应，维生素的降解，油脂、氨基酸和单糖的降解，以及一些非基本组分的热降解等。

2)口味差异

烹饪原料在水煮过程中，水不仅作为传热介质，而且也是菜肴不可缺少的一部分。这时水已不是纯水，水中含有烹饪原料溶解出来的呈味物质，以及添加的各种调味料，因为烹饪原料及调味料中，除少量属于离子型化合物外，如食盐、味精等，大多数是属于非离子型化合物，如食糖、料酒、酱油、食醋等。它们在水中都很容易溶解。经过加热使原料吸收水中的调味料，并与卤汁中的口味共同组成菜品的口味特色。而原料在用油作为导热介质时，油主要在成熟和香味、质感上发挥作用。我们不能将调味料投放到油脂中与原料一起加热入味。虽然油脂可以溶解一些香辣的香味物质，但对原料的口味只能通过加热前的腌渍以及加热后的调味碟进行确定和补充。经过调味的原料，在不同传热介质中加热后，其口味会发生不同程度的变化。原料无论在哪种传热介质中加热成熟，其原料内的水分都会有不同程度的损失。对烹前调味的原料来说，随着加热后水分的变化，原料中盐的浓度也会发生变化，按常规推理，水分损失后

盐浓度应该增大,可实际情况并非如此,不同传热介质制熟的原料,其盐浓度的变化差异是很大的。以油和水作传热介质来比较,原料经调味以后放到油中加热,原料内部水分将会损失,盐浓度随之增加,口味变重。而把同样的一块原料投放到水中加热,原料水分也有损失,但由于渗透压的存在,原料中的盐分也流失到水中,盐浓度随之降低,口味反而变淡。所以,原料在加热前进行调味时,必须考虑到不同传热介质对口味的影响。就是对同一种传热介质来说,其加热时间的长短、温度的高低对原料水分的损失情况也有不同,味的变化也有差异,例如,用油作传热介质,一般油温越高,在油中加热时间越长,水分损失也就越大,没有挂糊的原料比挂糊原料的水分损失要多。为此,在对用油传热法的菜肴调味时,必须考虑到这些变化因素,才能准确掌握调味品调配的比例。

3)色泽和质感的差异

经水煮加热的原料中,绿叶蔬菜和某些水果色泽变深,时间一长还会变黄、变黑,动物性原料则逐渐变淡;经油中加热时,随油温和时间的变化而逐渐变深,金黄的色泽是一般油炸菜品的色泽标准。高温油炸后的原料还有助于吸收调味品中的色泽,如预热工艺中的“走红”,就是利用的这一特点。在畜禽类原料的表皮上抹上饴糖后,放在热油中加热,随着加热温度的升高而呈现出不同的色泽:浅黄—酱红—深红—焦黑,即由浅至深。由于油的热容量很大,原料捞出之后,其余温会使原料色泽继续加深。所以,我们在制作油炸菜品时,一定要准确掌握油炸时间,如果原料在油中加热时已达到所需的色泽,待捞出后将会比要求的色泽要深一点。

任务3 菜肴熟处理中的传热过程

食物在加热过程中,可以通过传导、对流、辐射3种方式进行加热,在一般传热中的途径(微波加热除外)是热源—介质—食料。要使食物原料成熟必然要使热源与食物之间形成温度差,这样热的传递就可以进行,食物也可以由生变熟。不过,如果传热过程中的手段不一,就会使食物成熟的效果不一。例如,一只鸡放入锅中加热,用旺火沸腾水和小火微沸水加热都可以使之成熟,但成熟后的口感不一,一种是刚熟,口感较嫩;一种是久熟,口感较烂。说明有成熟度的问题,如何把握成熟度就需要我们从食物的外部传热和食物的内部传热两方面来看。

10.3.1 食物的外部传热

食物的外部传热可分成两个阶段,一是热源将热传给介质;二是介质再将热传递给食物。因为介质不同所传热的结果也不同,下面将分别介绍其传热的机理。

1)热源加热固态介质

一般固态介质有金属、泥沙、盐等几种。在被加热时分两步:第一,热空气—介质外部,主要方式是热对流;第二,介质外部—介质内部,主要方式是热传导。

2)热源加热液态介质

液态介质的种类一般是油与水,由于有流动性,它们都需要固体盛器(锅)来辅助,因此加热的过程分3步:第一步,热空气—固体介质外部,主要传热方式是热对流;第二步,固体介质外部—固体介质内部,主要传热方式是热传导;第三步,固体介质内部—流体介质,静止的流体主要传热方式是热传导,流动的流体的主要传热方式是热对流。

3)热源加热气态介质

气态介质主要分为热空气和热蒸气两类,这两类加热的机理不一样,故将分别阐述。

(1)热空气

热空气的传热主要来自热源的热辐射与热对流,而热传导所传递的热量却很少。

(2)热蒸汽

热蒸汽是指水加热沸腾后产生的水蒸气。现代厨房多用管道直接供热蒸汽,很少用水加热产汽,故分析时就以热蒸汽为对象。

10.3.2 食物内部的传热

食物的状态一般分为固态和液态,液态食物(如牛奶)加热遵循前面所介绍的液体介质的加热原理。这里主要介绍的是固体食物的内部加热。食物是不良的导热体,热量传递到食物表面后,进入食物内部仍需一定的时间才能使食物全部成熟。实验表明,一块1.5~2千克的牛肉在沸水锅中煮1.5小时,内部温度才达到62 ℃;一条大黄鱼在油中炸,油温达180 ℃,鱼表面温度达100 ℃左右,但其内部温度才达到60~70 ℃。这说明食物的体积越大,传热中所需时间就越长,那么,加热这类食物时就不能用高温处理,否则,外部水分汽化、干枯,而内部却未成熟。也就是说,水分汽化的速度大于热量传到食物内部的速度。为此,针对食物内部的传热就应采取相应的加热方式和手段。质量平均温度与食物的半径有关(理想的食物半径),只有掌握了食物加热中的质量平均温度,我们才可以根据需要来调节食物的成熟度,更好地把握加热中的火候。

任务4 食物熟处理的作用

10.4.1 清除或杀死食物中的病菌,促进食物被人体消化吸收

在正常情况下杀菌是利用加热来完成的,通过加热使细菌中的蛋白质变性,让其失去活性而被杀死。在实践中,既要保证细菌被杀死,不对人体构成危害,又要保证食物的嫩度,通常又将温度升高到60 ℃以上,而且多以原料血色的变化来判断,因为血液也是蛋白质,所以以血色的变化来判断食物最终的成熟度。那么,食物的成熟度又是如何来确定的呢?食品制备委员会所定肉食品熟度标准(以牛肉为例):牛肉半熟时中心为玫瑰红色,向外带桃红色,渐变为暗

灰色，外皮棕褐色，肉汁鲜红，中心温度 60 ℃；中熟中心浅粉红色，外皮及边缘为棕褐色，肉汁浅桃红色，中心温度 70 ℃；全熟中心为浅褐灰色，外皮色暗，中心温度 80 ℃。

食物经加热至熟，虽然多依照人们的口感或嗜好来决定肉质老和肉质嫩，但保证细菌不危害人是前提，否则给人体带来不健康因素就适得其反。因此，对于生料处理，就应采取相应的非热方法来灭菌，如酒醉、盐腌等方法使细菌中的蛋白质变性而失活。

人体中虽然存在多种消化酶，但像米中的淀粉、大豆中的蛋白质，如果不经烹饪加热，营养素要被人体利用是相当困难的。在这种情况下，烹饪加热便对有效利用食物的营养价值起到重要的辅助作用。事实上，加热不仅分解食物使人体易吸收，如动物原料中胶原蛋白的水解；而且还可以转化有毒或有碍消化吸收的不利物质，如生大豆中所含的抗胰蛋白酶。可见，加热不只能有效地利用食物的营养特性，还可帮助消化营养素。在营养物质中，蛋白质、脂肪、碳水化合物需要经消化而被吸收，而无机盐、维生素则可以直接被人体吸收。加热后的三大营养素会有利于人体的消化吸收。例如，淀粉（多糖）在水中加热会发生糊化或水解，其中糊化是水分子进入紧密的淀粉胶束结构，使淀粉粒吸水膨胀。糊化的淀粉易于消化是因为淀粉分子间的氢键吸收一定的热量后断裂，分子间结合力被破坏，使紧密的结构变得疏松；脂肪在水中加热会发生乳化或水解，脂肪虽然不溶于水，但在加热条件下振荡力加强使水滴与油滴分散开来，互相包围着，形成 O/W 型（水包油型）乳胶液，同时，温度的升高使界面张力降低减少液滴的合并，最终在酶解作用下被消化；蛋白质在水中加热会发生变性，甚至凝固，由于加热破坏了蛋白质的次级键，使蛋白质易被酶水解。当然，长时间加热蛋白质也可以产生一些低聚肽，容易被人体消化吸收。通过一些数据可知加热对食物的影响，如鸡蛋：未烹生食消化率为 30% ~ 50%；经烹调后，去壳煮半熟消化率为 82.5%；搅拌炒消化率为 97%；经低温炸消化率为 98.5%；带壳煮熟消化率为 100%。淀粉：纯淀粉在加热过程中会发生糊化反应，这在前面的挂糊、上浆工艺中已经谈过。对淀粉含量高的果蔬原料来说，加热可使原料中淀粉分解为麦芽糖或葡萄糖的中间产物——糊精，如土豆、山芋等原料在烘烤时出现的焦皮，熬粥时表面那层黏性的膜状物等，都是由淀粉分解产生的糊精，而且淀粉的分解物，易被人体消化，吸收。不过，在加热中，维生素的损失是不容忽视的，由于它们可以直接被消化，通常能生吃，因此只要卫生条件能满足，就尽可能生吃，即使加热也应快速加热。事实上，能生吃的多是蔬菜原料，其维生素含量高，易损失；而生荤原料，由于个人嗜好和饮食习惯，只要卫生条件许可，尽可能选质嫩、蛋白质含量高、脂肪含量少的原料，如鱼、虾类，否则，容易引起消化不良。

10.4.2 改善菜肴风味

原料经加热以后，其原料的特征会发生各种各样的变化，其中包括色泽变化、风味变化、质地变化、成分变化、形态变化等，这些变化直接与菜品的质量标准密切相关。如何使菜品质量达到色、香、味、形、质、养俱佳的标准，必须了解原料在加热过程中的变化特征，否则就很难把握加热前的各种加工技法，也不能准确地控制加热后的菜肴质量。

1）风味的变化

（1）果蔬原料的风味变化

果蔬原料的品种很多，分类的方法和依据也各有差异，根据本节所讲的内容分成两大类：一类是可直接生食的果蔬原料；另一类是须经加热后才能食用的果蔬原料。这两种果蔬原料在加热过程中的风味变化是有差异的。

①加热后食用的果蔬原料风味变化。这类原料本身虽含有各种风味物质，但加热前很难从原料中挥发出来，有的甚至还含有一些辛辣的刺激性气味，经过加热以后，不仅会改变其不良气味，而且还会产生各种独特的香气。例如，百合科的蔬菜（洋葱、大蒜、葱等），它们在加热前有刺激性的香辣气味，形成这种气味的主要成分是原料中所含的含硫化合物，它们经烹调受热后，风味发生了很大变化，其刺激性的香辣催泪气味下降，味感反而甜，原因主要是加热后除一些易挥发成分损失外，所含的硫化合物发生了降解。洋葱中含量较多的二丙基硫醚受热后降解生成了丙硫醇，它比蔗糖还甜，所以加热后洋葱会产生香和甜味。马铃薯经烹调后不仅香气增加，还有典型的味感变化。有人认为，在烤马铃薯时，甜、苦、酸、咸4种基本味感都能被感觉到。这种风味的产生主要是由于马铃薯中含有较多的酸性氨基酸和核苷酸，尚未发现任何其他植物具有如此高的含量。在适宜的温度下马铃薯能充分释放出核苷酸。此外，马铃薯内大量的淀粉在烘烤时也会产生大量的香气和微甜味。花生独特而强烈的香气主要也是在烘炒时产生的。

②可生食的果蔬原料的风味变化。这类原料不经加热就已经具备了良好的风味和质感，特别是一些水果原料，本身具有香、甜、脆的良好风味，经过加热以后，不仅原有的香气成分由于挥发而减少，而且果实内含有的糖类、氨基酸、脂肪等经过非酶反应还会生成其他嗅感物，使其香气发生很大变化。例如，将苹果汁加热时，其香气中的丁酸乙酯，2-甲基丁酸乙酯等酯类，在6小时会完全消失；而醇类化合物经长时间加热反而增加2-糠醛、5-甲基-2-糠醛、苯甲醛、2，4-癸二烯醛等在加热初期并不存在，而到后期竟增加到可视为主要成分的程度，估计这些呋喃类化合物和二烯醛是由糖类反应和脂肪氧化而生成的。又如，有人把草莓酱在120 ℃下加热30分钟后，发现由于有二甲硫醚、乙醛、异丁醛、呋喃、糠醛、2-乙酰呋喃及呋喃酸乙酯等物质生成，香气发生了变化。所以，我们利用水果制作菜肴时，加热时间一定要控制好，一般在菜肴成菜前投入，翻拌后立即出锅装盘，否则水果的香味和质感都会发生改变。有的水果在加热以后，其酸味还会增加。

（2）畜类原料的风味变化

生肉的香味是很弱的，但是加热后，不同种类动物的肉则产生很强的特有风味。一般认为，这是加热导致肉中的水溶性成分和脂肪发生变化造成的。在肉的风味里，既有共有的部分，又有因肉的种类不同而特有的部分。前者与猪肉所得的肉的风味大致相同，主要是可溶氨基酸、肽和低分子碳水化合物之间进行反应的一些生成物。后者则是因为不同种肉类的脂肪和脂溶性物质的不同，由加热而形成的特有的风味。肉的风味，在一定程度上因加热的方式、温度和时间而不同。在空气中加热，游离脂肪酸的量显著增加。把肉加热到80 ℃以上有硫化氢产生，随着加热温度的提高，其量也增多，因而认为加热温度对肉的风味影响较大。关于加

热时间，有报道说在3小时以内随时间的增加肉的风味也增加，相反，则随时间的增加而减少。通常认为较老的动物肉比幼小的动物肉有更强的风味，如成牛肉特有的滋味而小牛肉则乏味；再者，同一动物不同部位肌肉之间的风味也有差别，如腰肌风味不及膈肌风味好；此外，动物宰后的极限pH值越高，则风味越低。

不同的加热方式对肉的风味形成也各有差异。例如，肉类加热方法不同，所生成的香气成分虽有类似之处，但也会显示出各自的特征。煮肉香气的特征成分以硫化物、呋喃类化合物和苯环型化合物为主体；烤肉香气的特征成分，主要是吡嗪类、吡咯类、吡啶类化合物等碱性成分以及异戊醛等羰化物，以吡嗪类化合物为主。烤肉的香气除了肉的品种外，还与受热温度、时间等因素有关。例如烤鸭，在250 ℃下烘烤30分钟，可产生诱人的香气；若温度低于250 ℃，鸭肉夹生，香气则缺乏；若高于250 ℃烘烤，则因过度烘烤而产生焦煳气味。炒肉香气的特征成分介于煮肉和烤肉之间。熏肉制品的风味除了肉类受热时产生的香气外，还取决于肉制品表面所吸附的成分，这与熏烟成分及熏制方法均有关系。在熏烟成分中，以酚类、酸类、醇类化合物的香气影响最大。当熏制方法不同时，如在较低的温度下熏制，这时肉类对高沸点酚类化合物的吸附将大为减少，从而也使熏肉制品的香气产生差异。熏烟中的酚类物质可以防止肉类脂肪的氧化，在抑制肉制品氧化臭的形成方面也很重要。所以，同一种原料用不同的烹法、不同的受热温度和时间制成的菜肴，形成的风味也是各有特色的。

加热时脂肪熔化，包被着脂肪的结缔组织由于受热收缩而给脂肪细胞以较大的压力，因而使细胞膜破裂，熔化的脂肪流出组织。随着脂肪的熔化，释放出某些与脂肪相关联的挥发性化合物，这些物质给肉和汤增加了香气。不同品种的畜禽原料，所含脂肪在加热过程中形成的风味是有明显差异的。实验表明，对加热不含脂肪的牛肉、猪肉进行比较时，发现所产生的肉味基本相似，如加热不含脂肪的牛肌肉时，能够判断出是牛肉的比率仅为45.2%，但如果加热含10%脂肪的牛肉时，判断出是牛肉的比率增至90.2%。在加热含有脂肪的牛肉时，产生肉香味的成分很多，其中以硫化物为主，因为在牛肉加热所得的挥发物质中除去硫化物后，牛肉香气几乎完全消失。在所含硫化物中以噻吩类化合物为主，另有噻唑类、硫醇类、硫醚类、二硫化物等多种成分，此外呋喃类物质也在牛肉香味中起一定的作用。猪肉香气成分以4(或5)-羟基脂肪酸为前提而生成的γ-或δ-内脂较多，而且猪脂肪中的C5～C12脂肪酸的热分解产物与牛肉有所不同，尤其不饱和的羰化物和呋喃类化合物在猪肉的肉香成分中含量较多。羊肉受热后的香气与脂肪的关系更为密切，羊的脂肪比起牛、猪肉脂肪，其中游离脂肪酸的含量要少得多，不饱和脂肪酸的含量也少，因此羊肉加热时产生的香气成分中，羰化物的含量比牛肉还少，从而形成了羊肉的特别肉香。

(3)水产原料的风味变化

和鲜鱼相比，熟鱼的嗅感成分中，挥发性酸、含氮化合物和羰化物的含量都有增加，产生了熟肉的诱人香气。熟鱼香气物质形成的途径与畜禽肉类受热后的变化类似，主要通过美拉德反应、氨基酸热降解、脂肪的热氧化降解以及硫胺素的热降解等反应途径而生成。香气成分及含量上的差别，组成了各种鱼产品的香气特征。由于鱼死亡后的熟化过程很快，所以生鲜鱼内的核苷酸含量多，烹调后呈现出其独特的鲜味。油炸鱼比烹调鱼增加了炸油中及鱼体内脂肪的热氧化降解产物，香气成分及含量都有较大的增加，并有焦脆松软的口感，风味很好。烤鱼和熏鱼的香气与烹调鱼有所差别。当烘烤不加任何调味料的鲜鱼时，主要是鱼皮及部分脂肪、肌肉在热的作用下发生非酶褐变，其香气成分相对较为贫乏。若在鱼表面涂了调味汁再烘烤，情况就完全不同。来自调味汁的乙醇、酱油、糖也参与受热反应，这时羰化物及二次生成物含量显著增加，风味较浓。鱼肉蛋白质经加热后会水解成多种氨基酸和低聚肽，而这些低聚肽可使食品中各种呈味物质变得更加协调、更加突出。另外，许多水产品存放时间稍长后，通常会产生较明显的腥臭气味。腥臭气味的主要成分有氨、三四胺、硫化氢、甲硫醇、吲哚等。但这些成分都不稳定，经烹制加热后容易逸散。

(4)调味品风味的变化

各种调味料都有各自的风味物质，经过加热，不但可使这些风味物质充分挥发出来，提高增香的效果，同时还具有解腥作用。料酒是烹调中常用的调味料之一，料酒中含有乙醇、酯类等成分，特别是乙醇，可以促进异味的挥发，同时还能与有异味的酸在加热时形成有香气的酯类。糖是烹调中最重要的甜味调味品。它经加热后虽然成分没有多大的变化，但味道却受到温度的影响而变化。例如，在浓度相同的情况下，当温度低于 40 ℃时，蔗糖的甜度较低；当高于 50 ℃时，蔗糖的甜味比较明显；当温度过高、加热时间过长时，糖则形成甘苦而无甜香味的焦糖素，我们平时制作的“糖色”属此类。另据专家认为，酱油的许多呈香成分也是酱油在加热时，糖和氨基酸发生化学反应过程中生成的。所以，我们在制作凉拌菜肴时也要把酱油煮热后使用，这样既去掉了豆腥味，也使酱油更加香鲜。味精是发明不久的鲜味剂，温度对它的鲜味虽有一定的影响，但必须掌握好加热的程度。如果加热时间过长、温度过高，不但会失去鲜味，还会生成有害的物质。为此，我们在烹制过程中应据不同调味品的特征，掌握好它们的烹制温度和时间。另外，加热对调味品风味的最大影响就是可以使各种调味品之间、调味品和原料的“本味”之间相互融合、相互渗透，使原有的风味更加协调、柔和，而不是风味间的简单重叠。但是，多种风味混合后在加热过程中的动态变化是非常复杂的，我们目前对这种变化关系的研究还不够深入。目前所能做的主要是对大量的食物风味成分的分离、鉴定和重新组合后风味效果的表现观察。由于这些风味物质和神经感受器官的结合方式还不清楚，加之食物的实际风味效果都是多因子的综合效应，要发现矛盾的主要方面也是相当困难的。因此，对实践具有指导意义、能有效控制食品风味变化的理论还没有形成。

油脂虽然是传热介质，但加热后对菜肴风味的变化也起到了积极的作用。

①提高增香作用。油脂本身就含有一定的芳香物质，加热以后形成油脂的特殊香味。油脂加热以后还可以促进原料或其他调味料中香味的散发，例如，油炸或油煎菜肴，因油的温度较高，使原料中的呈味物质快速挥发，并与油脂香味一起形成煎炸菜独特的香味。再如，行业中常用的“炝锅”方法，也是利用热油的温度使葱、姜、蒜等调料中的香味得到快速、充分的挥发。油还是许多调味物质的溶剂，将蒜泥、花椒等调味料放在油中加热，可使蒜泥和花椒中的香辣物质转移到油脂中，这给烹调和食用带来了方便，同时也增加了风味。这时的油脂起保香剂的作用。油脂可溶解多种呈味物质，只要用量适当，就可以用于各种菜肴中。常见的调味油品种很多，如生姜油、花椒、蒜泥、辣椒油等。

②提高保护作用。首先，对原料的形态有保护作用。动物性原料受高热以后，表层蛋白质变性收缩，形成致密性较高的硬膜，对原料的形态起固定作用。同时，也阻止了原料中的水分

和营养物质的流失，特别对上浆和挂糊的原料，保护效果更为突出。其次，对脂溶性的营养物质有保护和增加吸收率的作用。同一道菜肴，分别采用油炒和干煸两种方法烹制，其保护效果也不相同。干煸的菜肴其维生素和蛋白质的损失都比油炒菜肴多，而且消化吸收率也有所降低，绿叶蔬菜中含有大量胡萝卜素，它是脂溶性的，直接食用吸收率低，但用油烹制后能增加吸收率。前面已讲过，油脂在高温中反复加热，使油的黏度增大、色彩加深、味感变劣，不仅破坏了油的营养价值，而且产生有毒物质，影响人体的健康，所以油炸用油要注意经常更换。

2）质地的变化

（1）果蔬原料质地的变化

果蔬原料质地变化与火候的运用有直接关系。对纤维含量较多的蔬菜而言，只能采用旺火速成的烹调方法。因为这类原料水分含量较多，加热时间一长，水分外溢，使原料纤维变得粗老，甚至无法下咽，如韭菜、芹菜等。对淀粉含量较多的蔬菜原料来说，如马铃薯、藕、芋头等，既可以采用旺火短时间加热的方法进行烹制，又可以采用慢火长时间的加热方法进行烹制，短时间加热可使原料质地脆嫩，长时间加热又可使原料质地变得软糯松黏，形成两种口感的原因与淀粉糊化的程度有关。

（2）肉类原料质地的变化

肉类原料的质地变化受温度和原料受热时间的影响最明显。短时间加热，肉中肌原纤维蛋白尚未变性，组织水分损失较少，肉质比较细嫩；加热过度，肌原纤维蛋白过度变性，肌纤维收缩脱水，造成肉质老而粗韧。但随着加热时间的延长，肉中胶原水解，分布在肉中的脂肪开始溶解，组织纤维软化，肉又会变得酥烂松软。可见，温度的高低、受热时间长短是肉类原料质地变化的重要因素。根据上面的变化特征，在烹饪实践中，应据原料蛋白质、结缔组织的含量及含水量来确定受热的温度和时间。如结缔组织含量相对较少、水分含量相对较多的动物原料，可采用高温短时的烹调方法，常见的有猪肝、腰子等；结缔组织含量相对较多、水分相对较少的动物原料，可采用低温长时间的加热方法。虽然结缔组织含量多的肉质比较坚韧，但经过70 ℃以上在水中长时间加热，结缔组织多的肉反而比结缔组织少的肉柔嫩。

（3）水产原料质地的变化

随着温度的升高，鱼贝类的质地发生变化，一般加热到50～60 ℃以上时，组织收缩，重量减少，含水量下降，硬度增加。一般硬骨鱼在100 ℃蒸煮10分钟，重量减少15%～20%，墨鱼和鲍鱼等重量减少可达35%～40%，鱼体大、鲜度好的减重很少。为此，我们在加热鱼贝类原料时，一定要控制好加热的时间。根据实验得出，500克重的鳊鱼，在100 ℃的笼中蒸制8分钟已经完全蒸熟，此时肉质水分损失较少，质地嫩，继续加热，肉质水分损失增加，质地变老；用6克食盐腌制60分钟以后的鳊鱼，在100 ℃的笼中约蒸9分钟，则肉质完全蒸熟，肉质细嫩；在制作墨鱼、章鱼时，加热时间更为重要，因为墨鱼、章鱼在加热前很柔软，经短时间爆炒后可使鱼肉变得脆嫩爽口，但加热时间延长后，组织强烈脱水硬度增加，肉质变得非常粗老。

3）色泽变化

（1）果蔬原料的色泽变化

果蔬原料的色素成分稳定性一般较差。遇光、遇热以后会发生变色反应，而且大多数变色反应都是人们不希望出现的，但也有少部分变色反应使菜品色泽更加艳丽，如胡萝卜、南瓜等加热以后使其色泽加深，对菜品的色泽有美化作用，而多数原料，特别是绿叶蔬菜和一些丹宁含量较多的水果，加热会破坏原料良好的色彩，使绿叶蔬菜变黄，水果变黑，所以，我们在加热时间等方面可以采取措施以避免色泽的变化。

(2)肉色的变化

肉受热后颜色会发生变化。这个变化受加热方法、加热时间、加热温度等影响最大。肉内部温度在60 ℃以下时，肉色几乎没有什么变化，65～70 ℃时，肉内部变为粉红色，再提高温度成为淡粉红色，75 ℃以上则变为灰褐色，这种颜色的变化，是由肉中的色素蛋白质的变化引起的。肌红蛋白在受热作用时，逐渐发生蛋白质的变性，构成肌红蛋白辅基的血红素中的铁也由二价转变为三价，最后生成灰褐色的高铁血色原。高铁血色原是高铁血红素与变性球蛋白的结合物。在长时间高温加热时所发生的完全褐变，除色素蛋白质的变化之外，还有诸如焦糖化作用和羰氨反应等发生。经过含亚硝酸盐成分腌制的肉在加热后形成NO-血色原。腌制肉制品如灌肠、火腿、培根等经加热后形成浓淡相宜的较稳定的红色，其化学本质即NO-血色原。

(3)水产原料色泽的变化

鱼贝类原料的肌肉在受热以后，肌肉的色泽由透明逐渐变为白浊色，其变化过程与肉类相同，主要是由于肌红蛋白变性引起的。生鲜的虾、蟹外表呈现青色，它是由于虾黄素与蛋白质结合成色素蛋白而产生的，加热后蛋白质变性，虾黄素则被氧化成虾红素而变成红色。

10.4.3 破坏作用

食物熟处理也会对菜肴造成破坏作用，加热可破坏原料中的某些维生素，特别是在碱性环境中加热，则会加速、加大水溶性维生素的破坏程度，加热时间越长，温度越高，破坏程度越大；在酸性环境中加热，则维生素的破坏程度比直接加热或加碱加热有明显降低。维生素C是维生素中较活泼的一种，在加热过程中极易氧化，在碱性环境中加热其氧化速度加快。另外，在加热维生素C含量较高的果蔬时，应避免与铜制的炊具接触，因为铜会加速它的氧化和破坏。

在畜禽原料加热时，维生素A、维生素C、维生素D均有一定的破坏。维生素B_1在碱性环境中易被破坏，在酸性环境较稳定，在中性条件下，随温度升高，破坏程度增加。畜禽类原料中的矿物质在水煮过程中损失较多，如预煮时，猪肉损失34.2%，羊肉为38.8%，牛肉为48.6%，而在油中加热则平均损失只有3%左右。脂肪在加热过程中的变化也会影响菜品的质量，如在水中加热时，因脂肪在锅中剧烈沸腾，易形成脂肪的乳浊化，乳浊化的肉汤变为白色浑浊状态，脂肪易被氧化，生成二羟硬脂酸类的羟基酸，而使肉汤带有不良的气味。在用油炸方法进行加热时，油炸用油在高温作用下很易水解和氧化。甘油在高温作用下会氧化成丙烯醛，该产物有苦味，且具刺激性，长时间反复使用的油炸用油，不仅营养价值降低，它会产生一些有害物质，这些有害物质是不饱和脂肪酸的不同类型的聚合物，对人体的肝脏损害最大。

思考与练习

1. 简述火候及火候运用。
2. 举例说明加热设备的工作原理与运用。
3. 如何改善菜肴风味?
4. 如何理解熟处理的破坏作用?

【知识目标】

1. 了解预熟处理的目的。
2. 了解预熟处理的方法和用途。
3. 掌握烹调方法分类的依据和规律。
4. 掌握不同传热介质的特性。
5. 掌握不同烹调方法的调味特征、加热时间、选料范围。

【能力目标】

1. 学会使用炒、煎、蒸等烹调方法。
2. 熟练掌握炸、炖、熘、烤等烹调方法的工艺流程,以及代表菜品的制作方法。
3. 熟练掌握拔丝、挂霜的工艺流程。

食物熟处理方法是历代厨师经长期实践总结出来的,可使菜肴形成多种风味。它不仅代表了一种技法,同时还反映出形成菜肴风味的一般规律。针对不同的原料选用不同的方法,可以满足人们不同口味的需要。

本单元内容是菜品成熟的具体环节,它集组配、调味、加热等工艺为一体,是菜点制作工艺中最为重要的技术要素。但本单元内容实践性很强,学习时必须结合具体菜点的操作实例,才

能掌握每种烹调方法的操作要领。学习时应重点了解烹调方法分类的依据,掌握食物熟处理的作用和预热处理的方法,熟练掌握炒、炸、煎、炖、蒸等常用烹调法的工艺流程和加热调味特征,对烤、熏、拔丝、挂霜等特殊烹调方法,也要有一定的了解。对一些相近的烹调方法进行对比,并能归纳出它们的异同点,如炖和焖、熘和烹、煮和烩等。

任务1 预熟处理技法

11.1.1 预熟处理的目的和意义

预熟处理是将原料在正式熟处理前,按成品菜肴质量的要求,加热成为一种半成品的加工手法。这种方法是正式熟处理前的一种辅助手段。预熟处理与正式加热的手段是一样的,都需要用介质来进行加热。预熟处理的结果,可以是半熟品、刚熟品和久熟品,唯一不同之处是预熟处理的原料大多不调味,便于在正式熟处理时再进行进一步的加工,完全是一种辅助加工手段。由此可以看出,预熟处理的目的如下。

1)除去原料中的不良气味

烹饪原料中大多数动物性原料都具有腥、膻、臊味,这种不良的气味如果不在正式熟处理前去除,将会大大地影响菜肴成品的质量,所以通常用预熟处理法将其去除。如牛、羊肉的膻味大,加工时多用水加热,使异味溶于水而被去掉。另外,一些植物性原料如鲜冬笋、菠菜等中有影响进食的物质,也必须在正式熟处理前将其去掉,否则,将会影响菜肴的质量。

2)为了增加原料的色彩、固定形状

食物色彩的调配,并非像美术作品中的调色那么容易,多数需用加热的手段来完成。如将绿色蔬菜加热会变色,适度的加热时间能形成悦目的碧绿色,引起人们的食欲;将扣肉油炸会形成金黄的颜色,也能诱人食欲,再将两者搭配会相得益彰。有些预加热是使食物在正式处理前具有固定的形状,如将樱桃肉用水加热定型后再剞刀,不会使原料变形,有利于最终的成型。食物预熟处理中千万不能忽略对食物形状、颜色的把握,因为形、色是给食客的第一印象,如果在预处理中处理不好,会对正式处理带来不可弥补的影响。所以,烹饪中的每一个环节都很重要。

3)缩短正式加热时间,调整原料间的成熟速度

前面我们已知,不同的原料具有不同的热容量,即使同一种原料,由于质量大小不一,其所需要的热容量也不一样。正式加热后的原料多是一起出锅(与西餐调配法不同)的,故预熟处理非常重要。如土豆烧牛肉,牛肉一定要预先煮熟,才能与土豆同烧,否则,土豆已烂牛肉还未熟。在牛肉预熟时尽可能不调味,以加快其成熟的速度,因为过早加入盐等调味品,会使牛肉不易烧烂,这点千万要注意。

4)为食物的储存做准备,使正式熟处理加工更快捷

这项内容虽然看似不是正式熟处理,但事实上在厨房生产中作用很大,国外运用此加工方

式已非常普遍。比如,将蔬菜原料煮至半熟,然后再用冰水迅速冷却,使其降温。这样的处理可以保护原料的颜色、质感,延长储存时间,同时避免正式熟处理的长时间加热。一般说来,细菌活动旺盛区域是4~60 ℃,而当食物处在71~82 ℃或4 ℃以下时,细菌的活动将被抑制。如过去为了保存熟鳝鱼肉,多将其油炸后存放;"淮鱼干丝"中的淮鱼也是运用此种方法进行处理的。最后需要说明的是,厨房生产中,为了运转的需要,许多正式熟处理方法被分段处理。如扒蹄,现烧肯定不行,一定要预加热至八成熟,然后存放。顾客点后再上笼一蒸,待原料热了淋汁即可。这种特殊的处理方法在现代厨房中已运用得越来越多,这是高效率带来餐饮快节奏发展的结果,也显示预熟处理加工的地位越来越重要。

11.1.2　预熟处理的种类

我们已知,预熟处理是通过传热介质的传热来制熟的,目前这类介质有水、油、蒸汽等,所以,在分类上多以水预热、油预热、蒸汽预热为主。尽管预热处理中有些介质并未用到,如热空气介质、固体介质,但从口感的需要和菜肴的发展来看,不排除以后使用的可能性。应该承认这些被忽略的加工方式,将能拓展预熟处理的发展空间。因为行业中这样的加工法并不普及,故本节只介绍水、油、蒸汽3种预处理法。

1)水加热预熟法

水加热预熟法在行业中称焯水或走水锅,是将原料中的腥膻异味溶于汤水中并快速去除的一种方法。其很类似另一种熟处理法——制汤,而制汤是将原料中的鲜味溶于汤中。由此可见,前一种是要抛弃,而后一种是要保留。严格地讲,制汤不属于预熟处理,这是因为所有的预熟法都注重原料,是对原料的预熟,而制汤主要注重的是汤,其方法就是炖(清汤)和煨(浓汤),是一种衍生的方法,属于烹饪加工中的辅助手段。

(1)水加热预熟法的种类

①冷水预熟法。冷水预熟法是将原料入冷水中,通过加热升温使水沸腾,原料最终变熟。由于原料由生变熟需要经过一定的时间,这时间可以充分地将原料中的异味溶于水中,因此,对体积大的、腥膻重的动物性原料和体积大的、不良气味重的植物性原料具有很好的除异味作用。大型的动物性原料在水中缓慢加热可以使内部的腥膻异味随血水溶出有更多的扩散时间,如果开始就用沸水,则会使原料外部的蛋白质凝固形成阻碍,内部的血水将不易排出。而对植物性原料来说,通过缓慢的加热将使原料中的不良气味溶出或转化。一般说来,冷水熟处理适合牛、羊、猪肠、猪肚等臊膻气味重和体积大的动物性原料,以及鲜冬、春笋、萝卜等有苦涩、异味且体积大的植物性原料。具体的操作要领是:加水量要以没过原料为宜;加热中要翻动原料,以使其受热均匀;水沸后,根据需要将原料捞出,以防过熟。另外,一般冷水熟处理法都是在水沸后不久将原料捞出,目的是去除异味,是一种速熟法。而另有一种辅助熟处理法则是以原料熟烂为目的,在锅中加热时间较长,如回锅肉中的肉,需煮八成熟后,才能正式熟处理。由此看来,冷水熟处理法应该包括速熟和久熟两种加热结果。

②沸水预熟法:沸水预熟法是将原料入沸水中快速加热,使原料短时间成熟。这种加热的

主要目的是护色或保持嫩度。对植物性原料来说，沸水加热易使原料快熟，可以保持原料色泽的鲜艳。因为，沸水可以破坏酶的活性，抑制酶促反应，如绿色蔬菜之所以色泽碧绿，是沸水加热使细胞中的空气快速排空，显出透明感。不过，一旦长时间加热，热量积累将会加快镁离子脱去，叶黄素显现，出现发黄的现象。对动物性原料来说，沸水能使之快熟，保持嫩度。如将腰片入沸水中加热可以使腰片滑嫩。尽管腰子的臊味较大，但为保持原料的嫩度，加工成片状的腰子较适合用沸水加热。可见，运用哪种方法加热原料，关键是看菜肴的成品要求。沸水预熟法适合蒜薹、青菜、莴苣、胡萝卜等小型的蔬菜，以及鸡、鸭、鱼、猪肉等异味小、体积小、质地嫩的动物性原料。具体操作要领是：原料下锅时水要沸腾，水要多，水面要宽；注意加热的时间要短；绿色蔬菜烫后要迅速入冷水中降温。事实上，多数的冷菜加工技法，都运用了预熟处理法。由于冷菜的加工多注重冷食、注重调味，预熟处理法就成为其主要的烹煮方法。如制作白斩鸡、白切肉、拌腰片、拌西芹等菜肴时，分别使用了冷水速熟、冷水久熟和沸水预熟处理法。

（2）水加热预熟法的原则

①要依原料的性质掌握加热的时间，选择适宜的水温。

②注意无色与有色、无味与有味、荤与素原料在水中加热时的关系，一般先加热无色、无味、素的原料，再加热有色、有味、荤的原料，以讲究效率，节约能源。

③注意营养、风味的变化，尽可能不过度加热。

2）油加热预熟法

油加热预熟法是利用油介质的特性将食物中水分脱去或经化学反应使原料上色增香、变脆。在实际操作中，一般油加热预熟法多用高温处理，特殊处理时才用低温处理，这是因为低温处理的原料水分含量比较多，质地相对较嫩。如滑炒鱼片，先滑熟鱼肉，再迅速烹炒，完全没有必要等待，因为对其品质要求嫩，一般可以直接成熟而无须再预熟，故低温处理法多是在对一些干果、干货原料进行焐油处理时才用。

（1）油加热预熟法的种类

①低温（焐油）预熟处理法。低温预熟处理法是用油的热传导性积蓄热量，汽化食物中的水分，最终将食物中的水分“逼”出。由于油导热系数小，在未流动前，其导热缓慢，同时散热也慢，这恰恰有利于原料的加热，使内部水分汽化，为最终脱水或食物膨化作准备。所以，加热中油千万不要流动，以防止油温升高过快，使原料外部脱水或膨化，而内部发硬或僵硬。如涨发鱼肚时要冷油下锅，缓慢地加热，使内部水分能与外部水分同时汽化，达到里外酥脆的质感。一般低温预熟处理法只适用于干果、干货类原料，如花生、腰果、鱼肚等。具体的操作要领是：下锅时要用冷油；注意油温不要过高；注意原料外观的变化。如油焐花生时，往往出锅后其颜色会加深。

②高温（走油）预熟处理法。高温预熟处理法是利用油的温域宽，加热后传热快，易形成高温等特点来加热食物。一般高温处理可以使蛋白质发生变性，如果有糖类物质的参与，就会形成美拉德反应，生成诱人的红润色；同时，油的作用还能赋香。一方面，油脂加热后会生成游离的脂肪酸和具有挥发性的醛类、酮类等化合物；另一方面，油脂又是芳香物质良好的溶剂，所

以高温处理的主要目的是增香和赋香。一般细分的话，高温处理还可以分成两种类型：一是使原料上色成型，如制作"虎皮扣肉"，需要油炸使其皮色棕红，同时表皮起皱而形似虎皮。二是使原料脱水成熟，如"梁溪脆鳝"，将熟鳝鱼入油锅炸酥，便于保存。通常高温处理法适宜多数原料，即使是较嫩的原料，只要使用挂糊处理也可以。其具体的操作要领是：正确把握原料的成熟度；根据菜肴的成品要求掌握火候和色泽；炸后的半成品不宜久放。

(2)油加热预熟法的原则

①根据原料的性质选择适宜的加热方式。

②原料分开下锅，以使受热均匀，尤其是挂了糊的原料。

3)蒸汽加热预熟法

一般蒸汽加热预熟法多是对原料进行久蒸的制熟法，半成品口感酥烂。对要求极嫩或嫩的菜肴一般不用此预熟法，可以直接加热成熟。蒸汽预熟处理在现代厨房中越来越多地被作为一种后期的辅助加工手段。如烧菜，一般是要大火烧开后，小火烧烂，再大火收汁。但饭店用这种方法却不可能，也不现实。因为，收汁以后食物难以再加热，恢复一次成型的良好状态。故多不收汁，食用时，先蒸至热，再淋汁。

(1)蒸汽预熟处理的种类

①速蒸熟处理法。速蒸熟处理法是利用饱和蒸汽在较短的时间内，使食物成熟。饱和蒸汽可以避免水分的过度流失，使原料保持一定的嫩度，但也带来调味的不便。由于一般的预熟处理不调味，多用于辅助正式熟处理，而对蒸来说，因其不易入味，故确实需要调味的菜肴可以预先进行调味处理。速蒸熟处理在实际操作中比较少见，这与预熟处理多数加工不能保证食物的嫩度有关。一般适用于体小、质嫩的原料，如蛋制品、蓉泥制品、蔬菜原料等。这种处理法在实际中又有两种方法：一是放气速蒸，如蒸冷菜中使用的蛋糕，为防止起孔，多放气，这种处理法较为特殊。二是足气速蒸，如炸枚卷前要将网油包裹的原料预先蒸熟，炒素蟹粉预蒸土豆泥等。当然这里的速蒸和嫩感都是相对于久蒸处理的。具体的操作要领是：待蒸汽形成后再蒸，以防原料干瘪；控制好加热的时间；使用保鲜纸封住表面，防止水气进入原料之中。

②久蒸熟处理法。久蒸熟处理法是利用蒸汽长时间加热，使原料酥烂，以便正式熟处理。如果是原料不浸在水中蒸，那么，长时间加热会使食物中的水分子克服其他水分子的吸引而脱离，形成水蒸气而分散，长时间下去，会使原料脱水而口感发干。如制作"香酥鸡"，就是利用了这种性质，使鸡中的水分大量损失，油炸后的鸡才口感酥脆。当然，带水蒸的原料就避免了这种现象，如涨发鱼翅需要保持水分，防止其流失。久蒸熟处理法适用范围是体积大、质量好的原料，如鸭、鸡、鱼翅、蹄髈等。具体的操作要领是：根据需要选择加工的方法；控制好加热的时间；久蒸会消耗水分，应注意加热的方式。

(2)蒸汽预熟处理的原则

蒸汽预热处理主要包括3个原则：

①注意与其他预熟处理的配合。

②调味要恰当。

③防止原料相互串味。

总之,现代饭店中为了能快速上菜,多将食物的正式加工分段处理,以保证熟处理时简便和快速。如“醋熘鳜鱼”,将鳜鱼挂糊炸好,上菜前再复炸淋汁。随着社会的发展,这种预前加工将越来越体现出其强大的优势,如快餐行业中的中心厨房、大饭店中的预加工组等。就菜肴来说,不可能所有的菜都能现烹现卖,大多数的菜都要预先加工,才能加快上菜速度。

任务2 正式熟处理技法

食物熟处理的技法包括预处理技法和非熟处理技法。预处理技法多讲烹而少用调;非熟处理技法则只调而不烹。本节介绍的内容涉及既烹又调的技法——正式熟处理法,习惯上称烹调方法。各种烹调方法是人们在长期生产实践中将菜肴成熟的各种方法进行总结、概括,并用简洁的文字加以表述,如炖、焖、炸、煎等。为了能清晰地了解制作菜肴的规律,就必须了解每道菜肴的烹调方法。本书分类的思路是以加热的温度高低、时间的长短及传热介质的数量做主线进行推演,以形成一个大的框架结构,具体的内容则是依照主要的调味品、介质的加热方式和烹调方法加以充实和完善。

11.2.1 烹调方法的分类

烹调方法分类必须以原料的成熟方法为主线,结合调味形式进行分类。烹调方法的一级分类应以传热介质为根据;二级分类则以介质为主,结合调味形式进行。依传热介质的不同可分为液态、固态和气态3种。一般中餐中多以液态传热为主,而液态介质又分水传热法和油传热法两种。

1)水传热成熟法

水传热法中水的温度最高为100 ℃,故又可分为温水传热法和沸水传热法。在沸水传热法中煮法是最基本的加热方法,其他方法是在其基础上演绎推导的,故一级分类需说明的是水传热法中除烧类是用少量水外,其他的传热法都应多用水。在烧类中采用烩法制作的汤多,其次是焖、扒,再次是焐、酱(图11-1)。

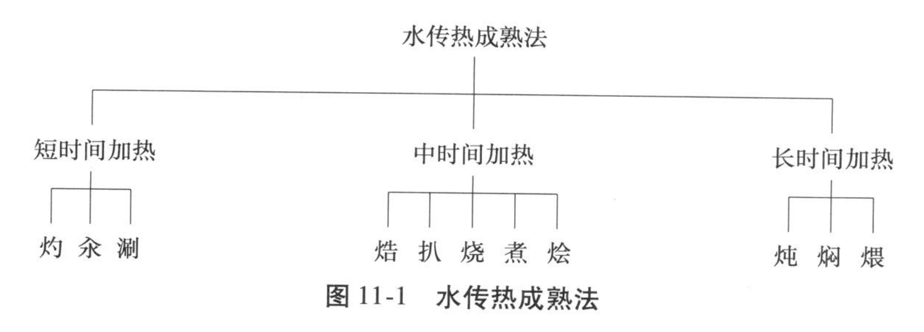

图11-1 水传热成熟法

2)油传热成熟法

油传热法中油的温度可分为100 ℃以上和100 ℃以下两个温度区域,分别称温油和热油传热法。如果以纯油传热,则可分为汆、炸、煎3种。由于油不具有水的溶解和扩散的特性,多数调味料如盐、味精等不能溶解于油中，使油在加热中无法完成调味，只能在加热前或后进行调味。因而实践中，油传热法结束后，多数还要用水辅助传热进行进一步的调味，故又将此法称油水结合烹调法，这就衍生出另一类传热法（图 11-2）。

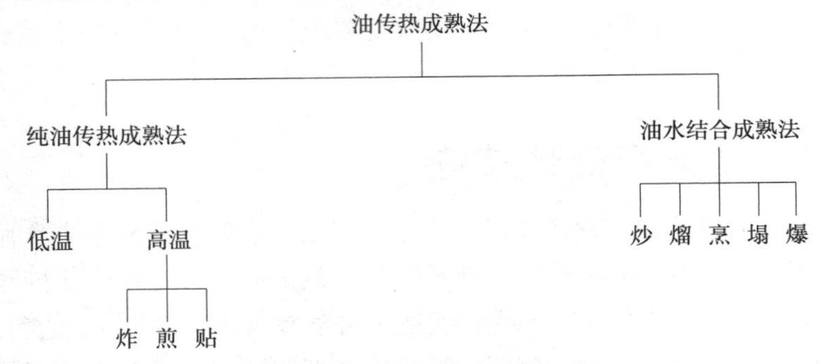

图 11-2　油传热成熟法

3）气传热成熟法

气态介质的传热法包括热空气传热法和热蒸汽传热法两类（图 11-3）。

（1）热空气传热法

热空气传热的方式包括两种：一是在密闭的容器中加热，受热较均匀；二是在半密闭的容器中加热。其中，用烟气进行的加热是特殊的一种，如熏。不过此种加热法在近几年中，已不多用了，是由于易产生危害人体的物质。尽管有些地方的人还非常喜欢这种风味，但原则上不提倡使用。

（2）热蒸汽传热法

热蒸汽传热的方式包括两种：一是非饱和状态的蒸汽传热，如对质嫩、蓉泥、蛋制品的加热多用放气蒸；二是饱和状态或过饱和状态的蒸汽传热，如常用原料的足气蒸。蒸虽有多种方法，但表示时都以蒸来替代。

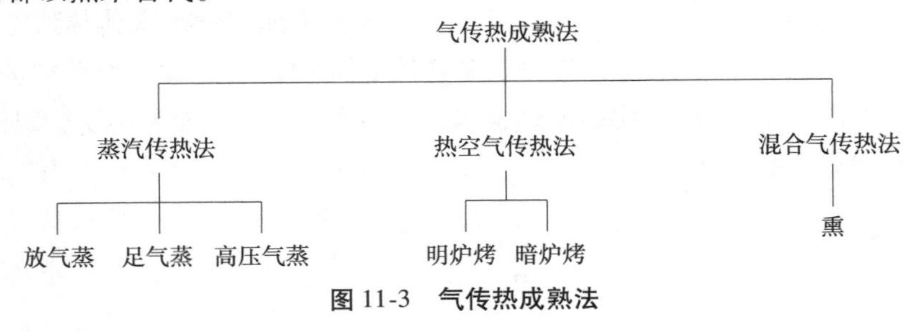

图 11-3　气传热成熟法

4）固态介质传热法

固态介质的传热法可分为金属传热法和盐沙传热法两类。

（1）金属传热法

金属传热法主要是用金属锅直接加热原料，这种方法在实践中的运用并不多，常用的是烙锅。

（2）盐沙传热法

盐沙传热法主要是用盐或泥沙来做加热介质加热原料，由于盐和泥沙的特殊性，加热中原

料尽可能不直接与原料接触，需用包裹物保护后再放入介质之中。具体的方法不多，常用的是盐焗、砂焗、泥烤等。

另外，必须提到一种特殊的传热方法——微波传热法，其在烹饪实践中已被广泛采用。由于微波传热与上述传热法性质完全不一样，所以不列入它们的分类范围。

11.2.2 传热介质的温度控制

液体介质的加热在中国烹饪中占有重要的地位，液体加热中的变化又是最复杂的，故水温和油温的划分显得十分必要。

1）水温的控制

水的特性是有目共睹的，其沸点与熔点都高出理论数值许多，这是水分子中氢键所起的作用，当水受热会使水分子动能加大，水分子就会克服分子间力而逃逸，形成了蒸发。这种蒸发是水温达到100 ℃时发生的现象，应当注意水的加热蒸发与大气压强有关，如果气压低，沸点将会下降，也就是说，在低于100 ℃的情况下，水就已经沸腾了，这将使食物不易加热成熟，容易产生误差。当然，一般的加热都是在常压下的加热，如果有这种情况，完全可以采用高压锅来进行加热，以解决这个问题。

①热水。热水温度的范围为82～100 ℃，适用的烹调方法有浸、氽等，加热后的状态是锅底开始出现水泡，并缓慢向上移动，直至加快，但水面无沸腾现象。

②沸水。沸水范围的温度是100 ℃，适用的烹调方法有氽、煮、烧、炖、煨、烩等，加热后水面开始沸腾。

③溶液状态的水。由于溶液的依数性，其沸点严格地讲是高于100 ℃的。这是因为蒸发中溶质占有一定的体积，故表面蒸发的数目比纯水蒸发的数目要少，因而要达到滚沸，其温度自然要上升。事实上，一般汤汁的浓稠度越大沸点就越高，如苹果酱的沸点可达105～106 ℃。

2）油温的控制

油的特点决定了油在加热中的特殊性。因油升温较快，故油温可划分为3种。

①温油：油温在90～140 ℃，油有响动，并开始向内翻动。适用于滑炒、油氽、松炸、油浸、滑熘等烹调方法。

②热油：油温在140～180 ℃，油面明显的翻动，并向中心移动，锅边开始有油烟。适用于炸、焦熘、烹、煎、贴等烹调方法。

③高热油：油温在180～230 ℃，油面平静，生成大量油烟。适用于炸、油淋、油爆等烹调方法。

可以看出，油温的控制是一种经验上的判断，总会带来误差。因为，油在加热时变化比较快，不可能停留在温度的某一点上，经过某一点温度的时间很短，稍纵即逝；同时，火力的大小、下料的多少都影响油温的升降。要准确地掌握油温还要考虑以下3种因素：

（1）油温与油量、火力的关系

油的温度是火力辐射所致，旺火可以加热油温，中火也可以加热油温，只是加热时间不同。

如一口锅内有 1 千克油，一口锅内有 2 千克油，温度相同，但炸制同一款菜肴原料的效果就不一样；如果这款菜肴原料适于在 1 千克的油温中走油，在 2 千克的油温中走油就会出现“过火”现象。因为两者的油温虽然一样，但有油量的差异，油量多的含热量大、含热量持久；油量少的，含热量相应就会减少，含热量持久性也会差些。如果将两者保持热量均衡，使同一款菜肴原料取得一致的炸制效果，就需要调节火力，将盛油量多的锅下火力适当地调小，将盛油量少的锅下火力调得大些——这是从油温相同、油量不同、菜肴原料一样的角度来讲。如果换一个角度解释，同一款菜肴的原料如在油量多的相等油温下炸制，锅下的火力要小些；如果油量少，火力就要大些。如果是相同的油量、相同的油温炸制相同的菜肴原料，那就要看锅下的火力如何。在这种情况下，如果锅下的火力不一样，这道菜肴原料的炸制效果也会出现不同。当锅下火力大时，原料应在不到所需要的温度时下入，随着原料的下入，火力也迅速地增强，及时达到了所需要的温度。如果锅下火力大些，原料在所需要的油温中下入，随着原料的下入，油的温度很快增高，原料会出现“过火”的现象；反之，当锅下火力小时，原料应在略高于所需要的温度中下入，同时锅内油温高、有一定的热容量，可以补助火力小的辐射进度。所以，当我们烹调菜肴时，要统一考虑油温、油量与火力的关系。

（2）油温与原料体积、质地的关系

各种原料在走油时，由于体积、质地不一样，走油时的油量和走油时间也就不同。一般说来，体积大、质地细嫩的原料，宜用旺火热油，炸制时间也较短（如整条鱼、鱼块等）；体积小、质地细嫩的原料，宜用中火温油，走油时间也要短些（如“上浆”的虾球）；体积大、质地较鱼肉稍韧的原料（如整只鸡），宜用中火温油，但炸制时间要长些；体积小、质地坚韧的原料（如猪排骨），也宜用中火油温，炸制时间也宜长些；体积大又较为坚韧的原料，一般不宜炸制（如大块的生牛肉），而宜煮、卤或酱制。这是因为体积大、质地细嫩的原料，因肉层厚、水分含量较多，需用较高温的油及时吸干分泌出的水分；又因其自身传热性较快，随着水分的较多泌出，成熟度也会跟着完成，因此也就决定了其炸制时间要短些。体积小、质地细嫩的原料因肉层较薄，加温时如用旺火热油，受温承受度过大，分泌的水分与热油的吸力不能保持平衡，会出现外表变焦、内质老化的现象；如用中火温油就可调解这些不足。体积大、质地较鱼肉稍韧的原料，因成熟时间慢些，就决定了其自身传热性较慢；而且较韧的原料因纤维组织较为坚硬、紧密，所含的水分也相对较少，这些特点就决定了用中火温油较长时间的加热才能解决。体积小、质地坚韧的原料不仅水分含量少，其较强韧度的组织纤维又不是高温度的热油一时所能破坏的，但如经过旺火热油长时间加热，又会因水分泌出的“抵抗力”不足而变得表面焦煳，因此中火温油较长时间的加热便是使其成熟的最佳方法。体积大又较为坚韧的原料无论如何不宜用油来加热至熟，因为油温加热不能使大块坚韧的原料变软，必须通过用小火慢煮、慢煲的方法。

（3）油温与原料数量的关系

在烹调中，油的温度范围是固定的，但经油炸制的原料数量是不固定的：有时，仅炸制一盘菜肴原料；有时，又要将 20 桌的菜肴原料一次性炸成。这样，不仅要决定用油量的多少，更重要的是还要掌握油温和原料数量的关系。如果锅下的火力相同，下油炸制的原料数量较多，就在油温高出所需温度时下原料，因为较多的冷原料会使油温迅速下降，此时火力又不能迅速使油温恢复未放原料时的热度；要解决这种不足，唯有提高原料入油时所需要的温度。如果下油炸制的原料数量较少，就要在油温略低于所需要的温度时下原料，因为原料数量少，油温降低的幅度也小，油温低于所需要的温度，锅下的火力热度能及时补充。

3）蒸汽温度的控制

前面已介绍过，蒸汽的形成是水分沸腾后蒸发产生的，所以蒸汽的最低温度应在100 ℃左右，而加压后蒸汽的温度可达120 ℃。

①放汽蒸。温度在95～100 ℃，冒曲气，适用于蛋羹、蛋糕、鱼虾蓉制品。

②足汽蒸。温度在100～103 ℃，冒直气，适用于质嫩的原料。

③高压汽蒸。温度在103～120 ℃，喷直气，适用于质老的原料。

蒸汽的加热应注意时间的运用，一般的加热时间控制在10～25分钟，如蒸鱼时间控制在7～10分钟；蒸肉丸时间控制在25分钟以内，即使高压汽蒸时间也要控制在25分钟左右（要长时间蒸的，如果条件允许，完全可以使用高压蒸）。

任务3　水传热烹调的方法和实例

水传热是中国烹饪中最重要的一类方法。它使菜肴成品具有软、烂、嫩、醇、厚、湿润等多种风味。水是一种极性分子，因此它易与食物中的极性基团形成引力而吸附它们，使食物中的许多基团（如蛋白质、淀粉）分散到水中。另外，水能吸引电解质中的离子，使一些电解质（如盐）溶解于水中，并随水的迁移进入食物内部。同时，水的极性使水的沸点达到100 ℃，这样水具有稳定的温度，不易破坏食物，因此大多数的原料都可以用水来加热。从前面的分类中，我们可知水传热的各种方法。

11.3.1　短时间加热法

短时间加热法主要有氽、涮、烫、焐等，加热时一般都是将原料放入沸水中加热，并快速成熟，水温控制在95～100 ℃。但是焐比较特殊，一般冷水下锅，中火加热使原料成熟，选料范围是肉质细嫩的动物性原料或脆嫩易熟的果蔬原料（原料必须加工成薄片），或是叶类的蔬菜，才能确保在短时间内完全成熟。这一类烹调方法的调味以加热前和加热后调味为主，氽、涮类的烹调方法一般受热时间比较短，而且水料比差距很大，目的是加快成熟时间，所以一般不利于汤汁调味，即使在汤汁中加入调味料，也无法使原料完全入味。原料入味主要依靠两种途径：一是加热前先给原料一些基本口味，二是受热成熟后再用各种调料进行蘸食。这种方法与油导热法很相似，不过油导热可使原料水分蒸发，口味变咸；而水导热虽然水分有所损失，但原料中的盐分也会随之流失，口味反而变淡，为此用于蘸食的调料浓度要比油炸的高。麻辣火锅也属氽、涮类烹调法，虽然在汤汁中加入了香、辣味，但短时间加热只能是外表吸附了部分辣味、香味而已，原料入味仍然需要上述途径来配合。

1）氽

氽是将原料入沸水中加热，短时间使原料成熟的加工方法。氽比任何水加热的时间都快，往往原料一变色即被捞出，所以，原料加工的形状都是小型的。氽根据介质的不同可分为水氽和汤氽两类。水氽实际是用水温 90 ~ 100 ℃ 的清水氽熟，然后加入清汤；汤氽是将汤烧沸后，直接将原料氽入汤中成菜，有时视原料的老嫩来选择水温。同时，有些较嫩的原料可以上浆后再氽，以保持其嫩度。如果氽时使用鲜汤，则加热中水温会略有提高，也就是说实际沸腾时水温会略高于 100 ℃。

实例1：汤爆双脆

原料：猪肚仁 250 克，鸭肫 250 克。

调料：盐、酒、葱、姜、高汤等。

制作方法：将肚仁、鸭肫分别治净并剞花刀，用碱或苏打制嫩后待用。清水烧沸后加姜、葱、酒，将猪肚仁、鸭肫下锅氽熟，烫至变色起花。将其捞出，另将上汤烧沸，将浮末撇净，调好口味冲入原料中，撒上胡椒粉即可。具体的操作程序：选择原料—切配—沸水中大火加热使原料成熟—捞出装碗—注入清汤。

特点：汤色清爽，口味咸鲜，质感滑脆。

综合运用：类似菜品有氽猪肝、氽腰花、西湖莼菜汤、鸡片汤等。

实例2：过桥鱼片

原料：鳜鱼或黑鱼净肉 200 克，菜心 50 克。

调料：鱼浓汤、盐、酒、葱、姜等。

制作方法：将净鱼肉批成薄片，用盐、淀粉上浆，另将汤烧沸并调味，鱼片氽入，烧沸后将浮末撇净，放入烫好的菜心即可。具体的操作程序：选择原料—切配—上浆—鱼汤中大火加热使原料成熟—捞出装碗。

特点：汤色浓白，口味咸鲜，质感滑脆。

综合运用：类似菜品有鸡蓉豆花、白菜肉丸、浓汤虾片等。

2）涮

涮是吃火锅时使用的一种加热方法，也可以说将厨房的加热方法移到餐桌上。此法多用新鲜的原料，使用筷子夹住来回烫食。汤一般有几种，如北方多用清汤，四川多用红汤，江苏多用浓白汤。

实例1：涮羊肉

原料：羊肉片 500 克，应时蔬菜适量。

调料：底料清汤 1 500 克，涮味料用芝麻酱 100 克、料酒 50 克、腐乳汁 50 克、韭菜花 50 克、香菜末 50 克调制而成。

制作方法：将汤烧沸，把羊肉放入，至变色后捞出，蘸食即可。最后将应时蔬菜也放入涮食。具体的操作程序：选料—切配—火锅涮制—蘸调料食用。

特点：色泽自然，口味鲜美，质感软嫩。

综合运用：类似菜品有菊花火锅、生片火锅、鱼鲜火锅等。

实例2：麻辣火锅

原料：新鲜的动、植物原料。

调料：肉汤、牛油、豆瓣酱、豆豉、冰糖、辣椒节、姜片、花椒、盐、料酒、八角、草果、白蔻、丁香、桂皮等。

制作方法：先将炒锅上火放油，下辣椒节煸香，再下豆瓣和豆豉炒香，后放汤及用纱布包好的香料熬制成红汤，食用时将原料放入锅中涮熟即可。

特点：麻辣鲜香，味浓开胃。

综合运用：毛肚火锅、麻辣烫等。

3）烫

烫是将原料在水中烫熟后迅速捞出，蘸味料或拌调料食用。其方法包括灼和炝或拌两类。灼是将原料在水中烫熟后蘸味料食用；炝或拌是将原料在水中烫熟后拌调料食用。

实例1：白灼肥牛

原料：肥牛片500克。

调料：上汤、沙茶酱料等。

制作方法：将水锅中的水烧沸，把肥牛迅速烫至变色，捞出，浸入上汤之中至完全成熟再捞出，食用时蘸调味料即可。

特点：色泽自然、口味鲜美、质感软嫩。

综合运用：白灼虾、白灼鱼片、白灼鸡片等菜品的制作方法与白灼肥牛相同。

实例2：炝腰片

原料：猪腰2只，青椒1只，笋尖、水发木耳等适量。

调料：盐、味精、料酒、糖、醋、酱油、胡椒粉、姜末、麻油等。

制作方法：猪腰洗净、撕去膜，用刀片成两半。然后片去白色的腰臊，再斜片成2厘米宽的薄片，放入冷水中浸去血水后捞出。青椒、笋尖、木耳俱洗净。青椒及笋尖切成片，木耳较大的用手撕开。锅中放入清水，用旺火烧沸，放入腰片烫10秒后捞出。另换清水烧沸，放入青椒、笋尖、木耳，烫熟后捞出。腰片及青椒、笋片、木耳等同放入盆中，加盐、味精、料酒、糖、醋、酱油、胡椒粉、姜末、麻油拌匀，盛在盘中即可。

特点：口味清淡、鲜香、腰片细嫩。

综合运用：炝鱼片、炝里脊丝等与此法相同。

4）水焐

水焐是将原料放入水中，用中火加热，使原料缓慢至熟的加热方法。水温控制在82～90℃，选料范围多为极嫩的蓉泥类原料，如虾、鱼；刀工成型多为蓉泥状；制作程序：原料—放冷水中—中火加热—原料成熟。整个加热是缓慢升温的，水不能沸腾，防止冲散原料。

实例1：白鱼丸汤

原料：白鱼250克，笋片30克，青菜头4颗。

调料：盐、味精等。

制作方法：将白鱼去骨取肉，用刀背捶砸，使鱼中骨刺与肉分离，将鱼肉刮下，用清水漂净，再用刀或粉碎机将鱼肉制细，待用；笋片、青菜头分别洗净。在制细的鱼蓉中加少量的酒和水，调匀，加盐搅拌上劲，成为有一定黏性的胶状物即吸水鱼蓉，然后，用手将鱼蓉挤成丸子，放入冷水锅中。将盛有鱼丸的锅放火上，加热至鱼丸被焐熟（水不能沸腾），水温在60 ℃的时间要短，捞出，放入已烧好调过味的汤中即可。

特点：色泽洁白，口味鲜咸，质感软嫩。

综合运用：鳜鱼丸、水养虾丸、清汤鱼线等

实例2：西湖醋鱼

原料：活草鱼1条。

调料：姜末、绍酒、酱油、白糖、醋、水淀粉等。

制法：将鱼装入竹笼，放在湖水中饿养1～2天，使鱼肉结实并去除泥腥味。将鱼宰杀后刮去鳞，摘去鳃，剖去内脏后洗净。将鱼背朝外，鱼腹朝里放在菜墩上，一只手按住鱼头，另一只手执刀从鱼尾入刀，沿着背脊骨片到鱼的下颌为止。抽出刀将鱼身立起，头朝下，脊背骨朝里，再用刀顺原颌下刀口处将鱼头对剖开，鱼身分为两半，然后剁去鱼的牙齿。接着将带背脊骨的那片鱼从离颌下3.5厘米处斜片一刀，然后以同等刀距斜片5刀，在片第三刀时片断，使鱼成两段。在另一片鱼上顺长划一刀，不要损伤鱼皮。锅内放清水500克用旺火烧沸，先将带骨的鱼肉前半段放入锅中，再将带骨的后半段接盖在上面。然后将另一半鱼肉鱼头对齐，鱼皮向上并排放入锅中，盖上锅盖。待锅再沸起时揭开锅盖撇去浮沫，将锅晃动一下，防止鱼黏附锅底，继续用旺火烧煮约3分钟，用筷子扎带骨的那片鱼肉，若能扎得进去即为成熟。锅内约留下大约250克汤（剩余舀出），然后加入酱油、绍酒、姜末稍煮，将鱼捞出装盘，装盘时要装成原鱼状。然后将锅内的原汤加上糖、醋，用手勺推动，待糖溶化后淋入水淀粉勾芡，将芡汁烧淋于鱼身上即成。

特点：色泽棕红发亮，肉质鲜嫩，有蟹肉滋味。

综合应用：软熘鸡条、软熘白菜等制作方法相同。

11.3.2 中时间加热法

这类烹调法包括烧、煮、烩等，其加热特色是加热时间比较长，而且一般都需要经过预热处理，再实施正式烹调。其对原料的选择也比较广，可以是完整的，如整条鱼、整块的肉、整只鸡等；也可是小型的，如鸡块、笋条、肚片等。在上述几种方法中，烩的原料一般形状稍小。它们的调味都与正式烹调结合在一起，属于烹调过程中调味。水或汤汁在烧、煮、烩烹调法中既是导热介质，也是调味料的溶剂和载体，构成了调味卤汁的一部分，这类菜品的调味主要是加热过程的调味，将各种调味料按一定的次序直接投放到水中，经加热使原料入味。首先是调味品的投放次序，也就是不同调味品投放的先后时间。就拿咸味和甜味来说，从理论上看应该先放糖后放盐，因为糖的渗透能力比盐差，只有先放糖进行调味，然后再加盐调味，才能达到入味均衡。当体现在某些具体菜品中时，其次序会发生变化，因为有的菜品并不要求甜咸均衡，而是以咸为主、以甜为辅。如红烧鱼，一般是先放酱油、盐，后放糖，因为先放酱油不仅为了调味，还便于原料着色；先放糖容易使卤汁过早稠浓，不利于入味和成熟。其次是调味品的用量。从工艺难度上讲，烧、煮、烩的调味技术比炸菜、氽菜要容易一点，因为调味品用量有一定的调节性，调味过程不是一次性加入所有调味料，而是分次加入，同时可供调味的时间也比较长。如果发

现某味道不足，可以进行添加；如果发现某味稍重，也可运用味的相互作用，投入少量其他味来进行调节。

烧、煮、烩之间也存在一定的差异，主要是成熟过程中的水分变化不同，水分蒸发越多，菜品卤汁中的调味料浓度越高。因为烧、煮、烩的主要调味料一般是在加热初期开始放入，随着加热时间的不同、成品带汁的多少，调料与整个菜品的比例也会发生变化，如烧和烩，它们的主料品种和数量一样，开始投放的汤汁也一样，但它们放入的调味料数量却不一样。因为两者加热时间和成品的总量不同，烧的方法加热时间长、成品总量少，投放的调味品数量应该比烩菜少，这样成熟后的菜品在口味上才能保持一致。例如，“干烧”一类的菜品，其成品要求卤汁紧收，如果仅仅以加热初期的总量来确定口味，成品肯定口味过重；而“烩菜”成品要求带有卤汁，而且卤汁的调浓是靠淀粉的糊化来完成的，加热初期与成熟后的菜品总量变化不大，所以投放的调料可以直接定味，不必考虑水分变化因素。

1）煮

煮是将原料放水中，用大火加热至水沸，再改中火加热使原料成熟的加热方法。一般其水温控制在100 ℃，加热时间为30分钟之内，成菜汤宽，不要勾芡，基本方法与烧较类似，只是最终的汤汁量比烧的量多。煮的方法运用到冷菜制作中，就成为常用的白煮和卤。与热菜加热法一样，白煮相当于清煮，卤相当于汤煮。白煮与煮的方法一样，而卤是一种特殊的煮法。卤在注重汤味的同时，还注重汤的保存，行业上将这种保存一定时间的汤称老汤。老汤中富含蛋白质、脂肪、呈香物质，能使菜肴风味独特，老汤的好坏将决定菜肴的最终质量。因此，保护好老汤至关重要，通常应注意防止老汤被污染，捞取原料的器物要干净。老汤用完后要加热再保存，以杀死微生物。还要滤净杂质和浮油，因为杂质易引起细菌繁殖，浮油不利于散热。还要定期增加香料，使老汤保持风味。

实例1：大煮干丝（汤煮）

原料：豆腐干3块（使用的主料豆腐干为特制的），熟鸡肉10克，虾仁15克，火腿丝5克，青菜头4棵。

调料：虾籽、盐、鸡汤等。

制作方法：将豆腐干切成丝放入碗中，用沸水浸烫3遍后待用。虾仁上浆，鸡肉切丝，其他配料洗净待用。锅放灶上，用油将虾籽炸香，加入鸡汤、干丝、配料，大火加热至沸腾，加盖煮3分钟左右，开盖调味，淋油使汤色变白，出锅装碗，撒上火腿丝即可。

特点：色泽悦目，口味清鲜，质感绵软。

综合运用：白菜煮芋头、水煮肉片等制作方法与此菜相似。

实例2：水晶肴蹄（水煮）

原料：猪蹄10只。

调料：食盐、硝水、老卤汤、姜、葱、八角、花椒等。

制作方法：将猪蹄去骨，治净，用铁钎略扎，入缸腌渍。锅中放水，加入老卤汤、香料、腌好的猪蹄。用大火煮沸后，去净浮沫，改小火煮约1.5小时，翻动原料，再煮1.5小时至九成烂，将原料捞出。将捞出的原料放入平盘中，用刀修整后，淋入汤卤，再用重物压，至汤卤起冻原料结实为止。食前用刀切片即可。

特点：色泽粉红，口味鲜香，质感软烂。

综合运用：白切牛肉、水晶猪手等菜肴的制作方法与此菜相同。

实例3：卤牛肉(卤)

原料：精牛肉1 000克。

调料：花椒、桂皮、八角、葱、姜、盐、硝水等。

制作方法：把盐与花椒放入锅中炒出香味。牛肉洗净，用刀在肉上深划数刀，以不破坏肉块的整体形状为度。用炒好的花椒盐在牛肉上擦匀，然后将擦好盐的牛肉放入盆中，把剩下的花椒盐撒在肉上，再洒上硝水。每隔24小时翻动一次，腌约一个星期。将腌好的牛肉取出，用清水清洗后，再用清水浸泡约12小时。取一干净的铝锅，放入牛肉、桂皮、八角、葱、姜、清水，用大火烧开，撇去浮沫，转用中小火煮约1.5小时至用竹筷戳动时即可。食用时，将牛肉切片装盘，可用少许辣椒酱与醋来调味。

特点：干香爽口，色泽红润。

综合运用：卤鸭、卤鸡、卤猪蹄等菜的制法与此菜相似，但腌制时间各不相同。

2)烧

烧是将原料放入水中，大火加热至沸后，用中火或小火加热，再以大火收稠卤汁的加工方法。汤少而稠浓，一般加热时间在30分钟以内，比炖、煨的时间都短，与煮的时间相仿。选料范围多用动、植物原料；刀工成型以块、条、整只为主；操作程序：原料—放入水中—大火加热至沸—改中、小火加热至入味—大火加热收汁。炖、煨、煮与烧的区别除时间上不同外，在加热中手法也不一样，如烧法要勾芡来增稠，如果原料中蛋白质含量多，经长时间加热后，会自然增稠，行业上称“自来芡”。可以说烧这种增稠卤汁的方法，代表了一类特殊菜肴。如进一步加以区分又可为扒、焙、酱等，尽管这些方法与烧同属于一类，但由于习惯的原因，多分别使用。烧的特殊之处在于一般的烧菜都需要特殊的预前加工，如煎、炸、煸、焯等，可以说其属于两次烹调后再成熟的加工方法。烧的分类依汤色可分为红烧和白烧两种；依调味可分为葱烧、酱烧等。但它们都不能独立成为烹调方法，只是烧法中的特色，所以，不能将这些方法混淆。

实例1：红烧马鞍桥

原料：中等鳝鱼1 000克。

调料：酱油、酒、糖、胡椒粉、蒜、葱、姜等。

制作方法：鳝鱼去内脏，洗净，剞花刀待用。将鱼肉入油锅中炸过，再放入水中，加入葱、姜、酱油、糖、酒、原料，用大火烧沸，再改中、小火烧约半小时，用大火收汁，淋入芡汁使卤汁增稠，撒上胡椒粉即可。

特色：色泽红亮、味咸鲜，肉酥烂脱骨而不失原形。

综合运用：红烧肉、红烧鱼块、红烧鸡等菜的方法与此菜相同。

实例2：干烧鲤鱼

原料：中等鲤鱼600克，猪肉末80克。

调料：酱油、酒、糖、泡椒、豆瓣酱、汤、蒜、葱段、姜末、麻油等。

制作方法：鲤鱼去内脏，洗净，剞花刀待用。将鱼肉入油锅中炸过，锅中放油，先将猪肉末煸香，加入泡椒、豆瓣酱、蒜、姜末煸炒，再加汤、酱油、酒、糖、鱼，用大火烧沸，再改中、小火烧约半小时，用大火收汁，放入葱段，淋入麻油即可。

特色：色泽红亮美观，鱼肉细嫩鲜美，香味浓郁。

综合运用：干烧鳜鱼、干烧四季豆、干烧鱼翅等菜的制法与此菜相同。

3）扒

扒是烧的一种，北方人多用，多选用无骨、扁薄的小型原料，将原料摆放整齐，烧时整翻，不使其形散，行业中称为勺扒。江苏一带用扒的菜肴多用整型原料，扒制成熟后用扣碗上笼蒸，使其酥烂脱骨而不失其形，行业中称为勺扒。总之，扒法比烧法用时要长。

实例1：蟹黄扒翅

原料：水发鱼翅1 000克，蟹黄200克。

调料：上汤、盐、酒、葱、姜等。

制作方法：将鱼翅用上汤焖两次，捞出摆入锅中，再用上汤烧1小时左右，待用。将蟹黄炒香后，倒入鱼翅锅中，用大火烧沸后，改小火烧30分钟，再用大火收汁，勾芡淋油，大翻锅后装盘即可。

特点：色泽金黄，口味咸鲜，质感软糯。

综合应用：扒三白、扒白菜等。

实例2：金葱扒鸭

原料：光鸭1只（约2 000克）。

调料：金葱、酱油、糖、酒等。

制作方法：将光鸭治净，背开，用刀略排，再用酱油腌渍待用。将葱炸葱油。鸭入油锅中炸金黄色，捞出放砂锅内，加酱油、糖、盐、酒、葱油、水盖上盖，大火烧沸后，小火焖两小时，取出鸭扣碗，加上金葱入笼蒸透。取出扣入盘中，将卤汁淋在鸭上即可。

特点：色泽红亮，口味甜咸，质感酥烂。

综合应用：莲子扒鸡、蜜枣扒山药、冰糖扒蹄等。

4）㸆

㸆是烧的一种，加热时间比一般的烧略短。因为㸆法需要收干卤汁，所以加工前要先炸或煎干原料中的部分水分，以使卤汁能吸入原料之中，而不出现糊汁的现象。㸆法以动物性原料为主，刀工处理多为小型原料。需要说明的是，㸆法与四川的干烧是同一种加工方法，只不过调味方式不同，可以说干烧是㸆的一种特殊形式。不过，㸆法也多用于冷菜制作中。

实例：酥㸆鲫鱼

原料：小鲫鱼500克。

调料：姜、葱段、酱油、盐、糖、蒜头、干椒等。

制作方法：将小鲫鱼洗净，用盐略腌待用。将小鲫鱼拍粉后，入油锅中炸金黄色，捞出，放入水锅中加葱段、酱油、盐、糖、蒜头、干椒，大火烧沸，改中火烧透，再用大火收干卤汁，最后淋上醋、麻油即可。

特点:色泽金红,口味咸甜,质感酥香。

综合应用:㸆大虾、㸆鳝排等。

5)烩

烩在中时间加热的方法中成熟时间最短,故烩多用熟料或半熟料,原料也多选有滋有味的原料或高档的干货原料,加之好汤辅助,多形成半汤半菜的特殊风格,常在头菜中占有重要一席。烩与烧的区别在于汤汁,烧法汤汁少而黏稠,烩法汤汁多而滑利,且必须勾芡。另外,烩的刀工成型多为小件料,如片、丝、丁、粒、茸等。

实例:烩鸭四宝

原料:鸭脯肉100克,去骨鸭掌100克,鸭舌50克,鸭胰150克。

调料:上汤、盐、味精、姜葱、胡椒粉、香菜、麻油等。

制作方法:将鸭脯肉改刀成长形块,去骨鸭掌改两块,然后一起用上汤�两遍待用。将姜葱炒香,加入上汤、鸭舌、鸭胰、鸭脯肉、去骨鸭掌、酒、盐,用大火烧沸,中火烧透,勾芡后,大火略收即可。

特点:色泽白亮,口味咸鲜,质感软糯。

综合应用:此类菜肴很多,如烩乌鱼蛋、拆烩鱼头等。

6)酱

酱是一种冷菜制作中常用的方法,利用酱汁的香使原料入味。一般多选用动、植物原料,酱也是烧法的一种。

实例:酱鸭

原料:当年光鸭1只(约1 500克)。

调料:老卤酱汁、酱油、糖、五香等。

制作方法:将鸭去净内脏,入油锅中略炸至皮色金黄待用。将鸭放入锅中,加入老卤、酱油、糖、五香,大火烧沸,中火烧透,再用大火收汁(也可用中火直接收汁)即可。

特点:色泽酱红,口味咸香,质感酥嫩。

综合应用:酱牛肉、酱鸡、酱豆腐等。

11.3.3 长时间加热法

长时间加热的烹调方法有炖、焖、煨等,加热时一般采用小火,加热时间较长,原料选用整只或块形。与炖、焖、煨3种方法相比,炖的时间最长、火力最小;煨的时间较长、火力比炖要大一点;焖的时间比其他两种都要短,火力与煨相似。在调味方面,炖、煨的调味一般在菜肴成熟后进行,焖与烧一样在加热过程中调味。炖、焖菜品一般汤汁较多,而且加热时间较长,其风味特色以突出原料的本味为主,不宜添加过于浓烈的调味原料,多采用一些平和调料。调味过程也可分为两个阶段:在加热初期一般加入葱、姜、酒以及香辛调料,其目的是去腥增香;第二阶段是定味性调味,一般加入盐、味精、酱油等,在原料成熟前投入,过早投放不利于原料原味溢出,原料也不易酥烂。有些"红炖""红焖"的菜品需要在加热初期投入酱油以便上色,但量不

宜过大，不能太咸，如果着色效果不好，可以采用其他辅助手段着色。

1）炖

炖是将原料放入水中，大火加热至水沸后，用小火长时间加热，使原料成熟、质感软烂的加工方法。炖法汤清汁宽，一般加热的时间有1～3小时，加热盛器多用砂、陶器具。选料范围多为动物性原料，虽然有些植物性原料也称炖菜，如炖菜核等植物原料，但其加热法实际为烧。植物原料经长时间加热必然会发黄而失去营养，故原则上不易采用炖法来加工。刀工成型以块、整只为主。制作程序：原料—入冷水中—大火加热至水沸—小火长时间加热—原料成熟—调味。炖法的菜肴有两种：一种要求汤汁清亮，原料不需要经挂糊、油炸等处理，通常称为清炖；另外一种为侉炖，原料一般先挂糊再用油进行预熟处理，然后炖制。炖法可作为辅助加工的加热法，如制作清汤。有时，为了保持汤清，也可以用蒸汽长时间加热即蒸炖，不过，那已是蒸了，故要分清。

实例1：清炖狮子头

原料：猪肋条肉600克（肥瘦各半），螃蟹2只，青菜心1 200克。

调料：虾籽1克，料酒50克，葱、姜末等适量，干淀粉25克。

制作方法：猪肉细切并斩成米粒状大小，放入盆中，加葱、姜末、虾籽。螃蟹煮熟后用牙签挑出蟹肉、蟹黄，也加入肉蓉中拌匀，再加入盐、料酒、干淀粉搅拌至胶黏上劲。菜心切成7厘米长并洗净，菜头用刀剖成十字刀纹。取炒锅放旺火上烧热，舀入色拉油，放入青菜心煸炒至翠绿色。取砂锅一只洗净，将煸好的菜心放在锅底，加入清水，置中火上烧沸。将拌好的肉分成几份，逐份放在手掌中，用双手来回翻动十数下，抟成光滑的肉丸，放入砂锅里。全部做好后，在肉丸上盖上青菜叶，再盖上锅盖，烧沸后转用微火加热约两小时。上桌时揭去青菜叶。

特点：蟹粉鲜香、汤色清纯、口味鲜咸、质感软烂，须用调羹舀食，食后余香满口。

综合应用：清炖猪蹄、清炖牛肉等。

实例2：炖鸡孚

原料：生鸡腿肉200克，水冬菇60克，猪肉50克，熟火腿60克，鸡蛋4个。

调料：精盐、绍酒、姜、葱、干淀粉、鸡清汤等。

制作方法：将生姜少许切成米，其余切成片；葱少许切成末，其余打成段。将猪肉斩蓉，加精盐0.5克、绍酒5克、姜米2.5克、葱末2.5克拌匀，将鸡肉皮朝下，用刀在肉面轻轻排一下（不要排断），再将肉蓉均匀地铺在鸡肉上，用刀排紧，再改刀成菱形块。用竹筷将鸡蛋清打成发蛋，加干淀粉15克拌匀，放入鸡孚裹沾。

炒锅上火，舀入熟猪油烧至五成热，将鸡孚分别丢入，炸至色白起软壳时，捞出沥油。将炸好的鸡孚放入砂锅内，加鸡清汤、生姜片、葱段、火腿片、绍酒10克、精盐1克烧沸，移至微火上炖至鸡肉酥烂，放入冬菇再炖5分钟即成。

特点：汤色清纯，口味鲜咸，质感软烂。

综合应用：黄焖鸡孚、芙蓉炖鸭等。

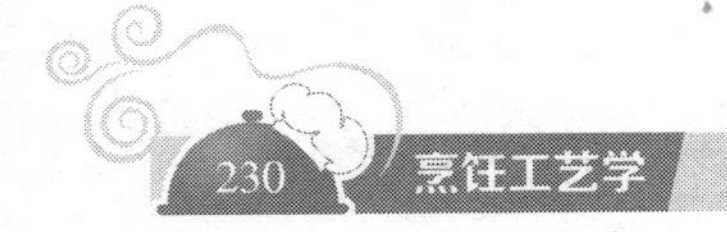

2）煨

煨是将原料放水中，大火加热至沸后，用中火长时间加热至原料成熟的加工方法。煨法汤汁浓宽，一般加热时间在1～2小时，比炖法的时间略短。选料范围多用动物性原料。煨与炖一样重菜也重汤，汤汁宽而浓白，这与用中火有关。因为沸水的冲撞加大，会造成大颗粒的蛋白质溶于水中，阻碍光线的透过，形成浓白色。鱼类菜肴一般多加工成浓白汤，而不做成清汤。另外，由于鱼的嫩度好，故煨法的时间不易太长，这是煨法中较特别之处。操作程序：原料—入冷水中—大火加热至沸—中火长时间加热—原料成熟。

实例：白煨脐门

原料：熟鳝鱼腹肉750克。

调料：虾籽、盐、酒、醋、胡椒粉、蒜蓉等。

制作方法：将鳝鱼腹肉切短，入沸水中烫去腥，待用。锅放火上，炸香蒜蓉，加入鲜汤、鳝肉、酒、醋、盐、虾籽，用大火加热至沸，改中火加盖煨约1小时，淋入蒜油，撒白胡椒粉即可。

特点：色泽浓白，口味鲜醇，质感软烂。

综合应用：煨肚肺汤等。

3）焖

焖菜一般在加热时要加盖，所以称为焖。其用火和加热时间介于炖、煨与烧之间，很容易混淆，但它们在加热过程、工具使用、适用原料和成菜风味等方面都有一定的区别。焖菜以菜为主，汤汁少而稠浓，一般也要用水或油进行预熟处理，上桌时经常用砂锅作为盛器。行业中还按成菜的色泽进行细分，如红焖、黄焖、白焖等，其方法一样，只是调料品种不同。这里要特别提醒的是，我们习惯上称的“油焖”，其实属于㸆的方法，并不是真正的焖。

实例1：黄焖鸡块

原料：净雏鸡。

调料：酱油、甜面酱、绍酒、清汤、白糖、葱段、姜片、大葱油、猪油等。

制作方法：将鸡剁去头、爪和翅尖，从脊背中间劈为两半，再剁成3.3厘米见方的块。锅内加猪油，烧热时放甜面酱炒出香味，加上鸡块和葱、姜略炒，再加上事先炒好的糖汁、酱油、清汤、精盐烧沸，然后加盖焖制。待鸡块八成熟时加绍酒，用微火焖，待汤汁稠浓时淋上大葱油装盘即成。

特点：色泽红润、明亮，味鲜香、醇厚。

综合应用：黄焖鸭块、黄焖鸡翅、黄焖鳗鱼等。

实例2：酒焖肉

原料：五花肉1 500克。

调料：黄酒、葱、姜、冰糖、盐、酱油等。

制作方法：五花肉切成块，用水烫后洗净，锅上火放葱、姜、肉块煸香，装入砂锅中，倒入黄酒，以淹过原料为好，加入冰糖、盐、酱油，用小火焖致酥烂，出锅前用大火将卤汁收浓，即成。

特点：色泽红亮，口味鲜咸微甜，质感软烂，肉汁肥而不腻。

综合应用：酒焖鸭、百花酒焖鸡、酒焖鱼翅等。

任务4 油传热烹调的方法和实例

油的热容量为2.09焦/克,小于水的4.184焦/克,这样1克油在吸收与水相同热量的情况下,升温比水要快。事实上,油在未翻动前主要以传导为主,其导热系数为0.12~0.15瓦/米·度,比水(约为0.65瓦/米·度)要小,说明其间油导热比水要慢。不过,一旦油热后产生流动,其主要传热方式为对流,这时候油传递热量速度加快,温度上升速度也加快。这样看来,一般用油加热原料多是在油开始对流以后,当然,传热快散热也快。油的温域大,可以使油很快地升温超过100℃,甚至200℃以上,同时也容易下降到100℃以下,这样可以利用油的特性选择需要的口感,适度地调节和控制油温,使食物最终达到脆、酥、焦、嫩、滑等口感。值得注意的是,油传热温域大,易造成食物营养的破坏,因此多需要挂糊、上浆、拍粉,同时对不同质感的原料,如何调节油温显得至关重要,一般可以通过火力与投料的数量来掌握控制油温。火焰温度高,下料时油温应略低些,如果原料数量少,油温也略低些;火焰温度低,下料时油温应略高些,如果原料数量多,油温也略高些。

油导热菜品在调味时要注意原料在加热过程中水分的变化,一般情况下油炸菜品的水分都会有一定的损失,调味时调味品的用量要比正常调味品少一些,行业中称为"半口",具体用量还要根据是否挂糊、油炸时间长短、油温高低灵活掌握,如油炸成熟后发现菜品口味不足,可用调味碟的形式补充调味。

11.4.1 油导热直接成菜法

原料经油炸后直接食用,不需要再与其他配料相混合,就是油导热直接成菜法,主要烹调方法有炸、煎、贴等。在炸的方法中还可根据油温的高低分为低温油炸法和高温油炸法,高温油炸法的成品特色以外脆内嫩、色泽金黄为主,适用的原料可以是小型也可以是大型的。低温油炸法的成品特色是外松软内鲜嫩、色泽洁白或微黄适用的原料一般都是小型的。不论哪种油炸方法,在出锅前温度要相对提高,防止菜肴含油,影响菜品质量。

1)低温油炸法

低温油炸时加热过程中的油温一般控制在120℃以内,原料刚下锅时油温要低,让原料养熟,出锅时提高油温,使油分排出。低温油炸法在加热前一般不挂糊、拍粉,只有发蛋糊和纸包两种,对油温的控制是低温油炸法的关键。

实例1:油氽腰果

原料:腰果250克。

调料:花椒粉、盐等。

制作方法:将腰果投入冷油中,用中火缓慢加热,使腰果中的水分脱去,待色泽发黄时捞出,拌上椒盐即可。操作程序:原料—入冷油中—中火加热—原料达到要求。加热一般油面翻动不明显,尽管导热慢,但保温性好,易去净原料内部的水分。在加热中,应时刻注意油面的变化，不要让油翻动起来。

特点：色泽淡黄，口味咸香，质感酥脆。

综合运用：油炸花生米、油氽松子仁等。

实例2：油浸鳜鱼

原料：鳜鱼1条（约450克）。

调料：姜葱丝、酱油、盐、味精等。

制作方法：将鳜鱼治净，剞上花刀待用。将油锅中的油加热至100 ℃，关火放入白鱼，反复加热直到白鱼成熟为止。将调味汁淋在鱼上，用热油浇香鱼上的姜葱丝即可。油浸类菜肴只适宜加少量原料，如果原料数量多使用起来就不方便。因为油温较难控制，且加大油量又不可行，所以，行业上多改用水油浸法，即在水面上浮一层油，保持水加热的稳定性和油的滋润双重特性，使原料的口感更佳。

特点：色泽悦目，口味鲜咸，质感软嫩。

综合运用：油浸虾球、泉水鱼、油泡牛肉等。

实例3：高丽虾条（行业称软炸）

原料：虾仁200克，熟肥膘25克，鸡蛋4个。

调料：精盐、味精、绍酒、富强粉、葱白、番茄沙司等。

制作方法：将熟肥膘剔去筋膜、切成米粒状，葱白切成末。将蛋清调开，加精盐1克、味精、绍酒、富强粉调成蛋清糊，再将虾仁、葱末、肥膘放入蛋清糊内搅和均匀待用。炒锅置炉火上，舀入熟猪油，烧至五成热，将蛋糊虾仁用手抓成小核桃形，逐个放入油锅内炸至白色，捞出；待油温升至六成热，再入锅重油，炸至起软壳离火，倒入漏勺沥油，装盘，盘边放番茄沙司蘸食。

特点：味香鲜嫩。

综合运用：松炸蘑菇、炸羊尾、香炸云雾等。

实例4：纸包鸡

原料：鸡脯肉，12厘米见方的玻璃纸。

调料：冬菇、火腿、南荠、葱姜汁、精盐、绍酒、味精、芝麻油、蚝油、精炼油等。

制作方法：将鸡脯肉切成4.5厘米长、2.5厘米宽、0.3厘米厚的薄片，南荠、火腿、冬菇切小薄片。将鸡片、南荠、火腿、冬菇盛入碗内，加上葱姜汁、蚝油、盐、料酒、味精、芝麻油拌匀腌渍。将玻璃纸铺平，将鸡片、南荠、火腿、冬菇各放上1～2片，然后卷成长方形的纸包。将纸包逐个放入100 ℃的油勺内用慢火炸熟，捞出沥油后装盘。

特点：纸包大小均匀，炸后不开裂，原汁原味，咸鲜软嫩，味道醇厚。

综合运用：纸包鱼片、纸包虾仁、纸包虾蟹等。

2）高温油炸法

高温油炸法是将原料投入多油量的油锅中，经两次加热使原料成熟的加工方法。一般高温油炸法的油温有两种：一种是用中温（90～140 ℃）将原料加热成熟；另一种是用高温（140～180 ℃）将原料加热至脆。前面我们已知高温可以使水分迅速汽化，如果要使原料形成外脆里嫩的口感，初炸的温度就不要太高，否则外部脱水速度大于传热到内部使之成熟的速度，则会

形成外焦而内不熟的现象，因而初炸的目的只是使原料部分成熟；复炸则是在初炸的基础上只脱去原料外部的水分，使其迅速汽化，以达到脆的口感，而内部的成熟是利用其余温的加热来完成的，这样一来，原料就形成所要求的口感。如果要使原料形成里外酥脆的口感，同样先运用初炸使原料初步成熟，然后再利用相同的温度缓慢地使原料内部的水分脱出，最终使原料达到里外一样酥脆的效果。值得注意的是，出于饮食卫生和保护营养素的需要，食物加热应尽量避免 200 ℃以上的高温，除非万不得已。一般原则上对质地嫩的、新鲜的原料，多保持外脆里嫩的口感；对质地老的、非鲜用的原料才要里外酥脆。其选料范围很广，几乎全部原料皆可；刀工成型既可是片、条、块，也可是整型料；操作程序：原料—投入中温油中初炸—复炸—原料达到应有的要求。高温油炸法的菜肴由于油温较高，因此一般要挂糊、拍粉，以对原料进行保护，防止水分过多流失，只有少数菜肴不需要挂糊、拍粉。对此炸法的分类可依其状态，分为清炸和挂糊炸两大类。

清炸是将原料不挂糊、拍粉直接投入油锅的炸法。清炸所用原料一般可分为两类：一种是质地嫩的原料，如鸡肫、小仔鸡等；行业中有时把清炸仔鸡称为油淋仔鸡，实际上就是清炸。另一种是蒸煮酥烂的原料，如鸡、鸽子等。挂糊炸比清炸略复杂些，由于糊的种类不一，制成的菜肴的质感也不同。如用水粉糊制作的菜肴口感多脆，用蛋清糊制作的菜肴口感多软，用全蛋糊制作的菜肴口感多酥等，故每种不同的糊都可以得到一种特定的口感。色泽金黄是此类炸法的共性特征。

实例1：清炸菊花肫（直接清炸法）

原料：鸡胗。

调料：绍酒、酱油、味精、芝麻油、葱、姜、番茄沙司、椒盐、精炼油等。

制作方法：将鸡胗去皮，剞菊花花刀，用绍酒、葱姜、盐、味精、酱油浸两分钟。然后将鸡胗投入七成热油锅一炸，迅速捞出；待油温回升至八成热，再投入复炸，装盘。锅内加芝麻油烧热，葱炝锅投入鸡胗，翻滚几下即成。上席时盘边放番茄沙司和椒盐。

特点：鸡胗卷缩似菊花，深褐色，质地脆嫩，滋味咸里透香。

综合运用：清炸鱼皮、清炸鱿鱼等。

实例2：脆皮鸡（预熟后清炸法）

原料：仔鸡 1 只（约 750 克）。

调料：白卤水、饴糖浆、味料等。

制作方法：将鸡治净，入沸水中浸烫待用。再将鸡投入白卤水中，加热至刚熟，捞出，将糖浆涂抹于鸡身之上，挂于通风处吹干。之后将鸡投入热油中，经两次油炸，使皮色金红起脆，捞出，食用前带味料上桌即可。

特点：色泽金红，口味鲜美，质感脆嫩。

综合运用：脆皮乳鸽、脆皮鸭、脆皮肥肠等。

实例3：香酥鸭（预熟后清炸法）

原料：光鸭 1 只（约 750 克）。

调料：椒盐、甜酱、荷叶夹子等。

制作方法：将鸭子治净，用椒盐腌1小时左右待用。再将腌好的鸭子入蒸笼蒸制两小时至肉酥烂，取出放凉。之后将鸭子投入热油中，经两次油炸，使皮色金黄时捞出，食用前带甜酱、荷叶夹子上桌即可。

特点：色泽金黄，口味鲜美，质感酥脆。

综合运用：香酥鸡、香酥乳鸽、香酥蹄等。

实例4：芝麻鱼条（拍粉类炸）

原料：鲈鱼1条（约500克），芝麻25克，鸡蛋1个。

调料：盐、味精、葱、姜、胡椒粉等。

制作方法：将鱼取肉，切条，加以上调料腌渍入味。将鸡蛋、淀粉调和成浆待用。将鱼肉在浆中脱过，放入芝麻中裹匀，投入120 ℃的油温中初炸，再放入热油中炸透，使原料成熟即可。

特点：色泽纯黄，口味鲜香，质感酥软。

综合运用：香炸猪排、面包鱼排、松子鸡排等。

实例5：脆皮鱼条（脆皮糊炸）

原料：净鲜鱼肉150克，酵面脆浆100克。

调料：精盐、味精、绍酒、葱油、麻油、干生粉等适量。

制作方法：净鲜鱼肉切成条状，加精盐、味精、绍酒、葱油、麻油拌匀，再沾上一层干生粉，饧约10分钟。油锅坐火上烧热，加入植物油，热至六成时，将鱼条一一蘸匀酵面脆浆，放入油中炸透并呈黄色时，捞出装盘。

特点：外脆里松，咸鲜香嫩。

综合运用：脆皮里脊、脆皮鲜奶、脆皮酒酿等。

实例6：椒盐里脊（全蛋糊炸）

原料：猪里脊肉200克，面粉、鸡蛋等。

调料：椒盐、葱、黄酒、味精等。

制作方法：将里脊肉切成条，用黄酒、味精、盐腌渍20分钟，面粉、鸡蛋和水调成全蛋糊，将里脊肉挂上糊后下油锅炸熟，油温升高后重炸一次，出锅后撒上花椒、盐拌匀即可。

特点：外脆内嫩，色泽金黄，椒香味浓。

综合运用：椒盐鱼片、葱椒藕夹等。

实例7：松仁鸡卷（卷包炸）

原料：生仔鸡脯200克，松子仁75克，虾仁50克，1个鸡蛋的蛋清，熟瘦火腿5克，绿菜叶1张。

调料：精盐、绍酒、味精、干淀粉、湿淀粉、鸡清汤。

制作方法：鸡脯肉洗净，虾仁放清水碗内，用竹筷搅打去掉红筋，再用清水洗净，沥干水分。将虾仁斩成蓉，放在碗内加精盐、味精、绍酒、蛋清、干淀粉搅和上劲成虾缔，分16份待用。将鸡脯肉剔去筋膜，片成长约5厘米、宽约3厘米的薄片16片，平铺在盘内。用竹片将虾缔逐份排在鸡肉片上涂抹均匀，再将松子仁分成16份，放在鸡片中心逐个卷起。将火腿、菜叶切成末，粘在鸡卷两头。炒锅上火，舀入熟猪油，烧至五成热，将鸡卷逐个放入锅内，用手勺轻轻推

动,待鸡卷呈现白色,倒入漏勺沥油。炒锅再上火,舀入鸡清汤,加精盐0.5克,绍酒5克,味精0.5克烧沸,用湿淀粉勾芡,淋入熟猪油20克,起锅装盘。

特点:外香脆内鲜嫩,色泽金黄,卷形完整。

综合运用:香蕉鱼卷、桃仁鸡卷、苹果鸭卷等。

3)煎

煎实际上是一种特殊的炸法,是将原料用少量油加热,至原料两面金黄而成熟的加工方法。煎法的菜肴适用扁平状或加工成扁平状的原料,所以多加热原料两面使之成熟。由于煎法的油温并不低,加热中原料表面的水分易汽化,因此可以形成外脆里嫩的口感。选料范围是扁平状或加工成扁平状的动、植物原料;刀工成型是扁平状或片状。操作程序:原料—投入少量油中—两面加热—原料成熟。煎法在加热前一定要烧热锅,放入冷油,即行业上称的"热锅冷油",这样是为了防止原料粘锅。煎法可以不需要挂糊,主要突出原料外表的焦香,行业称为"软煎"。也有菜肴需要拍粉或挂糊,以保护原料内部水分不外渗,使外表起脆,但糊不能太多、太厚,行业上称为"脆煎"或"干煎"。一般煎法的最大问题是受热的均匀度,因为在煎制中,原料多半是半露半没,煎制时要及时翻面,保证两面受热均匀。

实例1:干煎鳜鱼

原料:净鳜鱼1条。

调料:鸡蛋、葱姜末、绍酒、精盐、味精、面粉、精炼油等。

制作方法:在鱼身两面剞斜一字花刀,再加精盐、绍酒、葱姜末腌渍入味。将鱼周身沾匀干面粉再拖上全蛋液。炒勺放火上烧热加精炼油滑过,将鱼放入用慢火煎熟,两面呈金黄色时装盘。

特点:外焦香内鲜嫩,色泽金黄,不含油。

综合运用:干煎黄鱼、干煎虾、松子煎鱼排等。

实例2:南煎丸子

原料:猪肉500克。

调料:花椒油、绍酒、酱油、精盐、蛋清、淀粉、白糖、味精、高汤、葱姜末。

制作方法:猪肉去筋切末,加入酱油、精盐、绍酒、葱姜末调匀,再加湿淀粉、蛋清调匀待用。将油烧至三成热,肉馅挤成2厘米大小的丸子,逐个下入锅中煎至金黄色,翻面后用手勺轻轻按扁,至八成熟时,将多余的油滗出,加高汤、白糖、酱油。汤烧至2/3时,加绍酒、味精,淋入湿淀粉、花椒油,然后拖入盘内。

特点:软嫩鲜香,甜咸适中。

综合运用:"扁大枯酥"等。

实例3:虾仁煎蛋

原料:鸡蛋6只,虾仁100克。

调料:盐、味精、酒等。

制作方法:将虾仁上浆待用,鸡蛋打散、调味。将蛋液摊入锅中,用中火煎透,倒入虾仁煎至两面金黄即可。

特点:色泽金黄,口味鲜咸,质感软嫩。

综合运用:银鱼焖蛋、韭黄炒蛋等。

4)贴

贴,实际上也属于一种特殊的煎法,是将原料用少量油加热,至原料一面金黄而成熟的加工方法。贴的方法多是将2~3种原料叠加后煎熟,是煎菜的一种延伸。粘的选料范围很广;刀工成型以长方形为主。操作程序:原料—叠加成型—投入热油中加热。由于煎制中只能单面加热,至于受热均匀与否、上面能否成熟的问题,可以在加热过程中加少量的水,并加盖稍焖,使原料成熟后继续用油煎,或是通过先加大量油来焐熟再继续用油煎,使成品形成底面香脆、上面鲜嫩的特色。

实例:锅贴鳝鱼

原料:熟鳝鱼肉150克,虾蓉100克,熟肥膘100克。

调料:盐、味精、酒、胡椒粉等。

制作方法:将熟鳝鱼肉焯水,虾蓉调好味,熟肥膘批成长方形片。将三者合并为一,即是锅贴鱼生胚。将锅贴鱼生胚投入锅中煎熟,再淋入稀汁使之完全成熟即可。

特点:色泽悦目,口味鲜咸,质感软嫩。

综合运用:锅贴鱼片、锅贴鸡、锅贴干贝等。

11.4.2 油导热间接成熟法

原料在油中加热后,结合调味方法使原料完全成熟,成为一道可以食用的菜肴,即为油导热间接成熟法,属于烹调过程中调味的一种特殊油导热成熟法。油处理过程中的油温、油量范围较大。有多种方法,如低油温有划油、油氽等方法,高油温有炸、煎等方法,中油温、小油量的有煸方法。其调味方式和味型更是千变万化,是中国烹饪中非常有特色的一类烹调方法。常用的方法有烹、炒、熘、塌等。

1)烹

烹是将炸或煎后的原料淋上稀汁,使原料入味的加工方法。烹其实是将原料投入油中炸进行调味,使其形成一种特殊口感的加工方法。因为,炸后的原料水分基本脱去,在这种情况下,将调好的味汁淋入(一般不勾芡),可以形成置换,使有干香口感的菜肴具有了软香的特色,是一种新型的口感。也可以说烹是一种水油混合烹调的加工方法,是一种炸法的延伸。其选料范围很广,刀工成小型料。操作程序:原料—投入油中炸—熟后淋稀汁。行业中根据油处理的方法不同,又可分为炸烹和煎烹两种。

实例1:炸烹鸡卷

原料:鸡脯肉、猪肥肉膘、鱼肉。

调料:香菜、葱姜水、鸡蛋、精盐、味精、绍酒、面粉、水淀粉、精炼油、清汤、醋、芝麻油、葱丝等。

制作方法:将鸡脯肉切成4.5厘米长、3.3厘米宽、0.3厘米厚的片。将猪肥肉膘、鱼肉剁成蓉泥,然后放入碗内加葱姜水、芝麻油、精盐、味精搅匀待用。将鸡蛋、面粉、水淀粉调制成

糊,鸡片铺平,抹上蓉泥卷成1.5厘米粗的卷。再将鸡卷挂上糊,投入八成热的油锅内炸成金黄色时倒出控油。锅内加精炼油25克,烧热后加葱丝炝锅,再加香菜段略炒,烹醋,然后加清汤、精盐、味精、鸡卷,汤汁沸起后淋上芝麻油盛装即成。

特点:鲜嫩松软,有明显的清香味,成菜汁清。

综合运用:炸烹鱼块、炸烹脆鳝等。

实例2:煎烹大虾

原料:净虾400克。

调料:葱丝、蒜片、姜丝、面粉、鸡蛋、绍酒、酱油、醋、精炼油、白糖、精盐、味精等。

制作方法:将去皮的虾从脊背剖成夹刀片铺开,剞上十字花刀,加精盐、味精、绍酒,拌匀后拍上干面粉待用。用碗将酱油、味精、绍酒、白糖、醋、清汤兑成汁待用。鸡蛋搅打均匀,将虾裹上蛋液后投入160 ℃的油锅内两面煎至金黄色成熟取出;将虾切成1厘米宽的条,然后摆入盘内。锅内加上精炼油,烧热后加葱丝、姜丝、蒜片炝锅,然后倒上兑好的汁,烧开后浇在盘内的虾上即成。

特点:香酥、清鲜,咸鲜中略带甜酸。

综合运用:煎烹带鱼、糖醋烹湖虾等。

2)熘

熘是将炸后的原料淋上稠汁,使原料入味的一种加工方法。熘法菜肴使用的是稠汁,稠汁裹在原料外部,由于淀粉糊化后形成网络包含水分,使黏性增大,缺少流动性,这样使原料入口后仍能保持脆的口感。但如果时间过长,味汁缓慢地渗入原料内部,就会使原料回软,故要求熘菜需快速上桌,才能保持应有的风味。可以看出,熘与烹的区别在于味汁,熘菜的味汁酸甜且多,需要勾芡。根据原料在油中炸制的程度,又将熘引申可分为脆熘、滑熘。其选料范围很广,刀工成型可是小型也可是整型的料。其操作程序:原料—投入热油中加热—熟后淋稠汁。需要特别说明的是,熘法本是将原料油炸后再淋浇酸甜的稠汁的方法,如将原料煎、滑油、水氽、清蒸后再淋酸甜的稠汁都称为熘。由此可见,熘的方法不单是只由油来加热的固定形式,而是多种形式复合的加热法。最典型的菜例是西湖醋鱼,其成熟是水导热成熟法,行业中称为“软熘”,为了对烹调方法进行合理分类,应将其归纳为水导热成熟法的范围,但保留“软熘”这一习惯名词。

实例1:松鼠鳜鱼(脆熘)

原料:鳜鱼1条(约750克)。

调料:番茄酱、盐、糖等。

制作方法:将鳜鱼加工成类似松鼠形状的生胚,腌渍,拍粉待用。将鳜鱼入热油锅中炸至金黄色,捞出,淋上调好的番茄酱卤,使之入味即可。

特点:色泽红亮,口味酸甜,质感脆嫩。

综合运用:菊花鱼、菊花里脊、金毛狮子鱼、咕噜肉等。

实例2:象牙里脊(滑熘)

原料:猪里脊肉200克,冬笋150克,鸡蛋1个,淀粉适量。

调料：盐、酱油、糖、醋、黄酒、麻油、葱、姜等。

制作方法：将里脊肉切成长条片，冬笋切成长条，肉片用盐、酒、淀粉上浆，将冬笋条卷入肉片中，用刀将两头切齐，下温油锅中养熟，另用锅放油，下葱、姜煸香，加酱油、盐、糖、黄酒、醋调成酸甜卤汁，将肉卷倒入锅中翻拌均匀，淋上麻油即可。

特点：外嫩内脆，口味酸甜。

综合运用：三丝鱼卷、玉棍鸡卷、兰花虾卷等。

3）塌

塌是将原料双面煎后，再淋汁的一种加工方法。塌法要将原料加工成扁平状，这样才便于成熟，塌法也是一种水油合烹法，是煎的一种延伸。选料范围以细嫩的原料为主；刀工成型是加工成扁平状或长方形状；操作程序：原料—加工成型—入油中煎至两面金黄—原料成熟。

实例：锅塌豆腐

原料：豆腐500克，鸡蛋1个。

调料：葱姜丝、鸡蛋、酱油、精盐、绍酒、味精、高汤、干面粉、精炼油、芝麻油等。

制作方法：将豆腐切成5厘米长、2.5厘米宽、0.7厘米厚的片，再撒上精盐、味精、绍酒略腌渍。取一个碗将鸡蛋、面粉、水调制成糊。将平盘上抹上油，倒入一部分蛋糊将豆腐片整齐地摆入盘内的糊上，再将剩下的糊倒在豆腐上抹匀。将炒勺烧热用油滑过，加精炼油将盘内豆腐整齐地推入勺内，用慢火将豆腐两面煎至金黄色，向勺边一拨加葱、姜丝炝锅，加高汤、酱油、绍酒、味精，用慢火将汤淋入豆腐内，淋上芝麻油后盛于盘内即成。

特点：色泽金黄，微带汤汁，豆腐咸鲜软嫩。

综合运用：锅塌白菜、锅塌三鲜等。

4）炒

炒是将原料经过快速加热，翻拌均匀成熟的加工方法。炒法是菜肴制作中较快的一种方法，也是中国烹调中的特色方法之一。炒对动物性原料来说一般要上浆，成熟后还要勾芡；而对植物性原料来说一般不要上浆，成熟后不要勾芡。选料范围很广，大部分原料皆可；刀工成型是片、条、丝、粒、末等小型料；操作程序：原料—加工成小型料—快速加热—原料成熟。炒法依油温高低、油量大小可分为滑炒、煸炒和爆炒3种。

滑炒是将原料处理后，投入中温油中加热成熟，再与配料、调料翻拌并勾芡的加工方法。一般滑炒的原料多选用动物性原料并需要上浆，成熟时需要勾芡。

爆炒是将原料处理后，投入热油锅中快速加热成熟，再与配料合炒并勾芡的加工方法。一般爆炒的原料多选用动物性原料，且大多要剞花刀，以便去腥味和快速成熟，有些原料可以不上浆，但成熟时需要勾芡，并以兑汁芡为主。爆炒与滑炒的区别在于爆炒的油温高而滑炒的油温低，这样两种方法的口感就会不同。

煸炒是将原料处理后，投入少量的热油中快速加热成熟的加工方法。煸的方法比较复杂，原料的生熟、荤素，用油的多少都会有一些差异。一般分为以下4类：第一类是生的植物性原料的煸炒，它们既不上浆也不勾芡，直接用大火炒制成熟。第二类是动物性原料上浆后放入油中煸炒，断生后调味并需要勾芡，如宫保鸡丁、鱼香肉丝等，它与爆炒和滑炒的区别在于用油量

的多少，与爆炒和滑炒的类型和效果一样。以上两种方法行业中都称“生煸”。第三类是原料先用油将水分煸干，再加调料炒入味，原料不上浆，调味不勾芡，行业中称“干煸”。其是烹的一种变形。第四类是原料经煮熟后切成片或条，在油中煸炒后调味成菜。一般原料不需要上浆，可以勾芡也可以不勾芡。行业中称为“熟炒”。

炒法的种类虽然还有很多，如软炒、熟炒等，但其实都属于上述滑炒、煸炒、爆炒3类。它的分类依据是导热介质的温度和用量。过去的一些分类方法不尽完善，造成了混乱，对人们产生了误导。比如说，熟炒与其对应的只能是生炒，也就是说分类的依据不同，分类的内容也就不同，而不应该将两种或多种分类的内容并在一起造成混乱，这点应引起我们的注意。

实例1：滑炒里脊

原料：里脊肉、笋、青蒜。

调料：精炼油、精盐、芝麻油、味精、高汤、绍酒等。

制作方法：将猪里脊肉切成4.5厘米长、0.2厘米粗的丝，另将葱、笋和青蒜切成丝。将肉丝用精盐、味精、鸡蛋清和水淀粉浆好。将肉丝放入130 ℃的热油(精炼油)内滑散断生后倒入漏勺内控油。锅内留油25克加上葱丝稍炒，然后加笋丝及青蒜丝略炒，加精盐、绍酒、高汤、味精、肉丝，颠翻后淋上芝麻油装盘即成。

特点：色白、肉丝均匀，口感滑嫩，咸鲜适口。

综合运用：滑炒鱼丝、炒牛肉丝、炒鸡片等。

实例2：爆炒双脆

原料：生猪肚头、鸡胗。

调料：葱、姜、蒜末，精盐，味精，清汤，绍酒，湿淀粉，精炼油等。

制作方法：将肚头去外皮和里筋，两面剞上直刀，切成1厘米宽、2.5厘米长的块。鸡胗去青筋和里皮，两面剞直刀切成肚头大小的块。取一个碗加入清汤、湿淀粉、精盐、味精、绍酒兑成汁待用。将肚头、鸡胗入八成热的油锅内过油断生，倒入漏勺控油。锅中留底油用葱、姜、蒜末炝锅，倒入肚头、鸡胗，对汁翻锅装盘即成。

特点：口味咸鲜，红白相间，芡汁紧包原料。

综合运用：油爆鸭心、油爆鹅肠、爆炒腰花等。

实例3：生煸草头

原料：草头(三叶菜)500克。

调料：盐、味精等。

制作方法：将草头洗净待用。将草头投入少量的热油中快速炒动，调味，至原料成熟装盘即可。

特点：色泽碧绿，口味鲜咸，质感滑爽。

综合运用：炒豆苗、炒韭菜、炒水芹等。

实例4：宫保鸡丁

原料：嫩公鸡脯肉250克，去皮熟花生米50克。

调料：干红辣椒3只，花椒10粒，酱油、醋、糖、葱末、姜末、蒜泥、盐、味精、料酒、湿淀粉等

适量,色拉油150克。

制作方法:鸡肉洗净,用力拍松,再在肉上用刀轻斩一遍,不要将肉斩烂,然后将其切成2厘米见方的丁,放入碗内,加盐、酱油、料酒、湿淀粉拌匀。干辣椒去籽,切成1厘米长的段,取1个小碗,放入白糖、醋、酱油、味精、清水、湿淀粉调成芡汁待用。炒锅放旺火上烧热,下色拉油烧至微有青烟,放入干辣椒、花椒,将锅端离火煸炒至出辣味,再上火炒至棕红色,放入鸡丁炒散,烹入料酒炒一下,再加葱、姜、蒜炒出香味,倒芡汁,再加入花生米,翻拌均匀即可。

特点:鲜香细嫩,辣而不燥,微带酸甜。

综合运用:宫保肉丁、宫保腰花、宫保牛肉等。

实例5:干煸牛肉丝

原料:牛里脊肉250克,青蒜100克。

调料:姜丝、郫县豆瓣酱、醋、花椒粉、辣椒粉、盐、酱油、料酒、芝麻油等。

制作方法:将牛肉切成长6厘米粗丝,青蒜切成段。炒锅放在旺火上,下色拉油100克烧至冒青烟,放入牛肉丝反复煸炒至水分将干时,加姜丝、盐、剁细的豆瓣酱连续煸炒,边炒边加入剩下的色拉油。煸至牛肉将酥时,依次下辣椒面、料酒、酱油、青蒜,边下边炒。至青蒜断生时即下醋,快速翻炒几下,淋入芝麻油装盘,撒上花椒粉即成。

特点:此菜酥香可口,略带麻辣,回味鲜美。

综合运用:干煸四季豆、干煸鳝鱼丝等。

实例6:炒软兜

原料:熟鳝鱼背肉300克。

调料:酱油、白糖、醋、盐、胡椒粉、葱花、姜末、蒜泥、料酒、水淀粉、油、味精等。

制作方法:将熟鳝鱼背肉洗涤干净,整理整齐,中间切一刀使其一分为二段。取小碗一个,将酱油、白糖、盐、味精、料酒、醋、胡椒粉、水淀粉放置碗中拌匀。炒锅上火,加水烧沸,将鳝鱼段倒入其中,约1分钟后倒出滤去水分。原锅洗净,上火,加油烧热,将葱花、姜末、蒜泥投入炸香,倒入鳝鱼,煸炒30秒,将小碗中的调味料汁包裹于鳝鱼背肉,出锅装盘。

特点:鳝鱼滑嫩,口味鲜香。

综合运用:熟炒肚片、醋炒肥肠等。

任务5 气态介质传热烹调的方法和实例

气态介质具有其特殊的传热性质,主要利用热辐射或热对流方式进行,在气态介质中加热原料,不会产生在水介质加热中出现的溶解与扩散现象。这是因为气态介质(油也不具备水一样的特性)不能像水一样形成氢键,具有吸附、促进扩散的作用,没有了载体,调味料就很难进入原料内部。因此,气态介质加热中进行调味显然不现实,只有根据需要在加工前或加工后进行调味,这是气态介质烹调的特性。气态介质传热主要分为热空气传热和热蒸气传热两种。

11.5.1 热空气传热

热空气传热是利用被加热的空气(包括颗粒状的烟尘)进行的传热。一般加热都是由表及里(微波加热除外)进行的,这是因为热空气温度很高,故原料表面的水分首先会汽化而蒸发,导致表面失水。从理论上讲内部水分会沿着水分密度下降的方向传递,即传向表面,一般这种扩散的速度较缓慢,一旦表面蛋白质受热变性后,就会形成一层膜或淀粉糊化形成硬壳,里面的水分气化就被阻断,故一般易形成外脆里嫩的口感。如果所用原料本身水分含量并不高,就会形成脆酥的口感(如饼干)。热空气传热温度较高,多在140~200 ℃,原料形状、体积因素会影响加热,出现加热不均匀的现象,所以,原料做成一定的形状或利用一些手段(如打气、注水)增加表面积,会弥补一些加热中受热不均匀的问题。一般来说,选择一个密闭的炉具加热比敞开的炉具加热更具有优越性,当然,敞开式的炉具操作起来比密闭炉具方便。从目前加热的介质上来分,热空气传热法主要是烤和熏两种方法,它们的调味方式与油导热的调味很相似。首先,形式相同:加热前先腌制入味,加热后再补充调味。其次,影响调味的因素相同:热空气一般加热都是由表及里,热空气温度很高,原料表面的水分首先会汽化而蒸发,导致表面失水。随着加热时间的延长、温度的升高,水分损失越多,调味料在原料中的浓度也就越大。所以,腌渍调味时要根据变化情况,控制好调味品的用量。有的菜品则依靠加热后的补充调味来完成,如北京烧鸭,在烤制成熟后用甜面酱、葱、黄瓜条来调味,同样达到调味效果。

1)烤

烤是将原料放入炉具中利用热空气加热,使原料成熟的加工方法。烤分为两种:一种是在敞开式的炉中加热,叫明炉烤;一种是在密闭的炉中加热,叫暗炉烤。选料范围以动物原料或粮食类原料为主。刀工成型是扁平状或小型、整型原料。操作程序:原料—放入炉中调节温度与时间加热—原料成熟。从实用的角度出发,暗炉烤更节约能源和便于控制,而明炉烤只适用于小型原料或特大型原料的烤制,在烹调加工中应酌情选用。

实例1:烤鹿肉串(盘烤)

原料:生鹿嫩肉1.2千克,洋葱300克,青椒300克,胡萝卜300克。

调料:精盐、生抽、绍酒、姜汁、葱油、辣椒油、甜辣酱、五香粉、胡椒粉、熟芝麻粉、茄汁、鸡蛋、白糖、味精、麻油、泡打粉、湿粉、蒜蓉、二汤、酒等适量。

制作方法:鹿肉切成厚片,用所有调料拌匀,饧约两小时;洋葱、青椒、胡萝卜均修切成小圆片(或三角块、方块);胡萝卜片需用滚水略烫一下;用20支钢签(不带木柄)分别将主料和配料穿插成串。穿插的办法:依次穿1片洋葱、1片胡萝卜、1片青椒,2片鹿肉;然后再循环穿。每支钢签宜穿6~8片鹿肉。将烤盘中垫些生葱叶,将穿好的鹿肉串担在烤盘上,并在鹿肉上涂一层麻油,遂放入烘热的烤箱内烤5~6分钟即成(上桌时随配极品酱)。

特点:色泽深黄泛红,口味较为复合,但以咸口为主,又兼有五香、麻、辣、微甜诸味,外干内嫩。

综合运用:葱烤鳗鱼、盘烤鸡、烤牛排等。

实例2:面烤富贵鸡(泥烤、面烤)

面烤,是泥烤法的演进。因泥烤法需备特用的泥土,用时不仅要搅拌均匀,还要用工具砸透,十分不便,也较原始。面烤法,即是将加工、腌味的原料,用玻璃纸和荷叶包裹后,再用面团包起、封严烤制成菜的方法。面烤法的菜肴具有原味浓郁,香醇嫩焓而又不失其形的特点。面烤法的用料局限性较小,一般只用整鸡、整鱼,如富贵鸡、暗炉烤鱼、烤花篮鳜鱼等。下面以面烤富贵鸡为例:

原料:童子鸡1只(约1.2千克),枚肉60克,虾仁60克,熟火腿60克,冬菇(水发)60克。

调料:山柰、八角、胡椒粉、绍酒、生抽、味精、绵白糖、精盐、葱丝、姜丝、麻油、猪网油、鲜荷叶、植物油等适量,面粉制作面团。

制作方法:光鸡治净(需从腑下取内脏),再取出翅主骨和腿骨,在鸡腿内侧竖划一刀,便于调味渗入;用刀背轻剁翅尖、颈根,将颈骨折断(不要弄破鸡皮)。枚肉、虾仁、熟火腿、冬菇均切细丁;枚肉、虾仁分别上浆;冬菇用滚水烫一下;将山柰、八角、绍酒、生抽、绵白糖、精盐、葱丝、姜丝放入鸡中拌匀,腌约半小时;肉丁、虾丁分别拉油至熟后,再同熟火腿丁、冬菇丁加底油煸炒,并加入绍酒、生抽、胡椒粉、味精和少许汤炒成馅料,再使其冷却;冷却的馅料从鸡腋下塞入腹中,并灌入腌鸡的余汁,整理好鸡头、鸡腿、两翅,使之叠于胸腿间;将猪网油包裹鸡身,再用荷叶包裹(荷叶先要烫一下,浸凉);然后用玻璃纸包裹,再包一层荷叶,遂用细绳扎住;面团擀开,将其包严(厚约3厘米),最后用锡纸包严。包好的鸡放高温烤箱中烤约半小时(使鸡身迅速烤熟,以防原料变味),再用中温烤1.5小时,然后用低温烤1小时。至鸡焓熟时取出,剥下锡纸,敲去硬面团,解去细绳,揭去荷叶、玻璃纸,淋上少许麻油即成。

特点:香气扑鼻,酥焓鲜嫩。

综合运用:叫花鸡等。

实例3:铁板烤

铁板烤又称铁板烧。是将加工、调味的原料放在特制的、烧热的铁板上,经用手具拨动、翻拌而成菜的方法(如忽必烈烤肉);或是加工的原料经调味、上浆后,用竹签穿插起来,先经热油炸制后,再放到烧热并加盖的铁板中而成菜的方法(如铁板串烧三鲜);或是原料先经爆制后,将带有适量的稀汁,浇在烧热的铁板上,加盖保温而成菜的方法(如铁板葱烧鹿柳)。铁板烤的菜肴具有滑嫩鲜香、滋味浓郁、皮脆肉嫩、干香诱口的特点。

铁板烤的原料多用牛肉、羊肉、猪肉、鸡肉等动物性原料,也有用田鸡腿、鲜带子、虾肉等原料的。如生料直接在铁板上烤制成菜,宜切成片形;如先炸后烤,宜切成小块、厚片;如先爆后烤,则宜切细条、小片。原料在烤制前,或经炸、爆前,均宜挂层薄浆,以保持原料内部的鲜嫩。

实例4:铁板串烧三鲜

原料:中上等鲜虾10只,大鲜带子20粒,鸡脯肉600克,洋葱、鲜青椒各150克。

调料:鸡蛋白、湿粉、干生粉、绍酒、胡椒粉、味精、麻油等适量。

制作方法:鸡脯肉切成较大的片,与虾(剥皮、去尾、取肉)、鲜带子分别用适量精盐、绍酒、鸡蛋白、湿粉上浆;洋葱、鲜青椒修切成圆形。上浆的鸡片、虾肉、鲜带子分别拍匀一层干生粉,然后用10支竹签,将洋葱片、青椒片一起,按量穿插为10串“三鲜”。锅置火上烧热,加入植

物油，热至六成时，下入三鲜串，炸熟至表皮见脆后，捞出沥净油。在炸三鲜串时，铁板需先烤热，涂上一层麻油，垫上洋葱圈，再将炸好的三鲜串放在上面，加盖，并随配极品酱上桌即可。

特点：温度炙热，外脆里嫩，鲜香适口。

综合运用：铁板牛肉、铁板海参等。

2）熏

熏是将原料置于锅或炉中，利用熏料所释放的烟气加热原料，使原料成熟的加工方法。熏实际是烤和蒸两种方法的结合。通常使用的熏料有茶叶、阔叶树（山毛榉、白杨等）的木屑、竹叶及松、柏枝等，烹调中有时还使用锅巴、糖等原料来发烟。民间利用熏除了使原料具有特殊的风味外，主要是为了保存。因为，熏过的食品外部失掉了水分，而熏料中所含的酚、甲醛、醋酸等物质渗入食品内部，抑制了微生物的繁殖。选料范围多数是动物性原料（鸡、鸭、肉、鱼等）和少量的植物性原料（笋）；刀工成型是块或整型原料；操作程序：原料—放入炉中利用熏料发烟—调节温度与时间—原料成熟。熏法具有一定特殊的风味，并非人人习惯。另外，烟熏的菜肴多少含有一些对人体不利的成分，故使用时应有选择性。熏法除了可以作为一种单独操作的烹法外，还可以与其他烹法结合或作为辅助加工手段，如四川的樟茶鸭子、湖南的腊肉都可以再加工。

实例1：生熏白鱼（生熏）

原料：白鱼400克，茶叶，锅巴。

调料：盐、酒、酱油、麻油、葱、姜、糖等。

制作方法：将白鱼用盐、酒、酱油、葱、姜腌20分钟，锅上火，放入茶叶、糖、锅巴，洒少量水，上面放丝网，铺上葱段，将腌好的白鱼放在葱段上，盖上锅盖，用中火加热，待鱼成熟并完全上色后，抹上麻油即可。

特点：色泽红亮，烟香味浓，肉质细嫩。

综合运用：熏银鳕鱼、熏鸡排、熏肉卷等。

实例2：樟茶鸭（熟熏）

原料：肥嫩公鸭1只，香樟叶、茉莉花茶叶各30克。

调料：精盐、花椒粒、绍酒、香糟、胡椒粉、味粉、麻油等适量。

制作方法：公鸭从背尾部开口，治净。取一盆，放入滚水，加入精盐、绍酒和花椒粒调匀（水中要有一定咸味），冷却后，放入鸭子（使其完全浸入水中），腌浸4小时后捞出，再放入滚水中紧皮后，吊干水分。熏炉烧热，放入香樟叶、茉莉花叶，再将鸭子放在蒸架上（蒸架下面要垫些青葱叶），熏至鸭子呈浅黄色时取出。用香糟、绍酒、味粉、胡椒粉调成汁，均匀地涂抹在鸭的周身，再放入容器内，加保鲜纸封严，蒸至两小时左右，熟时取出，晾凉。

锅烧热，放入植物油，至七八成热时（240 ℃左右），下入鸭子，炸透并呈红色时，捞出，沥净油分。鸭子周身薄涂一层麻油，斩成长方形的段，并按鸭的原形码摆盘中，即成（此菜宜配荷叶饼佐食）。

特点：金红油润，鸭形原样，外酥内嫩，带有樟叶和茉莉花茶的特殊香气。

综合运用：熏肥肠、熏鹅等。

11.5.2 热蒸汽传热

热蒸汽传热主要是利用水沸后形成的蒸汽来进行的，由于原料与水蒸气一般都处于密闭环境中，因此原料基本上可以在饱和蒸汽下加热成熟，在短时间内原料中的水分不会像在油加热中那样大量蒸发，风味物质不会像在水加热中那样大量溶于水中，而是保持一种动态的平衡，使蒸汽加热更能保证原汁原味。当然，如果长时间加热，食物内部的水分会缓慢地逸出，而使原料脱水失去嫩度，形成了酥烂的口感。一般说来，蒸汽加热可以形成两种口感：一是嫩，二是烂。同时也形成了两种调味方式，一是以酥烂为主的调味方式，这类菜品一般蒸制前需要进行调味，如蜜汁山药，要先加糖、蜜等调料；豉汁排骨要先加豆豉、酒等调料。此外，蒸汽加热过程不利于原料上色，对一些“红扒”“红扣”的菜品则需要先加有色调料烧制上色，并调好口味后再上笼蒸制酥烂，如虎皮扣肉、红扒鸡等。二是以嫩为主的调味方式，这类菜品一般蒸制时间较短，成品要突出鲜嫩特色，这类方式所选择的原料是鲜活的鱼虾，在加热前一般不需要调味，或短时间用少量盐进行调味，调味过程着重放在加热以后，原料出笼后趁热浇上调配好的卤汁或蘸食调好的卤汁，这样可以使原料本味在加热过程中不受破坏，如清蒸鱼，上笼前先用盐略腌，立即上笼用旺火蒸制，出笼后浇上用美极鲜酱油、鸡精、胡椒粉等调好的卤汁即可。依蒸汽的状态和蒸汽加热的种类可分为放汽蒸、足汽蒸和高压汽蒸3种。

1）放汽蒸

放汽蒸是将原料放入不饱和蒸汽中，快速加热使原料成熟的加工方法。放汽加热就是将部分蒸汽逸出，用相对较低的温度加热使食物成熟。选料范围是极嫩的蓉泥、蛋类原料；刀工成型以蓉泥状为主；操作程序：原料—特别加工—放入不饱和蒸汽中快速加热—原料成熟。放汽蒸是蒸汽加热中比较特殊的一种加工方法，一般对象为蓉泥、蛋类制品，防止加热中这些原料起孔或变形。加热的时间一般根据原料的嫩度可分为短时间和长时间蒸两种。不过，这里的时间是相对的，因为放汽蒸中最长时间不会超过30分钟。

实例1：瓢儿鸽蛋

原料：鸽蛋8个，虾仁150克，2个鸡蛋的鸡蛋清，水冬菇5克，熟火腿5克，绿菜叶1张。

调料：精盐、味精、绍酒、干淀粉、湿淀粉、鸡清汤等。

制作方法：将鸽蛋放入清水中，置小火上煮熟，捞出放入冷水内，剥去蛋壳待用。将虾仁洗净沥干，水冬菇去蒂，绿菜叶洗净。将虾仁斩蓉放碗内。鸡蛋清打成发蛋，倒入虾蓉碗内，加绍酒10克、精盐1克、味精0.5克、干淀粉10克，搅拌上劲成缔。取汤匙16只，匙内涂上一层清猪油，将虾缔均匀地摊在汤匙内抹平。将鸽蛋放砧板上，用刀将鸽蛋一切两片，蛋黄朝下放在虾缔中间。将冬菇、火腿、菜叶用刀切成菱形小片，贴在鸽蛋前面（火腿放中间，绿菜叶、冬菇分放两边成山形）。将汤匙放入笼内用旺火蒸约1分钟取出，脱掉汤匙，装入盘内排齐。炒锅上火，舀入熟猪油上火烧热，舀入鸡清汤，加绍酒5克，精盐0.5克，味精1克烧沸，用湿淀粉勾芡，再淋入熟猪油15克起锅，均匀地浇在瓢儿鸽蛋上即成。

特点：造型美观，肉质细嫩。

综合运用:荷花鱼片、琵琶虾、金鱼鸽蛋等。

实例2:蒸蛋糕

原料:鸡蛋6个。

调料:盐、味精、淀粉等。

制作方法:将鸡蛋中的蛋清与蛋黄分开,分别装入两个碗中,调入盐、味精、湿淀粉,拌匀,倒入有垫纸的方盒中待用。将蛋糕放入蒸汽中,半开盖子,蒸25分钟左右至蛋糕成熟,取出即可。

特点:色泽悦目、口味咸鲜、质感软嫩。

综合运用:鱼糕、鸡糕等。

2)足汽蒸

足汽蒸是将原料放入饱和蒸汽中加热,使原料成熟的加工方法。其过程中蒸汽处于动态平衡中,生成的蒸汽数量与逸出的蒸汽数量相一致,比放汽蒸压力增加,加热温度自然相对高些。选料范围是新鲜的动、植物原料;刀工成型是剞刀成花型或整型料;操作程序:原料—经加工—放入饱和蒸汽中加热—原料达到品质要求。足汽蒸的加热时间应该依照原料的老嫩和成品要求来控制,一般有短时间加热和长时间加热两种,前一种要求嫩,时间多在5~10分钟;后一种要求烂,时间多在2小时以内。根据蒸的形式又分为直接汽蒸和隔水汽蒸两种,隔水汽蒸在行业中称“隔水炖”,其实这种说法是错误的,其应该属于蒸汽导热的范围。

实例1:清蒸鳜鱼

原料:鳜鱼1条。

调料:姜、葱丝、盐、味精、胡椒粉等。

制作方法:将鳜鱼治净,剞花刀,用盐、味精腌渍待用。将鳜鱼放入蒸汽中蒸7分钟,至原料成熟,取出,调好味汁(盐、味精、胡椒粉)浇在鱼上,撒葱姜丝,淋上热油即可。

特点:色泽悦目,口味鲜咸,质感柔嫩。

综合运用:清蒸鸡、清蒸鸭等。

实例2:原盅鸡脚(隔水蒸)

原料:鸡脚8对,干北菇100克,猪枚肉80克。

调料:精盐、二汤、白糖、生抽、味精、绍酒等适量。

制作方法:鸡脚的趾尖斩去,再敲断胫骨,治净,然后与猪枚肉一起用滚水烫透,捞出备用。干北菇洗净,去蒂,用清水泡透。将鸡脚、猪枚肉放在容器中,加入二汤、生抽、白糖、绍酒、精盐,调好口味,用保鲜纸封严,再放入蒸箱中蒸至原料熟焓,取出,捞出鸡脚、猪枚肉,原汤过滤,备用。鸡脚的胫骨拆除后,放在盛菜的盛器内;再将泡好的北菇捞起,治净,挤出水分,用适量猪油拌匀,排在鸡脚的上面。然后用适量的浸泡北菇的水掺入过滤的原汤中煮沸,调好口味,倒入装有鸡脚和北菇的盛器内,用保鲜纸封严,再入蒸箱中蒸约20分钟,取出,调入味精,即成。

特点:汤香浓,料软烂,咸香味厚。

综合运用:清炖鸡翅、原盅鱼翅等。

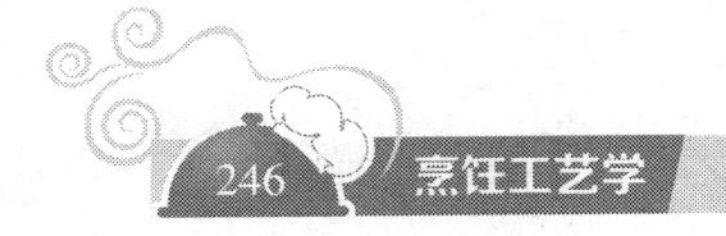

实例3：荷叶粉蒸鸡

原料：光仔鸡1只，粳米150克，桂皮，八角，荷叶。

调料：甜酱、红腐乳、酱油、绍酒、味精、生姜、葱白、糖、熟猪油等。

制作方法：将粳米、桂皮、八角同放锅内，置炉火上炒至金黄色，取出冷却，磨成粗米粉，放盘中。光仔鸡洗净，沥干，姜、葱洗净拍松。荷叶放开水中烫至碧绿，捞出放冷水内浸凉、洗净，用刀改切成10厘米的三角形旗子18块。将鸡放砧板上斩下鸡头，从尾部至颈部划开，在肚裆两边各划一刀，取下鸡腿，剔去大骨。再将鸡肩上的筋割断，撕下鸡脯肉，剔去翅膀骨，取下牙肉，剔下颈皮肉，斩成10厘米长的块，放碗内，加甜酱、红腐乳（用刀压成泥）、绍酒、酱油、味精、白糖、姜、葱拌匀，浸泡约20分钟，去掉姜、葱。将鸡肉逐块蘸满米粉，放入扣碗内排齐，加熟猪油。将蘸满米粉的鸡肉，放笼内蒸约1小时取出，将荷叶茎根朝上，大头向外，平铺在砧板上。将鸡肉逐块横放在荷叶上，从里向外包叠，再两边向里对折成6.5厘米见方的小包，放长盘内，排成桥梁形。将鸡包连盘上笼，用旺火蒸约两分钟取出即成。

特点：肉质酥烂，粉香浓厚，肥而不腻。

综合运用：粉蒸肉、粉蒸鱼、粉蒸牛肉等。

3）高压汽蒸

将原料放入高压蒸汽中，快速加热使原料成熟的加工方法。高压加热是在密闭容器中，利用加压的手段使加热介质的温度升高，进而使原料快速成熟的加工方法。此方法是一种加热新方向，因为此种加热既节省时间又节约能源。另外，现代人们既要求菜肴上桌快又要求原料新鲜，而这种加热方法对新鲜原料的快速加热非常有效。因此，现代厨房中运用这种方法将是十分必要的。操作程序：原料—放入高压蒸汽中—快速加热—原料达到品质要求。高压蒸汽加热的时间依照原料的老嫩及品质要求来控制，由于加热迅速，对老韧原料的加热时间应控制在30分钟以内。压力越大加热时间就越短。当然，压力范围是有限度的，一般灶具中都配有压力表，以防加热过头。需说明的是由于蒸的特殊性质，其调味应在加工前或后进行，选择的原料只能是新鲜的，否则，将不能发挥出蒸菜的优越性。

任务6　固态介质传热烹调的方法和实例

固态介质传热的主要方式是传导，因而在烹调中大多不作为快速加热的介质（金属除外），又由于使用起来并不方便，所以除非特殊需要，一般使用的频率很少。通常固态介质传热的种类有金属、盐、沙等。

11.6.1　金属传热

金属加热是将原料放在金属之上直接加热的加工方法，在烹饪中一般用铁与铝两种。这里的金属加热主要是指只用金属，而不使用其他介质，尽管液体介质和部分固体介质加热中离不开金属的辅助，但其起主导作用的不是金属，因而要分清这种关系。金属传热法中最常使用

的是烙;选料范围是粮食类原料;操作程序:原料—放在铁锅上—两面加热—原料成熟。烙与煎法很类似,一般烙少用油,主要传热介质是铁锅;而煎用油,主要传热介质是油。

实例:春饼(荷叶饼)

原料:精白面粉500克。

调料:麻油50克,水等适量。

制作方法:面粉放入盆内,将200克沸水淋入面粉中,将其拌成雪花状。然后加凉水将剩余的面粉和烫好的面粉一起和好,揉成面团,稍饧。

面团搓成长圆条,摘成40个剂子,按扁,刷上麻油,两个面剂摞在一起,擀成直径约20厘米的圆饼。

平底锅抹上稍许油,烧热放入薄饼坯,用手将饼转动2~3下,见饼面变色有小泡时,即将饼翻个,将另一面烙至有小泡。出锅后揭开成两张饼,将每张饼叠成三角形于碟中即可。

特点:饼质薄而柔软,口感甜糯,色白。

综合应用:春饼也称荷叶饼、单饼,一般用于佐食烤鸭、烤乳猪。

11.6.2 盐、沙传热

盐、砂加热是将原料放在盐或沙中直接加热的加工方法。盐加热法通常有盐焗法;沙加热法通常有沙焗、泥烤法。

1)盐焗法

盐焗法是将原料埋入盐中,用中、小火缓慢加热至原料成熟的加工方法。此种加热中由于有盐作为介质,所以加热前原料一定要用纸包裹起来,以防原料受影响。

实例:盐焗鸡

原料:肥嫩仔母鸡。

调料:葱、姜、香菜、粗盐、精盐、味精、八角、芝麻油、沙姜末、熟猪油、精炼油、绵纸等。

制作方法:将鸡进行初加工、洗净吊起晾干水分,去掉趾尖和嘴上硬壳,将翼膊两边各划一刀,在颈骨上剁一刀(不要剁断)。用精盐擦匀鸡腔内部,加入葱、姜、八角,先用未刷油的绵纸裹好,再包上已刷好精炼油的绵纸。热勺放入粗盐炒至温度很高(略成红褐色),取出1/4放入砂锅内,把鸡放在盐上。然后,把其余3/4的盐盖在鸡上面,加上锅盖,用小火焗20分钟左右,使鸡成熟。把鸡取出,剥下鸡皮,肉撕成块,骨折散,加入由猪油、精盐、芝麻油、味精调成的味汁拌匀,按原鸡形摆入盘中,香菜放在鸡的两边。热勺放入精盐,烧热后放入沙姜末拌匀,加入猪油,放入小碟随鸡一同上桌,供佐食用。

特点:骨酥肉香,味浓,排列整齐,别有风味。

综合运用:盐焖鱼、盐焗里脊等。

2)沙烤

沙烤的菜品一般很少,其方法与盐焗的方法基本相同,不再详细介绍。

任务7 特殊烹调方法——熬糖技法

熬糖技法，是将糖与介质加热，使糖受热产生一系列的变化，最终形成不同状态的加工方法。一般烹调中运用的有3种：一是出丝，即习惯上所说的拔丝；二是出霜，即习惯上所说的挂霜；三是起黏发亮，即习惯上所说的蜜汁。事实上，如果以水为介质进行加热，从宏观上看，此3种状态是一个连续的过程，当将糖投入水中使糖颗粒溶解于水中，经过一定时间的加热，糖汁起黏，形成蜜汁（实践中也有先用油上色后再熬糖的方法）；继续加热水分蒸发，溶液开始过饱和，糖晶体析出冷却后，形成糖霜；如果继续加热到颜色变化，则是糖的熔化阶段，黏性增大，一旦冷却，糖浆就会出丝变成玻璃态。这样看来，蜜汁是一种使糖液增稠的加工效果，挂霜是一种使糖重新结晶的加工效果，拔丝是一种使糖熔化变性的加工效果。前两种具有可逆性，而后一种具有不可逆性。当然，在实践中加热的介质可以有不同的选择，加热的时间也可以有不同的选择，目的就是达到所需的要求和状态。下面分别介绍。

11.7.1 拔丝法

将糖放入水或油中，用中火加热至颜色变酱红色，放入原料待冷却即出丝。拔丝中一般糖与水的比例为6∶1，糖与油的比例为30∶1，原料与糖液的比例为3∶1。在加热中应注意火力的控制，开始火力不能太大，否则，糖色发黄将无法判断。当糖液的温度达到160 ℃时左右时，正是出丝温度，在90～160 ℃时糖液一直可以保持无定形流动态，一旦冷却，无定形糖液就迅速冷凝成玻璃态（固态的无定形态），形成淡黄、透明、脆硬的糖丝。值得注意的是拔丝中水或糖在这里既是介质又是缓冲剂，目的是使糖尽快地熔化，因而用量不能过多。

实例1：拔丝苹果

原料：苹果、面粉、鸡蛋。

调料：湿淀粉、水、白糖、精炼油、芝麻油等。

制作方法：将苹果削皮切成滚刀块，拍上干面粉。取一个碗，将鸡蛋、面粉、水调制成糊，将苹果挂上糊待用。将挂糊的原料投入七成热的油勺内炸至结壳、呈金黄色时倒入漏勺沥油。炒勺加底油和糖，炒至糖熔化，待糖液呈棕黄色时投入炸好的原料颠勺，使苹果粘匀糖液后，倒入抹上芝麻油的平盘内，上桌时带一碗凉开水。

特点：色泽金黄透亮，银丝缕缕，香甜可口。

综合运用：拔丝红枣、拔丝香蕉、拔丝冰棒等。

实例2：琉璃菜品

琉璃菜品为拔丝的烹调方法分支，其操作方法即是拔丝方法。琉璃法与拔丝法的不同处在于，拔丝菜肴是成菜后装入盘内，配冷水即刻供食；琉璃菜肴是成菜后散在净案上，逐一拨动使其冷却、间离。由于成品表面包裹一层透明糖壳，油明晶亮，状如琉璃，故名琉璃菜品。琉璃又称琥珀，常见的品种有琉璃樱桃肉、琥珀桃仁、琉璃藕等。多为筵席中的小菜或甜品。

11.7.2 挂霜法

将糖放入水中,用小火缓慢加热使糖充分溶解,放入原料待冷却即出霜。挂霜中一般糖与水的比例为3∶1,原料与糖液的比例为1.5∶1(注意挂霜中介质只能是水)。在加热中应注意火力的控制,开始的火力不能太大,否则,溶解的速度小于蒸发的速度,使糖还没溶解就被析出,结晶的颗粒变得很大,将造成挂霜失败。当糖液的温度达到110 ℃左右时,是结晶的最佳温度,一旦糖液冷却到80 ℃左右时,糖霜开始出现。由于挂霜是利用水做溶剂,因此水的用量比拔丝时要多。

实例:挂霜腰果

原料:生腰果400克。

调料:绵白糖、植物油等适量。

制法:生腰果用水煮约20分钟,捞出,晒干水分,再用植物油炸酥。锅中加水和白糖熬制糖浆,熬成后(约为140 ℃),将炸好并沥净油的腰果倒入,离火翻拌均匀(可在通风处或冷水中浸透锅底,以使锅中温度下降),再用筷子轻轻拨动,待原料表面凝一层糖霜时即成。

特点:色泽白净,酥脆香甜。

综合运用:挂霜花生、挂霜桃仁、挂霜金枣等。

思考与练习

1. 简述拔丝工艺的流程。
2. 简述传热介质温度的划分。
3. 比较炖、焖的区别和要领。
4. 简述烹调方法的分类规律。

【知识目标】

1. 了解冷菜的概念、作用和地位。
2. 掌握冷菜的特点。

【能力目标】

1. 掌握冷菜的制作要求。
2. 掌握冷菜的烹调方法。

本单元主要学习冷菜的烹调方法。针对每种不同的烹调方法,重点介绍冷菜烹调方法的操作流程、制作关键、特点。通过菜品的实践操作,要求学生掌握主要烹调方法的代表菜肴、操作过程。

任务1 冷菜概述

12.1.1 冷菜的概念

冷菜,各地称谓不一。南方多称冷盆、冷盘或冷碟、冷拼等,北方则多称冷菜、凉盘或冷荤等。比较起来,似乎南方习惯于称“冷”,而北方则更习惯于称“凉”。如果不从文字角度来理解,而出于习惯或作为人们的生活用语,它们之间并没有什么区别,都是相对热菜而言的。

冷菜,就是将经过初步加工的烹饪原料调制成在常温下可直接食用,并加以艺术拼摆,以达到特有美食效果的菜品。冷菜也叫冷荤、冷拼,是菜品的组成部分之一,是各类筵席必不可少的。之所以叫冷荤,是因为饮食行业多用鸡、鸭、鱼、肉、虾以及内脏等荤料制作。之所以叫冷拼,是因为冷菜制好后,要经过冷却、装盘,如双拼、三拼、什锦拼盘、平面什锦拼盘、高装冷盆、花式冷盆,等等。

冷菜冷食不受温度所限,放久了滋味不会受影响,是理想的佐酒佳肴。冷菜常以第一道菜入席,很讲究装盘工艺,它的形、色对整桌菜肴的呈现效果有着一定的影响。特别是一些图案装饰冷盘,具有欣赏价值,使人心旷神怡,兴趣盎然,不仅诱人食欲,对于活跃宴会气氛,也起着锦上添花的作用。

冷菜还可以看作开胃菜,是热菜的先导,引导人们渐入佳境。所以,冷菜制作的口味和质感有其特殊的要求,冷菜的拼摆也是一项专门技术。

12.1.2 冷菜的渊源

在烹饪技艺中,冷菜制作是我国烹调技术中的一朵奇葩,是历代厨师长期实践的结晶。早在宋代,我国就出现了大型风景“辋川图小样”。“辋川图”中有山水、花卉、庭园、馆舍……风景秀丽,环境幽雅。技艺超群的女厨师梵正,用腌鱼、炖肉、肉丝、干肉、酱瓜、蔬菜等原料,殚精竭虑,创造性地用20个独立成景的小冷盘,有机地构成“辋川别墅”的绮丽风光,成为烹饪史上流传千古的佳话。经过漫长的历史沿革,发展到今天,冷菜技艺之花,更是争奇斗艳,千姿百态,目不暇接。

12.1.3 冷菜的地位

冷菜在中国烹饪中的地位自成一体,独具一格。在我国许多地区按照上菜的规矩,一般都是先上冷菜。由于冷菜是筵席上的第一道菜,所以冷菜又有“头菜”“冷前菜”“迎宾菜”的提法。菜肴以首席菜的资格入席,起着引导作用,尤其是一些具有食用和观赏价值的花色冷盘,更使人神清气爽。俗话说:良好的开端等于成功了一半。如果“迎宾菜”能让赴宴者在视觉、味觉和心理上都感到愉悦，获得美的享受，顿时会气氛活跃，宾主兴致勃发，这会促进宾主之间的感情交流及宴会高潮的形成，为整个宴会奠定良好的基础。反之，低劣的冷盘，则会令赴宴者兴味索然，甚至使整个宴饮场面尴尬，宾客扫兴而归。

不仅如此，冷菜还可以独立成席，由此可见，冷菜是宴席中必不可少的菜品。无论是著名的“满汉全席”，还是高级宴会乃至便宴，不能没有冷菜，在某些高等筵席上冷菜的数量几乎接近热菜。在冷餐酒会中，冷菜贯穿宴饮的始终，并一直处于“主角”地位，可谓是“独角戏”。如果冷菜在色彩、造型、拼摆、口味或质感上，哪怕某个方面有一点小小的“失误”，其他菜式都无法出场“补台”，并且始终影响着赴宴者的情绪及整个宴会的气氛。

12.1.4 冷菜的作用

冷菜类别繁多，讲究色形，富于变化，宜于佐酒。无论筵席、便餐、小聚、零食等，均离不开它，深受人们的喜爱。冷菜具有味道丰富、干香少汁、地方特色明显、方便携带等特点，作为旅游食品，深受广大旅游者的喜爱。另外，由于冷盘造型美观、色彩鲜艳、香味浓郁，是饮食业的橱窗，故一般都用色形美观、香味浓郁的冷菜来装饰，不仅诱人食欲，而且展现了厨师技艺。餐厅、饭店、酒馆、小食店、摊点，经营冷菜者甚多，在饮食业的菜品销量中，冷菜占有相当大的比重。因此，冷菜在餐饮业中发挥了重要的作用。

12.1.5 冷菜的任务

随着人们生活水平的日益提高，旅游事业的蓬勃发展，冷菜面临着两个方面的重要任务。一方面，继承和发扬传统的冷菜烹饪技艺，使它向更高的水平发展，不断创新，更好地为人们生活服务；另一方面，研究如何发挥冷菜携带方便、保存时间较长的特点，革新冷菜品种，向“快餐”的方向发展，更好地为旅游业服务。

12.1.6 冷菜的特性

冷菜作为完全独立并颇具特色的一种菜品类型，一般说来具有以下 4 个特性：

1）冷菜容易保存

冷菜是在常温下食用的一种菜品，因而其风味不像热菜那样易受温度的影响，它能承受较低的冷却温度。所以，在一定的时间范围内，冷菜能较长时间地保持其风味特色。冷菜的这一特点，恰恰符合饮宴缓慢节奏的需要。

2）冷菜容易造型

冷菜制作和冷盘拼摆所用原料大多干爽少汁，因此，冷菜比热菜更便于造型，有美化装饰的作用。冷菜具有容易造型的特点，在花色拼盘中得以充分运用和体现。

3)冷菜具有配菜的多样统一性

冷菜一般是多样菜品同时上桌,与热菜相比更具有配菜的多样统一性。一组冷菜是一个整体,相互配合性更为紧密和明显。

4)冷菜具有严格卫生要求

冷菜原材料经过切配、拼摆、装盘后,即可提供给客人直接食用。冷菜往往是先加热,后切配装盘,因此,冷菜比热菜更容易被污染,故而需要更为严格的卫生环境、设备与卫生规范化操作。

12.1.7 冷菜的特点

冷菜的特点是色、香、味、形俱佳,品种繁多,口味多样,切配手法独特。集中表现在:色彩光亮、造型美观;脆嫩鲜香、味透肌理;刀工整齐、厚薄一致;多为先烹调,后切配。下面从冷菜的色、香、味、形、器5个方面分述冷菜的特点。

1)色

冷菜的色彩,对用餐者的心理有着不可忽视的作用,能够较为准确地反映其心理状况。随着季节的变化,用餐者对冷菜的色彩,有着不同的心理感受。为顺应这一季节的心理变化,冷菜通常在夏季多用冷色调菜品,冬季多用暖色调菜品。

中国有这么一句饮馔名言,叫作"适口者珍"。冷菜的色彩是为了突出口味美这个主题。看到橘红色的果味鱼丝、茄汁鸡卷,口腔中便会产生酸甜之感;看到酱红色的酱汁排骨、玫瑰红色的叉烧肉,品尝之前可产生醇厚的感觉;看到白玉色的炝虾仁、拌笋尖,就会产生鲜、嫩的联想;看到碧绿的开洋拌芹菜、炝豆苗,给人以新鲜、爽口的感觉。

在冷菜制作过程中,单拼冷盘以原料固有的色彩为主,如盐水鸭、熏鱼等;双拼冷盘则以原料的两种不同色彩相搭配,使其色彩分明,达到活泼、明快的效果,如盐水鸭拼卤香菇、葱油海蜇拼熏鸡等;三拼冷盘,是将3种冷盘原料拼摆在一起,尽量选用色泽不同的3种冷菜原料,如用盐水虾、油鸡、卤鸭肫拼摆成三色冷拼。

2)香

热菜的香味是随着热气扩散在空气中,为人所感知的,而冷菜的香则必须在咀嚼时才被人所感知。所谓"越嚼越香",它要求香透肌理。冷菜通常有干香、醇香、清香、鲜香、糟香及葱油香等。

①干香。冷菜原料在烹调前的腌渍以及烹调后卤汁渗透到原料内部所形成。其中,在香味的产生过程中香料的选用起了很大的作用。通常选用桂皮、小茴香、八角、丁香、花椒等具有浓郁香味的调料。另外,在用卤上也颇为讲究,以"老卤"为佳,卤汁越陈香味越浓郁。此类冷菜品种有酱鸭、生烤鸡翅、油爆虾、五香牛肉等。

②醇香。冷菜原料烹调至七成熟时,用旺火收浓卤汁,使卤汁中的绍酒、糖、醋等调味料充分渗透到原料内部,从而形成醇浓香味,如酱汁排骨等。利用酒醉方法制成的冷菜,产生的鲜

美异常地香，也是醇香，如醉鸡、醉虾等。

③清香。多来自凉拌菜，原料大多选用时令蔬菜，突出其基本味，调料以盐、糖、味精、麻油等为基本调味料，如凉拌菊叶、蓑衣黄瓜等。

④鲜香。来自质嫩原料的本身，如鸡丝、鱼丝等。调料以葱、姜、料酒、盐、麻油为主，以保证不失其基本味，如盐水虾、炝鸡丝、豆叶鱼丝等。

⑤糟香。冷菜原料在糟卤中浸泡一定时间后，所产生的一种入口浓郁的奇香，如香糟笋尖、糟鸭等。

3）味

冷菜的味，主要有咸鲜、麻辣、五香、蒜泥、棒棒、陈皮、红油、茄汁、糖醋、咖喱、果汁、鱼香、芥末、麻酱、葱油、姜汁、椒麻、怪味等。其调制方法简述如下：

①咸鲜。白酱油、盐、味精、麻油，加适量清汤调制而成。特点是清淡爽口。

②麻辣。辣椒酱、花椒末、红酱油、醋、糖、味精、盐调制而成。特点是麻辣味重，略带回甜。

③五香。八角、草果、桂皮、甘草、丁香等香料，加酱油、糖、盐、味精、料酒、麻油、清汤调制而成。特点是香味浓郁。

④蒜泥。蒜泥、酱油、糖、盐、味精、麻油，加清汤调制而成。特点是蒜香扑鼻，开胃。

⑤棒棒。芝麻酱、酱油、醋、盐、味精、糖、葱花、红油（辣油），加清汤调制而成。特点是酸、甜、辣、香。

⑥陈皮。陈皮末、干辣椒末、花椒末、盐、糖、红油、葱花、姜末，加适量清汤，与主料加热而成。特点是麻辣鲜香，陈皮味浓。

⑦红油。芝麻酱、酱油、醋、糖、花椒末、辣椒酱炼制的红油，加盐、味精调制而成。特点是辣、香、味浓。

⑧茄汁。番茄酱、料酒、糖、醋、盐、味精、蒜泥、姜末适量，加少许清汤，与主料加热而成。特点是茄汁味厚、酸甜可口。

⑨糖醋。白糖、醋、盐、味精、麻油、葱花、姜末等，加热后调制而成。特点是甜、酸，略带回甜。

⑩咖喱。咖喱粉、盐、味精、洋葱末、麻油等与原料加热后而成。特点是咸、鲜、辣、香。

⑪果汁。果酱、白糖、醋、盐、味精，加适量水，加热后而成。特点是果味浓郁，酸甜可口。

⑫鱼香。姜末、蒜泥、葱花、糖、醋、酱油、豆瓣酱、麻油、红油等调制而成。特点是酸、甜、咸，姜、葱、蒜香浓郁，有鱼香感觉。

⑬芥末。芥末粉加清汤调匀后，放入盐、味精、白醋、麻油调制而成。特点是香、辣，香味冲鼻。

⑭麻酱。芝麻酱加麻油调开后，放入盐、味精、糖调制而成。特点是咸鲜、清香。

⑮葱油。麻油烧热后，投入葱花，加入盐、味精、糖等调制而成。特点是咸鲜、葱香。

⑯姜汁。生姜去皮，捶成蓉后取汁，加入白酱油、醋、味精、盐、麻油、清汤等调制而成。特点是鲜香、爽口。

⑰椒麻。花椒和葱斩蓉，加醋、麻油、白酱油、味精、精盐调制而成。特点是麻、香、咸鲜。

⑱怪味。糟辣椒、芝麻酱、胡椒粉、香醋、味精、蒜泥、姜末、葱花、红油、麻油等调制而成。特点是咸、甜、麻、辣、酸俱全，味厚。

4）形

冷菜多为先烹调后切配，讲究刀工，其形更是至关重要。冷菜的形应根据冷菜原料、用餐者和餐具的不同，采取不同的外观造型，通过其外形的表现，反映出其丰富的内容。

一个普通的单拼冷盘的造型，通常有以下 4 种：圆台形、螺旋形、圆锥形和堆形。无论采用哪种造型，都要做到饱满而不堆砌，爽目而不干瘪。

①圆台形。多用于大块方正的、形体整齐的原料的造型。用碎料垫在盘底，最后覆入刀面。例如水晶肴蹄、白切肉等。

②螺旋形。多用于圆形、圆条形原料的造型，如盐水虾、香肠等。原料由盘底圈起，逐层缩小，封顶后便成。

③圆锥形。多用于碎状原料的造型，如香菜拌花生米等。这种造型没有刀面，应尽量使其美观整齐。

④堆形。多用于禽类原料的造型，如卤鸡、酱鸭等。采用这种造型，要注意刀面的整齐和对称的均匀。

双拼冷盘的造型，主要有对称形、叠围形和排围形 3 种。

①对称形。将两种冷菜原料切配成两个半圆形，对称地在盘中拼摆，如盐水鸭和油爆虾等。

②叠围形。将一种冷菜切制成片，在盘沿一片一片排围整齐，盘中放置另一种冷菜原料，如卤猪舌和鱼松等。

③排围形。将一种原料切制成墙垛形、菱形或燕尾形等状，在盘沿排摆整齐，盘中放入另一种冷菜原料，如水晶肴蹄和炝糟鸡丝等。

5）器

器即餐具，对菜肴的美观有极大的衬托作用。盛器的选择，主要以其外形和原料切配后的形状、图案协调与否，色彩和原料的色彩和谐与否来决定。

冷菜切配完成后，餐具选用得当，能够借以烘托气氛，使菜肴增色，增进食欲；反之，则使人产生厌恶情绪甚至反感。因此，盛器的选用在烹调中很有讲究。

一般来讲，冷菜的颜色较深，就应选择浅色盘来盛装，以减轻菜的色暗程度；冷菜的颜色较浅，就应用深色盘来盛装，以衬托菜的色泽明亮。

12.1.8 冷菜与热菜的区别

1）烹制顺序的不同

许多冷菜的烹调方法是热菜烹调方法的延伸、变革和综合运用，但又具有自己的特点。最明显的差异是热菜制作有烹有调，而冷菜可以有烹有调，也可以有调无烹；热菜烹调讲究一个热字，越热越好，甚至到了台面还要求滚沸，而冷菜却讲究一个“冷”字，滚热的菜，须放凉之后才装盘上桌。

冷菜与热菜相比,在制作上除了原料初加工基本上一致外,明显的区别是:前者一般是先烹调,后刀工;而后者则是先刀工,后烹调。

2)菜肴形状的不同

热菜一般是利用原料的自然形态或原料的割切、加工复制等手段来构成其形状;冷菜则以丝、条、片、块为基本单位来组成菜肴的形状,并有单盘、拼盘以及工艺性较高的花式冷盘之分。

3)调味方法的不同

热菜调味一般都能及时见诸效果,并多利用勾芡以使调味分布均匀,冷菜调味强调"入味",或是附加食用调味品;热菜必须通过加热才能使原料成为菜品,冷菜有些品种不需加热就能成为菜品;热菜是利用原料加热以散发热气使人嗅到香味,冷菜一般讲究香料透入肌理,使人越嚼越香。所以素有"热菜气香""冷菜骨香"之说。

4)季节时令的不同

冷菜和热菜一样,其品种既常年可见,也四季有别。冷菜的季节性以"春腊、夏拌、秋糟、冬冻"为典型代表。这是因为冬季炮制的腊味,需经一段"着味"过程,只有到了开春时食用,始觉味美;夏季瓜果、蔬菜比较丰盛,为凉拌菜提供了广泛的原料;秋季的糟鱼是增进食欲的理想佳肴;冬季气候寒冷,有利于羊羔、冻蹄的烹制冻结。可见冷菜的季节性是随着客观规律的变化而形成。现在也可反季供应,因为餐厅都有空调,有时冬令品种放在盛夏供应,更受消费者欢迎。

5)风味、质感的不同

冷菜的风味、质感也与热菜有明显的区别。总体来说,冷菜以香气浓郁、清凉爽口、少汤少汁(或无汁)、鲜醇不腻为主要特色。具体又可分为两大类型:一类是以鲜香、脆嫩、爽口为特点;另一类是以醇香、酥烂、味厚为特点。前一类的制法以拌、炝、腌为代表,后一类的制法则以卤、酱、烧为代表,它们各有不同的内容和风格。

任务2 冷菜基础

12.2.1 冷菜的制作要求

冷菜制作过程大致为:选料—初加工—烹调或腌渍—切配—装盘—点缀—上席。其制作过程中每个环节的具体要求如下。

1)选料的要求

选料是制作任何一种菜肴首先要注意的问题,因为选料的好坏是决定菜肴的风味、特色、形象美观的关键。制作冷菜,对原料的选用就更为考究。因此,必须根据菜肴的规格以及造型和图案的需要,认真合理地选用原料。高档菜肴选料要精细,一般菜肴选料也要认真,使选用的原料做到物尽其用，各施所长。如用家禽作原料时，要选用当年的皮薄、肉嫩、肌肉组织丰满肥嫩者；用瓜果、蔬菜作原料时，要选用新鲜的、色泽美观、表皮光滑、完整无缺者。根据冷菜造型的需要，还要对原料的色泽、形态、口味、质地等方面进行选择。如果着重于欣赏，则要在原料的色泽上多考虑；着重于吃，则要在质地、口味、品种上多费心思。

总之，选用的原料一般都要能食用，同时，尽量利用原料的本色去美化菜肴的造型，使造型菜肴更能体现出形态的优美和真实。

2）初加工的要求

无论是制作冷菜还是热菜，初加工都是必需的工序，而且也是一道关键工序。冷菜初加工的方法和要求也各有不同，如制作“白斩鸡”的初加工，从宰杀、放血、煺毛直到开膛，都很讲究。它要求宰杀的刀口要小，血要放完，毛要煺尽，更不能损坏鸡的表皮，开膛最好采用肋下小开。若违反了上述要求，则对制品的成熟率和装盘等方面都有影响。再如，对鱼、肉等要分档取料，尽量使原料完整，不能切得过碎，否则也将影响装盘。

3）烹调的要求

制作冷菜与制作热菜在烹调方法上各有不同。制作冷菜最主要的一点是在烹调之前要对原料进行腌制，这个过程要与烹调密切配合。常用于冷菜制作的烹调方法和制作方法近20种，有酱、卤、烤、熏、炸、烹、炝、拌、煮、焖、蒸、烘、盐焗、冻，以及醉、糟、腊、腌、风等。在烹调上除必须达到干香、爽口等要求外，还要做到味深入骨、香透肌理、咀嚼有味、品有余香。另外，还要根据不同品种的要求，达到脆嫩、清香、少汤、少腻。要达到这些要求，除了准确地掌握火候和适当地运用调味之外，还要把握住腌制这道工序。

4）切配与装盘的要求

切配与装盘是冷菜艺术造型的重要一环，它的成功与否，直接影响冷盘外观的艺术效果。一个冷菜装盘技术的体现，其一在刀工上，其二在造型艺术上。所谓刀工，就是看原料在刀工处理后的厚薄大小是否一致；造型就是看原料在装盘后的形态是否美观。切配与装盘在制作冷菜的过程中是紧密相连的。因此，为了使冷菜达到预期效果，就必须了解和掌握刀工与装盘的要求和方法。

冷菜与热菜的刀工是通用的，但冷菜的刀工要比热菜更为细致和讲究。热菜一般是先切配后烹调，切的多是生料。冷菜则是先烹调后切配，切的多是熟料，而且经刀工处理后的熟料要随即装盘上席。因此，制作冷菜时操作必须十分精细，要达到片片厚薄一致，块块大小相等，刀起刀落丝毫不乱。

制作冷菜的刀法，根据原料一般可分为垫底和盖面子两种，与制作热菜时切生料的刀法大致相同。至于制作花色冷盘中的花鸟龙凤等造型和图案的刀法及雕刻方法，既无一定规格，又无一定刀法，主要靠烹调人员把经验、智慧、技术等能力巧妙地加以综合运用。

刀法中的“滚料切”在制作冷菜时使用得不多，但在使用中切熟料与切生料是不相同的。熟料经过滚料切后就进行装盘，而且还要整齐地堆叠，所以要求切块长、薄而且均匀，形状像剪刀片。如拌春笋、拌莴苣，绝不能像切土豆块、萝卜块那样又厚又短。再如刀法中的“批”和“拍”。在热菜原料初加工时，“批”就是单独地“批”，附带处理脆性原料时，也不用“拍刀法”。

冷菜则不同,以白水煮熟的整鸡为例,它可以作为烧菜的原料,也可作为冷菜的白斩鸡,烧菜、冷菜均可改刀成鸡块,但切成单一的鸡块就不行,而要采用"先批后拍"的刀法。也就是将鸡先分成几大块后,再分别采用不同的刀法。特别是鸡脯和鸡腿这两个带骨的部位,往往作为装盘的最上层,必须先用正批刀法,从肌肉表层批到骨头,然后将刀竖直,左手半握拳在刀背上猛拍一下,切断骨头,并依次均匀地批、拍下去,这样加工的鸡块便可达到装盘的要求。

较为复杂的装盘,还讲究把两种以上不同颜色、不同口味、不同性质的原料用不同的刀法将其加工成型,再整齐地装入盘内,有的是经刀工处理后直接整齐地装入盘内,有的是经刀工处理后将原料逐片拼摆成型。总之,不管用哪种方法,都必须根据原料的特点和菜肴的要求选择适当的刀法,充分地发挥自我想象,巧妙地设计和搭配原料,使口味多样的原料色彩相映,让整个冷盘造型富于艺术性。

装盘过程中需要注意以下 6 个问题。

①注意颜色的配合和映衬。各种原料都有一定的颜色,在制作冷菜时,要从色彩的角度加以选择,并且在拼摆时注意各种颜色的有机搭配和衬托。一道冷菜如果仅仅用颜色相同或相近的原料拼摆而成,势必显得单调。使用多种颜色的原料,如果在拼摆时未能将颜色进行合理搭配,也不能达到和谐美观的效果。因此,只有选用具有多种颜色的原料,并在拼摆时合理排列,使各种色彩浓淡相间,互相映衬,才能使整个冷盘色彩鲜艳调和,给人以美的感受。菜肴色彩的搭配和画家用色不尽相同,画家可以根据需要把几种原色按照比例调和成多种需要的颜色,而制作冷菜却不能只把几种不同颜色的原料拼摆在一只盘子里,这样就显得色彩单调,如果在其间夹入其他色彩淡而鲜的原料,就能形成一个具有色彩美和构图美的冷盘。

②注意原料之间的口味搭配。在一个盘子里装上 2 ~3 种原料时,要避免它们之间相互串味(花色冷盘除外)。如带卤汁的盐水鸭就不能与不带卤汁的香肠相拼,否则会改变香肠的本味;再如,有盐卤的盐水大虾,也不能与有卤汁的卤鸭相拼,否则也会串味。口味搭配的原则:口味相近、性质雷同的加工品可以拼制,如盐水大虾可与盐水鸭相拼,变蛋可与水晶肴蹄相拼,香肠可与板鸭相拼,等等。

③注意原料之间的性质搭配。烹饪学上有这样一个原则,在一个盘子里或在同一类型的菜肴里(冷菜、炒菜、烧菜为 3 个类型),不能有相同的原料重复出现(特殊筵席除外)。同一席桌上有 4 只冷盘(对拼或单拼),鸡、鱼、虾、蛋等分别只能出现一次。如果是 10 等份,那最好用 10 种原料或 10 种以上的原料拼制而成。如果拼制一只象形冷盘,需要配上几只陪衬碟,陪衬碟中的原料与象形冷盘的用料可以重复,但陪衬碟本身之间不能有重复的原料。总之,原料选择的品种越多越好。

④拼摆的形式要基本一致。在同一席桌上如有 4 只冷盘出现,那么这几只冷盘拼摆的形式要基本一致。单拼就一致采用单拼;双拼就一致采用双拼;馒头式就全部采用馒头式;桥梁式就全部采用桥梁式。当然有时因受原料的限制可以除外,但也要尽量做到整体的统一性和完美感。

⑤选用恰当的盛器。古人云:"美食不如美器。"盛器的形状同原料所要拼摆的形状应该对称,盛器颜色与原料本身的颜色应协调,这对整个冷盘的外观都有很大的影响。如原料色淡的(如白斩鸡)可装在花边盘里,原料色深的(如酱鸡)可装在白色的盘子里。花色冷盘应摆在

有花边的大腰盘里，宫灯冷盘宜摆在白色的大圆盘里，孔雀开屏最好选用白色的大腰盘，等等。这样可使拼摆原料的形态更为美观，色调更加和谐。总之，原料的颜色与盛器的花样如何搭配合适，在实际运用中要灵活掌握。

⑥注意营养成分的搭配。营养成分的适当搭配，不仅是热菜，同时也是冷菜制作必须注意的问题。这里所讲的营养成分搭配，主要指荤与素的搭配，在运用多种原料拼制冷盘时，鱼、虾、肉、蛋及蔬菜都要顾及它们之间的营养问题。如“什锦全盘”或几只单盘双拼等，都要按照这一原则去拼制。否则将导致口味单调、营养不全面的情况发生。

5）点缀要求

点缀是装拼整个菜肴的最后一道工序，有画龙点睛的作用。通过点缀可以弥补在菜肴装盘上某一方面的不足，更主要的是可以增加菜肴的色彩，使菜肴造型更逼真。当然选料要精炼，点缀也要恰到好处，切忌庞杂、啰唆，以致画蛇添足。如果菜肴色调清淡，可点缀一点红花绿叶，使之对比鲜明；如菜肴色调较浓，可衬托一点白色或黄色的花叶，使之素雅大方。点缀没有一定的格式，可根据每种菜的特点，具体情况具体对待。总之，点缀的目的是要使冷盘给人以赏心悦目之感。

①点缀的形式。点缀的形式不是固定不变的，一般说来，只要达到调节菜肴的色彩，增加菜肴的美观就行。严格地说，应根据冷菜的内容（包括造型）为每一种具体的菜加以适当的、切合实际的、与内容有联系的装饰。主要有两种点缀形式。

一种是普通的不拘形式的点缀。如白斩鸡或盐水鸭装盘后，用几片香菜叶覆盖其上，或用少量熟火腿末撒在上面，就能给人以色泽鲜艳的感觉。如松花蛋切成瓜瓣形装盘后，用少许火腿末或蛋松点缀其间，四周再用香菜叶陪衬，整个菜肴则如同一朵美丽的花盛开在盘子中间。

另一种是结合菜肴拼摆的形式和内容，象形地点缀。如花篮冷盘、蝴蝶冷盘等，以各种花卉衬托较为合适；熊猫抱竹以动物衬托较为合适；风景冷盘既可以用花卉、动物，也可用树木、山水作衬托，等等。概括地说，就是要通过形象化的点缀，使菜肴更能突出装盘的内容和艺术效果，给人以栩栩如生、身临其境之感。

②点缀的方法。点缀的方法是多样化的，根据菜肴的内容和所用的原料，一般可分为用模具平刻、用刀具雕刻和立体式堆叠3种形式。模具平刻是用金属制成的各种不同形状的模具一刻即可，这种方法使用起来较为方便，工作效率高，但形式单调；刀具雕刻（如用萝卜、南瓜等原料雕成的各种花卉、动物）的好处是立体感强，缺点是工作效率低，其要求操作人员有一定的艺术素养和雕刻技术，同时实用价值也不一定高；立体式堆叠就是通过采用零星原料，逐片、逐个、逐层堆叠成立体状或半立体状。这种方法，用料较为广泛，成型后形象逼真，而且食用价值也比较高，因此它在冷盘菜肴的点缀中别具一格，多被烹饪者采用。

6）卫生要求

俗话说，病从口入。卫生问题是制作所有菜肴都必须密切注意的大问题，特别是冷菜对这个问题的要求尤为严格。冷菜受制作程序制约，经过切配后的原料不再烹调（高温消毒），有些甚至根本不经过烹调，而是腌制调味后直接食用。因此在制作冷菜的过程中，一定要注意以下几个问题：

①要选用无虫咬、无污染、鲜活的水产、家禽、家畜等肉类作原料。

②对原料的使用在时间上要有控制。一般当天制作加工的原料当天使用，尽量做到不使用隔日的原料（糟、醉的除外）。

③在使用工具（刀具、案板）上，要严格执行生熟分开、用前消毒的原则。

④操作前工作人员的手要进行严格的洗涤和消毒。

⑤若有特殊菜肴需要调色，尽量采用自然色素，如绿菜汁、苋菜汁、咖喱粉以及鸡蛋黄等。特殊情况需要使用色素时，应该严格按照国家颁布的有关食品添加剂的使用标准进行。另外，冷菜的成品要生熟分开存放，并有防蝇和防尘措施。

冷菜在制作过程中特别讲究烹调技法、切配刀法、冷盘拼摆等。

12.2.2 冷菜的装盘

冷菜装盘就是将烹制好的冷菜，进行刀工美化整理装入盛器的一道工序。由于冷菜适合佐酒，常作为第一道菜入席，故而它的形式组合和色泽搭配对整桌菜肴的评价有着一定的影响，因此冷菜装盘很讲究工艺造型。

1）冷盘装盘的类型

冷菜装盘根据实际需要，有单盘、拼盘和花色冷盘3种类型。

①单盘。只有一种菜肴原料装入盘中，所以又叫独碟或独盘。这是最普通的一种装盘类型。

②拼盘。用两种或两种以上菜肴原料装入一盘。具体又分为双拼（又称对镶）、三拼（又称三镶）以及什锦全盘等数种。双拼是用两种菜肴原料拼在一起；三拼是用3种菜肴原料拼在一起；什锦全盘则是用十种左右菜肴原料拼摆在一起，这是一种较高级的装盘类型。

③花色冷盘：用多种冷菜原料拼摆成花鸟等形象或其他美丽图案的装盘，又称装饰图案冷盘。这是一种很讲究审美价值的装盘类型，一般多用于高级筵席。花色冷盘常见的有两种：一是以一只大冷盘入席；二是一只大冷盘配上几只小围碟（即小冷盘菜）入席。也可拼成4只花色小冷盘入席。

2）冷菜装盘的式样

冷菜装盘根据具体情况和内容要求有以下7种式样。

①馒头式。即冷菜装入盘中，形成中间高周围较低，好像馒头似的，这是较普通的常用单盘。

②合掌式。即冷菜装入盘中，形成中间高周围低，中间一条缝，以分开两味菜肴，其形状好像两只手掌合在上面似的，一般多用于双拼。

③城垛式。即冷菜装入盘中，形成两个或3个立体长方形，并立于盘中，好像城墙上的两三座城垛，一般用于双拼和三拼。

④桥梁式。即冷菜装入盘中，形成中间高两头低，好像一座古式的桥梁，一般用于双拼和三拼。

⑤马鞍式。即冷菜装入盘中，形成中间低两头高，好像一具马鞍似的，一般用于双拼和三拼。

⑥花朵式。即冷菜装入盘中，摆成花朵似的，一般用于双拼、三拼以及什锦全盘。双拼是以一味冷菜放中间作花蕊，另一味冷菜在周围摆成花瓣；三拼是将两味冷菜间隔地按花瓣式摆在周围；如果是什锦全盘，换上大盘也可按此法处理。这种花朵形的式样比较讲究形式美，尤其是什锦全盘已很接近于花色冷盘，只是没有具体形象，工艺水平不够高而已。

⑦花色图案式。这是冷菜装盘在形、色方面工艺要求相当高的一种装盘形式，要求主题突出，形象生动。高级花色图案冷盘，还在周围配以小围碟，烘托主题，并提高食用价值。

3）冷菜装盘的技巧

冷菜装盘不论是单盘、拼盘或花色冷盘，都应根据菜肴应有的形态或经过刀工处理后的丝、条、片、块等形状，适当运用3个步骤、6种手法和附加点缀等手法来完成。

（1）装盘的步骤

首先是垫底，冷菜经过刀工处理后，必然有一些零碎边料，先把这些边料垫在盘底；接着是围边，也叫盖边，是将比较整齐的熟料，经刀工处理后，围在垫底边料周围；然后是盖刀面，选择质量好，刀工整齐、完美的熟料，用刀铲盖在冷盘的正中间，压住围边料上面，这样就能体现装盘的整齐美观。

（2）装盘的手法

装盘有6种手法。

①排。将熟料平排在盘中，一般是逐层叠成锯齿形。适合排用的熟料，都是片、块形状，如肴肉、大腿等。

②堆。适用于一些刀工不规则的熟料，如油焖笋、拌黄瓜等。堆法一般用于单盘，要求下面大，上面小，形成宝塔状。

③叠。将切好的熟料一片一片叠成梯形，也可以随切随叠。叠的熟料一般多是片状刀法，如白切卤猪舌等。叠成后多作盖刀面用。

④围。将切好的熟料排列在四周成环形，可围一层或两层，围的中间配其他熟料，形成花形。

⑤贴。将切好的熟料贴在需要的部位。贴法一般用于花色图案冷盘，先构成大体轮廓，再经刀工处理成各种形状并逐片贴上去，以构成美丽的图案。

⑥覆。将熟料整齐地排列好，然后铲于刀面再覆于盘中。也可先在碗中摆好，后翻扣在盘中。覆法可使装盘表面整齐、美观大方。

（3）附加点缀

附加点缀是指在装盘工序完成之后，根据冷盘的具体情况，附加一些绚丽的点缀品，这些点缀品一般以食物为主，如香菜、蛋松、火腿蓉、姜丝以及用黄瓜、胡萝卜、土豆等雕刻成的小型花鸟、鱼虫图案等，其目的是锦上添花或是弥补盘中内容的某些不足，以更好地突出主体，从而使装盘的工艺效果更臻完善。在具体操作上，应注意以下4点：

①凡是盘面上刀工整齐、形态可取的，其点缀品以放在盘边为好。反之，如果盘面上的刀

工并不整齐好看,其点缀品应放在上面以弥补不足。

②凡是色泽质暗不够醒目的熟料,上面可以放点缀品,以增强绚丽宜人的感觉。反之,则宜放在盘边,不必放在上面。

③凡是4只冷盘一同上席,其点缀应统一为好,不要一只放盘边,一只放盘面,或一只放得多,一只放得少,这样就显得杂乱无章,缺乏整齐感。

④不论是盘面点缀或盘边点缀,都应掌握少而精,切忌画蛇添足。特别是花形冷盘,更应考虑点缀的目的是更好地突出主体,多了则会喧宾夺主,冲淡主体。

4)装盘的基本要求

①清洁卫生。冷菜有荤有素,有生有熟,装盘后都是直接供人食用。因此,食品的清洁卫生尤为重要。应禁忌熟菜与任何生鱼、生肉、生蔬菜接触,即使是必须配入新鲜蔬菜的生料,如香菜、黄瓜、番茄、姜丝等以及凉拌的时令蔬菜,都应经过消毒处理。操作前把手洗干净,使用洁净的刀具和砧板,严防污染。

②刀工整齐。冷菜一般是先烹调后切配。不论是丝、条、片、块等,各种形状都应注意长短、厚薄、粗细,做到整齐划一、干净利索,切忌藕断丝连。

③式样美观。冷菜多是以第一道菜入席,它的形状美观与否,对整桌菜肴的评价都有一定的影响。不论单盘、拼盘或花色冷盘,也不论是馒头式、合掌式或桥梁式都应讲究美观大方。装饰图案冷盘更应以形取胜,主题要突出,形象要生动。

④色调悦目。冷菜装盘在色调上处理得好,不仅有助于形状美,而且还能使内容丰富多彩。一般来讲,色泽相近的不宜拼摆在一起,如熏鱼和松花蛋都是偏黑色的,放在一起很不好看;白鸡和白肚都是白色的,放在一起也不相宜。如果把它们间隔开,色调就分明悦目。特别是使用多种熟料的什锦全盘,更应注意,否则,就不能显示其丰富多彩。

⑤用卤吻合。由于制作方法不同,有不少冷菜需要在装盘后浇上不同的调味卤汁,如白斩鸡、白切肚、白切肉等,也有不用加任何卤汁的,如肉松、蛋松、香肠等,而卤汁的色泽一般有红白之分,质地上也有稠稀之别,因而装盘时应注意将需加卤汁的相配在一起,不用卤汁的相配在一起,否则就会相互干扰,如蛋松、肉松沾上任何卤汁都会破坏其滋味和质地。但有时为了强调色泽分别,或用多种熟料相配而造成用卤汁矛盾时,不宜在菜肴本身浇上卤汁,应另用调味小碟附上。

⑥合理用料。由于原料的部位、质地等不完全相同,有的可选作刀面料,如鸡的脯肉、牛肉的腱子等,边角料可用来垫底,如鸡的膀、爪、颈等,做到物尽其用。

12.2.3 花色冷盘的装盘工艺

花色冷盘又叫花色拼摆或象形拼盘,也称为图案装饰冷盘。它是将多种多样的生熟冷菜料,在美学观点的指导下,结合冷菜的特点,采取形象化形式的特殊装盘方法。

拼摆花色冷盘,不仅要有娴熟的刀工,而且要具备一定的美术素养。同时也要像文学艺术家那样去体验生活,平时要多观察拼摆对象的真实形态,多注意绘画、雕塑等艺术中可为拼摆花色冷盘使用的有益的东西，借以吸取营养，以增加自己的美学知识。

拼摆花色冷盘，根据用料情况，一般分为“飘形”“堆形”和“结合形”3类。“飘形”冷盘一般用料多偏重于追求形态和色彩，故而多浮于表面，内在质量不高，食用价值不大，一般都需配上几只冷菜围碟，以弥补食用价值的不足。“堆形”冷盘一般用料偏重于实惠，在注重食用价值的前提下，兼顾形态和色泽，故而可食性很高，一般以独立的形式出现在席上。“结合形”拼摆是4只花色冷盘同时上席，形色均美，实用价值也大，如济南的“拼八宝”(4只盘中拼摆8样图形)、苏州的“四扇”(4个扇面形)、蚌埠的“四排围式”以及“四蝴蝶”，等等。

1)构思

在拼摆花色冷盘之前，首先要进行构思。构思就是对拼摆冷盘的内容和形式进行思考。构思的过程就是选定题材和如何提炼和概括表现内容的过程，其中的关键是题材的选定。

花色冷盘可以选用的题材比较广泛，诸如鸟兽、鱼虫、花草、风景等，均可作为拼摆的题材。但如何选材得当，效果满意，则应考虑如下两个方面。

①考虑人们喜爱的内容，像凤凰、孔雀、雄鸡、金鱼、蝴蝶等，这些形象在人们的心目中都认为是美好的，所以皆可作为拼摆的题材。

②考虑宴会的形式、场合和用餐者的身份来选定题材，如宴会的形式是为来宾洗尘，可摆花篮或孔雀开屏较为适合；如宴会的形式是祝寿，可拼摆松鹤内容，有助于增强宴会的喜庆气氛。总之，要选材得当，这样可以提高用餐者的情绪，使宴会收到满意的效果。

2)构图

所谓构图，就是在特定的范围内，根据原料的特点，把要表现的形象恰当地进行安排，使其形象更为合理地展示出来，同时要突出主题，使消费者看上去赏心悦目。构图在装盘工艺上是很重要的一环。

花色冷盘的构图，要综合考虑菜肴特有的形态和色彩以及装盛器皿等特定的条件和环境，使构图接近图案，一定要给人以美的享受。

在研究构图的同时，还应考虑整体结构的艺术效果，比如蝴蝶题材是以对称构图，蝴蝶本身是对称的，左右翅膀也应是对称的花纹和色彩，否则就失去整体感觉；根据平衡式的构图要求，盘中的内容一定要和谐，如盘的一边安排蝴蝶，另一边就应该安排一只花朵或其他姿态的蝴蝶，意在统一中求变化，变化中求统一。

3)拼摆

拼摆是花色冷盘艺术造型具体施工阶段，一般从以下3个方面进行。

①特定形态的加工复制。利用菜肴构成一定的形象，在菜肴中寻求一些形态和色彩，并根据造型的需要，采用加工复制等手段进行弥补，如选用蛋皮、紫菜或者其他原料包卷各种馅心成圆柱形，经蒸煮冷却后切成椭圆片或斜片状，这些片状根据需要可薄可厚，在中间能形成可见的螺旋形花纹。

②原料自然形色的利用。就菜肴本身应具有的食用价值而言，尽量选用原料的自然形色，则更能诱发人们的食欲，并且没有矫揉造作的不协调之感。在冷菜装盘造型中，尽量考虑因材施艺，除了一些特定形状需要加工复制外，要充分利用原料的自然形态和色彩。如熟虾的红色

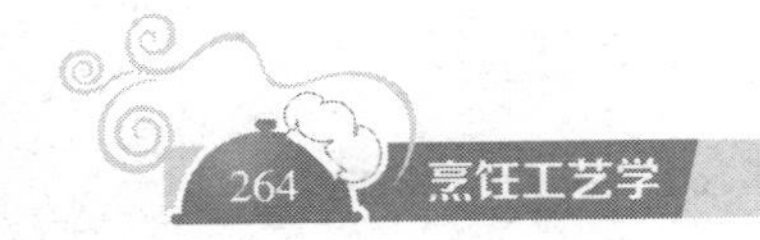

和自然弯曲,鱼丸的乳白和球状,以及水果蔬菜的自然色。

③精致的刀工处理。花色冷盘的刀工处理,不是一般冷菜那样仅求整齐美观,便于使用,而是要符合施艺所需,即使是使用原料的自然形态或加工复制后的形态,也要根据构图形象的需要进行刀工处理。在刀工处理上必须讲究精巧,使用的刀法除了拍斩、直切、锯切以及片法之外,还要采取一些美化刀法,而这些美化刀法又需要备有特殊的刀具,如锯齿刀、波纹刀、小洋刀等。

12.2.4 加工拼摆的技巧

①基础轮廓的安排。当题材、构图和基础形态的准备工作完成之后,即着手进行具体操作。在操作阶段首先根据确定好的构图,安排形象的基础轮廓,即大体的布局,发现不理想的地方应加以调整。

②具体拼摆手法。当基础轮廓定型之后,即开始拼摆。根据形象的要求,将原料进行刀工处理,一般是一边切,一边拼。如果事先准备比较妥帖,也可以提前切好再统一拼摆。具体拼摆时,有些形象要讲究先后顺序。

花色冷盘是一种食用与审美相结合的艺术装盘,要综合考虑成品的形色结合,以及具备一定的食用价值,以符合食用与审美的双重要求。

任务3 冷菜的烹调方法

冷菜的制作方法,有一部分是热菜烹调方法的延伸、变革,或综合运用,既要加热又要调味;有一部分冷菜从制作上来看只有调而没有烹。从烹调方法的意义来看,这类冷菜制作的方法不能称其为烹调方法,但是从烹的含义来讲,烹意味着加热、成熟,而烹饪上的成熟并不是指生熟的熟,而是指成熟的熟。何谓成熟,能食用者为熟,所以,不经烹的过程,只有调的方法,从这个意义上讲也可以称为烹调方法。因此,冷菜烹调方法具有冷菜的特有含义。认识它、分析它、掌握它,对于冷菜制作有着事半功倍的作用。本书重点介绍4个大类的冷菜烹调方法,即卤煮类、拌炝类、腌泡类和其他类。

12.3.1 卤煮类

卤煮类冷菜的制作是以水为导热介质的烹调方法,与热菜烹调方法相比,无论是原料选择、火候运用、调味品的应用,还是成品的特色,冷菜都具有其鲜明的特点。原料质地嫩的,加热时间短,以断生为好;原料质地老的,加热时间长,以酥烂上刀为度。调味品中重用香料,以弥补冷菜香气的不足,形成特有的"骨香"特色。成菜卤汁紧,不勾芡,所以在烹制时如何考虑入味是关键。卤煮类大体可分为卤、酱、白煮、油焖和酥5种。

1)卤

基本含义:卤是将原料在事先调制好的卤汁中煮或浸的方法。

基本运用：卤法适用原料广泛，最常见的是家禽、家畜及其内脏、蛋类、豆制品类等。烹制时，一种方法是将原料经初步加工后，直接投入卤锅中用大火烧开，改用小火焖煮，至原料成熟或酥烂，调味料渗入原料为止；另一种方法是原料经初步熟处理后，投入到卤水中不经继续加热，而浸至入味。卤制完毕的菜肴，冷却后在表面涂上一层麻油，以防止卤菜表面干缩变色，也可将卤好的菜肴一直浸在卤汁中，随用随取。这样既可使菜肴保持湿润和嫩度，也可使菜肴更加入味。

卤菜制作的关键如下。

①卤菜的色、香、味完全由汤卤决定。汤卤分为红卤水和白卤水两种。

红卤水常用的调味料有：红酱油、红曲米、料酒、冰糖、白糖、精盐、味精、葱结、姜块、大小茴香、桂皮、甘草、草果、花椒、丁香、沙姜、豆蔻等。

白卤水常用的调味料中除有色调味品和糖类外，其他与红卤水相同。但白卤水中有一种较常用的盐水卤，以葱、姜、料酒、花椒、八角、盐、味精等为调味料。

总之，卤水的调制用料各地有所不同，口味也因地而异，但有一点是相同的，就是第一次制卤水时，要熬制一定的时间，充分将调味料的味熬入汤卤中，随后才能放入原料。卤水用的次数越多，保存的时间越长，卤制出来的菜肴的味就越香浓。

②原料入锅前应先除去血腥异味。卤制的原料，尤其是动物性原料多少带有血腥异味，在卤制前，应先经过走油或焯水处理。走油一方面可以使原料上色，另一方面在走油的同时也可以除去血腥异味；焯水同样可以除去原料的腥臊异味和血污。通过对原料的初步熟处理，还有一个好处，就是可以保护卤水的清洁。

③掌握成熟度，加热恰到好处。卤制原料往往是大批量进行，一锅卤水中可以同时卤制几样不同的原料或同种很多的原料。同种的原料存在老嫩的不同，受热时间有区别；不同种的原料存在的差异性更大，受热时间相差也很大。因此，要把握好成熟度需注意以下几个方面：

易熟和不易熟的原料要分开放置，一般不易熟的放在下面，易熟的放在上面；注意随好随捞，做到不过不欠；如果原料过多，锅底要放置垫衬，防止紧靠锅底的原料烧焦；正确掌握火候，要求熟嫩的用中火，要求酥烂的用小火或微火，确保卤制菜肴成熟、成型，恰到好处。

④卤水的保管。制成的卤水，卤制原料越多，使用的次数越多，质量越高。卤水每次用后要清理残渣碎骨并烧沸，撇去浮油，防止这些物质沉在底部变质，影响卤汁；定期添加调料和更换香料；取放时用专门工具，以防止细菌带入；选用专门盛器，最好是陶瓷或木制的，并存放在阴凉处，盖上盖。有条件的厨房，夏天卤水最好放在冰库预冷间。

卤的代表菜：卤牛肚、卤肫肝、卤素鸡、盐水鹅等。

实例：盐水鹅

用料规格：肥仔光鹅1只（活宰约2 000克），生姜2片，香葱2根，精盐100克，八角2颗，花椒5粒，五香粉5克，香醋25克，水适量。

工艺流程：鹅的初加工—炒盐—用盐在鹅身内外搓擦—腌制—复卤—吹干—插管—塞入小料—入锅煮焖—中途肚中换汤—继续煮焖—取出插管冷却即成。

制作方法：将仔光鹅去掉小翅和爪，在右翅窝下开一个6厘米长的小口，从刀口处取出内脏，疏通泄殖孔，放清水里浸泡，洗净血水，沥干。炒锅上火，放入精盐、花椒、八角、五香粉炒热,离火倒入碗中。将鹅放在案板上,用热盐50克和花椒适量,从刀口处塞入鹅肚内,晃匀。再用热盐25克在鹅腿、脯、脊背上搓擦,使肌肉收缩离骨。将余下的盐从刀口及鹅嘴内塞入鹅颈,放入缸内腌制(夏季腌1小时,冬季腌2小时)取出,放入清卤(清卤调制:汤锅上火,放清水50千克,粗盐40千克,将腌鹅原卤倒入,用微火烧,使盐溶化。撇去血沫,放入葱500克、姜500克、八角100克,烧沸后倒入缸内。每缸盐卤可复卤鹅8~10次,每次20只左右,如卤色变淡红色,要进行回锅煮制,作过滤加料处理)内复卤(夏季复卤4小时,冬季复卤6小时)取出,沥尽盐卤,挂起吹干,用12厘米长空心芦管1根插入泄殖孔内。取生姜1片、香葱1根、八角1颗从刀口塞入肚内。汤锅上火舀入清水3 000克烧沸,放入姜片、葱、八角、香醋,将鹅腿向上、鹅头向下,丢入锅中,小火加盖,焖约25分钟。待锅边水起小泡时,揭开锅盖,提起鹅腿将肚中温汤沥入锅中,复将鹅揿入汤中,使鹅肚内灌入热汤,小火再焖25分钟取出。抽去芦管,冷却即成。

特点:皮色乳白,肉质红润,皮肥骨香,鲜嫩美味。

2)酱

基本含义:酱是把原料先用盐、硝水及调味香料腌制入味后,入油锅炸制外层起壳,捞出沥油,再放入锅中加酱油、白糖、料酒、葱、姜、八角和水煮至刚熟状;另锅将甜面酱煸炒,加入炒成淡黄色的面粉、汤汁炒拌成厚糊状,将煮熟的原料投入拌匀,淋入香油,冷凉后改刀装盘。

基本运用:酱的原料范围较广,动物性原料一般要经事先腌制过程,再经熟制处理和酱制处理;而植物性原料一般只经油锅或水锅制熟后便可直接投入酱汁中拌匀,淋入香油即成。

酱制的原料要掌握腌制的时间,严格控制硝的使用量;在煮制过程中要掌握调味品的使用量和成熟度。

酱的代表菜:酱鸡、酱汁肉、酱汁茭白、酱汁春笋等。

实例:酱汁春笋

用料规格:鲜春笋750克,甜面酱100克,虾子1克,白糖25克,味精1克,色拉油500克(实耗75克),香油20克,鸡清汤250克,水适量。

工艺流程:笋初加工—刀工处理—酱过筛—笋焐油—熬酱—煮笋—放入酱搅拌—淋入麻油,即成。

制作方法:春笋切去根蒂,去壳,削去老皮,用刀剖开,切成4厘米长的笋段,用刀身轻轻拍松。用水将甜面酱调开,用汤筛滤去渣汁。炒锅上火,放入油,待油达五成热时,放入笋段焐油后,倒入漏勺沥油。炒锅复上火,将酱汁倒入,加糖,用手勺搅动,熬透,装盘待用。炒锅再上火,舀入鸡清汤,放入虾子,烧沸,再放入笋段烧沸,待汤汁快要收干时,再放入酱汁,用手勺不停搅动,待卤汁逐步裹在笋段上,加入味精,淋上香油装盘即成。

特点:色泽酱红,酱味浓郁,吃口脆嫩。

3)白煮

基本含义:白煮是将原料放在水锅或汤锅中煮至刚熟状态,冷却后改刀装盘浇上卤汁的一种方法。白煮菜具有白嫩鲜香、本味俱在、清淡爽口、夏季最宜的特点。

基本运用:一般适用整只家禽、畜类大块原料的煮制,汤中不加咸味品,取料不用汤(汤另用),原料冷却后改刀装盘或扣碗,另配有调味碟或将调味汁倒入扣碗浸渍入味,再反扣盘中上席。

白煮的代表菜:白斩鸡、白切肉、白切肚等。

实例:白切肉

用料规格:猪坐臀肉1 000克,葱2根,姜片10克,蒜泥15克,酱油50克,白糖25克,精盐4克,味精2克,料酒10克,鸡清汤50克,香油10克,水适量。

工艺流程:原料初加工—煮制—调制卤汁—改刀装盘—浇卤汁。

制作方法:猪坐臀肉去皮,修齐边沿,切成长方形,用水洗净。锅中加入冷水,放入肉,用旺火烧开,撇去浮沫,投放葱、姜片、料酒,肉上放上竹笠,压上重物(不使肉浮汤面),加盖改用小火继续焖煮,至六成熟(筷子插入,拔出时插孔处无血水)捞出,平放盘中,自然冷却。将蒜泥和调味料一起调成卤汁。将白肉用刀对切开,批去肥膘(留1厘米左右附在瘦肉上),再斜着肉纹切成长8厘米、宽4.5厘米、厚0.5厘米的大薄片,整齐装入盘中,浇上卤汁即成。

特点:色泽乳白,肉嫩味鲜,肥而不腻,夏令佳肴。

4)油焖

基本含义:原料经油炸或干煸去掉部分水分,再加入调味料、汤汁焖烧,最后收干卤汁,见油不见卤的方法称为油焖。

基本运用:油焖原料一般加工成片、条、块等形状,不宜太大,否则难以入味;油炸或干煸要尽量透一些,焖烧时调味汤汁应一次加足,不宜中途添加,火力不宜大,吸汁阶段用大一点火。

油焖的代表菜:油焖茭白、油焖冬笋、油焖苔条、油焖豆筋等。

实例:油焖豆筋

用料规格:豆筋(水发)1 000克,葱结20克,姜片20克,精盐5克,味精1.5克,白酱油50克,胡椒粉0.5克,白糖20克,香油8克,鸡清汤250克,色拉油1 000克(实耗100克),水适量。

工艺流程:豆筋煮制沥水—炸制—煸葱姜—下料焖制—收汁出锅—冷却装盘。

制作方法:豆筋改成一指条,下开水锅煮透,捞出沥干水分待用。炒锅上火,放入色拉油烧至六成热时,下豆筋略炸一下,倒入漏勺沥油。炒锅留底油复上火,将葱、姜煸炒一下,加鸡清汤稍煮,捞去葱姜,下豆筋、白酱油、精盐、胡椒粉、白糖、味精等烧开后移小火焖制,待锅内卤汁快干时,转中火翻锅,淋入香油出锅,待冷却后装盘,浇入多余卤汁即成。

特点:质地柔软爽口,咸中略带甜味。

5)酥

基本含义:将原料整理洗净后,用油炸或直接排放在砂锅中,加入调味品,先以大火烧开,撇去浮沫,再以微火慢炖,加热时间一般为3小时左右,以原料质酥为度。

基本运用:酥制原料有荤料,也有素料,制作时一般以批量生产。因此,原料底部要加垫,防止底部原料烧焦。酥制菜的调味品根据不同菜肴和不同地方口味,有所增减,但调味料的投放和汤水要力求一次投放准确。

酥的代表菜:酥鲫鱼、酥铁雀、酥海带等。

实例:酥鲫鱼

用料规格:小活鲫鱼(二指宽)750克,酱瓜丝50克,酱生姜片15克,葱丝50克,红大椒丝

25 克，酱油 50 克，白糖 50 克，香油 100 克，醋 25 克，料酒 150 克，色拉油 1 000 克（实耗 100 克），水适量。

工艺流程：鲫鱼初加工—炸鱼—主料、配料、调料装入砂锅—上火焖制—取出装盘。

制作方法：将鲫鱼去鳞去鳃，用刀从脊背剖开，去内脏洗净，沥干水分。炒锅上火，舀入油，待油温七成时，放入鲫鱼，炸至鱼身收缩，色呈金黄时，用漏勺捞出沥油。取砂锅一只，内放竹垫，上放酱瓜丝 20 克、酱生姜片 5 克、葱丝 20 克、红大椒丝 10 克，将鲫鱼鱼背向上，鱼头向一边逐层叠起，将余下的酱瓜丝、酱生姜片、葱丝、红大椒丝放上，再加入酱油、白糖、醋、料酒、香油，另加清水适量（基本平鱼身）。砂锅上火烧沸，移小火焖两个小时，收稠汤汁离火，取出竹垫，将鲫鱼背向上复在盘内，淋上卤汁即成。

特点：色呈金红，骨酥入味，卤汁浓厚。

12.3.2 拌炝类

拌炝类是最常见的冷菜烹调方法，既有经加热后调味的，也有不经加热直接调味的，其口味多种多样，千变万化。拌和炝在实际操作中有联系也有区别，有的地方将它们并列，有的地方将它们分开，也有的地方不分。本书主张将它们分开，拌就是拌，炝就是炝，研究探讨拌和炝各自的操作要领，掌握各自菜肴的特点。

1）拌

基本含义：拌是把生料或晾凉的熟料加工成丝、条、片、块等小形状，再用调味品拌制的烹调方法。

基本运用：拌的方法适应面比较广，有素类原料的拌，也有荤类原料的拌，还有荤素原料的混合拌；同时，拌有单独生料的拌、单独熟料的拌，也有生料熟料在一起的混合拌。拌的常用调味品有酱油、精盐、味精、糖、醋、花椒面、辣椒面、香油、蒜末、姜汁、辣油、辣酱等。拌菜的最大特点是爽嫩、清淡而不腻。

拌的代表菜：青蒜拌肚丝、凉拌黄瓜、辣味牛肚、芥末鸡丝等。

实例：芥末鸡丝

用料规格：熟鸡脯肉 250 克，芹菜 50 克，绿豆芽 50 克，芥末（发好的）50 克，精盐 1 克，白酱油 25 克，醋 0.5 克，味精 0.5 克，香油 15 克，水适量。

工艺流程：撕鸡丝—配料初加工—焯水—调味—垫底—调制芥末—调制调味—主料调拌—装盘于垫底料上面。

制作方法：鸡脯肉撕成细丝，绿豆芽掐去两头，芹菜取心、去筋与绿豆芽焯水，捞出摊于竹筛内，冷却后拌入盐 0.5 克、香油 5 克，放于盘子垫底。芥末用白酱油调散，打去粗渣，加入醋、盐、味精、香油调匀，然后与鸡丝拌匀，放于盘中垫底料上面即成。

特点：清淡爽口，鲜香味美。

2）炝

基本含义：炝是将一些生料或将生料加工成丝、片、条、块，用沸水稍烫，晾凉后用花椒面、花椒油、芥末油、芥末酱、白酒、姜末、蒜末等具有较强挥发性物质的调味品浇(撒)上，食用时由食客自己拌匀的一种烹调方法。

基本运用：炝有鲜活原料的生炝(活炝)，也有经上浆滑油后的滑炝，还有经焯水后的普通炝(一般炝)。

生炝的代表菜有炝虾、炝莴苣等，滑炝的代表菜有滑炝鸡丝、滑炝鱼片等，一般炝的代表菜有虾子炝药芹、炝腰片等。

实例：炝虾

用料规格：活河虾350克，姜米20克，香菜叶10克，60度洋河酒50克，香醋50克，白胡椒粉2克，味极鲜酱油50克，水适量。

工艺流程：虾初加工—入碗加酒醉—调制调味料—虾与调料上席—揭盖倒入调料—食客自己拌食。

制作方法：河虾洗净，剪去须脚，再用水冲一下，盛入碗内，将白酒淋入，盖上盘子，以免虾蹦出(一般在上桌前5分钟制作，以保持虾的鲜活)。将小料、调味料放在一个小碗内调匀。将虾反扣盘中滗去多余酒水，连同调味一起上席，揭去碗，倒入调味，食客自己拌食。

特点：鲜虾活吃，酒香肉嫩，别具特色。

12.3.3 腌泡类

腌泡是以盐为主要调味品，配合其他调料，将原料经过一定时间(短则数小时，长则数日)腌制成可直接食用或经过加热成熟食用，并具有特殊风味质感的成菜方法。经腌制的原料，植物性原料会更加爽脆；动物性原料便会产生一种特有的干香味，质地变得紧实耐咀嚼。它们有的可单独作为冷菜使用；有的既可作为冷菜使用，也可作为热菜使用。

根据腌制方法、形式和过程的不同，大致可分为腌风、腌腊、腌泡3类。

1)腌风

基本含义：将原料以花椒盐擦抹周身后，置于阴凉通风处吹干水分，然后以蒸或煮制成冷菜的方法。成菜质地干香，有咬劲，耐咀嚼。

基本运用：腌风的原料都为动物性原料，因腌制时间较久，故多在秋冬季节制作。腌风制品应掌握下列技巧：一，要选择刚宰杀或极为新鲜的原料，风制时一般不经水洗，否则易变质，不易保存；二，风制时要将花椒盐内外擦遍、擦透，不留死角，禽类、鱼类如不去毛和鳞的，将盐擦抹肚中，要均匀周到，同时要注意花椒盐的用量；三，风制时应悬吊在背阳通风处，避免日晒雨淋。风制的时间可根据原料质地和形体大小而定。一般禽类1个月左右，鱼类半个月左右。

腌风的代表菜：风鸡、风鳗、风肉等。

实例：风鸡

用料规格：当年活公鸡1只(1 500克左右)，花椒盐125克，葱结25克，姜片25克，水适量。

工艺流程：宰杀—开膛—取内脏—擦拭内膛—擦拭调料—捆紧鸡身—风制—解绳拔毛—洗涤泡水—煮制—撕成鸡丝—装盘。

制作方法：将公鸡宰杀后，血放净，从左腋下开一刀口，取出内脏，用洁干布将体腔内拭干。待鸡体温散后，将花椒盐100克从刀口处放入体内，用手指在鸡体内四周擦拭透，另将花椒盐25克在鸡嘴和刀口处擦拭到位。将鸡头揣入刀口，合上翅膀，用绳子将鸡身整个缠紧，挂在通风处风制（约一个月即可烹食）。解开风鸡的绳子，拔毛、洗净，用清水泡两个小时，入沸水锅焯水。将收拾干净的风鸡放入砂锅，加满清水，上火烧沸，撇去浮沫，加入葱、姜，移小火焖透，取出鸡子，稍凉，撕成鸡丝，装盘即成。

特点：鸡肉鲜嫩，腊香味浓，别具特色。

2）腌腊

基本含义：是将原料以花椒盐或硝盐腌制后，再进行烟熏，或腌制后晾干，再行腌制，反复循环几次的方法。腌腊后的成熟方法有蒸和煮等。

基本运用：腊制菜都为动物性原料。腊制菜适宜批量生产，一般在冬季制作，四季可用。经腌腊的原料，香味浓烈，咸淡适中，带有烟香味，具有质地坚实、余味悠长的风味特色。在腌腊时应注意，盐腌后及时除去渗透出来的水，并掌握盐的使用量，咸淡适中。如取烟熏法，熏制时火不可太大，烟气不可太急，防止熏焦原料。

腌腊的代表菜肴：腊肉、腊肠、腊香肚等。

实例：四川腊肉

用料规格：新鲜猪肉50千克，葱段10克，姜片10克，精盐3 600克，硝盐75克，五香粉，糖、酒等调味根据各地口味使用。

工艺流程：刀工处理—炒盐—擦盐—腌制—晒制—风制—蒸制—刀工处理装盘。

制作方法：将肉切成长40厘米，宽3厘米左右，每条约重250克的长方条。将盐放入锅内上火炒热，放入大盆内晾凉后，加入硝盐、五香粉调拌均匀。用炒后拌匀的盐擦肉块，将擦后的肉，皮向下，肉面向上放入缸内，一层一层叠紧，最上面一层，皮向上，肉面向下，整齐平放，将多余调料洒在缸内。腌2～3天（冬天3天，夏天两天），翻缸一次，再腌2～3天即可出缸。用清水洗净肉皮上白沫，再用铁钎在肉的一头穿眼，用麻绳结套拴扣，挂在通风处吹干水分，天气晴朗时可放太阳下曝晒3天，也可用烘房烘烤至肉水分收干。以后仍放在通风处，随用随取。取腊肉两条，用温水洗去表层灰尘，放在蒸盘内，放上葱姜，入蒸笼蒸制1小时左右，取出切片装盘。

特点：色泽红亮，腊香味浓，别具一格。

3）腌泡

基本含义：腌泡是将原料浸泡在不同的调味料的卤汁中，有些原料先经盐腌；有些质地脆嫩、调味易渗入的原料，则直接浸泡于卤汁中。腌泡的时间随原料质地及成菜要求而定。

基本运用：腌泡菜肴有浓郁的卤汁味，又能保存一定的时间，适宜批量加工。根据调味料的不同，可分为糟、醉、泡3种。

（1）糟

糟是将加热成熟的原料浸泡在以糟卤为主要调味的卤汁中的一种腌泡方法。糟制菜肴强调味爽、糟香突出、成品质地鲜嫩等特点。常用的糟料有红糟、香糟和糟油3种。

糟制菜制作时应注意 4 点:

①糟制的原料应是极新鲜而且颜色白净的禽类、畜类和部分素料。为了突出糟香味,原料一般只选味感平和而新鲜的。

②除非原料质地十分老韧,一般以煮到刚熟为好,煮得过于酥烂,成品质感反而不佳。

③糟制的方法,一般是先以盐将煮熟的原料腌制入味,随后泡入糟卤中。香糟只取糟卤,也可在糟卤浸制的同时,将过滤出的糟渣用纱布包着压在原料身上。用红糟的一般不经过滤,原料加盐、白酒等料腌制后,放入稀释后卤汁中浸泡,成菜时还黏附少许糟粒,风味更加独特。

④糟制品在低于 10 ℃的温度下,口感最好,夏天制作此菜,最好放冰箱中,随吃随取。这样能使糟菜更具清凉爽淡、满口生香的特点。

糟制代表菜:糟油口条、红糟鸡、糟冬笋、香糟肉等。

实例:香糟肉

用料规格:带皮猪肉 50 千克,酱油 5 千克,香糟 3 千克,白糖 2 千克,精盐 750 克,生姜 520 克,味精 100 克,香油 150 克,水适量。

工艺流程:猪肉改刀泡水—入锅煮制—加入调料—焖至酥烂—出锅—装盘。

制作方法:将肉切成 10 厘米长、3.5 厘米宽、0.7 厘米厚的块,用清水将肉浸泡,去除血水。将肉捞出放入锅中加水煮沸,撇去浮沫,放入葱姜,用小火煮 1 小时左右,改用微火,同时加入各种调料,香糟用纱布包扎放入,直焖至汁浓皮烂时,即可出锅。趁热将糟肉竖排在大托盘中,多余卤汁均匀浇在上面,冷却后入冷藏室。用筷子或专用工具取出香糟肉整齐装盘(临食时上席)。

特点:肉酥质烂,香糟味浓,油而不腻。

(2)醉

醉是以酒和盐作为主要调味料浸泡原料的方法。醉菜酒香浓郁,肉质鲜美,所用的酒一般是优质白酒或绍兴黄酒。醉制的原料通常是活的河鲜、海鲜及熟制的禽畜类原料,少数的植物类原料有时也可用来醉制。制作方法通常是先调制卤汁,后将原料浸泡于卤汁中,也有个别菜是依次加料,浸渍腌制。醉制的基本要求是:用鲜活原料醉制的,应事先洗涤干净,有的原料要放在清水中静养几天,使其吐尽污物;醉制时间长短,应根据原料而定,一般生料腌泡时间久些,熟料短些;长时间腌泡的,卤汁中咸味调味料不能太浓,短时间浸泡的不能太淡。采用黄酒醉制的,时间不能摆放太长,防止口味发苦。

醉制的代表菜:醉蟹、醉黄螺、醉鸡、酒醉小竹笋等。

实例:醉蟹

用料规格:活湖蟹 3 000 克(每只约 125 克),曲酒 500 克,冰糖 100 克,花椒 50 克,姜块(拍松)50 克,葱 100 克,花椒盐 75 克,精盐 250 克,水适量。

工艺流程:蟹净养去除体内污物—清洗外壳—装包压物去水分—煮制盐水—蟹装坛醉制—蟹脐放入花椒盐—复入坛—加入盐水冰糖—封坛口—腌醉—改刀装盘。

制作方法:将蟹放入清水中活养 3 小时左右,使蟹吐出体内污物,再用刷子刷去体外污物,装入干净的蒲包内,上压重物,沥去水分。炒锅上火,放入 1 500 克水,加精盐、花椒、姜、葱烧沸，离火。冷却后拣去姜葱，倒入钵内沉淀。用小坛子1只，洗净，并擦拭干净，放入蟹，放入曲酒使其饮醉，再将蟹逐只取出，掰开蟹脐，放入花椒盐5克，将脐合上，外用蟹小爪稍插一下，防止花椒盐散落，再逐只放入坛中，倒入冷盐水，放入冰糖，用荷叶将坛口封住，外敷黄泥，醉20天左右即可食用。取醉好的蟹两只，掰开外壳，用刀十字交叉将蟹分成4块，保持原形，盖上蟹壳，整齐摆放盘中，淋上醉蟹原汁即成。

特点：酒味香醇，蟹黄甘鲜细腻，蟹肉嫩质似胶。

(3)泡

泡是以时鲜蔬果为原料，投入经调制好的卤汁中浸泡成菜的方法。泡菜根据调味料的不同，形成各种不同风味的泡菜，在制作时应注意以下4个问题：

①用来泡制的原料应新鲜，含有较多的水分，这样泡出的菜才会具有脆嫩爽口的质感。

②每次泡入新的原料应随之按比例添加佐料，做到先泡先取，泡菜的卤汁口味，泡制的原料越多，时间越长，口味越佳。泡菜坛内的卤汁如遇红白醭，可以点入一些白酒即可除去，若卤水严重溢出，出现异味则说明已变质，应废弃不能再用。

③取食泡菜时不能带入油腻和其他不洁物，要用干净的专用工具夹取，以防卤汁变质。

④泡制时间的长短应根据原料的形体大小、质地及季节而定。一般较厚实的原料泡制时间长一些，细、薄的原料稍短一些；夏天泡制1~2天即可食用；冬天一般需泡制3天以上。糖醋卤泡制，一般1天即可，季节影响不大。

泡制的代表菜：四川泡菜、朝鲜泡菜、西式泡菜、酸黄瓜等。

实例：西式泡菜

用料规格：洋白菜1 500克，葱头400克，胡萝卜400克，黄瓜300克，菜花250克，芹菜250克，青椒250克，干辣椒段100克，丁香15克，桂皮75克，白胡椒粒8克，精盐40克，白糖900克，白醋200克，水适量。

工艺流程：初加工—各种原料改刀—分别焯水—装坛—制卤—泡制—取料装盘。

制作方法：将洋白菜剥去外围老叶洗净，切成3~5厘米长的四方块；将菜花择洗干净，切成小块；把芹菜洗净，撕去老筋，切成小方块；把胡萝卜去皮、去根切成花边形；青椒去籽、根蒂，洗净，切成小方块；黄瓜去子洗净，切成小方块；葱头去根、去外层皮洗净。锅上火加入清水，烧开后，先将洋白菜焯水，过凉，控干水分；再将胡萝卜、菜花、青椒、芹菜、黄瓜、葱头依次投入开水锅中焯水，过凉，控干水分。一起放入泡菜坛内。锅上火加入清水1 500~2 000克，水开后，放入干辣椒段、丁香、桂皮、胡椒粒转小火煮30分钟左右，离火，放入白糖、白醋、盐，搅拌均匀，待冷却后，捞出汤料，汤汁倒入坛内，然后盖上盖，泡一天就可食用。用干净筷子(或专用工具)取泡菜装盘。

特点：色泽鲜艳，口感爽脆，口味微咸、微甜、微酸、微辣，佐酒佳肴。

12.3.4 其他类

冷菜烹调方法除了上面介绍的三大类之外，应该说还有很多。因为，冷菜的烹调方法与热菜的烹调方法一样，面临分类标准不统一的问题，从不同的分类角度和不同的分类方法，烹调方法就很难统一,也无法统一。这里主要介绍蒸制、烤制、炸制、冻制、松制等几种方法。

1)蒸制

基本含义:蒸制是利用气体的对流,将经过调味和成型的原料定形成熟,便于刀工处理和食用。

基本运用:广泛运用于液状、蓉状和一些成型原料的制作。经蒸制的原料可直接成为热制冷吃的菜肴,也可成为工艺冷盘拼摆的重要原料。冷菜的蒸制,一般火力不宜过大,蒸制的时间一般不会太长,要控制得当,做到不过不欠。

汽蒸的代表菜:玛瑙蛋、双色蛋糕、风味鱼糕、紫菜鱼卷等。

实例:双色蛋糕

用料规格:新鲜鸡蛋20个,皮蛋6个,面粉15克,精盐10克,胡椒粉2克,香油15克,水适量。

工艺流程:调制蛋液—平盆抹油—皮蛋切块—皮蛋、蛋液入盆—上笼蒸制—改刀装盘。

制作方法:将鸡蛋磕开,鸡蛋清、鸡蛋黄分开放入容器内(蛋黄另用),加精盐、胡椒粉、面粉调匀成蛋糊。取平底瓷盆,抹上香油待用。皮蛋去壳,逐个切成大小相等的6块船形块,弧面向下均匀摆放在瓷盆内,另将鸡蛋糊缓慢倒入盆中(淹没蛋块)。将盆放入蒸笼,小火加热至熟出笼,冷却后整齐取出,切片装盘即成。

特点:质地柔嫩,味道咸鲜,色泽分明。

2)烤制

基本含义:冷菜的烤制方法几乎与热菜的烤制方法没有什么区别,只是在食用时间上、原料要求上和调味品的选用上有些区别。冷菜在烤制过程中,成品冷却后再刀工处理、装盘;原料的皮色、肥瘦、完整性比热菜要求要高;在调味品的选用上,去腥、增香类调味品比热菜使用量和使用品种要多一点。

基本运用:冷菜的烤制适用于禽类、畜肉类、扁平状的鱼类或加工成扁平状的原料,同时也适用于一些植物性原料和制品的烤制。

烤制类代表菜:电烤鸡、烤白丝鱼、烤脆皮肉、烤素鸡等。

实例:烤脆皮肉

用料规格:猪五花肉(中方)1块(约2 000克),葱汁25克,姜汁25克,麦芽糖15克,白醋5克,花椒盐75克,五香粉5克,胡椒粉5克,料酒25克,香油50克,味精2克,水适量。

工艺流程:五花肉处理—调制调味汁—肉面上抹调味汁—肉皮上抹醋、抹麦芽糖—上钩吹干—入炉烤制—改刀装盘。

制作方法:将五花肉剔去肋骨,用温水刮洗干净,在肉的一面,间隔3~5厘米,顺肋骨方向剞一刀深1厘米的口子,然后用竹扦在肉的一面插些小气眼(皮不破),入开水锅煮10分钟捞出,再刮洗一下,晾干水分待用。取碗一只,将花椒盐、五香粉、胡椒粉、姜汁、葱汁、料酒放入调均,均匀地抹在肉面上。将白醋先在肉皮上均匀地抹一遍,再抹一遍麦芽糖,然后用铁钩挂起,置通风处吹4小时左右。将肉挂在直立烤箱中,底放一个托盘,温度调至250 ℃,烤至肉将熟时,取出在肉皮上刷香油1~2次,继续烤,待肉皮酥脆时即可取出。待烤肉稍凉后改刀装盘即成。

特点：色泽红亮，皮脆肉香，油而不腻。

3）炸制

基本含义：原料经调味品浸渍或其他方法处理后，投入一定温度、一定油量的油锅中炸至酥脆或外脆内嫩的质感效果，冷却后直接食用或经调味的淋浇或浸卤后再食用的方法。

基本运用：采用单纯炸制的冷菜品种，在冷菜中的数量并不太多，而采用炸制后，再利用其他方法配合的冷菜品种相对较多。

单纯炸制的代表菜：椒盐乳鸽、香酥猪排、面拖虾、油炸腰果等。

炸制后再用其他方法配合的代表菜：盐味油爆虾、糖醋脆鱼、无锡脆鳝等。

实例：香酥猪排

用料规格：猪大排 1 500 克，面包糠 150 克，鸡蛋 4 个，干淀粉 100 克，姜片 50 克，葱结 75 克，精盐 40 克，料酒 100 克，山柰 1 克，八角 2 克，丁香 0.5 克，桂皮 1 克，豆蔻 0.5 克，甘草 5 克，味精 2 克，香油 25 克，色拉油 1 500 克（实耗 100 克），水适量。

工艺流程：排骨刀工处理—拌味—蒸制—调蛋液—排骨拍粉沾蛋液、粘面包糠—炸制—改刀装盘—淋入香油。

制作方法：将大排洗净，斩成 1 厘米厚的块，放入容器内，加盐、料酒、姜片、葱结、山柰、八角、丁香、桂皮、豆蔻、甘草拌匀浸渍 30 分钟，再加入味精，上笼旺火蒸 40 分钟出笼。将蒸后的排骨摊于盆中，晾干水气（香料可留作他用）。鸡蛋磕入碗中，搅打均匀。将大排逐块用干淀粉拍一下，沾上蛋液，再沾上面包糠。炒锅上旺火放入色拉油，至油温七成热时，将大排逐块投入油锅炸至金黄色时，用漏勺捞出沥油。食用时改刀成小块装盘，淋上香油即成。

特点：色泽金黄，外酥内嫩，香味浓郁，冷食、热食皆宜。

4）冻制

基本含义：冻制是将含胶质丰富的动物性原料加热水解成胶体溶液，然后自然冷却冻结或加入其他烹饪原料一起凝固成菜的冷菜烹调方法。对于一些含胶质不足的原料冻制，可加入琼脂或皮汤，利用它们的胶质作用，使制品冷却后凝固成型（也有用模具如小碗、酒杯、汤匙等来制作的）。

基本运用：冻制菜肴适用于新鲜、腥味较少的原料，如：鸡、猪肘、蹄髈、鸡爪、鸡翅、鸭掌、鸭舌、虾仁及一些鱼类、蔬菜类、水果类等原料。

冻制菜肴是夏季时令菜式，其代表菜有水晶凤脯、水晶虾仁、五丁水果冻、水晶鸭舌、冻羊羔、水晶肴蹄等。

制作好冻制菜肴需掌握以下 4 个方面的问题：

①掌握胶质的熬制方法。一般琼脂与水或清汤的比例为 1∶（70～100），熬煮时要先将琼脂浸泡至软，然后与水一起用小火熬制至琼脂全部溶化即可。琼脂具有反复加热结冻的特点，因此，可以批量生产，分批使用。皮汤的熬制，肉皮最好选用猪脊背和腰肋部的皮，要去净皮上的肥膘和污物，加水用小火煮烂。最好的皮汤是蒸制的。如属制作水晶冻的，煮制后用汤筛过滤再用明矾吊清；如属制作浑色的冻，也可将肉皮切碎与其他原料一起烧煮，一般是 1 000 克原料加 500 克肉皮，以增加汤汁胶质，冷却后加强凝固。

②掌握胶质的浓度。含胶物质的用量应随菜的不同及水或汤的量的不同而恰当掌握，一般的成品以装盘能结冻不塌为标准。

③注意冻制原料的质量。冻菜的原料应选择鲜嫩无骨、无血腥的原料；刀工处理后要整齐均匀；煮制或滑油要掌握成熟度；配料应选用色彩鲜明、质地鲜嫩的原料。如属分装的，应注意原料的排列整齐。

④要注意冻制菜的调味效果。冻菜的口味以清淡不腻为主，不能偏咸。

实例：水晶凤脯

用料规格：熟带皮鸡脯肉2个（约400克），琼脂5克，熟火腿25克，青豆20颗，水发香菇25克，葱结10克，姜片10克，精盐15克，料酒10克，胡椒粉1克，味精2克，鸡清汤500克，水适量。

工艺流程：鸡脯刀工处理—平放盘中—配料刀工处理—组合成花朵放在鸡脯肉上—制作琼脂—倒入平盘中—入冷藏凝固—改刀装盘。

制作方法：将鸡脯肉用刀批成长5厘米，宽3.5厘米，厚0.8厘米的长方块10块，皮向上放在平底盘中，间隔两厘米。火腿批成薄片，修成小花瓣；香菇切成丝做花梗；青豆去皮分两瓣，用作花蕊。然后将花瓣、花梗、花蕊组合起来放在鸡肉块上。琼脂用清水漂洗干净后盛放在盆内，加入鸡清汤、精盐、胡椒粉、料酒、味精、葱结、姜片，上笼用旺火蒸至琼脂熔化后出笼，用干净纱布过滤，稍凉后，缓慢倒入平盘，将鸡块淹没为度。入冷藏凝固。将凝固成型的水晶凤脯，用刀改成比鸡块四周大约宽0.5厘米的长方块，装盘即成。

特点：色彩鲜艳，晶莹剔透，口味咸鲜，夏令佳品。

5）松制

基本含义：松制类冷菜亦称为脱水类冷菜。松制品是冷菜的一种形态或质感，是将无皮无骨无筋的原料，采用炸、烤、焙、炒等方法脱水变脆或变得松软的制作方法。

基本运用：松制类冷菜大致可以分为两类：一类比较容易脱水，如切成细丝的植物性原料，有青菜松、土豆松、藕松等，还有鸡蛋液经油炸即可成蛋松；另一类是不易脱水的动物性原料，如鸡肉、猪瘦肉、鱼肉、虾肉等，往往先经烧、煮、焖、蒸等方法，然后再经炒、烤、焙等方法脱水。脱水冷菜质地疏松、酥脆或柔软，色彩悦目，可塑性强。用作单碟或拼装点缀工艺，是冷盘不可缺少的菜品之一。

松制类菜肴几乎脱尽原料内的水分，操作难度很大，稍有不慎，则因脱水不足而产生皮韧的口感，或因脱水过度而枯焦变味。因此，在制作过程中，应根据不同的原料，采用不同的脱水方法，对火力、油温和加热的时间要掌握得当。另外，要注意松类制品的调味时间、调味方法和调味的量，确保松类制品的质量。

实例：虾松

用料规格：新鲜小虾仁500克，姜片50克，葱结50克，精盐2克，料酒50克，胡椒粒2克，味精1克，水适量。

工艺流程：虾仁初加工—煮制—搓制成蓉—焙烤—装盘。

制作方法：将虾仁洗净，拣去杂质。炒锅上火加清水（以淹没虾仁为宜），放入虾仁，放入葱姜、调料（胡椒粒用纱布包扎），微火慢煮，待锅中水快干、虾仁十分软烂出锅，倒入平盆中，拣去葱、姜和胡椒包，稍凉后，用双手反复将虾仁揉搓成虾蓉状。将虾蓉放入烤箱内，用 150 ℃ 左右的温度烤干虾蓉水分，取出，冷却后装盘即成。

特点：咸鲜味美，单碟或作为工艺拼盘的垫底皆宜。

思考与练习

1. 简述冷菜的概念及渊源。
2. 简述冷菜的特点。
3. 简述冷菜的制作要求。
4. 举例说明冷菜的烹调方法。

单元 13 组配工艺

【知识目标】

1. 了解菜肴组配的功能与原则。
2. 理解原料在色彩、形态方面组配的基本规律。

【能力目标】

1. 掌握花色热菜组配的常用手法。
2. 掌握菜肴命名的方法。

根据菜肴质量的要求，把各种加工成型的原料加以适当的配合，供烹调或直接食用的工艺过程叫菜肴的组配工艺。组配工艺的目的是通过将各种相关的食物原料有规律的结合，为制熟加工提供对象，为食用与销售提供依据，并为定性、定量化生产提供标准。本单元内容是菜品成熟前的最后一道工序，它对菜品的整体质量起决定性的作用，是菜品开发、创新的主要途径。在菜肴组配的内容中应了解一般菜肴的组配原则，掌握色彩、形态组配原则和方法，重点掌握花色热菜常用的造型手法，如贴、酿、镶、穿、包等。

任务1 菜肴组配的要求与原则

13.1.1 菜肴组配的卫生要求

在菜肴卫生方面应注意:首先,所选择的原料是绝对安全的,无毒、无病虫害、无农药残留物;其次,所配的各种原料应在盘中分别放置,便于烹调时有规律地下锅;最后,所用的配菜盘应与盛装菜肴成品的餐具应区分开来,绝不允许用同一器皿,同时也不允许拿不净的抹布揩拭洁净的盛装菜肴的餐具。

13.1.2 菜肴组配规格与质量的要求

各种菜肴都是由一定的质和量构成的。所谓质,是指组成菜肴的各种原料总的营养成分和风味指标;所谓量,是指菜肴中各种原料的重量及其菜肴的重量。一定的质与量构成菜肴的规格,而不同的规格决定了它的销售价格和食用价值。因此,对菜肴不同规格进行确定,是组配工艺的首要任务。对菜肴的规格质量的组配,实际上是对菜肴构成成分的适当结合。一般来说,一份完整的菜肴由3个部分组成,即主料、辅料和调料。主料在菜肴中作为主要成分,占主导地位,是起突出作用的原料。它所占的比重较大,通常为60%以上,其作用是能反映该菜的主要营养与主体风味指标。辅料又叫“配料”,在菜肴中为从属原料,指配合、辅佐、衬托和点缀主料的原料,所占的比例较少,通常在30%~40%,作用是补充或增强主料的风味特性。调料又叫调味品、调味原料,包括一些不属于主料、辅料及调味作用的原料。如天然色素、人工合成色素、发酵粉、泡打粉、石碱、嫩肉粉等。调味品是用于烹调过程中调和食物口味的一类原料。在烹调中用量虽少,但作用却很大,其原因在于每一种调味品都含有区别于其他调味品的特殊成分。在菜肴组成方面,主料起关键作用,是菜肴的主要内容,对于一份菜肴而言,主料的品种、数量、质地、形状均有一定的要求,是固定不变的。而辅料,是顺应主料,往往由于季节、货源等因素影响,部分菜肴的辅料是可以改变的。如炒肉丝在配辅料时,春季用韭芽、春笋,夏季用青椒,秋天用茭白、芹菜,冬天用韭黄、青蒜、冬笋;再如翡翠蹄筋的绿色配料,春天用莴苣,夏天用丝瓜,秋季用鲜白果等。菜肴的规格质量的确定,使菜肴的价格、营养成分、烹调方法、口味、造型、色泽等均已确定。

1)使菜肴的价格确定

菜肴的价格核算要经过3个步骤:首先,核定该菜肴全部用料的品种、规格、单价、数量、金额等。如在江苏名菜“清炖蟹粉狮子头”(大件)的原料清单上应有用了哪些原料、用了多少、其金额为多少等内容,一目了然,准确无误。菜肴用料核算既是厨房配菜人员对材料进行核对的依据,也方便顾客(有条件的单位通过计算机)查询。这样既维护了消费者的利益,又让顾客吃得放心,吃得舒心。其次,核定菜肴的成本价格。菜肴的用料一经确定,就具有一定的稳定性,不可随意增减、调换,这也是单位信誉的重要方面,顾客根据菜肴的规格、质量起监督作用。在计算菜肴中每种原料时要注意:①有些原料是毛料,有些原料是净料,它们的价格是不一样的;②计算净料价格时,应将下脚料(即能回收利用的原料,如剔下来的骨头能用来熬汤等)的价款剔除,以减少消费者负担。这样将各种原料价款的总和准确计算出来,就是菜肴的总成本。最后,是核定菜肴的售价。饮食行业的菜肴售价,是指菜肴原料成本+税金+费用之和,而税金与费用之和即为毛利。计算售价时饮食行业一般皆按销售毛利率计算,也就是售价=菜肴总成本÷(1-销售毛利率),计算出单位菜肴的价格。若“清炖蟹粉狮子头”的销售毛利率为45%,成本为38.40元,则该菜的售价为:38.40÷(1-45%)=69.82(元)。

2)使菜肴的营养价值确定

菜肴的规格、质量确定下来以后,各种原料的营养成分也就固定了下来。通过组配将多种原料有机地结合在一起,原料之间所含的营养成分不可能完全相同,原料之间的营养成分相互补充,从而更符合人体对营养素的需求,既提高菜肴原料的消化吸收率,也提高营养效果。

3)使菜肴的口味和烹调方法确定

菜肴的主料、配料和调料确定下来以后,口味也就确定了下来,是咸鲜味型,还是麻辣味型等;烹调方法依据配菜的生坯中主、辅料形状、调料的用量,判断菜肴采用何种烹调方法,以达到预期的目的。

4)使菜肴的色泽、造型确定

菜肴的色泽跟3个方面有关:一是主料和辅料本身固有的色泽,是菜肴的基本色彩;二是调味品所赋予的色泽,是菜肴的辅助色彩;三是加热过程中的变化色泽,它是各种原料经加热而产生,如“落锅的大虾,穿上了大红袍”,虾随加热的进行而逐步变化色泽。凡旺火速成的炒、爆、烹等菜肴,其原料形状需加工成丁、丝、条、片、蓉、泥等细小的形状。长时间加热的炖、焖、煨等菜肴的加工原料形状比较大,成品酥烂脱骨,口味醇厚。原料的质地与特征、调味品确定了,烹调方法就能定下来了。往往炉灶上师傅看到配好的菜,就能知道采用何种烹调方法加工。如整条鳜鱼剞上牡丹花刀,就知道该菜的烹调方法为脆溜;大鳊鱼上面剞上柳叶花刀,盘边放上葱段、姜片及其他配菜,就能知道该菜的烹调方法为清蒸。

13.1.3 菜肴营养的组配要求

菜肴中的营养要科学化,要符合人体对营养素的需求,满足人体对营养的需要。

1)注意六大营养素应充分和均衡

菜肴的组配要全面,符合人体对营养素的需求,保证人体合理营养的需要。蛋白质、脂肪、碳水化合物、维生素、无机盐、水,这6种营养素是人类维持生命和健康、保证生长发育和从事社会劳动的基础,每日必须摄入一定数量的各种营养素。

2)注意食物的酸碱平衡

肉类、鱼类、蛋类及其制品,含有较多的蛋白质、脂肪和糖类,其中含Cl,S,P较多,为酸性食品，它们在体内代谢后形成酸性物质，可降低血液等的 pH 值。而蔬菜、水果含 K，Na，Mg 等元素丰富，在体内代谢则生成碱性物质，能阻止血液等向酸性方面变化。配制菜肴时，注意各类食品之间的比例应适当，以便维持体内正常的酸碱平衡。通常采取的方法为荤素搭配，即一道菜肴里有荤有素，一组菜里有荤有素，一桌菜里更是有荤有素，且素菜占有一定的比例。素菜在菜肴中出现的形式有 3 种：第一种是作为主料在菜肴中出现，如鱼香茄子、香菇菜心、海米珍珠笋是以茄子、菜心、珍珠笋为主要原料烹制而成；第二种是作为配料在菜肴中出现，如汤爆大蛤、板栗山鸡等是以大蛤、山鸡为主料，以玉兰片、板栗为辅料烹制而成；第三种是作为围边点缀料和盛器等在菜肴中出现，冬瓜鸡就是以冬瓜为盛器，冬瓜又是可以食用的蔬菜。

3）注意必需氨基酸和必需脂肪酸的含量

必需氨基酸和必需脂肪酸是人体不能合成的，只能从食物中摄取，而且是人体生命活动所必需的。在组配菜肴时，既要考虑其含量，同时又要考虑它们之间的比例。在组配菜肴时，选择的原料不能单一，宜多样化，满足人体的需要。

4）注意食物中纤维素的数量

植物性原料中的纤维素、半纤维素、木质素、戊聚糖、果胶和树胶等都是食物纤维，它的含量依食物种类不同而异，通常在蔬菜中以嫩茎、嫩叶等含量较高。它可使肠道保持一定的充盈度，促进肠道正常蠕动，并使粪便软化，吸收肠中毒物，降低直肠癌的发病率。配菜时应考虑蔬菜在整个菜肴中所占的比例，增加食物纤维的含量。另外，在加工过程中还要注意营养素的损失，提高营养素的消化吸收率。

①应先洗后切。原料在切开的横截面上，经过洗涤会促使许多营养素流失，造成不必要的浪费。

②对蔬菜的烹调应采用旺火速成的方法，这样可以减少维生素 C 的损失。

③在烹制过程中加入适量的食醋，一方面可以保护维生素少受损失，另一方面对动物性原料可以去腥解腻，促进钙质分解，提高对钙的吸收率。

④少用高温烹制菜肴。因高温易产生对人体有害的物质。

13.1.4 菜肴色、香、味、形的组配原则

1）菜肴色彩的组配原则

色彩是反映菜肴质量的重要方面，菜肴的营养、卫生、风味特点都会或多或少地通过菜肴的色彩被客观地反映出来，从而对人的饮食心理产生极大的作用。好的菜肴色彩柔和，配色绚丽，能增进人们的食欲，促进消化吸收，使人看了就想吃。菜肴的色彩是其质量好坏的一个重要方面。菜肴的色彩可分为冷色调和暖色调两类，来表示菜肴色彩的温度感。在色彩的 7 个标准色中，近于光谱红端区的红、橙、黄为暖色，接近紫端区的青、蓝、紫为冷色，绿色是中性色彩。在具体的色彩环境中，各种色彩的冷暖也是相对的，两种色彩的对比常常是决定冷暖的主要因素。例如，紫色在红色环境里为冷色，而在绿色环境里又成了暖色；黄色对于青、蓝为暖色，而对于红、橙又偏冷了。所谓冷、暖都是互为条件，互为依存的。冷暖色彩在感情上，暖色

与热情、乐观、兴奋相关;冷色则与深沉、宁静、健康相关。几种重要的色彩在菜肴中给人的感觉如下:

白色:给人以洁净(俗称“清爽”)、软嫩、清淡之感。如清汤鱼丸、芙蓉银鱼、糟熘三白、鸡粥鲍鱼、高丽银鱼等。当白色炒菜油芡交融、油光发亮时,则给人一种肥浓的味感。

红色:给人以热烈、激动、美好、肥嫩之感,同时味觉上表现出酸甜、香鲜的快感。如红梅菜胆、翠珠鱼花、北京烤鸭等。

黄色:给人以温暖、高贵的情感,尤以金黄、深黄最为明显,使人联想到酥脆、香鲜口感,淡黄、橘黄次之。如吉士虾卷、香炸猪排、咖喱鸡丝等。

绿色:明媚、清新、鲜活、自然,是生命色。给人以脆嫩、清淡的感觉。绿色原料一般以蔬菜居多,常作为荤菜的点缀围边,使整个色彩鲜明,减少油腻之感。若配以淡黄色,更显得格外清爽、明目。如鸡油菜心、金钩芹菜、蒜蓉蒲菜、韭黄里脊丝等。

茶色(咖啡色、褐色):给人以浓郁、芬芳、庄重的感觉,同时显得味感强烈和浓厚。如梁溪脆鳝、红卤香菇、干烧鳊鱼等。

黑色:在菜肴中应用较少,给人以味浓、干香、耐人寻味的感觉,若加工不当会有煳苦味的感觉。如酥海带、蝴蝶海参、素海参等。

紫色:属于忧郁色,但运用得好,能给人以淡雅、脱俗之感。如紫菜蛋汤、紫菜卷等。

烹饪的色彩美是注重本色美,上述7种色彩是常用的几种色彩,要善于运用,妥善处理,尽量少用或不用人工合成色素。对菜肴的色彩组配,首先,要确定菜肴的色调,即菜肴的主要色彩,又称为“主调”或“基调”;其次,在菜肴中通常以主料的色彩为基调,以辅料的色彩为辅色,起衬托、点缀、烘托的作用。主辅料之间的配色,应根据色彩间的变化关系来确定。菜肴色彩的组配有两种形式,即同类色的组配和对比色的组配。

菜肴色彩组配的原则如下:

(1)同类色的组配

同类色的组配也叫“顺色配菜”“顺色配”。所配的主料、辅料必须是同类色的原料,它们的色相相同,只是光度不同,非常相似,产生协调而有节奏的效果,如韭黄炒肉丝,由韭黄、里脊肉丝两种主配料组配而成,成熟后韭黄呈淡黄色,肉丝呈乳白色,经芡汁裹包,水油糊化淀粉交溶在一起,透出淡淡的奶黄色,色泽光亮,给人以和谐、顺畅、清新的感觉;糟熘三白是由鸡片、鱼片、笋片组配而成,成熟后3种原料都具有固有的白色,色泽近似,鲜亮清洁。

(2)对比色的组配

对比色的组配也叫“花色配”“异色配”等。把两种或两种以上不同颜色的原料组配在一起,成为色彩绚丽的菜肴,在色相环上相距60°以外范围的各色称为对比色,此外称为调和色,对比色可分为同时对比和连续对比等多种关系。依据这个原理,可以将原料经组合排列成多种不同的菜肴,也是配菜经常采用的一个方法。配色时一般要求主辅料的色差要大些,比例要适当,配料应突出主料的颜色,起衬托、辅佐的作用,使整个菜肴色泽分明、浓淡适宜、美观鲜艳、色彩和谐,具有一定的艺术性。如三丝鸡蓉蛋主料“鸡蓉蛋”色泽洁白,配以火腿丝、香菇丝、绿茶叶丝,色彩十分和谐,将“鸡蓉蛋”的洁白衬托得淋漓尽致;再如三色鱼丸,红、绿、白三种颜色对比分明,热烈清洁,使人感到鱼丸鲜嫩、味感丰富。

2)菜肴香味的组配原则

香味是通过人们的嗅觉器官感知物质的感觉。研究菜肴的香味,主要考虑当食物加热和调味以后才表现出来的嗅觉风味。各种水果、蔬菜及新鲜的动植物原料都具有独特的香味,组配菜肴时需要熟悉各种烹饪原料所具有的香味,又要知道其成熟后的香味,注意保存或突出它们的香味特点,并进行适当的搭配,才能在配菜时很好地掌握,使之更符合人们的需要。如洋葱、大葱、大蒜、韭菜、药芹、香菜等都具有丰富的芳香类物质,若适当地与动物性原料相配,就能使烹制出的菜肴更为醇香。菜肴香味的组配必须遵循4个原则:

(1)主料香味较好,应突出主料的香味

在组配时以主料的香味为主,辅料、调料起辅佐、衬托主料的香味,使主料的香味更突出,感觉到主料的内在美。在组配鲜、活动植物性原料时,一般都采用这种方法,如爆炒目鱼卷,目鱼本身香味较好,只配白色淡味的调味品即可。

(2)主料的香味不足,应突出辅料的香味

有些主料的香味较淡,可用香味较好的辅料弥补其不足,使主料吸收辅料的部分香味而增加香味,如水发鱼翅,本身没有什么滋味,需用火腿、鸡脯肉、鲜笋、香菇等辅料以增加鲜香味。福建名菜佛跳墙就是浓淡组合的典型菜肴,其中有味淡的鱼翅、鱼皮、鲍鱼,又有鲜味浓郁的干贝、老鸡、高汤、火腿,它们相互融合、相互渗透,形成了香气四溢、鲜美可口的风味特征。

(3)主料香味不理想,可用调味品香味盖之

主料的香味较浓或想换口味等因素,可突出调味品的香味,常用些五香、桂皮、香叶、茉莉、荷叶、玫瑰、红糟等香味调料,给菜肴一个特定的香味。

(4)香味相似的原料不宜相互搭配

有些原料的香味比较相近,组配在一起反而使主料的香味更差,如鸭肉与鹅肉,牛肉与羊肉,南瓜与白瓜,大白菜与卷心菜等。但还有另一种看法,认为鲜味有相乘的效果,两个新鲜味美的原料相组合,可以使两者的风味更为突出。两种看法都有道理,我们在实际组配时要根据原料的特性灵活掌握,如羊肉和鱼肉相结合,可以使菜品的"鲜"味更为突出。三套鸭、金银蹄、文武鸭等著名菜肴,都是属于比较完美的结合。但如果将长鱼与鳗鱼、蟹粉与河蚌、文蛤与竹蛏一起同煮,可能对两者都是浪费,而且还收不到较好的风味效果。

3)菜肴口味的组配原则

口味是通过人的口腔感觉器官——舌头上的味蕾鉴别的,是中国菜肴第一评价标准,是菜肴的灵魂所在,一菜一味,百菜百味。原料经烹制后具有各种不同的味道,其中有些是人们喜欢的,需保留发挥;有些是人们不喜欢的,需采用各种方法去除或改变其味道。这就需要把它们进行适当的组配,以适应人们对味的要求。一方水土养一方人,我国地大物博,各地有各地的风俗习惯和风味特点,各地的口味也有一定的差异,菜肴所配制的口味必须符合当地人们的口味,符合大多数人味觉习性的需要,才能算是好口味。同时还要符合时令季节对口味的需要,一般夏季清淡,冬季浓烈,春秋季适中。因为人的生理变化与季节的变化紧密联系,随着季节的变化作相应的调整。根据菜品的需求合理组配调料是特别重要的,袁枚在《调剂须知》中对调味品的组配有较精彩的论述:"调剂之法,相物而施。有酒水兼用者;有专用酒不用水者;

有专用水不用酒者；有盐酱并用者；有专用清酱不用盐者；有用盐不用酱者；有物太腻，要用油先炸者；有气太腥，要用醋先喷者；有取鲜必用冰糖者；有以干燥为贵者，使其味入于内，煎炒之物是也；有以汤多为贵者，使其味溢于外，清浮之物是也”。

4）菜肴原料形状的组配原则

菜肴原料形状的组配是指将各种加工好的原料按照一定的形状要求进行组配，组成一道特定形状的菜肴。菜肴原料形状的组配不仅关系到菜肴的外观，而且直接影响到烹调和关系到菜肴的质量，是配菜的一个重要环节。好的菜肴形态能给人以舒适的感觉，增加食欲；臃肿杂乱则使人产生不快，影响食欲。菜肴形状组配时应注意以下两个方面：

（1）依加热时间长短来组配的原则

菜肴的烹调加热时间有长有短，菜肴原料的形状大小必须适应烹调方法。凡烹调时间比较短的菜肴，组配的原料形状，宜小不宜大，应选择形状细小的烹饪原料；凡加热时间较长的菜肴，组配的原料形状，宜大不宜小，应选择整形或稍大的一些原料，如整形原料，整鸡、整鸭、整甲鱼、整蹄等。

（2）依相似相配的原则

所配的主料、辅料、点缀料必须和谐、相似相近，看上去有规律可循。这里又分3种情况：

①料形必须统一。按照料形统一的要求和烹调的需要确定主料的形状，从而在每一道菜肴中，丁配丁，丝配丝，条配条，片配片，块配块，使主辅料形状一致。

②辅料服从主料。配料在菜肴中处于从属地位，其形状大小不能超过主料，即要等于或小于主料。对于一些原料成熟后体积有所变化，生料的体积应考虑这一因素配得稍大一些或小一些，使成熟后的形状符合要求。

③辅料形状尽量近似于主料。对于一些主料成熟后成花形、自然形，辅料的形状在方便的情况下应与主料的形状相似，如主料成熟后的形状成菊花状，辅料可切成柳叶片、秋叶片；再如荔枝腰花配笋尖青椒时，辅料不太好造型，可加工成菱形片、长方片。

④既要考虑菜肴中单一原料的形状，还要考虑菜肴整体的效果。有些菜肴制成后就像一幅美丽的图案，这就需要按原料的要求巧妙选料，有荤有素，荤素搭配，色彩艳丽。

5）菜肴原料质地组配原则

组配菜肴的原料品种较多，同一品种的原料又由于生长的环境和时间不同，性质也有所差异，它们的质地也有软、硬、脆、嫩、老、韧之别，在配菜时应根据它们的性质进行合理的搭配，符合烹调和食用的要求。在对原料质地组配时要注意以下两个方面：

（1）同一质地原料相配

在菜肴原料的组配中，常以质地相同的两种或两种以上的原料组配在一起，即采用原料质地脆配脆、嫩配嫩、软配软的方法，如汤爆双脆，主料以猪肚尖、鸭肫两个脆性原料组配在一起；又如炒虾蟹，虾仁和蟹粉都是软嫩原料相配。

（2）不同质地原料相配

将不同质地的原料组配在一起，使菜肴的质地有脆有嫩，口感丰富，可以给人一种质感反差的口感享受。如宫保鸡丁，鸡丁软嫩，油炸花生米酥脆，质地反差极大；又如雪菜肉丝，雪菜脆嫩香鲜,肉丝软嫩细韧,吃口香脆软嫩,是佐酒下饭之佳肴。在炖、焖、烧、扒等长时间加热烹调制作菜肴时,主辅料软硬相配经常碰到,通过菜肴口感差异,使菜肴的脆、嫩、软、烂、酥、滑等多种口感风味得到体现。

6)菜肴原料与器皿的组配原则

人靠衣服马靠鞍,美食需配美器。从餐具的质地材料看,有金(或镀金)、银(或镀银)、铜、不锈钢、瓷、陶、玻璃、木质、竹、漆器、镜子之别;从形状上看,有圆形、椭圆形、方形、多边形、象形、带盖的等多种形状;从性质来看,有盘、碟、腰盘、碗、平锅、明炉、火锅等品种。在选择餐具时应考虑以下4个方面。

①依菜肴的档次定餐具。依据宴席菜肴的类型来搭配适宜质地的餐具。菜肴的档次是相对的,不能一概而论,一般金质或镀金餐具基本上很少应用,银质或镀银的餐具适合档次较高或比较高的宴度使用,其他质地餐具灵活运用。

②依菜肴的类别定餐具。区别菜肴是大菜,还是炒菜、冷菜,一般大菜、花色拼盘用大的器皿,其他用小器皿。

③依菜肴的汤汁定餐具。无汤水的用平盘,有汤水的用深盘或碗。

④依菜肴的数量定餐具。为了适应顾客用餐人数的需要,在同一类别中再分几个规格,如平盘中有五寸盘、七寸盘、八寸盘、九寸盘、十寸盘等规格,既要将菜肴装在餐具中显得饱满,又要使其不显得臃肿。

任务2　菜肴组配的形式和方法

菜肴组配的形式,按食用温度分为冷菜和热菜;按菜肴形式分为风味菜和花式菜;按原料的性质分为荤菜和素菜;按方法分为炒菜、烧菜、汤菜等。无论哪种分类都是相对的,它们之间是相互关联的,并没有明显的界限。为了结合厨房的实际分工,方便大家学习和掌握,本书把菜肴组配的形式分为冷菜组配、热菜组配两大类。

13.2.1　一般冷菜的组配方法

一般冷菜也叫一般冷盘,它操作简便,方便实用,符合食用的要求。冷菜因其烹制方法和功用的不同而形成一定的特点,在组配时对卫生方面的要求较高,必须在专门的"冷菜间"进行操作,防止菜品在加工时造成污染。严格执行《食品卫生法》,穿戴工作服、工作帽、口罩,保持环境卫生。配制一般冷菜的方法有3种。

1)单一原料冷盘的配制

冷菜大多数以一种原料组成一盘菜肴,有时可根据需要辅以适当的点缀。常用于多种形式的造型,如馒头式、桥梁式、高桩式、三趟式、扇面式、几何图形式、花卉式、山水式、禽鸟式、蝴蝶式、鱼虾式、宫灯式等造型。

2)多种原料冷盘的配制

这是指以两种以上凉菜原料组成一盘菜肴,除花色冷盘外,主要用于拼盘和花色冷盘的围碟。此类冷盘的组配应注意原料在口味上应相似,形状上便于造型,数量上有一定的比例,色彩上五彩缤纷。形式上有双拼、三拼、四拼、五拼、六拼、八拼以及多种单只造型冷盘。

3)什锦冷盘的配制

用10种左右的冷菜原料构成,是多种冷菜原料组配的特例,经适当加工,成为色彩艳丽、排列整齐、大小有度、刀工精细,并有一定高度的大冷盘。什锦冷盘充分运用了对称均衡的构图原理,使原料之间大小相等、高低相齐、长短一致、方向一致,成多个扇形,有的还需要抽缝叠角,使制作难度加大,是冷盘造型基础操作的基本形式。

13.2.2 花色冷盘的组配与成型方法

所谓花色冷盘就是将各种加工好的凉菜原料按照一定的次序、层次和位置在盘中拼摆成一定形状,提供给客人食用和欣赏的一种冷菜成菜工艺。它在宴席中起到美化和烘托主题的作用。冷拼作品在宴席中最先与客人见面,其以艳丽的色彩、完美的造型,起到先声夺人、渲染气氛的作用,同时还可以增进客人的进餐欲望、美化宴席和提高宴席的档次。冷拼作品还能够通过图案、文字、色彩的完美组合,把宴席的主题充分体现出来,比其他菜品表达得更直接、更具体。从工艺角度来看,冷拼作品是刀工技艺、组配技艺、成型技艺、调色技艺的综合体现。要制作一道完美的冷拼作品,不仅需要扎实的基本功,还需要有一定的文化和艺术修养。由此可见,冷拼工艺无论是在宴席当中,还是在烹饪当中都占有非常重要的地位。

1)冷拼构思

冷拼构思的任务就是根据宴席的要求明确主题,选定题材和内容,以及作品的表现手法。在构思之前必须先对宴席的具体情况有比较充分的了解,然后才能确定相应的制作内容和表现手法。第一,要针对宴席的性质,构思与其相适应的主题内容。例如,婚庆性质的宴席,可以选用“龙凤呈祥”“鸳鸯戏水”等主题;庆功性质的宴席,可以选用“庆功金杯”“满载而归”等主题;祝寿性质的宴席多用“松鹤延年”“寿桃满园”等主题;对欢迎性质的宴席来说,可以采用“花篮迎宾”“迎客松”等主题。如果内容与主题不相符合,不仅会对表达效果有影响,甚至还会影响宴席的气氛。当然在主题内容确定以后,具体的造型和布局是可以变化的。第二,宴席的规模和标准对冷拼的内容和表现手法有直接的影响。如果规模较大、与宴人数较多,冷拼的内容应简洁,表现的手法应简便快速。这类冷拼在制作时一般用夸张的造型手法,注重色彩的协调搭配。而对于档次较高、规格较小的宴席来说,则应选择一些构图完整,有一定意境且制作比较精细的冷拼内容,既给客人一种耐看、耐品的感觉,也使厨师的刀工和拼摆技艺得到充分体现。第三,根据宴席不同的时间、地点和就餐对象,在构思时可以采用某个季节的标志物,或其他的人文景观来烘托和渲染宴席的主题,特别是对一些主题个性不太强烈的宴席,如国内外的旅游团体、会议团体等,运用这种形式就可以收到很好效果。春天的“杨柳”“飞燕”,夏天的“荷叶”“荷花”,秋天的“枫叶”“菊花”,冬天的“腊梅”“寒竹”等,都可以作为季节的标志物。扬州的“五亭桥”,武汉的“黄鹤楼”,北京的“长城”“天坛”,桂林的“奇山秀水”等人文景观,也都可以用冷拼工艺将它们体现出来。它既能使旅游者和与会者品尝到美味佳肴,也能使他们体会到季节的特征,欣赏到地方特色的景观。此外,出席宴席的对象不同,对冷拼作品的欣赏水平和喜好也各有差异。有人喜欢形态逼真、色彩艳丽的写实造型,有人则喜欢抽象夸张、色彩淡雅的写真造型。接待外宾和少数民族的客人时,还要考虑到各地的风情民俗,就拿“荷花”来说,中国视之为“出淤泥而不染”的纯洁之物,而日本人却视为禁忌之物,所以不同国家、不同民族由于信仰和风俗的差异,他们对色彩与造型的追求是不同的,作为厨师必须对民俗风情有一个基本了解,投其所好,避其所嫌。

2)冷拼构图

在明确了宴席的主题以后,就要开始对冷拼作品进行整体布局。这一步骤是制作冷拼作品的重要环节,构图是否完美、合理,不仅影响到主题表达的效果,还直接影响到作品本身的艺术价值和实用价值。在构图时必须处理好以下几个关系:第一,要处理好餐具与构图的关系。餐具形状和色彩不同,构图的布局范围也有差异。例如,白色圆形餐具,它的布局范围比较广,可以在整个盘面内进行布局。而带有绿色、黄色、粉红色以及各种花纹的宽边圆盘,其布局的范围一般都在有色边线以内,否则就显得零乱。腰形盘一般盘边突出比较明显,构图的布局范围也在边线以内才显得比较协调。其他花边盘、异彩盘也都有各自的最佳布局范围。第二,要处理好虚和实的比例关系,也就是盘中拼摆的实体和盘中空的比例关系。盘中原料堆放过多、过实,盘中没有空白或空白很少,作品就显得机械、呆板而没有生气感;如果空白过多又显得单薄、不实用;有的虽然空白和实体比例恰当,但构图布局处理不当,也会出现松散、零乱或重心不稳的感觉。第三,要处理好主和次的比例关系。在整体布局确定以后,就是确定具体造型的主体和次体的布局范围,主体就是作品要突出表现的主题内容,在盘中所占的布局范围应较大;次体就是起衬托、点缀作用的部分,在盘中所占的布局范围应该较小。例如,“鸳鸯戏水”冷拼,主体应该是鸳鸯,次体是水纹、小荷花等;“凤凰牡丹”主体应是凤凰,而假山、牡丹都应是次体。有时一个冷拼的主体和次体可以相互替换,例如,“蝴蝶戏花”冷拼,当蝴蝶所占的位置较大时,主体是“蝴蝶”,而当各种花卉所占的较大,蝴蝶所占的范围较小时,“蝴蝶”又成了次体。第四,要处理好图案与色彩的协调关系。色彩的合理搭配对构图的完整性有很好的协调作用,反之色彩搭配不当会破坏作品的层次感和完整性。例如,“山水”一类的拼盘,一般山顶部分应该淡一点,然后依次加深,底部的色彩应稍浓一点,这样拼摆成的图案就有层次感和稳定感;如果将顶和底的色彩调换或浓淡随意掺和,就显得重心不稳和层次不清。再如,“锦鸡”“凤凰”一类的冷拼作品,锦鸡和凤凰的色彩应该丰富突出,而锦鸡和凤凰下面衬托的山石、色彩应以深色为主色调,否则相互争艳也会显得零乱。因此,在图案造型基本勾画出来以后,应先在稿纸上填上色彩,经过反复修改完善之后,才能选择相应的原料进行实际拼摆,这样既容易成功,也利于保持原料的卫生和风味。花色冷盘一般不单独成为冷菜,往往需要与冷菜围碟一起组成。组配时应注意,花色冷盘以观赏为主,食用为辅;围碟则以食用为主,观赏为辅,特别注意原料的可食性。

13.2.3 一般热菜的组配方法

1)单一原料菜肴的组配

即菜肴中只有一种主料,没有配料,这种配菜对原料的要求特别高,必须比较新鲜,质地细嫩,口感较佳,如干烹大虾、清蒸鲥鱼、蚝油牛柳等。

2)主辅料菜肴的组配

指菜肴中有主料和辅料,并按一定的比例构成。其中主料一般为动物性原料,辅料一般为植物性原料,配料时应掌握主料与辅料的特点,在质量方面以主料为主导地位,起突出作用,辅料对主料的色、香、味、形起衬托和补充的作用,对主料的营养起互补的作用,从而提高菜肴的营养价值,使菜肴的营养素含量更全面。主辅料的比例一般为9∶1,8∶2,7∶3,6∶4等形式,其中配料的比例宜少不宜多,以数量少为高档次。在主辅料的配菜时要注意配料不可喧宾夺主,以次充好。

3)多种主料菜肴的组配

菜肴中主料品种的数量为两种或两种以上,数量上大致相等,无任何辅料之别。在配菜时应分别放置在配菜盘中,方便菜肴的烹调加工。此类菜肴的名称一般均离不开数字,如汤爆双脆、三色鱼丸、植物四宝等。

13.2.4 花色热菜的组配与成型方法

花色热菜又称为造型热菜,是饮食活动和审美意趣相结合的一种艺术形式,具有较强的食用性与观赏性。这类热菜的组配与成型,是将菜肴所用的各种主辅料按照具体的质量要求,通过艺术造型形成菜肴生坯,使主料和辅料有机地结合在一起,菜肴的形状基本确定。花色热菜的形式丰富多彩,千姿百态。通过艺术的加工和原料特性的利用,给人们以美的感觉。满足了食客精神享受,既增进了食欲,又有利于消化吸收。花色热菜一般分为图案造型和象形造型两类。图案造型中大量运用了图案装饰手法,利用对称和平衡、统一与变化、夸张和变形、对比和调和等法则,使菜肴原料具有多种多样的几何形式,经过丰富的几何变化装饰,装盘时按一定的顺序、方向有规律地排列组合在一起。象形造型是运用了艺术原理,模仿自然界的实物造型,力求“神似”,形态动人。花色热菜的组配方法较多,常用下列19种方法:

1)贴

贴就是将所用的几种原料分3层粘贴在一起,形成扁平形状的生坯。一般形式下下层是片状的整料,多见为淡味或咸味的馒头片、猪肥膘片、猪网油等物料;中层为特色原料并起粘连作用,以蓉胶、片丝常见,如是丝片还要添加浆、糊作为黏结剂;上层为菜叶和其他点缀物。3层原料整齐、相间、对称地贴在一起,如锅贴青鱼、锅贴鳝鱼、锅贴火腿等菜肴。

2)卷

卷就是用薄软而有韧性的原料作外皮,中间加入各种原料卷制成型。烹制方法多采用炸、滑溜、蒸、焖、烩、涮等烹法。卷制法依形状的不同可分为3种:一是大卷。形状较大,以干炸方法居多,成熟后需改刀(装盘)。外皮原料一般是猪网油、豆腐皮、鸡蛋皮、百页等,菜肴有吉士酥枚卷、炸虾蟹卷等。二是小卷。形状较小,成熟后不需改刀,直接食用。外皮原料一般为动物肌肉大薄片,有鸡片、鱼片、肉片等,经过卷制后,有的直接成型,并在一端或两端露出一部分原料,形成美丽的形状,如三丝鱼卷、兰花肉卷等菜肴。三是如意卷。就是在卷制时,由两头向中间卷成如意形,如如意蛋卷、紫菜如意蛋卷、如意虾卷等。

3)包

包就是运用薄软而有一定韧性的原料作外皮,将加工成丁、丝、条、片、块、粒、蓉的鸡、鸭、鱼、虾、肉等原料包制成型。皮料多采用无毒玻璃纸、糯米纸、荷叶、粽叶、鸡蛋皮、猪网油、豆腐皮、包菜叶、春卷皮等。包制成坯料的形状较多,有条包、方包、长方形包、圆形包、半圆形包、三角形包、象形包等形状。烹调方法多采用蒸、炸、氽、烤、烩等烹法。代表菜肴有荷叶粉蒸鸡、豆腐饺子、葫芦虾蟹等。

4)穿

穿就是将原料出掉骨头,在出骨的空隙处,用另一原料穿在里面,形成生坯。穿入的原料充当"骨头",仍保持原来的形状,达到以假乱真的目的,从而提高菜肴的品位。烹调方法多采用溜、蒸、炸、烧、焖、涮等烹法成熟。代表菜肴有象牙排骨、龙穿凤翼、穿心鸭翼等菜肴。

5)挤

挤就是用手或工具将蓉胶状的原料挤成各种形状的过程。先将原料加工成蓉胶便于成型,然后用手抓上蓉胶,五指与手掌着力使蓉胶从弯曲食指与大拇指之间的虎口中挤出,再用另一只手或调羹刮成球形、橘瓣等形状;用工具挤就是将蓉胶装入标花袋或注射筒中,用力将其挤出成各种线条状坯料。适合挤法的原料要求形状细小,否则制品外观不光滑。烹调方法多采用氽、炸、蒸、炖等烹法。代表菜肴有橘瓣鱼氽、夹火鱼园、蛟龙戏珠等。

6)扎

扎就是将加工成条、段、片状的原料成束成串地捆扎起来。捆扎的原料常采用绿笋、药芹、罗皮、葱叶、蒜叶、海带等加工成丝状。由于成型后的形状似柴把,故菜名往往有"柴把"二字,如柴把鸭掌、柴把鸡、柴把药芹、清汤腰带鸡等。烹调方法多为蒸、拌、扒、溜等制熟方法。

7)酿

酿又称为瓤。就是将原料制作成馅心,填入挖空的原料内形成生坯。外面的原料为皮料,里面的原料为馅料。皮料一般不太大,均为植物性原料,将里面的原料挖空后,开口处为开放式或有盖式均可;馅料可荤可素,可生可熟,均需加工成细小的形状,调味需在填入前调制好。烹调方法以蒸和软溜法成熟。代表菜肴有枣泥苹果、八宝冬瓜盒、酿丝瓜等。

8)装

以一种原料作为盛器,里面装入主配料,成为菜肴生坯的一种方法。原料盛器多数需适当雕刻成型,它既是盛器又是食物,可谓一举两得。烹调方法以蒸、炖、炒、煎等烹法成熟。代表菜肴有西瓜鸡、什锦香瓜、冬瓜盅、龙舟载宝、翡翠虾斗等。

9）扣

扣就是将所用原料有规则地摆在碗内，成熟后复入盛器中，使之具有美丽的图案。在扣前需在碗内抹上少许白色食用油，以便原料脱入盛器中。扣碗的原料可以是一种或多种原料，通过扣可以使菜肴表面光滑、整齐、饱满，美观大方。烹调方法多为蒸、扒成熟。代表菜肴有虎皮扣肉、金银扣蹄、鸳鸯扣三丝等。

10）藏

藏就是将一种原料藏入另一种原料的腹腔中，加以密封形成菜肴生坯。外面的原料常选用鱼类、禽类、肉类等原料，先将其初加工后脱骨或挖空，洗涤干净；内藏原料多为贵重原料，像鱼翅、鲜贝、海参、鲍贝、“三鲜”“八宝”等。内藏物填入后，为防止内部原料渗出，往往采用扎口、缝口，用淀粉蛋清粘口等方法。烹调方法多采用蒸、炖、炸、焖、烤等成熟方法。代表菜肴有葫芦鸡、羊方藏鱼、叫花鸡、玉蚌藏珠等。

11）夹

夹是将一种原料夹入另一种原料而成为生坯。夹与“卷”“包”“瓤”等相类似但又有区别的一种手法。选用动植物性原料，采用切“夹刀片”的方法，切成一个个的夹刀片，然后在夹刀片的中间夹上事先调制好的硬蓉胶，即成生坯。所夹的蓉胶一般以动物性原料为主构成，荤素搭配，营养互补。烹调方法多采用炸、煎、蒸、溜等烹法。代表菜有夹沙苹果、夹沙香蕉、溜茄夹、蛤蜊鱼饺等。

12）摆

摆就是采用多种原料拼摆成各种造型。在拼摆前需要于脑中形成所配菜肴的立体构象，再选择合适的原料，拼摆成拟定的形状。烹调方法多采用蒸、煎等制成。如一品豆腐，它先调豆腐蓉胶，拓平了再用香菇、樱桃、银杏等摆成梅花状；还有琵琶鸭舌、鸳鸯海底松、葵花鸭片等菜肴。

13）镶

镶就是将缔子镶在一定形状的薄片原料上，有时为使蓉胶粘牢，还用“排斩”方法在原料上排几下。烹调方法多采用炸、煎、蒸、焖等。代表菜肴有香炸猪排、白酥鸡、百花鱼肚等。

14）粘

粘是指在原料的表面粘上丝粒状的物料而形成生坯。主料一般为蓉胶，因其具有一定的粒性，能粘连上各种物料；粘连物为椰蓉、松仁末、熟芝麻、核桃末等细小原料。烹调方法多采用炸、蒸、烤等。代表菜有椰蓉虾球、桃仁鳝鱼、绣球海参、珍珠肉等。

15）串

串是指用竹签、铁丝等物将各种片状原料串成一串一串的，形状独特，别具一格。烹调方法多采用炸、铁板烧等。代表菜有铁板鳝串、五彩肉串、芙蓉虾串、小鸭心串等菜肴。

16）套

套是指将同样大小的两片不同的原料，在中间划 1 ~ 3 刀，再从一头穿入拉紧成麻花状的生坯，使两种原料套在一起。如凤入罗幛就是将响螺肉和鸡肉切成同样大的长方片后两片相叠，在中间划3刀，把一端从中间的刀缝中穿过，翻转拉紧成麻花状的生坯。其原料一般选用韧性的动物性肌肉片，烹调方法多为滑炒、滑溜、软炸等。代表菜肴有麻花野鸭、麻花腰子等。

17）模铸

模铸是指采用金属等材料制成某种形状的模具，将蓉胶（或液体）加热凝固成各种各样的形状。烹调方法多采用蒸、烩等。代表菜有鸡汁无心蛋、什锦鱼丸汤等。

18）裱绘

裱绘是仿照西点做裱花蛋糕的方法，将蓉胶或浓液体装在带奶油嘴的布袋里，像画笔一样，裱绘出各种美丽的图案。烹调方法多采用蒸的烹法。代表菜有芙蓉玉扇、兰花熊掌、梅花龙须菜等。

19）捶

捶也叫敲，是把里脊肉、鱼肉、虾肉、鸡肉或鸡蓉，一边捶一边拍上干淀粉，使之成为片状的制作方法。烹调方法多采用炸、蒸、汆等。代表菜有鲜奶鱼馄饨、水鲜牡丹等。

任务3 菜肴的命名

在数不尽的菜肴里，每个菜肴都有自己的特点，都有区别于其他菜肴的地方，都有自己特定的名称。随着烹调技艺的不断发展，新的菜肴不断涌现，菜肴名称将越来越多，故菜肴命名需规范化。一个好的菜肴名称，会给人们产生联想，引起对菜肴的食欲，同时看到了菜名就基本上能了解菜肴的全貌。

13.3.1 菜肴命名的原则

菜肴的命名应从客观事物出发，把内在本质反映出来，并能表达人们的美好饮食感受和美好的愿望。切忌浮而不实，低级下流。菜肴的命名应遵循下面4个原则：

①对菜肴的命名应力求名实相符，能充分体现菜肴的全貌和具体品种特色。如蛙式鲈鱼，是将鲈鱼加工成青蛙状，经浸汁拍粉炸制后，放在绿色的“荷叶”上，浇上溜菜的芡汁即成。

②命名应力求雅致得体，格调高尚，雅俗共赏，不可牵强附会，滥用辞藻。

③命名应突出地方色彩和乡土风味。

④命名应音韵和谐，文字简短，朴素大方。

13.3.2 菜肴命名的方法

菜肴的命名往往与所用的原料、烹调方法、色彩、质地、口味及形体特征有直接联系，有时还与历史典故、地方特色等有很大关系。菜肴的命名在次序上也有差异，实际操作过程中，有两种情况:一是先构思出菜名,再根据菜名的特征,制作出新的菜肴来。这往往受到诗词、典故及谐音等影响而命名,再考虑原料的形状、颜色、质地特点和菜肴的烹法调味等因素制作出新的佳肴。二是先制作出新菜肴品种后命名。在命名时,要根据菜肴制作过程中,给人留下印象最深的特征,如原料、调味、色彩、造型、质感、烹调方法,以及地方习惯等综合因素制定出确切的菜名。菜肴命名常用方法如下。

1)以烹调方法加主料的命名

这是一种较为普遍的命名方法,用这种方法命名的菜肴可以使人们了解菜肴的全貌和特征,既反映了菜肴的主要原料,又反映了菜肴的烹调方法,如小煎鸡米、软炸口蘑、蜜汁蛤士蟆、脆炸生蚝等。

2)主料和辅料的命名

突出了菜肴中的主配料的关系,给人以实在和本味的感觉,如龙井虾仁、裙边鸽蛋、蟹黄鱼肚等。

3)调味和主料命名

这是以调味和主料为特色的命名方法,反映了菜肴主料的口味及调味方法,从而了解菜肴的口味特点,如蚝汁鲍鱼、醋椒鳜鱼、咖喱鸡丁等。

4)以烹调方法和原料特征命名

这是强调烹法和原料的特点,使人们对原料更进一步的了解,如蜜汁樱桃肉、汤爆双脆、油爆乌花等。

5)以色彩形态和主料命名

这是强调主料的特点,提醒人们对主料的颜色和形状引起注意,如寿桃豆腐、红袍大虾、水晶虾等。

6)以人名或地名和主料命名

这是强调地方特色,激发人们对菜肴的期待,如德州扒鸡、东坡扣肉、荆州鱼糕等。

7)以主料辅料和烹调方法命名

强调菜肴的主配料以及烹调方法,反映菜肴的大致面貌,如溜松子牛卷、芦姜炒鸡片、虫草炖鸽等。

8)单纯用形象命名

这是强调菜肴的形象特征,引起人们的好奇心,注重菜肴艺术造型的效果,如狮子头、龙舟送宝、松鼠鱼等。

9)以素菜形式命名

就是将素菜做成荤菜的样子,满足少数人心理上的遗憾,以享口福,如素鳜鱼、素海参、素鱼丸等。

10)以蔬果等盛器命名

将蔬果、粉丝等制作成食物盛器的形状,来装盛菜肴,既是盛器又是食物,如西瓜盅、雀巢

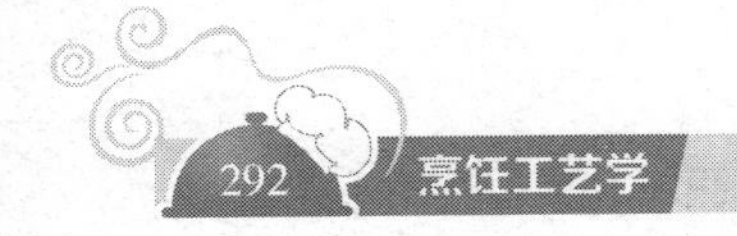

鸡球、渔舟唱晚等。

11)以质地和主料命名

强调主料的质感特色,给人以某种启示,引起对该食物的食欲,如香酥鸡、酥鳝、脆皮大虾等。

12)以主料和中药材命名

强调主料和中药材,特别是中药材的功效,反映我国菜肴的医食同源,如虫草鸭子、贝母鸡、虫草乳鸽等。

13)以中西结合命名

强调菜肴是采用西餐原料或西餐烹调方法制作出来的,吃中餐菜肴,体现西餐味道,如西法格扎、吉力虾排、沙司鲜贝等。

14)以器皿和主料命名

强调加热器皿的特色,长时间加热成熟的菜肴味醇而香,如鲫鱼羊肉煲、汽锅元鱼、砂锅鱼翅等。

15)以诗歌名句命名

强调菜肴的艺术性,赋予其诗情画意,如一行白鹭上青天、掌上明珠、百鸟归巢、草船借箭等。

16)以夸张的手法命名

通过夸张等手法渲染气氛,给人以眼前一亮的感觉,如平地一声雷、天下第一菜、天下第一羹等。

17)以良好祝愿命名

强调幸福美好的祝愿,使人心情愉快,如鲤鱼跳龙门、全家福、母子会等。

18)以艺术造型命名

强调菜肴构图的艺术性,使菜肴如诗如画,如二龙戏珠、瑶池鲜果、游龙戏凤、金鱼戏水等。

19)以渲染奇特制法命名

强调独特的制法,引人入胜,如熟吃活鱼、泥鳅钻豆腐、油炸冰激凌等。

20)以谐音命名

运用同音的字或词取代菜肴本身的字或词,如发财(发菜)鱼丸汤、霸王别姬(鳖鸡)、发财香菜等。

思考与练习

1. 简述菜肴组配的要求。
2. 简述次要组配的原则。
3. 简述命名的原则和方法。

单元 14 装盘与装饰工艺

【知识目标】

1. 了解菜肴造型的艺术处理原则。
2. 了解菜肴造型的艺术处理规律。

【能力目标】

1. 掌握热菜、冷菜装盘的方法。
2. 掌握围边点缀的方法和应用范围。

装盘与装饰是菜品美化、成型的最后工序，它对菜品的色彩、饱满度以及主题有一定的衬托和补充功能。学习时要了解装盘的一般手法，重点掌握周边点缀的形式和应用。

任务1 菜肴造型的艺术

菜肴造型是人们饮食活动与文化生活相结合的艺术形式。它是以烹饪工艺为基础,结合原料自身的色彩、味道、形态、质地等特点,运用烹饪美术的基本原则和基本元素,根据制作要求,采用适宜的艺术处理手段,创造出来的既有食用价值,又有欣赏价值,且象征意义十分明显的菜肴工艺。中国菜肴的造型丰富多彩,千姿百态,通过优美的造型,可以表现出菜肴的原料美、技术美、形态美和意趣美。从整个创作和制作过程看,菜肴造型始终贯穿着“实用”和“美感”的两重性。

14.1.1 菜肴造型的艺术性处理原则

菜肴造型的艺术处理原则是指导中式菜肴造型的关键,这是由菜肴本身的性质决定的。

1)实用性

实用性即食用性,菜肴造型是一种以食用为主要目的的特殊形式。菜肴不具备或缺少食用价值,就没有存在的必要。食用性主要体现在菜肴的香、味、质地和营养上。处理好食用与造型的关系,是菜肴造型的首要任务,要将食用与审美寓于菜肴造型工艺的统一体之中,不要为型造型,因型伤质、伤味,降低营养价值。事实上,菜肴造型的形式美是以内容美为前提的。人们品评美食,开始不免为它的色、形所吸引,但真正要追求美食的真谛,往往又总不在色、形上,这是因为饮食的魅力在于营养与美味。因此,实用性是菜肴造型艺术的第一原则。

2)安全性

事实上,实用性中含有安全性因素。之所以单独提出安全性并将其作为菜肴造型艺术处理的第二大原则,目的在于引起足够重视。安全包括卫生的要素,最重要的是要注意以下两方面:一是原料的安全,不要为了造型而使用一些不能食用的原料。这里不是否定将雕刻物和花卉料运用于菜肴造型中,关键是不要把一些黏合剂等不安全的辅助物料用在菜肴造型上。二是对造型后直接食用的菜肴,在造型时不要直接用手接触,以防细菌污染。

3)时效性

相对一般菜肴,即非造型菜肴而言,造型菜肴要花费更多的时间,而怎样制作造型菜肴,使之既能保证质量,又能节约时间,即以最短时间达到最佳效果,是值得重视和研究的。由于菜肴造型只能在菜盘中展开,因此,其造型受时间、空间、原料、工具等多方面限制,造型不宜采用写实手法。抽象、简洁、大方、明快地把菜肴造型表现出来,是菜肴造型的重要目标,它的时效性特点备受推崇。

4)技术性

技术性是实用性和艺术性的前提。完善的艺术造型,必须由技术环节来完成。菜肴的技术性涵盖菜肴制作的全部内容,只有做好每一道工序,菜肴才有质量保证。对菜肴造型来讲,

切配加工和烹调方法是突出的技术要素。刀工成型对造型菜至关重要,从最基本的规则的几何形体和不规则的几何形体,到富于变化的各种花刀,都为菜肴的单一造型和组合造型奠定了基础。原料的组配是菜肴造型的物质保障,只有原料的组配合理,才能够既保障食用,又便于造型处理。烹调方法是一种综合性强的技术,运用得好,能够使造型菜肴在色、香、味、形、质上表现出更为强烈的效果。

5)艺术性

艺术性是丰富人们饮食生活,突出中国烹饪特色的重要表现。自古以来,厨师一直都在追求菜肴的艺术性,这是因为具有艺术美的菜肴,会显示出巨大的魅力。具有造型艺术的菜肴,是厨师在熟练地掌握艺术媒介物的自然属性及其规律的基础上,创造出来的体现菜肴特质的造型作品,是厨师艺术素养和主观情感的体现,也是厨师对客观事物加工、改造的再现。因此,菜肴造型的艺术美,是表现与再现的统一,是主观与客观的统一。只有当厨师的艺术素养及主观情感与客观现实生活统一起来,菜肴造型的艺术美才能显示出来。倘若厨师没有艺术修养或缺乏艺术修养,就不可能制作出具有艺术美的菜肴。

在实用性、技术性和艺术性中,实用性是目的,技术性是手段,艺术性对实用性和技术性起着积极的作用。有艺术性的菜肴,能够通过艺术本身的力量感动欣赏者,使人在食用时心情舒畅,反映了人们对美好饮食生活的向往和追求。

14.1.2 菜肴造型的艺术处理规律

菜肴造型的艺术处理规律,是指菜肴造型的一般规律,也叫形式美规律或形式美法则,它是一个极其复杂而含义深广的命题。一般在菜肴造型的艺术处理上,应遵循以下10点规律。

1)单纯与一致

单纯一致又称整齐一律、单纯齐一、单纯划一,是最简单、最常用的形式美法则。在单纯一致中见不到明显的差异和对立的因素,这在单拼冷盘造型和组合造型的围碟中最为常见,可以使人产生简洁、明净和纯洁的感受。一致是一种整齐的美,是同一形状的、一致的重复,给人以整齐划一、简朴自然的美感。可见,再简单的菜肴造型,只要符合造型美的形式法则,即使是最简单的单纯一致,也能产生令人愉悦的视觉效果。

2)重复与渐次

重复和渐次体现的是节奏和韵律。重复是有规律的伸展延续。我们在千万朵花中选择美丽的典型花朵,加以组织变化,连续反复,即构成丰富多样的图案。

连续重复性的图案形式,是菜肴造型中的一种组织方法。它是将一个基本纹样,进行上下连续或左右连续,以及向四面重复地连续排列而形成连续的纹样。例如,将同等大小的原料在盘面连续拍叠,构成排面,这就是重复,具有典型代表的是什锦拼盘。

渐次是逐渐变动的意思,就是将一连串相类似或同样的纹样由主到次、由大到小、由长到短、由粗到细的排列,构成由远及近的排面。也就是物象在调和的阶段中具有一定顺序的变动。

3)对称与均衡

对称与均衡是求得重心稳定、平衡的两种结构形式。对称是同形同量的组合,即以盘中心为核心,或以两端为中轴直线,将具有同样体积、形状、质量的原料置于盘周或相对的两端。前者是中心对称,可作三面、四面乃至整个围绕中心一周的圆对称;后者叫轴对称,这是最常用的一种构图形式。对称形式条理性强,有统一感,可以得到端正庄严的效果。但处理不当,又容易呆板、单调。均衡则是在变化中构图的,较为自由,它以同量不同形的组合取得稳定的形态。与对称相比,均衡容易产生活泼、生动的感受。但处理不当,又容易造成杂乱。菜肴造型中往往是两者结合运用,并以一者为主,做到对称中求平衡,平衡中求对称。

4)严整与灵动

严整与灵动分别给人以形体的严肃、规整、凝重和轻灵、活泼、富于生命力的感觉,严整是将原料堆砌构建在一个范围内,大小高低都受到严格的规定,不扩大也不缩小,整齐划一,给人以板块般庄重之感;灵动则不受绝对范围的约束,曲线迂回,流动、飞翔、奔跑,显示出活泼的气韵,富于生命力。

5)夸张与变形

将某一部分夸大,突出事物的本质,如雄鹰展翅夸大其双翅、鹰嘴和爪,可以使鹰的形象更为传神;再如葵花冷盘,花盘由菱形料构成,可以使葵花丰满而凝重,本质更为突出,这种造型规律就是变形。将物象变形可产生装饰美感,如金鱼的尾,可以尽量地使之夸大变形,给人以飘逸、灵动的感觉,既像真物,又没有真物应有的比例,在似与不似之间,突出人对事物感受的精神意念。

6)粗犷与精细

将原料整只整块地构图,显得肥壮丰厚,此为粗犷,但粗犷而不粗糙,寓分割于整形之中,如大块的肉方、整只的肥禽、整尾的鱼等。如果构图中处处有细密的叠面、加工的痕迹、灵巧的造型等,则是精细。粗犷与精细都给人以格局严谨的感受。

7)具象与抽象

具象是对事物进行仿真,如雄鸡、花卉、山石等,这种构象难度大,但最容易引起人们对自然景物的联想。抽象是通过对自然界某事物的一般特征进行提炼后加以塑造,具有变形和夸张的成分。一般来讲,具象造型手法细腻,注重形似;抽象造型手法粗犷,注重神似。事实上,许多造型菜点既不可能是完全的具象,也不是单纯的抽象,而是在抽象中表现出细腻,在追求具象时赋予粗犷。高明的厨师往往把自然界真实的景物与饮食需要有机地统一起来,创造出既能表现大自然美好的事物,又具有实用和欣赏价值的造型菜点。一味追求具象,不是菜点造型艺术的本质所在。

8)调和与对比

在盘中用两种以上原料造型则会形成调和或对比的关系。调和是反映同一色及形体中变化和近色近形的变化。在色上有黄与绿、绿与蓝、蓝与青等,以及同色的浓与淡等,在形上有方形、长方形、体形、圆形与椭圆形等。调和具有融合与协调、缩小差异的特点,是由视觉上的近

视要素构成的。对比则是将两种相反或相对的物体并立,如体积对比、色彩对比、重量对比和形态对比等,对比使人感到鲜明、醒目、振奋、活跃、跳动,是强调差异的一种形式美。对比与调和是取得变化与统一的重要手段。过分强调对比一面,容易形成生硬、僵化的效果;过分强调调和一面,也容易产生呆板和贫乏的感觉。若以对比为主,对比中有调和的因素,在变化中求得统一;若以调和为主,调和中有对比的因素,在统一中求得变化。

9)多样与统一

多样与统一是菜肴造型最基本的规律。多样是菜肴造型中各个组成部分的区别。一是原料的多样,二是形象的多样。统一是这些组成部分的内在联系。多样与统一的规律,也就是在对比中求调和。如构图上的主从、疏密、虚实、纵横、高低、简繁、聚散、开合等;形象的大小、长短、方圆、曲直、起伏、动静、向背、伸屈、正反等。以上因素处理得当,才能达到对立统一,使整体获得和谐、饱满、丰富多彩的效果。宴席中不仅要有单个菜肴造型的和谐统一,而且更需要与其他菜肴造型的和谐统一。因此,统一是一种协调关系,它可使菜肴造型调和稳重,有条不紊。但是过分统一则容易显得呆板、生硬、单调和乏味。

多样寓于统一之中。变化与统一相互依存,互相促进,设计时要做到整体统一,局部变化,局部变化服从整体统一。在统一中求变化,变化中求统一,达到统一与变化的完美结合,使菜肴造型既优美而又不落于俗套。

10)比例与尺度

比例是指体现事物整体与局部以及局部与局部之间度量比较关系的形式构成,其度量比较关系主要表现为长短、高低、宽窄等,具有相对关系的特征。尺度是指造型物所涉及的具体尺寸,包括选择的造型与盛器的大小在内。菜肴造型是在特定的盘子里,因此比例与尺度尤为重要。和谐的比例关系与尺度,能够体现美感,否则会有"头重脚轻"的不协调感觉。但有时为了内容的需要,有意破坏事物的比例关系,以突出其主要特征。

14.1.3 菜肴造型艺术处理的3种模式

1)模仿型

模仿是来自对自然界认识的灵感冲动,具有类比推演的性质。模仿不能简单地重复和仿制,它必须来源于对已有事物的联想灵感。模仿不是被动地复制,它需要通过调动人的主观能动性对被模仿的事物进行再创造。

2)传承型

传承是从纵向的时间角度而言,它是通过教育实现的,传承的主流是严守根本,具有被动性的特点,但通过传承学习可以激发人的创作灵感。一般来讲,传承基础上的"改良"具有较好的创造性,能反映时代潮流。

3)反叛型

反叛是思想认识的跳跃,是对现有事物的反思维,其创新思想特别强烈。就菜肴造型而言，其艺术处理往往不受模仿与传承的限制，个性得到充分张扬。反叛处理的菜肴造型是极不稳定的短期行为，可能因为时尚而流行一阵，当新的思潮出现以后，一部分会被达成共识成为新派传统，另一部分则在时代进程中消失。

上述3种模式中，模仿是初级学习阶段不可或缺的学习类型，模仿是创造的源泉，只有重视模仿学习，才能够循序渐进，达到菜肴艺术造型的高峰。“扬弃”是传承的精髓，要做到去除传统中的糟粕，汲取传统中的精华，掌握丰富的烹饪知识与技能，具备敏锐的分析、判断能力，与时代需求紧密结合，这是“传承”的基础。“反叛”不是盲目的反常规行为，只有以模仿与传承学习作为基础，将知识与技能积累到相当程度以后，才能够形成新的思想、新的技术与方法，倘若没有“厚积薄发”，缺乏高瞻远瞩的跳跃思维，菜肴造型的“反叛”设计则不会产生生命力。

14.1.4 菜肴造型的主要途径

菜肴造型的主要途径包括以下8个方面：

1）利用原料的自然形态造型

即利用整鱼、整虾、整鸡、整鸭甚至整猪（烤乳猪）、整羊（烤全羊）的自然形状，加热后的色泽来造型。这是一种可以体现烹饪原料自然美的造型。

2）利用刀工处理的原料形态造型

即利用刀工把原料加工成丝、末、粒、丁、条、片、段、块、花刀块等料形，或单一，或混合，为菜肴的最终造型奠定基础。

3）利用模具造型

在对原料采取特殊方法加工制作后，利用模具定型，成为具有一定造型的菜肴生坯，再加热成菜。

4）通过手工造型

将原料加工成蓉、片、条、块、球等，再用手工制成“丸子”“珠子”，挤成“丝”“蚕”，编成“辫子”“竹排”，削成“花球”“花卉”，或用泥蓉、丁粒镶嵌于蘑菇、青椒内，使原料在成菜前就成了小工艺品。

5）利用加热定型

利用加热对原料进行弯曲、压制、伸拉、包扎、扣制等处理，使菜肴的造型确定下来。

6）通过拼装造型

利用自然形成或加工料形进行一定的艺术处理，拼摆呈一定的图案菜肴。

7）利用点缀围边造型

点缀围边是菜肴制作的最后一关，也是最能体现美化效果的一道工序。用蔬菜、瓜果等进行各种围边点缀，给人以清新高雅之感。

8）通过容器来造型

容器造型分为3种：一是选用漂亮合适的容器来盛装菜肴；二是用面条、土豆丝等来制作

盘中盘来盛装菜肴;三是选用瓜果原料,挖掉瓤子,并在表皮刻上花纹和文字变成容器,如冬瓜盅、南瓜盅等。

任务2　菜肴造型与盛器的选择

菜肴盛器是指烹调过程的最后一道工序——装盘所用之盘、碟、碗等器皿。一般来说,菜肴盛器具有双重功能:一是使用功能;二是审美功能。菜肴造型时选择恰当的盛器,不仅能为菜肴的形式锦上添花,而且还可烘托宴席气氛,调节顾客情绪,刺激食欲。

菜肴与盛器具体配合时的情况比较复杂,形态有别、色彩各异、图案不同的盛器与同一菜肴组配,会产生迥然各异的视觉效果。反之,同一盛器与色、形不同的多种菜肴相配,也会产生不同的审美印象。不同质地、形态以及色彩和图案的盛器有不同的审美效果。

1)盛器大小的选择

盛器的大小选择要根据菜点品种、内容、原料的多少和就餐人数来决定。一般大盛器的直径在50厘米以上,冷餐会用的镜面盆甚至超过了80厘米。小盛器的直径只有5厘米左右,如调味碟等。大盛器盛装的食品多,可表现的内容也较丰富。小盛器盛装的食品自然少些,表现的内容也有限。一般来说,在表现一个题材和内容丰富的菜点时,应选用40厘米以上的盛器;在表现厨师精湛的刀工技艺时,可选用小的盛器。在宴席、美食节及自助餐采用大盛器象征了气势与容量,而小盛器则体现了精致与灵巧。因此,在选择盛器大小时,应与餐饮实际情况相结合。

2)盛器造型的选择

盛器的造型可分为几何形和象形两大类。几何形一般多为圆形和椭圆形,是饭店、酒家日常使用最多的盛器。另外,还有方形、长方形和扇形,这是近年来使用较多的盛器。象形盛器可分为动物造型、植物造型、器物造型和人物造型。动物造型的有鱼、虾、蟹和贝壳等水生动物,也有鸡、鸭、鹅、鸳鸯等,还有牛等兽类动物造型和龟、鳖等爬行动物造型,也有蝴蝶等昆虫造型和龙、凤等吉祥动物造型;植物造型有树叶、竹子、蔬菜、水果和花卉等;器物造型有扇子、篮子、坛子、建筑物等;人物造型有民间传说中的八仙造型等。盛器造型的创意很多,其主要功能是能点明宴席与菜点主题,以引起顾客的联想,达到渲染宴席气氛的目的,进而增进顾客的食欲。因此,在选择盛器造型时,应根据菜点与宴席主题的要求来决定。

盛器造型还能起分割和集中的作用。如想让一道菜肴有多种口味供客人品尝,就得选用多格的调味碟,如龙虾刺身、脆皮银鱼等,可在多格调味碟中放上芥末、酱油、茄汁、椒盐、辣椒酱等调料供客人选用。我们把一道菜肴制成多种口味,而又不能让它们互相串味,则可选用分格型盛器。如太极鸳鸯虾仁盛放在太极造型的双格盆里,这样既防止了串味,又美化了菜肴的造型。有时为了节省空间,则可选用组合型的盛器,如双龙戏珠组合紫砂冷菜盆,可使分散摆放的冷碟集中起来,既节省了空间又美化了桌面。

总之,菜点盛器造型的选择要根据菜点本身的原料特征、烹饪方法及菜点与宴席的主题等来决定。

3)盛器材质的选择

盛器的材质种类繁多,有华贵亮丽的金器和银器,古朴沉稳的铜器和铁器,光亮照人的不锈钢,也有散发着乡土气息的竹木藤器,粗拙豪放的石器和陶器,精雕细琢的玉器,精美的瓷器和古雅的漆器,晶莹剔透的玻璃器皿,还有塑料、搪瓷和纸质器皿等。盛器的各种材质特征都具有一定的象征意义:金器、银器象征荣华与富贵;瓷器象征高雅与华丽;紫砂、漆器象征古典与传统;玻璃、水晶象征浪漫与温馨;铁器、粗陶象征豪放;竹木象征乡情与古朴;纸质与塑料象征廉价与方便;搪瓷、不锈钢象征了质地结实等。

盛器材质的选择要考虑时代背景、地域文化、地方特色,有时还要考虑客人的身份地位和兴趣爱好。此外,盛器材质的选择还要结合餐饮本身的市场定位与经济实力。定位高层次的餐饮可选择金器、银器和高档瓷器;定位中低层次的可选择普通的陶瓷器;定位特色风味的则要根据经营内容来选择与之相配的特色盛器。比如,烧烤风味可选用铸铁与石头为主的盛器;傣族风味食品可选用以竹子为主的盛器等。

4)盛器颜色与花纹的选择

盛器的颜色对菜点也有很重要的影响。一道绿色蔬菜盛放在白色盛器中,给人一种碧绿鲜嫩的感觉;而盛放在绿色的盛器中,感觉就平淡多了。一道金黄色的软炸鱼排或雪白的珍珠鱼米(搭配枸杞),放在黑色的盛器中,在强烈的色彩对比烘托下,使人感觉到鱼排更色香诱人,鱼米则更晶莹透亮,食欲为之而提高。有一些盛器装饰有各式各样的花边与底纹,如运用得当也能起到烘托菜点的作用。

5)盛器功能的选择

盛器功能的选择主要是根据宴会与菜点的要求来决定的。在大型宴会中为了保证热菜的质量,就要选择具有保温功能的盛器;有的菜点需要低温保鲜,则需选择能盛放冰块而不影响菜点盛放的盛器;在冬季为了提高客人的食用兴趣,还会选择安全的能够边煮边吃的盛器等。

当然,选择何种盛器的依据,除了依照菜肴的造型和色彩之外,还应考虑相邻菜肴的色彩、造型和用盘的情况,以及桌布的色彩等具体环境的需要。总之,要发挥盛器的美,应处理好盛器之间的多样统一,盛器与菜肴的多样统一,盛器与环境气氛的统一,盛器与人的统一。

6)盛器的多样与统一

盛器的种类很多,从质地上可分为瓷器、银器、紫砂陶、漆器、玻璃器皿等;从外形上可分为圆形、多边形、象形;从色彩上可分为暖色调和冷色调;从盛器装饰图案的表现手法上又可分为具象写实图案和抽象几何图案。不同质地、形态以及色彩和图案的盛器有不同的审美效果,关键问题是如何达到“统一”。如果在同一桌宴席中,粗瓷与精瓷混用,石湾彩瓷和景德镇青花杂糅,玻璃器皿和金属器皿交叉,寿字竹筷和双喜牙筷并举,围碟的规格大小相参,必然会使人感到整个宴席杂乱无章、凌乱不堪。因此,在使用餐具时,应尽量成套组合,尽量选用美学风格一致的器具,而且应在组合的布局上力求统一。此外,还要注意餐具与家具、室内装饰等美学风格上的统一。

任务3 装盘工艺

14.3.1 热菜的装盘

一般来说，热菜一菜一盘，很少需用拼制的，若需拼制，亦只能双拼与三拼，统称为热拼。热拼一般只能运用卤性较少或无卤的干性菜肴，如炸、煎、炒、爆等类菜肴，有双味、两吃、三色之称。

在手法上，冷盘装盘侧重于摆，热菜则侧重于装盛与点缀，即直接将菜肴盛入盘或碗中，然后再点缀。因此，在程序与方法上相对简化，但要求更为准确。热菜装盘注重自然成型，基本上采用一种手法一次性成型。不同的菜肴类型需采用不同的装盘手法，适应于不同类别菜肴的有6种基本方法，称之为装盛六法。

①拉入法。将锅端临盛器上方，倾斜锅身，用手勺将锅内菜肴左右轮拉入器中，此法适用于对炒、溜、爆类小料形菜肴的装盘，呈自然堆积造型形式，呈馒头型。

②倒入法。将锅端临盛器上方，斜斜锅身，使菜肴自然流入盛器，此法适用于对汤菜的装碗，倒时需用手勺盖住原料，使汤经过勺底缓缓流下。

③舀入法。将锅端临盛器一侧，用手勺逐勺将菜肴舀出盛入碗(盘)之中，此法适用于对卤性较多，稠黏而颗粒较小的菜肴装盘，如一些烩菜。

④排入法。将原料超前造型排入盘中或成熟后改刀排入盘中，此法适用于对炸、溜、煎类菜肴造型，形制较为殊齐匀称。

⑤拖入法。将锅端临盛器左侧上端，倾斜锅身并同时迅速将锅往右移动，使锅中菜肴整个脱离滑入盘中，此法适用于对整条或排列整齐的扒、烧菜肴的造型。

⑥复入法。此法同于冷菜造型手法的复法，适用于蒸、扒扣菜造型。

热菜装盘都必须使其形态饱满，神形生动，大小得体，对炸、煎菜肴造型，应沥去油分，装盛时锅底不宜离盘过近，以免锅灰污染菜肴，也不宜过高，给装盘带来不便，使汤汁四溅。动作要既轻又准，防止菜料破损或零乱。浇卤时需将菜肴处处浇到，对整块肉、禽、鱼造型，应皮面在上，对碎小菜肴造型则需主料在上、辅料在下，突出主体。

14.3.2 冷菜装盘

冷菜装盘是依靠对其拼、摆的基本手法综合运用来实现的。拼，就是拼合；摆，就是放置。拼、摆一般具有8种基本手法，即铺、排、堆、叠、砌、插、贴、复，合称拼摆八法，简述如下：

1)铺

用刀铲起原料平坦地脱落在盘中叫铺，这是盖面、垫底、围边所常用的一种基本手法，运用铺法可使原料平整服帖，并能加快加工的速度，铺前可将原料压一压，使原料表面更为平滑。

2) 排

将原料平行安放在盘中叫排，一般是盖面、围边的专门手法，运用排法可使原料间平整一致，排的原料彼此相依，主要运用排法造型的冷盘，通常称之为“排盘”，如秋叶排盘、菱形排盘等。

3) 堆

运用勺舀或手抓，将原料自然地呈馒头状置于盘中叫堆，常用于垫底或对细小以及排角原料的造型，速度最快。

4) 叠

将片形原料有规则地一片压一片呈瓦楞形向前延伸叫叠，可赋予造型节奏感，一般是盖面的专门手法。

5) 砌

犹如砌墙，将原料齐整或交错地堆砌向上伸展叫砌，常用片、状等开拓原料，对高台、山石等立体形象造型，亦用于基础加工，如垫底或砌墙打围等。

6) 插

将原料戳入另一原料中，或夹入原料间缝隙中叫插，常用于填空和点缀，便于对冷盘成型不完美处进行修整，如对垫底的垫高，等等。

7) 贴

将薄小的不同性状原料黏附在较大物象表面叫贴，如在鱼、龙等造型上贴鳞，在鸡、孔雀等造型上贴羽毛等。

8) 复

将扣在碗中原料翻复于盘中的手法叫复，复也是热菜造型的重要手法之一，复法迅速，可使菜肴造型形态完整而饱满。

尽管冷菜装盘有如上 8 种基本手法，但在实际加工中，多是上述手法综合运用，例如，三趟式就是铺叠的综合形式；再如，对盐水虾的装盘常采用渐次围叠的综合手法；等等。

14.3.3 菜肴装盘的注意事项

菜肴装盘的注意事项包括以下 5 点：

1) 菜肴装盘的数量控制

菜肴的数量与盛器的大小要相适应。菜肴必须盛装在盘中，不要装到盘边，更不能覆盖盘边的花纹和图案。一般盘子都有明显的“线圈”，这就是盘装的标准线。羹汤菜一般装至占盛器容积的 90% 左右，以装至离碗的边沿 1 厘米上下处为度。如羹汤超过盛器容积的 90%，就易溢出容器，而且在上桌时手指也易接触汤汁，影响卫生，但也不可太浅，太浅则显得分量不够。

如果一桌菜肴要分装几盘，那么每盘菜必须装得均匀，特别是主辅料要按比例合装均匀，不能有多有少，而且应当一次完成。因为如果有的装得多，有的装得少，或前一盘装得太多，发现后一盘不够，若重新分配，势必破坏菜肴的形态，而且把装得多的盘中菜沿着盘边拨下，会影响美观。

2）菜肴装盘的卫生控制

菜肴经过烹调，已经起到了杀菌消毒的作用。但如果装盘时不注意清洁卫生，让细菌灰尘污染了菜肴，就失去了烹调时杀菌消毒的意义。

首先，注意盛装器皿的卫生。使用前应严格杀菌消毒，目前主要是蒸汽消毒、沸烫消毒和药物消毒等。消毒后即严禁手指接触、抹布擦抹，并严禁用配菜盘、碗作菜肴盛装器皿。

其次，注意抹布的卫生。一般要备用两种布巾：一种是经消毒的洁净布巾，专供擦拭餐具用；一种是擦拭案板或环境卫生的。两种布巾不可混用。

最后，装盘时不可用手勺敲锅，锅底不可靠近盘的边缘。菜肴盛装后，要用专用的筷子（或其他洁净的工具）调整一下表面的形态，如盘边、碗盖上滴落的芡汁、油星应及时擦拭干净。

3）菜肴装盘的温度控制

某些需保持较高温度的名贵菜肴（如鱼翅、鲍鱼等）在盛装前，餐具要在蒸箱中加温，然后用消毒的布巾拭净水珠，才可盛装菜肴。某些过大、过厚的餐具，使用时也应加温。

用砂锅、铁板盛装的菜肴，要掌握上菜的时间，需将砂锅、铁板在烤箱或平灶上烧热，当菜肴烹制成熟后即可及时盛装。

对各种菜肴装饰品的使用要做到心中有数。厨师在烹调菜肴过程中，应当预先将所用餐具备好，装饰品也要摆在餐具的适当位置上。这样，当菜肴出锅盛装后，可马上端至前台，减少周转的时间。

4）菜肴装盘的造型控制

菜肴应该装得饱满丰润，不可这边高、那边低，而且要主料突出。如果菜肴中既有主料又有辅料，则主料应装得突出醒目，不可被辅料掩盖，辅料则应对主料起衬托作用。如果装盘后让客人看到的都是辅料，那就喧宾夺主了。另外，即使是单一原料的菜，也应当注意突出重点。例如，滑炒虾仁，虽然这一道菜几乎没有辅料，都是虾仁，但可运用盛装技巧把大的虾仁装在上面，给人以饱满丰富之感。

5）菜肴装盘的色泽控制

菜肴装盘时还应当注意整体色彩的和谐美观，运用盛装技术把菜肴在盘中排列成各种适当的形状。同时，注意主辅料的配置，使菜肴在盘中色彩鲜艳，形态美观。例如，百花鱼肚应将鱼肚装在盘的正中间，百花围在鱼肚的外围，并用绿色小菜心衬托，以使菜肴色泽鲜艳。菜肴装盘当中，还应注意冷色、暖色的合理搭配，不能全冷或全暖。餐具的色彩应与菜肴的色彩相协调，一份菜肴选用哪一种色彩的盛器直接关系到能否将菜肴显得更加高雅悦目，衬托得更加鲜明美观。单纯色彩的菜肴宜用复杂的盛器色彩烘托，白色盛器宜烘托深色或复杂色彩的菜肴,浓淡相映。一份五彩虾仁装在白色的盘内,特别雅致,如果装在一只红花边盘内就显得不协调;清炒虾仁装在白色的盘内,色彩单调,但可通过装饰技术来美化色泽。

任务4　菜肴与围边点缀物的组配

菜肴的形态美固然取决于菜肴的色彩和造型,但更不可忽视菜肴围边点缀的作用,它是美化菜肴、提高菜肴审美价值的一种有效的手段。从现代菜肴烹调发展来看,更应重视对菜肴围边点缀的研究。俗话说,"红花还需绿叶扶",而菜肴的围边点缀对菜肴来说不仅仅是起到相扶的作用,还对整个菜肴的色、香、味、形、质、营养诸方面有较大的影响。犹如一幅美的图画,必须有较别致的镜架去镶配,才能使这幅画达到完美的境地,好的菜肴必须讲究围边点缀。

14.4.1　菜肴围边点缀的特点

菜肴围边点缀具有以下4个方面的特点。

①菜肴围边点缀的原料都是可食用的,并具有调剂口味的作用。

②使菜肴的形态美观。如松鼠与葡萄这两种造型同置一盘,以两串葡萄相伴于鱼做的松鼠旁,两串葡萄的围边点缀更突出了整个菜肴的美观与丰满之感。

③增强菜肴的色泽美。如雪白的芙蓉鸡片上面用十几粒火腿蓉点缀,会使菜肴色泽更洁白、更漂亮。

④提高了菜肴的营养。一般菜肴都是动物性的原料制作的,而围边点缀大多数是植物性的原料,通过原料之间的营养互补,从而提高了菜肴的营养价值。围边点缀总的要求是:构思新颖、突出主题、选料讲究、用料合理、雕琢精细、刀工娴熟、色彩鲜明、拼摆美观。要达到这个标准,必须具有扎实的基本功、一定的美学知识和较高的文化素养。

14.4.2　围边点缀的形式与布局

1)围边点缀的形式

菜肴围边点缀的形式很多,常用下列6种形式。

(1)以菜围菜的形式

以菜围菜就是把两种不同的烹饪原料制作成两种不同口味和色泽的菜肴,在同一盘中一菜围于另一菜。这是一种传统的围边方法,其特点是用于围边的原料一般是植物性原料,菜肴主料一般是动物性原料,使整个菜肴形态饱满,色泽艳丽,吃起来不感到油腻,动植物原料的营养能得到相互的补充。如色泽红亮的樱桃肉一菜,用生煸豆苗做围边,红绿相间;又如红梅菜胆一菜,用油焐菜心来围边,红绿分明等。

(2)用烹饪原料制作成一定的造型来围边点缀

此种形式在菜肴的周围以点缀的方式为主,所使用的原料数量不宜太多,并对色泽和形态都比较讲究,给人以画龙点睛的作用。如兰花鱼翅一菜,就是用鸽蛋、火腿、香菇、黄瓜,在调羹中摆成兰花状,上笼蒸熟,做出12只兰花鸽蛋,放在扒鱼翅的盘边四周。

(3)用各种造型的点心围边点缀

此种形式是一种菜点合一的方式。如菊花鱼的旁边,用面粉和入鸡蛋,擀皮切丝,夹制成型,入锅炸熟成菊花,围在菊花鱼的四周;松鼠鳜鱼的盘边,用面粉中的镶粉加天然色素制成一串"葡萄",放在松鼠的旁边,情趣盎然;北京烤鸭的盘边放面粉制作的荷叶夹,既能点缀,又能包上鸭皮、甜面酱、葱一起食用。

(4)将原料雕刻成型,作菜肴围边点缀的形式

这种形式有一定的难度,先要将原料雕刻成型,然后才能进行围边点缀。能雕刻的原料较多,有胡萝卜、白萝卜、心里美萝卜、南瓜、番茄、樱桃、柠檬、黄瓜等,将其雕刻成植物花卉、动物造型,起装饰和供欣赏的作用。

(5)以一种或几种原料经适当的拼摆造型,作为围边点缀的形式

这种方法在围边点缀中使用较多。形式多样,色彩丰富,能充分提高菜肴的色泽美和营养价值。如用黄瓜片在盘边摆成寿桃形,用橘子、番茄、香菜、黄瓜、玉米笋做成花篮形。

(6)用琼脂或冻粉来围边点缀的形式

这是围边点缀的特殊形式,它是将琼脂或冻粉与水加热后调成不同色彩的汁液制成各种造型,常用于冷盘和甜菜,起调色和凝固的作用。如冷盘金鱼戏莲,先用琼脂、清水、色素加热溶化,倒入盘中制成绿波,代表湖水,另用凉菜原料制作成两条金鱼和莲花犹如在湖水中游荡,形象逼真。

2)围边点缀的布局

菜肴的种类成千上万,其围边点缀的方法也各不相同,但归纳起来有以下7种基本的方法:

(1)局部法

局部法又叫局部围边点缀法,一般用食雕、花卉或蔬菜、水果等摆放在盘子的一边,形成图案做点缀,以渲染气氛,美化菜肴。这种形式多用于整料的菜肴,如脆皮怀胎鱼,在头部前端用胡萝卜花和香菜点缀。局部法还可以用来形成一种意境、情趣,或者用来弥补盘边的局部空缺,如松鼠戏果,盘边的一串葡萄状点缀物;荷塘大虾,盘的一边用原料摆成的荷花、藕、荷叶来点缀。局部法围边点缀没有固定的格式,形式多样,拼摆简洁明快,样式自由。

(2)对称法

围边点缀采用对称式围边点缀法。对称式围边点缀,通常在腰盘或圆盘的两端采用同样大小、同样色泽、同样形状的造型。在制作过程中,切忌两处不同样构形。根据围边点缀数目的多少,可分为单对称、双对称、多对称3种。单对称一般适用于腰盘的装饰,它的特色在于对称、协调、稳重;双对称是采用两组对称的物品,装饰在盘边,适用于圆形器皿中,其特点和制法与单对称基本相同;多对称是采用3组或3组以上的对称物品,装饰在圆形器皿边,其采用的原料品种较多,色泽和质地可以不一样,但大小和形状要基本差不多。

(3)鼎足法

鼎足法又称三点式,适用于圆形平盘,其要求用以装饰的物品形状、大小、色泽需一样,在

盘边分布要匀,其特点是简洁、匀称、稳健。

(4)半围法

半围法就是用装饰原料进行不对称的围边点缀,装饰物约占盘边1/3的位置。主要是追求某种主题和意境,以此来装饰美化菜肴。半围法围边点缀时,关键是掌握好被装饰的菜肴与装饰物之间的分量比例、形态比例、色彩比例等,其制作没有固定的模式,可根据需要进行组配。

(5)中心法

中心法围边点缀是一种特殊的装饰方法。它在盘子的正中放上立体雕塑或用原料(包括面点花卉)拼摆成一定的形状,以突出某个意趣或主题。如金黄色的"凤尾大虾",虾尾朝外排放于盘中,盘中心摆放鲜红色荷花状的番茄。

(6)全围法

全围法围边点缀是最常见的一种装饰方法,其形式千变万化,在围边点缀中排列较整齐,形态较美观,适宜圆形或椭圆形平盘。如八宝葫芦鸭放在盘子里面,周围用12只小葫芦围一圈,大与小相衬,立体感强。

(7)间隔法

间隔法就是于盘边围绕菜肴间隔地加以点缀,它适合原料整齐、无汤汁或汤汁较少的菜肴。如明珠大乌参,乌亮的海参围以洁白的鸽蛋,每两只鸽蛋间插上一个橄榄形的胡萝卜,犹如串起的明珠。

14.4.3 围边点缀的原料选择

围边点缀的原料很多,有植物性原料,也有动物性原料,应根据具体情况选择原料。选择原料必须注意3个问题:一是所选的原料是"熟料",能直接食用,切忌使用生料来围边点缀;二是所选的原料必须符合卫生要求,最好少用或不用人工合成色素;三是所选原料的颜色必须鲜艳,形状利于造型。常用的原料较多,现简略介绍17种:

1)黄瓜

黄瓜是较理想的围边点缀原料,它皮青肉嫩而质脆,生食味更佳,易于采购,便于造型,使用很普遍。在围边点缀时可切成各种片状,可将其刻成或卷成花卉,也可切若干刀,成树叶、鱼尾、水草、羽毛等形状。在制作时,要先将其洗涤干净,然后用开水加少量石碱稍烫,使其皮色发绿,制作出来的物品色泽更美观。

2)番茄

番茄色粉红,肉质鲜美,营养丰富,生熟皆可食用。用番茄可制作出多种美丽的装饰图案,如用番茄制成花篮,形态饱满、圆润,色泽鲜艳。番茄还可代替其他原料,因其表面积较大,要比樱桃、红椒的选择余地大。用番茄装饰时要注意番茄不要去皮,这样制作出来的成品光泽度好。番茄有大有小,若用小的宜选红色或黄马奶子番茄。

3)柠檬

柠檬一般带皮使用,常用于干炸、甜菜菜肴的围边点缀。可单独使用,也可与其他原料一起使用。

4)樱桃

我们日常应用的樱桃,实际上是经过加工的糖水樱桃,分有核和无核两种,其色泽深红。因有糖汁裹在表层,故显得闪闪发亮。在装饰时,樱桃多用于点缀在其他材料上做出色彩鲜艳的造型,很少单独构成图案(切成片状)。

5)橘子

橘子色黄味酸甜。围边点缀时一般选用新鲜的橘子,不用罐头。橘瓣橘皮都可以单独装饰,也可以与其他原料配合使用。

6)胡萝卜

胡萝卜色泽鲜艳、价格低廉,是理想的围边点缀的原料,使用较为普遍。胡萝卜分红、黄两种,可切成丁、丝、条、片、块、粒等形状,以及雕刻成花卉、虫、鸟、植物等造型,它既可单独使用,又可与其他原料配合使用。

7)心里美萝卜

心里美萝卜又称紫萝卜,它皮青肉红,色彩分布自然,可随装饰意图任意加工制作,尤以雕刻的花卉为上品,色泽自然,形态逼真,无雕琢之感,艳而不俗。但切忌堆砌过多,局部臃肿,显得累赘。使用时要注意随用随加工,即使放在水里也不能时间过长,否则易影响色泽,影响美观。

8)红皮萝卜

红皮萝卜皮红肉白,质地脆嫩,含水量大,是雕刻花卉、禽、鱼、鸟、虫、山水等造型的理想原料。其红色的外皮,可切成雀尾、鸟羽、金鱼尾、花瓣等,也可以与其他原料配合使用。

9)香菜

香菜叶片小呈一或三回羽状全裂,裂片卵形,形态美观,常用其嫩叶嫩茎来围边点缀,单独使用较少,与其他原料配合使用较多。

10)芹菜

芹菜色泽碧绿,质地脆嫩,而西芹的茎部较宽大,用途更广。在围边点缀时须先焯水,再使之快速冷却后使用。芹菜一般用其茎,很少用其叶,使用时要注意随烫随用,否则颜色会变黄。

11)莴笋

莴笋肉色淡绿,质地如玉,一般要去掉外皮,可加工成花卉、葫芦状、球状、橄榄状、片状、条状、丝状等多种形状,单独进行围边点缀。装饰时要注意,莴笋去皮后,要尽快使用,以防莴笋表面变成“锈色”,影响色彩效果。

12)香菇

香菇呈黑褐色,营养丰富,肉质鲜美,有干品和鲜品之分。干香菇比鲜香菇颜色黑,而干香菇中又以金钱香菇质量较好,是理想的围边点缀的原料。一般香菇不单独进行围边点缀,常与其他原料一起装饰菜肴。加工时要注意香菇是生料不能直接使用,必须加工成熟后才能围边点缀。尤其是干香菇,须经涨发,洗涤干净并烹制后才能用来装饰菜肴。

13)西蓝花

西蓝花又名荷兰芹,是近几年来我国才普遍使用的一种外来引进的原料,其花朵细,色绿而嫩,一般用油或水焯后应立即使用,以免变色。

14)玉米笋

玉米笋是玉米的嫩芽,长5~8厘米,大小如手指,色奶黄至淡黄,一般使用的是听装或瓶装的玉米笋制品。它色泽淡黄,体积较小,在装饰时,单独使用或与其他原料配合使用。

15)辣椒

辣椒分青椒和红椒两种。青椒色绿,光泽好。青椒经焯水后,经适当加工用来围边,色泽翠绿,光泽好,色泽纯,较美观。红椒,色泽红亮,鲜艳有光泽,一般不单独使用,常与其他原料配合使用。红椒可以代替樱桃的红色,因其体形较大,能雕刻成多种造型。

16)青菜心

秋冬季的青菜青翠碧绿,脆嫩鲜香,将其外叶去掉,稍修心叶,削尖根部,经焯水过油后,围边点缀食用性强,且价格低,使用方便。菜叶和菜茎均可以用来装饰,经焯水过油后色泽翠绿欲滴,其菜叶犹如水中的荷叶。大菜叶也可切细丝入油锅中炸熟,做成菜松,装饰效果也不错。

17)蛋卷

蛋卷是在鸡蛋皮上抹上缔子和加上其他原料,上笼蒸熟即可。蛋卷色彩艳丽,形状美观,便于组合造型,是围边点缀常用的材料。蛋卷品种较多,用途各异。根据色彩不同,蛋卷可分为白色蛋卷、黄色蛋卷、淡红色蛋卷、绿色蛋卷、彩色蛋卷等;根据所用原料不同,蛋卷可分为虾缔蛋卷、鱼缔蛋卷、目鱼蛋卷、紫菜蛋卷、胡萝卜蛋卷、火腿蛋卷等;根据大小,蛋卷可分为大蛋卷、中蛋卷、小蛋卷等。在应用时,根据菜肴特点,灵活选择蛋卷的品种。

用于围边点缀的原料还很多,植物性的如海带、卷心菜、四季豆、竹笋、百合、西瓜、香瓜、藕、莲子、猕猴桃、南瓜、荸荠、银耳、琼脂、发菜、口蘑、草菇、金针菇、枇杷、香蕉、杧果、粉丝等;动物性的如海蜇头、猪舌、猪心、肴肉、鲍鱼、蛋松、蛋品、各种蓉胶、各种蛋卷等。

14.4.4 常见围边点缀物的成型方法

围边点缀的一般步骤为:构思—选料—加工—拼摆,这4个步骤都重要,一环套一环。

构思是围边点缀的第一步,是美化菜肴的前提。构思要掌握突出主题、设计新颖、内容健康、构图美观的原则,使设计的作品与宴席的形式相吻合,与宾客、时令季节相适应。图案造型的内容宜选用宾客喜闻乐见的奇珍异兽、应时花卉,以及生动活泼、吉祥喜庆的艺术图案。切忌选用宾客忌讳、视而不快的色形。构思要达到较高的境界,必须具有创新的精神。创新来源于生活,要留心观察,反复体验,善于发现、捕捉事物的本质特征,激发创作的灵感。美丽的大自然和丰富多彩的现实生活,为我们提供了取之不尽的素材。

选料就是根据构思出的图像选择相适应的原料。选料时，要根据图像的自然色调进行选用，尽量选用原料的本色，如图案需红色，可选用火腿、红椒、番茄、西瓜、红心萝卜、樱桃、红菜头等；需绿色，可选用菠菜、青菜、青椒、黄瓜、莴笋、香菜、芹菜、菊花脑、木耳菜、葱等；需要黄色，可选用黄蛋糕、黄胡萝卜、南瓜、枇杷、橘子、菠萝等；需白色，可选用鸡蛋白、白蛋糕、白肉萝卜、龙眼等；需黑色，可选用发菜、紫菜、香菇、木耳等。选用原料从拼摆图案的色彩需要出发，运用原料的本色来美化造型，体现图案的自然色彩和真实性。

加工是将所选的原料进行定型，符合图案的形状要求，其常用的方法有如下 10 种：

①切。切也叫直切，是围边点缀制作中应用较多的一种方法。切可分为直切、推切、拉切、锯切、铡切、滚切等，对于一定的原料一定要采用适宜的刀法，如直切适用于脆性原料，推切适用于软性不太大的原料，锯切适用于质地较紧或易散碎的原料。

②削。削是围边点缀中应用较多的一种方法，广泛运用于原料的制作。削有用厨刀削的，也有用小刀削的。削有两个作用：一是削去原料的外皮或疤痕秽物，去掉不能使用的部分；二是将原料削制成型，为下一步加工打基础，如将胡萝卜修细修圆再削四刀或五刀成小花。

③旋。旋是在围边点缀中，用来去掉原料的外皮和将原料成型的方法（刀法），加工操作时有一定的难度，对手和刀之间的配合要求较高，稍有不慎就要重来或成废品，也可能是厚薄不均，质量不符合要求。旋有两种手势：一种是在手上操作，即用左手抓住原料，右手握刀从原料上部进入，刀向前批一点，右手向顺时针方向转一点，这样就可将其表面旋下来，成为符合需要的形状，如用萝卜、黄瓜旋下的喇叭花，西红柿旋下外皮卷成小红花；另一种又叫卷批，是将原料放在平整的砧板上，左手按稳原料，右手握刀，放平刀身，从原料的上部进入，刀向前批一点，左手将原料向右滚一点，这样交叉进行，使整个原料批成宽长薄片。

④刻。刻是采用各种各样的象形模具将原料刻成多种形状，在围边点缀时使用较为普遍。所用模具的质地一般为不锈钢和铜质材料，刻出来的形状统一、大小均匀一致，缺点是硬度不太强，对有筋络较粗的原料容易连刀，在加工制作时应引起注意。

⑤斩。斩是将原料斩成粒、末、蓉泥的方法，斩有直斩、排斩两种。如将火腿斩成蓉，用来点缀；将鸡肉斩成泥，加调料和做蓉胶用。

⑥卷。卷是围边点缀时的一种成型方法，通过卷可以围边点缀增加多种图案。如将包菜叶用开水略烫，包上红胡萝卜丝、香菇丝、菜叶丝，卷紧即成菜卷；将加工好的萝卜片卷成花形，用牙签固定于水中定型，成自然形态；红肠切片卷成月季花形等。在制作时要注意，片的厚度要薄且均匀，才能便于卷制成型。

⑦摆。摆是将加工好的各种形状的原料，按照预先构图拼摆成美丽的图案。这种方法在围边点缀时应用较普遍，但装饰时要注意卫生，要求所摆的图形神似，以食用和装饰为前提，既快又好地做好。

⑧排。排是将加工好的原料按一定的规律排叠成图案，如将黄瓜片排叠成寿桃形。

⑨镶。镶是将蓉胶镶在薄形原料上，再经适当造型，做成各种图案形状，上笼蒸熟后用来围边点缀。

⑩裱花。裱花是采用西餐裱蛋糕的方法，将要裱的半固体原料放入裱花袋或牛皮纸中，在盘边挤出适当的形态来。

14.4.5 菜肴与围边点缀的组配原则

围边点缀是菜肴装饰美化的一种技法，在制作时要注意以下 6 个原则：

1）色彩要调和

菜肴的色彩应以本色为主，围边点缀辅之，丰富多彩、协调一致。如鸡粥鱼肚，用绿色的香菜叶、红色的火腿进行点缀，更显得色彩分明，鸡粥更加洁白光亮；如果用黄色的橘子或象牙色的冬笋来点缀，则黯然失色；若用黑色的香菇或紫色的紫菜来点缀，又显得头重脚轻，不相协调，不能取得很好的效果。

2）内容形状要结合

围边点缀原料的形状应随菜肴的形状而变化。若菜肴没有具体的配形要求，装饰可用花、草、植、物、虫、鱼、鸟、兽等形状。有些菜肴制成后，原料面目难辨，装饰物品可采用暗示法，如酱爆牛蛙的盘边可用黄瓜等刻成的蛙形块，暗示该菜是牛蛙做的而非其他原料。有些菜肴的形态是小型原料烹制而成，一般采用全围的方法装饰；有些菜肴的形态是整型原料烹制而成，则采用盘边局部装饰方法美化。

3）口味要一致

作为围边点缀原料的口味要与菜肴的味道尽可能一致，绝不允许出现翻味和串味的现象。如甜菜要用水果装饰，煎炸菜肴要用植物性爽口的原料装饰。若在一盘咸鲜口味的菜肴上放几粒樱桃，咸甜大相径庭，就会降低菜肴的质量。因此，在选用甜味水果时要特别注意。

4）与菜肴规格相符

对一些原料价格高、质量好的菜肴进行围边点缀时，就要选择一些制作精细的装饰物来装点，以提高菜肴的质量。反之，对一般菜肴的装饰，应注意简洁明快，装饰物的成本不能大于菜肴主料的成本，不可喧宾夺主，否则就违背了食用为主、美化为辅的原则。

5）与盛器要统一

精美的菜肴要用质地优良而图案简洁的餐具加以衬托；造型简单的菜肴，装饰宜艳而少；在色泽华丽的餐具上装饰，不仅事倍功半，还会令人生厌；洁白的餐具装盛色彩简单的菜肴，恰到好处的装饰，能增添菜肴的新意。

6）符合营养需要

围边点缀物的营养，要与菜肴的营养相辅相成，符合人体对营养的需求。如菜肴是动物性的原料，装饰物应选择植物性的原料为主；反之，则以动物性的原料为主。

要使菜肴的围边点缀达到较好的效果，绝不是轻而易举的。在制作中要符合一定的规律性，切忌牵强附会画蛇添足。所以，菜肴的围边点缀应注意以下 3 个问题：

①制作者要具有一定的烹饪美学知识，以及较好的烹饪工艺基础，否则就难以达到很好的效果。

②装饰时间不可过长。特别是热菜上桌后往往瞬间即空，倘若装饰时间较长，会使菜肴该

热的不热，该脆的不脆，从而影响了菜肴的质量。对于一些复杂的装饰，像宫灯、花篮等，可提前摆好，以免影响质量。

③符合卫生要求。菜肴围边点缀原料必须符合食用的条件，尽量少用或不用人工合成色素，正确使用食品添加剂。在装饰的每一个环节都要注意讲究卫生，无论是个人卫生，还是餐具、刀具、用具的卫生，都不可忽视。

思考与练习

1. 简述菜肴造型的艺术性处理原则。
2. 简述热菜的装盘方法。
3. 简述冷菜的装盘方法。
4. 简述菜肴与围边点缀的组配原则。

单元 15 烹饪工艺的改革创新

【知识目标】

1. 了解烹饪工艺改革创新的意义和原则。
2. 掌握烹饪工艺改革创新的途径和方法。

【能力目标】

1. 能够根据原料的变化合理开发菜肴。
2. 能够学习其他地方菜肴的制作方法并进行有机的融合与嫁接。

本单元主要学习烹饪工艺的创新方法,从传统工艺的继承发展、原材料的变化利用以及不同工艺的嫁接、组配等方面进行阐述。通过菜品创新知识和技能的学习,学生能够进一步掌握多种菜肴的创新工艺,最终能够创制出符合烹调规律的新菜品。

任务1　烹饪工艺改革创新的意义和原则

烹饪工艺的改革创新，就是将目前烹饪工艺中不合理的、已经不适应当代餐饮需要的部分丢弃，并创造出新的来代替被丢弃的部分。

15.1.1　烹饪工艺改革创新的意义

烹饪工艺的改革创新是餐饮企业的生命之源，也是企业赖以生存及持久发展的动力，更是提高企业竞争力的关键所在。企业只有改革创新烹饪工艺，才能开发出具有竞争力的菜品，从而在市场上占有一席之地。

1）营造餐饮企业竞争优势，提高企业竞争力

近年来，餐饮市场竞争日益激烈，企业要想在激烈的竞争中立足生存、发展壮大，就必须营造自己的竞争优势，提高企业的竞争能力。梳理企业竞争优势的途径有许多，烹饪工艺的改革创新就是其中之一。通过求变求新，餐饮企业可以率先生产出异于其他企业、具有自身独特风格的新菜肴，并在一段时期内保持这种独特性和领先性，在竞争中获得他人无法比拟的优势。

2）提高企业经营效益

烹饪工艺的改革创新，能够树立企业旗下菜品的独特性，这种独特性可以帮助餐饮企业提高经济效益。首先，“物以稀为贵”，当市场中对某种菜品的需求大于供给时，菜品价格会高于市场平均价格。一家餐饮企业在市场上推出一种新的菜肴后，在其他企业还未来得及模仿之时，该企业可凭借这种菜品的稀有性制定稍高的产品价格，以便在该项菜品上获取较多的价值回报，对应的企业会因该产品的高利润回报率而取得较高的经济效益。其次，当一家餐饮企业凭借一种新的菜品区别于其他企业时，这种新菜品的独特性会吸引更多的消费者到店就餐，从而带动店内其他种类餐饮产品和服务的销售，实现更多的餐饮产品价值，这样同样会提高企业的总体经营效益。

3）促进各地菜系间的借鉴和融合

烹饪工艺的改革创新不仅包括烹饪工艺的独创和改进，还包括菜品的引进和改良，即引进其他菜系以及其他国家的烹饪工艺并加以改良，以创造出本企业或本地区市场内的新菜品。这种引进改良的创新方式不仅对于餐饮企业本身有益，同时还能加强不同地区餐饮市场中企业之间的交流，不同地区市场中的菜品可以在风味、口感、造型、工艺流程及加工技术等方面互相借鉴，以促进各地菜系产品间的融合。

4）促进企业技术能力的积累

技术能力的积累是一个长期的、具有路径依赖性的过程，它主要靠技术实践培育。尽管人才可以招募，但改革创新所需的方法、诀窍、经验主要从实践中获得。具有各种专业知识的人

才之间的配合、合作也需要长期的"磨合",作风、传统、精神等更是要在长期磨炼中养成。因而,烹饪工艺的改革创新活动对烹饪技术能力的提高具有不可替代的作用。因为烹饪技术知识具有环境依赖性,企业放弃研发活动,意味着失去新知识产生的环境,严重损害企业的创新能力。因此,通过研发来优化和扩展企业烹饪技术知识的存量,是提高烹饪技术能力的重要途径。

5)满足消费者不断变化的饮食需求

现代社会中,人们对于餐饮业所提供的菜肴种类和质量的需求不断发生变化,期望餐饮业不仅能够出现更多更好的新菜品,同时还对新菜品的许多附加细节提出了更高的要求。烹饪工艺的改革创新能够开发出许多新菜品,正好迎合并满足了人们不断提高、不断变化的饮食需求,对推动餐饮市场繁荣发展也能起到重要的作用。

15.1.2 烹饪工艺改革创新的原则

烹饪工艺的改革创新应当本着"继承、发扬、开拓、创新"的精神,紧跟时代发展的步伐,把"以人为本"和"以养为本"作为革新的主题,走出一条提倡绿色餐饮、做到膳食平衡、达到以养生保健为目的、面向大众化的道路。

1)根植于传统工艺

烹饪工艺的改革与创新,离不开对传统工艺的继承和发扬。烹饪中有许多优秀的东西,我们要发扬光大。几千年中国烹饪工艺的继承、发展、开拓、创新,才有今天的新面貌。没有继承,创新就成了无水之源、无根之木。

2)兼收并蓄,精益求精

随着社会的进一步发展,各地厨艺的交流和中外厨艺的交往越来越频繁,地域菜品的变异性、包容性已渗透到餐饮业的深层,南菜北上、北菜南下现象十分普遍,改良菜、中西合璧菜已成为时尚。只有博采众长、兼收并蓄,才能使烹饪工艺改革创新。

3)顺应时代潮流

"营养卫生,膳食平衡,吃得科学,吃得健康"是现代人们饮食生活的首要选择。在烹饪工艺的改革创新中,要重视原料的合理搭配、合理烹调,防止加热中产生危害因素;要符合绿色餐饮的要求,崇尚自然,追求健康,注重环保,节约资源和能源;要适应现代经营的需要,考虑到简易省时,提高生产效率,满足现代消费者快节奏生活的需求。

4)提高技术水平,发挥技术优势

烹饪工艺的改革创新,要注意采用较为先进的烹饪设备技术。现代电器烹饪设备使烹饪方式更加多样化,使烹饪过程更加科学卫生,同时还有利于精确控制烹饪时间。若能充分利用现代厨房新技术设备的功能,将加快菜品的革新速度。

任务 2 传统工艺的继承与创新

15.2.1 从烹饪工艺的变化入手

1)锤炼基本功,琢磨新工艺

在中国传统的烹调技艺中,刀工、火候和调味是烹饪工艺的三大基本技术要领。中国烹饪工艺的变化与创新都是从这里起步而发展的。新菜肴的出现,也都是围绕着刀工、火候和调味的千变万化而形成的。只有在扎实的基本功基础上,认真钻研、琢磨,才能不断开拓出新的菜肴品种,实现菜品的开发与创新。

(1)在传统工艺中发展

中国有几千年的饮食文明史,中国烹饪发展至今是中国厨师不断继承与开拓的结果。几千年来,随着历代社会、政治、经济和文化的发展,各地烹饪文化也日益发展。烹饪技术水平的不断提高,创造了众多的烹饪菜点,而且形成了风味各异的不同特色流派,成为我国一份宝贵的文化遗产。

中国烹饪属于文化范畴,是中国各族人民劳动智慧的结晶。全国各地区、各民族的许多烹饪经验,历代古籍中大量饮食烹饪方面的著述,有待我们今天去发掘、整理,取其精华,运用现代科学加以总结升华,把那些有特色、有价值的民族烹饪精华继承下来,使之更好地发展和充分利用。社会生活是不断向前发展的,与社会生活关系密切的烹饪,也是随着社会的发展而发展的。这种发展是在继承基础上的发展,而不是随心所欲地创造。纵观中国烹饪的历史,我们可以清楚地看到,烹饪新成就都是在继承前代烹饪优良传统的基础上而产生的。

我国各地的地方菜和民族菜,都有值得学习的风味特色。这些风味特色,是历代厨师们不断继承和发展而来的。如果只有继承而没有发展,就等于原地踏步走,那样也许至今还处于2 000 年前的"周代八珍"阶段;如果只有创新,而没有继承,那只能是无线的风筝和放飞的气球,会缺少地方、民族特色,更缺少经得起反复推敲的深厚基础。中国各地风味菜点的制作,无一不是经过历代劳动人民在继承中的不断充实、完善、更新,才有今天的特色和丰富的品种。

(2)烹饪工艺的更新

数千年来,烹饪工艺一直都是手工技艺。但近年来,由于机械和电器的普及与发展,许多小型、轻便、精密的电动机械设备的发明和推广,在刀工技术方面已经实现了一定程度的现代化,并且逐渐为烹饪技术人员和消费群体所接受。

近年来,我国冷菜制作从传统的平面造型开始向现代的立体造型发展,这种转化的趋势比较明显,它吸收了亚、欧地区饮食菜品的制作风格,特别是受日本菜品制作的影响。传统平面造型的菜品装盘相对比较单一,当今的立体造型是在我国原有立式冷菜基础上的进一步发展,有些菜品通过模具压制成型,立体感较强,给人耳目一新之感。因是模具压制成型,其制作速度较快,又不需要过多的刀工,既方便操作,又有一定的造型,而且清爽利落,只要把菜品的口味调制好就行。如蔬菜松用模具压后立起、肋排捆扎立起等,这是一种突破传统的表现手法,也是现代冷菜制作装盘的新特点。

菜肴口味的多元化是当今工艺创新的一个显著特点。口味的多元化与中外菜肴制作相结合是一大流行趋势,其原因来自跨界交流。随着融合风的不断发展,酱汁、味汁的调配更加多样化。越来越多的国外调料进入中国市场,国内的各大调料商也在不断地加紧研发,出现了很多风味各异的调味品。各种味型的调味汁在菜品中扮演着越来越重要的角色,它们既能有效地控制成本,节约材料和时间,又可以提高出品速度和提升效率。很多厨师可以轻松地调制出多款具有异国风味的调味汁,将国内外的调味品有机结合在一起,传统菜与异国风味相结合,这种别样的口味融合对中国传统菜肴的创新发展产生一定的影响。

创新源于传统、高于传统,才有无限的生命力。只有弥补过去的不足,使之不断地完善,才能永葆特色。许多人在改良传统风味时,把传统精华抛弃殆尽,剩下的都是花架子,显然得不到顾客的认可。这不是发展而是倒退,不是创新,而是随心所欲的乱弹琴,是一种毁誉。菜点的创新应根据时代发展的需要,根据人的饮食变化需要,不断充实和扩大传统风味特色。

需要说明的是,创新不是脱离传统,也不是照抄照搬。我们可以借鉴学习,学会"拿来",但一种菜的主要特点仍要体现其本来的风味传统,只能是调整菜品局部使之变化合理。

2)做一个勇于开拓的尝试者、创新者

继承和发扬传统风味特色是饮食业兴旺发达的传家宝。如今,全国许多大中型城市的饭店在开发传统风味、重视经营特色方面取得了可喜的成绩,并力求适应当前消费者的需要,因而营业兴旺,生意红火,这是饭店餐饮取胜之道。

但是,继承发扬传统特色要随着时代的发展而不断改进,以适应时代的需要。20 世纪 70 年代,人们提倡的"油多不坏菜"如今已过时,已不符合现代人对饮食与健康的需求。随着现代生活的变化,传统的"高温老油重炸菜""大油量焖菜""烟熏菜"等菜品的制作都发生了许多变化,甚至已减少或不再制作此类菜肴。传统的糖醋鱼,本是以中国香醋、白糖烹调而成,随着西式调料番茄酱的运用,几乎都改成以番茄酱、白糖、白醋烹制了,从而使色彩更加红艳。与此相仿,松鼠鳜鱼、菊花鱼、瓦块鱼等一大批甜酸味型的菜肴相继作了改良。

在四川菜如此火爆的情势下,四川烹饪界根据川菜现状,利用自身的传统调味特点,不断开拓原材料,突破过去"川菜无海鲜"的局限。厨师们通过不断努力,精心制作了传统风味浓郁的川味海鲜菜和新潮川味菜,为川菜继承和发扬传统风味抒写了新的篇章。

15.2.2 发扬民族特色的创新研发

菜点的制作、创新从地方性、民族性的角度去开拓是最具生命力的。透过全国各地的烹饪比赛、烹饪杂志,不难发现我国各地的创新菜点不断面市,而绝大多数的菜肴都是在传统风味基础上的改良与创新。纵观菜点发展的思路,一般有以下 4 个突破口:

1)挖掘、整理和开发利用现有的饮食文化史料

菜品创新如果是从无到有制作新菜,的确比较艰难。但从历史的陈迹中去寻找、仿制、改

良,便可制作出意想不到的新菜。我国饮食有几千年的文明史,从民间到宫廷,从城市到乡村,几千年的饮食生活史料浩如烟海,在各种经史、方志、笔记、农书、医籍、诗词、歌赋、食经以及小说名著中,都可能涉及饮食烹饪之事。只要人们愿意去挖掘和开拓新品种,都可以创制出比较有价值的菜肴来。

20 世纪 80 年代是我国餐饮业对古代菜挖掘开发的高峰期,如西安的仿唐菜、杭州的仿宋菜、南京的仿随园菜和仿明菜、扬州的仿红楼菜、山东的仿孔府菜、北京的仿膳菜等都是历史菜开发的代表。

古为今用,推陈出新,只要有心去挖掘、去研究,都可以开发一些历史菜品来丰富现代餐饮企业的菜单,为现代生活服务。

2)大胆吸收不同地区的调辅料来丰富菜肴风味

广泛运用本地的食物原材料,是制作并保持地方特色菜品的重要条件。每个地区都有许多特产原料,每个原料还可以加以细分,根据不同部位、不同干湿程度、不同老嫩程度等进行不同菜品的设计制作。在广泛使用中高档原料的同时,也不能忽视一些低档原材料、下脚料,诸如鸭肠、鸭血、臭豆腐、臭干之类。它们都是制作地方菜的特色原料。

在原材料的利用上,也要敢于吸收和利用其他地区甚至国外的原材料,只要不有损本地菜的风格,都可拿来为我所用。在调味品的利用上,只要能丰富地方菜的特色,在尊重传统的基础上,都可充实提高。

调味酱汁的研制是现代厨房菜品口味出新的关键点。各种调料和合理组合可以开发出许多有价值的酱汁来。好的、受欢迎的酱汁不仅客人喜爱,而且能够标准化生产,可以使菜品的口味统一,加快制作速度。另外,可以根据不同地区人们的口味特点合理变化配方,如利用黑椒汁、XO 酱、鲍鱼汁、金沙酱、客家辣酱等特色的调味酱汁,可以研发出许多风味独特的菜品来,如金沙鱿鱼圈、客家酱焖鸭等。

3)注重加工工艺的变化和烹调方法的改进

对传统菜的改良不能离其"宗",应立足于有利保持和发展本来的风味特色。许多厨师善于在传统菜上做文章,确实取得了较好的效果。如进行粗菜细做,将一些普通的菜品深加工,这样改头换面后,可使菜品质量提升;或在工艺方法上进行创新,如烧烤基围虾、铁扒大虾等,改变过去的盐水、葱油、清蒸、油炸烹调方法,使其口味一新。

几十年来,全国各地的许多名厨都对传统菜改良作了尝试,而且不乏成功之作。如上海名菜糟钵头,在创始阶段是一道糟味菜,并不是汤菜;后来将其发展为汤菜,入糟钵头,上笼蒸制而成,汤鲜味香;再后来因供应量大,原料制法已不适应,又改为汤锅煮、砂锅炖,其味仍然出色,深受顾客欢迎。

4)实行菜品的标准化和数据化生产

中国烹饪工艺的革新,需要走标准化、数据化生产的路子。只有这样,才能保证菜品质量的稳定性、一致性。由于我国传统的厨房生产方式,多少年来,几乎都是在没有任何量化标准的环境中运行的,菜品的配份、数量、烹制等都凭借厨师的经验进行,有相当大的盲目性、随意性和模糊性,影响了菜品质量的稳定性,也妨碍了厨房生产的有效管理。在烹饪工艺的革新与开发方面，如果对菜品质量的各项指标按照预先设计的标准进行操作，使厨房实现生产标准化和管理标准化，那么，厨房生产就进入了标准化生产的运行轨道，在不同时间的同一菜品中，就会出现始终如一的稳定的质量标准。这不仅方便了生产管理，也是对消费者的高度负责。这是烹饪工艺革新的基础，也是未来厨房生产的必由之路。

标准化从具体的数据开始，菜品有了具体的数据就能得到统一，也就保证了菜品质量的稳定性。在研制和确认一道菜品时，应强调它制作的一致性。任何菜肴在顾客心目中应保持稳定和一贯的形象。如蚝油牛肉的酱汁配方只能是一种，它的厚度、长度只能是一个规格，这样该品种在顾客心目中才有质量形象。否则一天一个味道，规格也不统一，就没有一贯的质量形象，还难以进行成本控制，这正是餐饮经营的大忌。

原料加工规格的标准统一，是烹饪工艺革新的前提。如加工质量指标，必须明确、简洁地交代加工后原料的各项质量要求，主要包括原料的体积、形状、颜色、质地以及口味等。

在生产中对各项指标都进行规定，使厨师的工作有了标准，即使重复操作，也会因为标准统一而减少失误和差错，使厨房生产步入了质量稳定的轨道。

任务3　食物原料的变化与出新

在烹饪实践中，烹饪原料是一切烹饪活动的基础。菜品的质量问题，有很大一部分是由于食品原材料的问题。丰富多彩的烹饪食物原料，为我国广大厨师的菜品创新提供了优越的条件。原料的发现、认识、组配便是烹饪求变化、菜品出新招的一个重要方面。原料有千千万，但如何去认识它们、利用它们，不仅是一个技术性问题，还有赖于厨师的创造性和想象力。而掌握利用原料的个性特点，就可以在烹饪菜品的制作工艺上挖掘新的元素而寻求突破。

15.3.1　引进新料创新菜品

1)主动引进原料新品种

在食品原材料的使用方面，只要我们善于观察，新原料都可以拿来为我所用。自古以来，我国就有从外国引进原料的传统。从两汉到两晋，我国就陆续引进栽培植物，引入了胡瓜、胡葱、胡麻、胡桃、胡豆等品种，后来又引进了胡萝卜、南瓜、莴苣、菠菜、茄子、辣椒、番茄、圆葱、马铃薯、玉米、花生等品种。史料记载，有些品种的引进还费了不少周折，现称为“红薯”的番薯便是如此。这些引进的“番”货、“洋”货，在神州大地上生了根，变成了“土”货。由于引进蔬菜的品种增多，使得我国的蔬菜划分就更细了一些。同样，也为我国的菜品创作锦上添花。

改革开放以后，我国引进外国的食品原料就更加丰富多彩了。植物性的原材料有荷兰豆、荷兰芹、微型西红柿、夏威夷果、彩色辣椒、生菜、朝鲜蓟、紫包菜等，动物性原材料有澳洲龙虾、皇帝蟹、鹅肝等，它们为我国烹饪原料增添了新的品种。

我国厨师利用这些引进原料，洋为中用，大显身手，不断开发和创作出许多适合中国人口味的新品佳肴，如蒜蓉焗澳龙、火龙翠珠虾、鹅肝极品菌、西芹炒百合等。

2）善于借鉴各地特色原材料

利用原料的特色创制菜肴，需要我们不断地去借鉴全国各地的特色原料，拿来为我们所用。创新菜品需要我们在可能的情况下，采集外地的烹饪原料去满足本地的客人。全国各地因时迭出的时令原料，使中国烹饪技术增添了活力，丰富了内容。特别是本地无而外地有的食品原料，我们就要想办法借鉴利用。烹饪中的特色原料，不仅有显著的地方特色，而且拿来为本地人服务就有了一定的新鲜感，使人们感到特别的珍贵。这就需要我们及时引进和采购，只要有了原材料，我们就可以制作出耳目一新的菜品来。

许多原材料在本地看来是比较普通的，但一到外地，它的身价就大大提高了。如南京的野蔬芦蒿、菊花脑，淮安的蒲菜、鳝鱼，云南的野菌，胶东的海产，东北的猴头菇等，当它们异地烹制开发、销售，就身价倍增，招徕的回头客也不断增多。在现代交通发达的社会里，借鉴各地原材料创新菜肴必将有其广阔的市场。

在我国广大农村的山坡路边荒野处生长的苦苣菜，在欧洲是一种较好的食用蔬菜，欧洲民众常采集其嫩叶做色拉。近年来，我国的许多饭店也开始利用此蔬菜开发新产品。特别是近年来，苦苣菜受到国际保健食品界的高度重视。国外也开发出多种苦苣菜保健食品，其中包括含苦苣菜汁饮料、苦苣菜营养饼干、苦苣菜色拉酱等。

山东滕州有一种很好的食材叫山药豆，当地菜场随处可见，实际上它就是山药蔓上结的珠状芽，其作用与山药大致相同，可炒、煮、炖食，是滕州餐馆的常见食材。全国各地这样好的食材很多，需要我们去发现、利用，为本地企业的菜品创新出谋划策。

15.3.2 粗粮、废料的开发与利用

1）粗粮食品的精加工

利用一些粗粮原料通过精细制作的方法可以开发出许多新的菜品。它是在杂粮粗食的基础上，通过配制添彩，好上加好，这无疑是消费者对菜品的一种期望。在普通原料中，运用合理的制作方法，力求锦上添花，巧妙配制，自然也成为菜品创新的一种手法。

近年来，我国粮食消费结构正在发生着由“食不厌精”到“杂粮粗食”的变化，人们深知长期细粮精食对健康不利，还易患糖尿病、结肠癌及冠心病等，这为粗粮精作烹制菜点、创新品种提供了良好的途径。因而，曾一度被冷落多年的杂粮粗食，如今又重新引起人们的关注和青睐。尽管价格较高，远远超过大米、面粉的售价，但人们仍乐意购买或品尝这些粗粮精作的风味食品。对于粗粮土菜的处理加工，在精、细上大做文章，通过巧妙配制，使粗粮不仅营养好，而且变化大、新意多、吃口好。

粗粮精作，土菜细做，只要对原料和菜品进行充分利用，装点打扮，就会收到意想不到的效果，产生新品佳肴。一盘团圆双拼，使普通的胡萝卜、山药变成了两味诱人的食品。嫩玉米粒较为普通，若配上各式原料烹炒，如松子、胡萝卜丁、西式火腿粒等，可制成爽口的黄金小炒；山芋用刀削成橄榄形，可制成精致的蜜汁红薯，成为高级宴会上的甜点；南瓜蒸熟捣泥，与海鲜小料一起烹制，可制成细腻的南瓜海味羹；荔浦芋头经过去皮、熟加工，可制成荔浦芋角、椰丝芋

枣、脆皮香芋夹等。这些菜品在餐厅一经推出,常常会博得广大顾客的由衷喜爱,并造成良好的效果。

在普通的粗粮上巧做文章,巧妙出新,中外制作范例很多。比如土豆切丁、切片、切丝均可配菜,用土豆切薄片,配上各式复合味料制作休闲食品已风靡世界各地,如椒盐薯片、茄汁薯片、咖喱薯片、孜然薯片、原味薯片等,应有尽有。新鲜蚕豆碧绿鲜嫩,若以鱼丁配炒制成金盅蚕豆鱼,用小盅装配,每人一盅,就是土菜细做;蜜汁豆蓉在各客汤羹的蚕豆蓉中,撒上花生蓉,又是一款甜羹。巧妙制作的这些菜品,都可走上高档宴会的舞台,成为风味绝妙、雅俗共赏的土洋结合菜。

2)"废物"原料的合理利用

厨师每天烧饭做菜,接触的原料很多,但这些动植物原料,除供人使用之外,还有许多被弃的下脚废料。一个聪明的、技术过硬的厨师,是不会随便往垃圾箱扔下脚料的,而是尽量利用原料特点,减少浪费,充分加工,或巧妙地化腐朽为神奇,创制出美味佳肴来。

自古以来,中国厨师利用下脚料烹制佳肴的例子层出不穷,如鲢鱼头,大而肥,许多饭店和家庭都喜欢用砂锅炖鱼头,不少人还加入豆腐、冬笋之类炖制,将鱼头充分利用;再如,拆烩鲢鱼头,用鱼头煮熟出骨,用菜心、冬笋、鸡肉、肫肝、香菇、火腿、蟹肉配合烹制,汤汁白净,糯黏腻滑,鱼肉肥嫩,口味鲜美,营养丰富。江苏常熟名菜清汤脱肺,是以下脚料青鱼肝为主料,配以火腿、笋片、香菇等烹制成清汤,鱼汤为淡白色,鱼肝粉红色,汤肥而糯,鱼肝酥嫩,味鲜而香,在当地普遍受到欢迎。

巧用下脚料烹制菜肴,构思新颖、巧妙,可起到神奇之效。其关键就是要"巧"。巧,可以出神入化,化平庸为神奇。充分利用可食的下脚料创造新菜,需要创造性的思考。

西瓜是饭店每天必不可少的水果原料,特别是夏天,是人们消夏祛暑的佳品,人们在享用了西瓜瓤之后,往往把西瓜皮都扔掉了,这实际上是一种很大的浪费。西瓜皮不但味道清淡可口,还有利尿、清热、解暑、生津、止渴等功效,扔掉实在可惜。近年来,不少饭店在西瓜皮上动脑筋,开发新菜品。挖出瓤后的整瓜皮可以当盛器与主料一起加热,如西瓜鸡;将瓜皮刨去外皮,铲掉食用后的红瓤,取中间脆嫩的白色瓜皮切成丝,可制成凉拌白丝、油爆金银丝、凉拌瓜丝肉、爆炒瓜皮肉片、毛豆辣皮丝等。

巧妙地利用下脚料不仅可以制成名菜,而且避免了浪费、减少了损失,增加了菜肴的风格特色。不少动物下水,口感独具,是其肉难以达到的。当今,用下脚料制作的菜肴品种迭出,以动物下水、食物杂料、下脚料之类为原料的菜谱书籍,也都出现过不少,每本制作的菜肴都在百种以上,爆炒熘炸、蒸煮焖煨,样样俱全。实在无法利用的,将下脚料整理干净,取可食用部分,可做砂锅、火锅之料,如砂锅鸡杂、砂锅下水、鸭杂火锅、下水火锅等,都是冬春之日的可口佳肴。

随着人们生活水平的提高,人们的饮食开始趋向返璞归真、回归自然,过去不登大雅之堂的下脚料一反常态,堂而皇之地走上了宴会的桌面。大肠、肚肺、猪爪、凤爪、猪血等,已经在宴席上常来常往,并得到广大宾客的百般青睐。

下脚料制菜可精、可粗,只要合理烹制,都可成菜。只要我们肯动脑筋,改变视角,即使在最不起眼的原料上被认为"不可能利用"的地方,也能巧用,实现化腐朽为神奇的创造。对广大有创造力的厨师来说,更应当更新观念,突破常规,争取在人们称为下脚废料的地方发现创新的契机。

15.3.3 变化原料带来新风格

中国菜品的原材料丰富多彩,在制作菜肴中如果我们从原材料的变化出发,使其传统菜的风格做适当改变,或添加些新料,或变化些技艺,或用原料模仿些菜品的形状等都会烹制出独特的菜品。在食品制造和餐饮行业,近年来通过添加某些原料制作新菜品也是较为普遍的。菜品制作与创新中,通过添加原料的方法创新菜肴一般有两大类型:一类是在传统菜品的基础上添加新味、新料;另一类是在传统菜品中添加某类功能性食物。通过添加,使菜品风味一新,十分诱人。

1)添加不同原料创新菜品

(1)添加新味、新料出新

当今调味品市场发展迅速,市场上的调味品正向多味、复合、专用调味品方向发展,在菜肴制作中加上适当的新调味品,就形成了新的菜品。如沙茶肉卷,是在炸肉卷中加进了沙茶酱,而使口味有了新的变化;“十三香鸡”的“十三香”是指13种或13种以上香辛料,按一定比例调配而成的粉状复合香辛料,其风味浓郁,调香效果明显,入菜调味,可增香添味、除异解恶、促进食欲,畜禽肉类都可烹调。只要具备了新的调味品,就可创制新的菜品。值得提倡的是,很多饭店、餐馆的厨师们自己调配新的味型后,制作出了许多与众不同、独树一帜的新潮菜品。

在菜品中添加些西式调料、西式制法也可产生出中西结合式的菜品,如千岛海鲜卷、奶油鸡圈、复合奇妙虾、咖喱牛筋等。

利用新的引进原料添加在传统的菜品中,也是菜品出新的方法。如锅贴龙虾是在传统菜品中的创新,借用澳洲大龙虾,取龙虾肉批薄片制成锅贴菜肴。它是在锅贴虾仁上添加了龙虾片,附上龙虾片,不仅档次提高,而且菜品有新意。西蓝牛肉是取用西蓝花为主料,以牛肉片为配料,一起烹炒而成。这是一款深受外国顾客欢迎的菜品,它实际上是在蚝油牛肉中添加了西蓝花,其创制的特色在于蔬菜多、荤料少。夏果虾仁是在清炒虾仁中添加了夏威夷果,成菜主配料大小相似,色泽相近,风格独具。

(2)添加功能性食物出新

这里所讲的功能性食物是指对人体有特别调节功能(如增强免疫力,调节机体节奏,防治某种疾病等)的食物原料,也是指人们一日三餐常用食物以外的有特殊功效的原料,如中药材人参、当归、首乌等。在普通菜品中添加中药材就形成了药膳菜品。根据中国传统药膳理论原理,如今涌现出的炖盅、汤煲类菜品就是在传统炖品、靓汤中添加某类原料。如枸杞鱼米是在松子鱼米的基础上添加枸杞而成,洋参鸡盅是在清炖鸡盅添加了人参。再如天麻鱼头、杜仲腰花、黄芪汽锅鸡、罗汉果煲猪肺、首乌煨鸡等。

现在,功能性食品的流行已说明国人饮食生活水平的提高程度。药膳菜品、食疗菜品以及美容菜品、减肥菜品和不同病人的食用菜品等,都是在菜品中添加某一类原料而成的。

如今流行的水果菜品、花卉菜品等，都是在原有菜品的基础上添加某种水果、花卉而成的。如蜜瓜鳜鱼条是在清炒鱼条中最后添加上哈密瓜条；橘络虾仁是在炒虾仁的基础上加上橘络粒；玫瑰方糕是在方糕的馅心中添加了玫瑰花；梅花汤饼、桂香八宝饭就是在原品的基础上添加了梅花、桂花等。菜品制作中如果能恰当地添加上某一原料，或许就能产生出意想不到、令人耳目一新的菜品来。

2）巧变技艺开发新菜品

一盘色香味形兼具、美轮美奂的菜点，完美无缺地展现在餐桌食客面前，但当人们动筷品尝时，会品尝出特殊的、非同寻常的氛围，此物非彼物，料中藏宝物。这正是巧变技艺带来的奇特效果。在原材料上从改变菜点技艺方面入手，也不乏创造性思考方案。由于偷梁换柱、材料变易，使原来的菜品发生了变化，菜肴上桌后产生了另外一种特殊的效果。

比如，八宝凤翅色泽金黄，个头粗壮，外酥脆、里糯香，内部的骨头全部变成了八宝糯米馅，其制作正是利用原料变易"偷骨换馅"，其中莲子、香菇、干贝、鸭肫、瘦肉、鸡脯、枸杞、糯米吃起来香味扑鼻，自然胜过原有的鸡翅之味。

红烧田螺本是一款普通的菜肴，但当改良后再让食用者品尝时，绝不是一般的烧田螺。制作者将田螺洗净，取出螺肉洗除杂物，切成小块，与鱼冬笋、香菇、葱姜等调料一起炒制成馅后，再将馅塞入大田螺内，盖上螺壳，宛若原样。这种别具一格的改变原料之法，匠心独运，带给客人的却是全新的感觉。

运用原料变易之法制作成菜，许多菜系都有先例，如安徽的葫芦鸡、山东的布袋鸡、湖南的油淋糯米鸡、江苏的八宝鸭等，都是将鸡鸭脱骨，填上其他原料，类似的菜肴还有冬瓜盅、西瓜盅、南瓜盅、瓤梨、瓤枇杷、瓤金枣等。这些从改变菜肴原材料入手或瓤原料内的质地发生变化的立意是创造性思考的结果。有时，当人们一时找不到标新立异的好办法时，若把思路转移到原材料的变易上，就有可能产生奇特的效果。

任务4　烹饪工艺的变化与出新

近20多年来，利用烹饪工艺的变化创新已成为烹饪界关注的热点。广大烹饪工作者都在热切地努力学习、模仿、移植，希望通过变化烹饪工艺制作出新的菜肴来。一般来讲，菜品创新的方法很多，但工艺的翻新是值得人们去探讨和研究的。这往往是走向创新并获得成功的一条便捷之路。

15.4.1　包类菜肴的变化

我国包类菜肴花样繁多，技艺精湛，主要表现在皮张与馅料的巧妙变化上。十多年来，中国菜品中的包制工艺制作也不断涌现出新的风格。不断变化、制作精巧、栩栩如生、富有营养的包制菜品，像朵朵鲜花，在中国食苑的百花园里竞相开放。

1)包制工艺的多变

包式菜肴,一般是指采用无毒纸类、皮张类、叶菜类和泥蓉类等做包裹原料,将加工成块、片、条、丝、丁、粒、蓉、泥的原料,通过腌渍入味后,包成长方形、方形、圆形、半圆形、条形及包捏成各种花色形状的一种造型技法。包的形状大小按品种或宴会的需要而定,但不论包什么形状,包什么样的馅料,都是以包整齐、不漏汁、不露馅为好。

包制之法是我国热菜造型工艺的一种传统烹饪工艺方法。在我国古代就有不少运用包的手法制作的菜肴,如包饺子、包春卷、包包子、包馄饨、包粽子等。当时古人用包的手法配制菜点,一是为了包扎成型便于烹制;二是为了保持菜的原汁原味;三是为了取其裹包层特有的香气;四是为了形成独特的风格。

到了现代,包的技法运用就更加普遍了,特别是花色造型菜的运用。在配制中,烹饪工作者更加注重菜肴原料的选择、搭配和外观造型的美观,使之达到色、香、味、形俱佳,款式多种多样,一目不可尽收。例如四川菜的炸骨髓包、包烧鳗鱼;广东菜中的鲜荷叶包鸡、纸包虾仁;北京菜的荷包里脊;安徽菜的蛋包虾仁;福建菜的八宝书包鱼、荷叶八宝饭等。

2)包类菜肴的方式

包式菜肴丰富多彩,风味各具。配制花色包类菜所用的包制原料繁多,从其属性来分,包括以下 3 种:

(1)利用纸类包制

纸包类菜肴是以特殊的纸为包制材料。根据纸质的不同,可分为食用纸和不食用纸两类。食用纸有糯米纸、威化纸;不食用纸有玻璃纸和锡纸等。用纸包裹菜肴进行造型,一般以长方形居多,也有包成长条形。不论用什么纸包裹原料,都要适当留些空间,不要包得太实,以免汁液渗透,炸时易破洞。在包制过程中要做到放料一致,大小均匀,外形整齐,扎口要牢,并留有"掖角",便于食时用筷子夹住抖开。纸包类的菜肴最好是现包现炸,炸好即食。若包后放的时间较长,原汁的汁液会使纸浸湿透,也易破洞,影响质量。

纸包类的菜肴,大多采用炸的烹调方法。在炸制过程中,注意掌握和控制油温至关重要。下锅油温以四五成热为宜,采用中等火力控制油温在六成左右,待纸包上浮时,要不停地翻动,使受热均匀,当锅内的纸包料炸透后,油温可升至六七成热,但不能超过七成。这样炸出的纸包类菜肴,才会保持原料的鲜嫩和原味,食之滑香可口。

(2)利用叶类来包制

叶包类一般是以阔大且较薄的植物叶或具香气的叶类作为包裹菜肴的材料。根据叶的特色,又可分为食用叶和不食用叶两类。食用叶如包菜叶、青菜叶、生菜叶、白菜叶、菠菜叶等;不食用叶有荷叶、粽叶和芭蕉叶等。叶包类菜肴主要体现其叶的清香风味和天然特色。

利用叶包的馅料,其大小形状根据档次的高低、食用情况而定,有每人一客包制的小型包,也有一桌一盘的大型包。所用叶类中有些叶类可先用水烫软,使其软韧可包,如包菜叶、白菜叶等,有些叶类只需洗净便可包制,如粽叶、荷叶、芭蕉叶。使用荷叶可鲜可干,可整张包成大包,也可裁成小张包成小包,还可将大张裁成一定形状包之。包裹后的形状有石榴形、长方形、圆筒形等。叶包类的馅心可使用生馅包制,亦可使用熟馅包制。生馅鲜嫩爽口,熟馅软糯味

醇。叶包类菜肴大都采用蒸的烹饪方法制熟,也有的用烘烤、油煎进行加热。蒸的菜清香酥烂,烤的菜鲜嫩清香,煎的菜金黄酥香,各有风味特色。

(3)利用皮类来包制

皮包类菜肴一般是以食用的薄皮为材料包制各式调拌或炒制的馅料。根据所包的“皮子”的不同,具体又可分为春卷皮、蛋皮、豆腐皮、粉皮和千张等种类。此类皮料较薄较宽,且具有一定的韧性,易于包裹造型。馅料的形状常用蓉、丝、粒等,包裹成型有长方形、圆筒形、饺形、石榴形等。长方形用方形薄饼或粉皮对角包折,如三丝春卷、粉皮鲜虾仁;圆筒形用任何皮都可卷成,封口需用蛋糊,如薄饼虾丝包、鸭肝蛋包等。

以薄饼、粉皮为皮料包制菜肴,一般采用熟馅,包好后可直接入六七成油锅中炸至皮脆,呈金黄色即好。若包生馅,不适于直接炸,否则会外焦里不透;如果采用蒸后炸,蒸会影响皮层的形态。用其他皮类包制的菜肴多为生鲜,包制要紧,封口要粘牢。不同的皮料,可采取不同的烹调方法,挂不同的糊,油炸的温度也有所区别,裹脆糨糊炸的油温要达七成热,带外表炸酥脆、色金黄即可,若油温低,所挂的糊会脱散或不匀;裹蛋清糊炸的油温以四五成为宜,若油温高外层易焦;豆腐皮包类菜入锅的油温一般在五成,逐步升高,上浮炸成金黄,再及时捞出。用蛋皮包的菜肴有的用蒸法、有的用炸法,也有挂糊与不挂糊之分。

15.4.2 卷制类菜肴的变化

卷制菜肴是中国热菜造型工艺中特色鲜明,颇具匠心的一种加工制作方法。它是指将经过调味的丝、末、蓉等细小原料,用植物性或动物性原料加工成的各类薄片或整片卷包成各种形状,再进行烹调的工艺手法。

1)卷制工艺概述

卷制菜肴发展至今,已形成了丰富多彩、用途广泛、制作细腻、风格各异的制作特色。不同地区、不同民族,因气候、物产、风俗、习惯、嗜好等的不同,都有不同风味的卷制类菜肴。不论哪一个地方的卷制菜肴,都是由皮料和馅料两种组成的。

卷制类菜肴的原料非常丰富。以植物性原料作为卷制皮料,常见的有卷心菜叶、白菜叶、青菜叶、菠菜叶、萝卜、紫菜、海带、豆腐皮、千张、粉皮等。将其加工可做出不同风味特色的佳肴,如包菜卷、三丝菜卷、五丝素菜卷、白汁菠菜卷、紫菜卷、海带鱼蓉卷、粉皮虾蓉卷、粉皮如意卷、豆腐皮肉卷等。

利用动物性原料制作卷菜的常用原料有草鱼、青鱼、鳜鱼、鲤鱼、黑鱼、鲈鱼、鱿鱼、猪网油、猪肉、鸡肉、鸭肉、蛋皮等。将其加工处理后可做成外形美观、口味多样的卷类菜肴。如三丝鱼卷、鱼肉卷、三文鱼卷、鱿鱼卷四宝、如意蛋卷、腰花肉卷、麻辣肉卷、网油鸡卷、蛋黄鸭卷等。

2)卷制类菜肴的创制

卷制类菜肴品种繁多,根据皮料所选用的原料不同,可以将其划分为不同的卷制类菜肴。

(1)利用鱼片卷制

鱼肉卷类是以鲜鱼肉为皮料卷制各式馅料。鱼肉须选用肉多刺少、肉质洁白鲜嫩的上乘

新鲜鱼。鱼肉的初步加工须根据卷类菜的要求，改刀成长短一致、厚薄均匀、大小相等的皮料。鱿鱼要选用体宽平展、腕足整齐、光泽新鲜、颜色淡红、体长大的为皮料。做馅的原料在刀工处理时，必须做到互不相连、大小相符、长短一致，便于包卷入味及烹制。否则，会影响鱼肉卷菜的色、香、味、形、营养等。

鱼肉类菜一般采用蒸、炸的烹调方法。蒸菜能够保持鲜嫩和形状的完整；炸菜则要掌握油温以及在翻动时注意形状不受破坏。根据具体菜肴的要求，有的需要经过初步调味，在炸制时经过糊、浆的过程，以充分保持在成熟时的鲜嫩和外形；有的在装盘后进行补充调味，以弥补菜味之不足，增加菜肴的美味。

(2)利用肉片卷制

畜肉类卷是以新鲜的肉类和网油为皮料卷制各式馅料而制作的菜肴。畜肉卷主要以猪肉、猪网油制作为主。对于猪肉，需选用色泽光润、富有弹性、肉质鲜嫩、肉色淡红的新鲜肉为皮料，如里脊肉、弹子肉、通脊肉等。选用肥膘肉需以新鲜色白、光滑平整的为皮料。猪网油需选用新鲜光滑、色白质嫩的为皮料。

肉类的加工制作以采用切片机加工为好。将肉类加工成长方块，放入平盆中置于冰箱内速冻，待基本冻结后取出，放入切片机中刨片，使其厚薄均匀、大小相等，卷制后使成品外形一致。用猪网油做皮料，可用葱、姜、酒拌匀腌渍后，改刀使用；也可用苏打水漂洗干净，改刀再用。用此法腌渍或漂洗干净，可去掉猪网油的不良气味。

畜肉类卷菜中，有的用一种烹调方法制成，有的同一个卷类菜可用两种或两种以上的烹调方法制成，特别是各种网油卷的菜肴。网油面积较大，卷菜经过烹制后因形体过长，往往要经过改刀处理后再装盘。

(3)利用禽蛋类卷制

禽蛋类卷是以鸡、鸭、鹅肉和蛋类为皮料卷入各式馅料。以蛋类作皮料为例，需鲜制蛋皮，蛋皮需按照所制卷包菜要求，来改刀成方块或不改刀使用。因蛋皮面积较大，卷制成熟后一般都需改刀。改刀可根据食客的要求和刀工的美化进行，可切成段、片等。要做到刀工细致，厚薄均匀，大小相同，整齐美观。

对于禽蛋类制卷菜肴，装饰盘底也很重要，因禽类和蛋类卷大多要改刀装盘，为了避免其显得过于单调，可适当点缀带色蔬菜和雕刻花卉，以烘托菜肴气氛，增进宾客食欲。

(4)利用陆生菜卷制

陆生菜卷是以陆地生长的蔬菜为皮料而卷制各式馅料的菜肴。常用的陆生植物性皮料有卷心菜叶、白菜叶、青菜叶、冬瓜、萝卜等。其选用标准应以符合菜肴体积的大小、宽度为好。在使用时，把蔬菜的菜叶洗净后，用沸水焯一下，使其回软，快速捞起过凉水，这样才能保持原料的颜色和软嫩度，便于卷包。萝卜切成长片，用精盐拌渍，使之回软，洗净捞出即为皮料。冬瓜需改刀成薄片，以便于包卷即可。

荤、素馅料都适宜陆生菜卷，热菜、冷菜都可制，宴会、便餐都可用。食之爽口，味美、色佳、鲜嫩。

(5)利用水生菜卷制

水生菜卷是以水域生长的植物原料为皮料而卷制的各式菜肴。常用的水生植物性皮料有紫菜、海带、藕、荷叶等。在用料中，紫菜宜选用叶子宽大扁平、紫色油亮、无泥沙杂质的佳品为皮料；海带选用宽度大、质地薄嫩、无霉无烂的为皮料；藕选用体大质嫩白净的原料，切薄片后，漂去白浆而卷制馅料；荷叶以新鲜无斑点、无虫害的为佳，在使用之前，需将荷叶洗干净改刀成方块。

在皮料的加工中，如海带在使用之前，要用冷水洗沙粒及其杂物，漂发回软；用蒸笼蒸制使之进一步软化，取出过凉水改刀或不改刀均可使用。蒸的时间不能过长，20 分钟左右即可，如蒸的时间过长，则易断，不利于包卷。反之，硬度大不好吃。

(6)利用加工菜卷制

加工菜卷是以蔬菜加工的制成品为皮料卷制的各式菜肴。用以制作卷类菜肴加工的成品原料主要有豆腐皮、粉皮、千张、面筋以及腌菜、酸渍菜等。

豆腐皮是制作卷类菜的常用原料。许多素菜都离不开豆腐皮的卷制，如素鸡、素肠、素烧鸭等。豆腐皮以颜色浅黄、有光泽、皮薄透明、平滑而不破、柔软不黏为佳品；粉皮需选用优质的淀粉(如绿豆、荸荠等)过滤调制后，用小火烫，或把适量水淀粉放入平锅中，在沸水锅上烫成，过凉水改刀即成；千张以光滑、整洁为好；腌菜和酸渍菜主要以菜叶为皮料。

15.4.3 夹、酿、粘工艺的变化

1)夹制工艺

夹菜制作通常有两种情况：一种是将原料通过两片或多片夹入另一种原料，使其黏合成一体，经加热烹制而成的菜肴；另一种是夹心，就是在菜肴中间夹入不同的馅心，通过熟制烹调而成的菜肴。

片与片之间的夹制菜肴，需将整体原料加工改制成片状，在片与片之间夹上另一种原料。这又可分为连片夹，其造型如蛤蜊状，两片相连，夹酿馅料，如茄夹、藕夹；双片夹如冬瓜夹火腿、香蕉鱼夹等；连续夹如彩色鱼夹、火夹鳜鱼等。夹菜的造型、构思奇妙，在主要原料中夹入不同的原料，使造型和口感发生了奇异的变化，使其增味、增色、增香，产生了以奇制胜的艺术效果。

不管是采用什么夹制方法，都需要注意掌握以下几项原则。

首先，夹制菜所用原料必须是脆、嫩、易成熟的原料，以便于短时间烹制，便于咀嚼食用，达到外脆里嫩或鲜嫩爽口的特色。对于那些偏老的、韧性强的原料，尽量不要使用夹制方法，以免影响口味和食欲。

其次，刀切加工的片不要太厚和太宽，既不要影响成熟，也不要影响形态，并且片与片的大小要相等，以保证造型的整体效果和达到成熟的基本要求。

最后，夹料的外形大小，应根据菜肴的要求、宴会的档次来决定。一般来说，外形片状不宜太长太厚，特别是挂糊的菜肴，更要注意形态的适应。

另一类是夹心菜肴。夹心菜肴，用意奇特，它是在菜品内部夹入不同口味的馅料，使表面光滑完整的菜肴。此类菜大多是圆形和椭圆形的，如灌汤鱼丸、奶油虾丸、黄油菠萝虾等。夹

心菜肴所用原料，多为泥蓉状料，以方便于馅料的进入。夹心菜的奇特之处，在于成熟后菜品光滑圆润，外部无缝隙，食之使人无法想象馅料的进入方法。从造型上讲，要求馅料填其中，不偏不倚，一口咬之，馅在当中。若肉馅偏离、馅料突出、破漏穿孔，便是夹心菜的大忌，所以夹心菜肴工艺性较强，技术要求较高。

2）填酿工艺

酿制菜肴是将调和好的馅料或加工好的物料装入另一原料内部或上部，使其内里饱满、外形完整的一种热菜造型工艺法。这种方法是我国传统热食造型菜肴普遍采用的一种特色手法。

运用酿制法制作菜肴，做工精细，品种千变万化。它的操作流程主要有三大步骤：第一步，加工酿制菜的外壳原料；第二步，调制酿馅料；第三步，酿制填充与烹制熟制。这是一般酿制工艺菜肴的基本操作程序。

根据酿菜制作的操作特色，可以将酿制工艺分为3个类别。

第一类，平酿法。即在平面原料上酿上另一种原料（馅料），其料大多是一些泥蓉料，如酿鱼肚、酿鸭掌、酿茄子、虾仁吐司等。只要平面原料脆、嫩、易成熟，吃口爽滑，都可以采用平酿法酿制泥蓉料。鸡肉蓉、猪肉蓉、鱼肉蓉、虾肉蓉经调配加工后，质嫩味鲜，酿制成菜，滑润爽口。因平酿法是在平面片上酿制而成，许多厨师便将底面加工成多种多样的形状，如长方形、正方形、圆形、鸡心形、梅花形等，使酿类菜肴显示出多姿多彩的造型风格。

第二类，斗酿法。这是酿制菜中较具代表性的一类。其主要原料为斗形，将其内部挖空，把调制好的馅料酿入斗形原料中，使其填满，两者结合成一个整体。如酿青椒、田螺酿肉茸、镜箱豆腐、五彩酿面筋等。斗酿法的馅料多种多样，可以是泥蓉料，也可以是加工成的粒状、丁状、丝状、片状料等。

第三类，填酿法。即在某一整形原料内部填入另一种原料或馅心，使其外形饱满、完整。运用此法在成菜的表面见不到填酿物，而一旦食之，表里不同，内外有别，十分独特。如水产类菜的荷包鲫鱼、八宝刀鱼，在鱼腹内填酿肉馅和八宝馅；禽类菜的鸡包鱼翅、糯米酥鸭、八宝鹌鹑等，将鱼翅、糯米八宝酿入其中，动筷食之，馅美皮酥嫩。

以上3类都是运用酿制工艺并属于热菜造型工艺（生坯成型）的典型菜肴。除此之外，还有熟坯成型的酿制方法。它也有两种类型：一种是以成熟的馅料酿入熟的坯皮外壳中，成型酿制后内外两者都可直接食用，如酥盒虾仁、金盅鸽松等；另一类是成熟的馅料酿入生的坯皮或不食用的外壳中，成菜后直接食用里面的馅料，外壳弃之不食，主要起装饰、点缀的作用，如橘篮虾仁、南瓜盅、雪花蟹斗等。酿制菜品种丰富多彩，变化较大。我们只有不断地总结经验，灵活运用多种技法，才能制作出颇受欢迎、应时适口、形态各异、风味独特的美味佳肴。

3）滚粘工艺

粘制菜肴是将预制好呈几何体的原料（一般为球形、条形、饼形、椭圆形等）在坯料的表面均匀地粘上细小（如屑状、粒状、粉状、丁状、丝状等）的香味原料而制成的一种热菜工艺手法。

在我国运用粘制工艺制作菜肴较为广泛。新中国成立后，粘类菜肴使用频率较高，主要是增加菜肴酥香醇和的口感，如用芝麻制成的芝麻鱼条、寸金肉、芝麻肉饼、芝麻炸大虾等；用核桃仁、松子仁粒制成的桃仁虾饼、桃仁鸡球、松仁鸭饼、松仁鱼条、松子鸡等。其他如火腿末、干贝蓉、椰蓉等,都是粘制菜肴的上好原料。

近几十年来,粘菜工艺的运用更为普遍,主要是受西餐粘面包粉工艺的影响,特别是近十几年我国食品市场上从国外引进或自己研制了特制的炸粉,为粘制菜开辟了广阔的前景,各式不同的粘类菜肴由此应运而生。有包制成菜后,经挂糊粘面包炸粉的;有利用泥蓉料制成丸子后,裹上面包粉或面包丁的;等等。根据粘制法制作风格的特点,可将其工艺分为3类,即不挂糊粘、糊浆粘和点粘法。

第一类,不挂糊粘。即利用预制好的生坯原料,直接粘黏细小的香味原料。如桃仁虾饼,将虾蓉调味上劲后,挤为虾球,直接粘上桃仁细粒,按成饼形,再煎炸成熟。不挂糊粘法对原料的要求较高,所选原料经加工必须具有黏性,使原料与粘料之间能够黏合,而不至于烹制成熟时被粘料脱落,影响形态。虾蓉、肉蓉经调制上劲,具有与小型原料相吸附、相黏合的作用,所以可采用不挂糊粘法。而对于那些动植物的片类、块类原料,使用此法就不合适,中间必须有一种“黏合剂”,通常的方法就是对原料进行挂糊或上浆。

第二类,糊浆粘。就是将被粘原料先经过上浆或挂糊处理,然后再粘上各种细小的原料。如面包虾,是将腌渍的大虾,抓起尾壳,拖上糊后,均匀粘上面包屑炸成。糊浆粘法就是将整块料与碎料依靠糊浆的黏性而黏合成型。

第三类,点粘法。此法不像前面两类大面积地粘黏细碎料,而是很小面积的粘黏,起点缀美化的作用。其粘料主要是细小的末状和小粒状,许多是带颜色和带香味的原料,如火腿末、香菇末、胡萝卜末、绿菜末、黑白芝麻等。如虾仁吐司,将面包片抹上虾蓉,在白色的虾蓉上依次在两边粘着火腿末、菜叶末,即可制成色、形美观的生坯,成菜后底部酥香,上部鲜嫩,红、白、绿三色结合,增加了菜品的美感。许多菜中点粘上带色末状料,目的是使菜肴外观色泽鲜明,造型优美而增进食欲。

任务5 不同风格的嫁接与革新

15.5.1 借鉴点心工艺的创新

将菜肴与点心两者有机结合起来的菜品层出不穷,全国各地饭店涌现了许多这样的菜品,颇受广大顾客的认可。如口袋牛粒、麻饼牛肉松、扣肉夹饼、瓜条松卷等。川菜的回锅肉本是一味比较普通的便饭菜,现如今走上了宴会,其改良之处,就是在盘边放上小型薄饼供客人包肉食用。整盘菜肴不仅给人以菜品丰满的感觉,而且还可供客人自包自吃,既不油腻,口感也好。

菜肴与点心的嫁接方法是将两种或两种以上的菜点进行适当的组合,以获得一种全新的菜品风格的制作技法。运用此法,将各不相同的菜点有机地组合起来,就可产生许多意想不到的效果。

如今,菜品的组合风格各异,琳琅满目。如河南名菜糖醋黄河鲤鱼焙面是糖醋鲤鱼与焙面的组合;酥皮海鲜是中国传统的海鲜汤与西式酥皮两者之间的融合;馄饨鸭是炖焖的整鸭与点心馄饨两者的组配;西安的羊肉泡馍是面馍与羊肉汤两者的有机组合。通过菜与点心的嫁接,可以使菜品面目一新。

菜肴借鉴点心工艺的创新,目的是通过这种重组去寻找使菜品出新的方案。当这种嫁接组合方案找到后,人们就可以把设想变成现实。

1)菜、点组合制作

(1)用面饼包着吃

这种方法目前比较流行,就如传统的北京烤鸭,用面饼包鸭肉一直没有被淘汰,反而更增添了韵味和趣味;再如饼包榄菜、鸭松、牛肉松、鱼松以及扣肉等。面饼用水面、发面均可。水面用铁板烙制,发面用蒸汽蒸熟。上桌后,包着吃、卷着吃都别有风味。

(2)用面袋装着吃

目前,许多厨师别出心裁将面粉先做成面饼或口袋形。大多是制成面饼、油酥饼、水面饼,将其做成椭圆形面饼后加热成熟,然后用刀一切为二,有些饼由于中间涂油自然分成口袋,如没有层次,可用餐刀划开中间,然后将炒的菜品装入其中。如麻饼牛肉松,是将面粉掺入油做成酥饼后撒上芝麻,入油锅炸至金黄色捞起,一切为二呈口袋状,放入炒制的蚝油牛肉丝。有些菜品干脆用面坯包起整个菜肴,然后再成熟,食用时打开面坯,边吃面饼边吃菜,如酥皮包鳜鱼、富贵面包鸡等。

(3)用面盏载着吃

用面粉可做成多种盛放菜肴的器皿,如做成面盏、面盅、面盒、面酥皮等,然后,将炒制而成的各式菜品盛放其中,如面盏鸭松,是将炒熟的鸭松盛放在做好的面盏内。有些汤盅菜品,将油酥皮盖在汤盅上一起入烤箱烤制成熟。食用时汤烫酥皮香,扒开点心酥皮,用汤勺取而食之,边吮汤边嚼皮,双味结合,点心干香,汤醇润口。

2)菜、点变化着吃

(1)菜点混合着吃

将菜、点两者的原料或半成品在加工制作中互相掺和,合二为一成一整体,如粽粒炒咸肉、紫米鸡卷、珍珠丸子、砂锅面条、荷叶饭等。年糕炒河蟹是取用水磨年糕和河蟹两者炒至交融,此为混融组合法,食之河蟹鲜嫩入味,年糕糯韧爽滑,两者有机交融,家常风味浓郁。由其演变的有年糕炒鸭柳、年糕炒牛柳、年糕炒鸡片等。

(2)点心跟着菜肴吃

即配菜的点心随菜品一起上桌,食用时用面食包夹菜肴。如脆馓牛肉丝、酱面干烧鱼等是将馓子、炸酱面分别与炒牛肉丝、干烧鱼一起上桌。瓦罐烤饼是江西地区特色风味品种,它取用瓦罐类菜品,如瓦罐鸡、瓦罐鸭以及牛羊肉、猪肉及内脏之罐品,口味浓郁、鲜香、汤汁醇厚,配之煎烙或烤之油饼,将饼撕成碎片,与其罐品一起佐餐。食之或浇卤之,或蘸食之,均别具风味。

(3)点心浇着菜汁吃

以点心为主品,在成熟的点心上浇上调制好的带汁的烩菜,江苏淮安的小鱼锅贴是一款民间乡土菜,如今改良后的风格却是用烙好的锅贴饼,浇上红烧鱼卤汁,使小鱼锅贴酥脆中带着鱼的鲜香味,特别诱人。

将菜、点有机地嫁接在一起成为一道合二为一的菜品,这种构思独特、制作巧妙之法,使顾客在食用时能够一举两得:既尝了菜,又吃了点心;既有菜之味,又有点心之香。如近几年创制的夹饼榄菜豇豆、生菜鸽松薄饼,就是取用荷叶夹、薄饼包菜食之。

总之,菜肴借鉴点心工艺是很有潜力可挖的,其创新之法是一种十分活跃的技法,它可以把不同的菜点、不同的风味、甚至风马牛不相及的菜、点、味、法合在一起,并使组合品在风格或特色上发生变革,这种技法的运用体现了嫁接就是创造的基本原理。

采用菜、点嫁接组合时,首先要选择好组合方式,当组合方式确定后,就要重点考虑组合元素之间的结构关系,以便形成技术方案的突破,制成受广大顾客欢迎的新菜品。

15.5.2 外国菜品工艺的引进

菜肴需要出新,这是事物发展的必然规律。随着原材料的不断引进、中外交往的频繁,厨师们走出国门以及将外国厨师请进国内的机会越来越多。由于中外饮食文化交流的发展,如西方的咖喱、黄油的运用,东南亚沙嗲、串烧的引进,对日本的刺身的借鉴等,这些已经融入我们的菜肴制作之中,并成为一种新的菜肴制作时尚。

1)走中外菜品结合之路

千里不同风,各国味不同。借他人之长,补自己之短,这是中国厨师一贯的制作方针。经常借鉴别人的长处,就会不断地制作出新的风味菜品来。

翻开中国烹饪史,随着对外通商和对外开放,一方面中国传统烹饪冲出了国门,另一方面外国的一些烹饪菜式也涌进了我国的餐饮市场。如汉代胡食的引进,元代的四方夷食,明代引进的番食,鸦片战争以后西洋饮食东传等。千百年来,我国食物来源随着国际交往而不断扩大和增多,菜肴品种不断丰富。我国的烹饪技术不断地吸收外来经验丰富自己,同时也扩大了我国烹饪在国外的影响。中国烹饪在不断借鉴他山之石,洋为中用的同时,始终保持着自己的民族特色,屹立在世界东方。

近10年来,随着西方菜肴风味不断进入国内,传统菜肴制作便不断地拓展,不论是原料、器具、设备,还是技艺、装饰都渗透进了新的内容。菜肴的制作一方面发扬传统优势,另一方面善于借鉴西洋菜制作之长为我所用。20世纪60年代以前引进西餐技艺出现在饭店的吐司菜、裹面包粉炸之法以及兴起的生日蛋糕等,就是较早的例证,以后更是传遍大江南北、城镇乡村,被广大民众所接受。

洋为中用,嫁接出新。目前,主要有两个外来系列:一类是东方外国菜的风格,如日本、韩国、朝鲜、泰国、越南等;另一类是西方外国菜的风格,如法国、意大利、德国、西班牙、美国、俄罗斯等。利用传统的中国烹饪技艺,巧妙地借鉴吸收外来的烹饪技法,由此我国广东菜系最先探索出一条道路,无论是菜品烹调还是面点制作,都借鉴了外来的工艺、方法。其他各大菜系也纷纷效仿,都市的大饭店充当着创新领头羊。从20世纪70年代起,中国传统的烹调技艺就已

显现出外来的影子。

2）中外结合菜品的制作思路

（1）外来技艺的吸收

中国厨师利用外来原料和传统技艺的结合不断探索和开拓出许多菜品，如油泡龙虾、三文鱼刺身、夏果虾仁、奶油西蓝花等。

面包屑是舶来原料，将其合理的结合就可产生独特的菜品。几十年来，中餐厨师引进面包屑制作了一系列菜肴。它源于法国，但很快被西方国家普遍采用。中餐在20世纪50年代就开始加以利用，近年来，直接利用面包做菜也十分流行，将其切成薄片可做多种不同风格的菜肴，如鲜虾面包夹、吐司龙虾、菠萝面包虾、龙眼面包卷等。

借用西餐烹饪技法拿来为中餐服务，使中西烹调法有机结合而产生新意。例如，运用铁扒炉制作铁扒菜，有铁扒鸡、铁扒牛柳、铁扒大虾等；采用法国酥皮焗制之法而烹制的酥皮焗海鲜、酥皮焗什锦、酥皮焗鲍脯等，改用中式原料与调味法，并且保持了原有风貌；以及客前烹制，利用餐车在餐厅面对面地为宾客服务等。这些菜点及其方法的涌现，也为中国传统菜点的发展开创了新的局面。

在菜品的造型装饰上，西餐的菜点风格对中国菜的影响很大。中国传统的菜肴一向以味美为本，而对造型不够重视。中华人民共和国成立后，中国菜开始从西餐菜品中吸收造型的长处。西式菜点，造型多呈几何图案，或多样统一，表现出造型的多种意趣。在菜点以外，又以各种可食用原料加以点缀变化，以求得色彩、造型、营养功能更加完美。西式菜品色、香、味、形与营养并重，这对中国饮食产生了一系列的影响。

（2）外产调料的引进

在中国菜制作中，广泛吸收西方常用调味品来丰富中餐之味，如西餐的各式香料，各种调味酱、汁和普通的调味品等，近十年来应用十分广泛。咖喱、番茄酱、黄油、奶油、黑椒、沙律酱、水果酱等的运用，给菜品创新开辟了广阔的途径，代表菜有咖喱牛肉、茄汁明虾、黄油焗蟹、黑椒牛柳、沙律鱼卷等。

菜肴制作中西合璧，相得益彰，是当今菜肴创新的一个流行思路。其成品既有传统中餐菜肴之情趣，又有西餐菜点风格之别致；既增加了菜肴的口味特色，又丰富了菜肴的质感造型，给人以一种特别的新鲜感，并能达到一种良好的菜肴气氛，使菜肴的风格得到了变化。他山之石，可以攻玉。嫁接外国菜的长处，为我所用，无疑是一条无限广阔的菜肴创新之路。

3）中外菜品的嫁接与制作

走一走现代的饭店，就不难发现许多年轻的厨师很热衷于学习和制作一些利用外国原料、调料、技法而制作的菜肴，它们一经与传统菜品结合，立即得到许多顾客的喜爱，如黑椒牛柳、酥皮海鲜、锅贴龙虾、黄油鸡片等。以“翡翠鸡腿”为例，是用西餐中惯用的沙司、土豆泥、黄油、牛奶、菠菜泥，加中餐中的鲜汤制成沙司，浇在蒸烂的鸡腿上，既有中餐五味鸡腿的特色，又具浓郁的西餐风味，为中外食客所喜爱。

15.5.3 装饰工艺的变化翻新

中国菜肴的风格千变万化,争奇斗艳,各具特色的盘饰和造型竞相夺目。体现食物原料的营养价值和本来风味的原壳原味菜与巧配外壳、渲染气氛的配壳增味菜,使得菜品情趣盎然、赏心悦目,那些不断变化工艺的特色造型与装配绚丽多彩、不拘一格,十分诱人。

1)原壳装原味

原壳装原味菜品是指一些贝壳类和甲壳类的软体动物原料,经特殊加工、烹制后,以其外壳作为造型盛器的整体而一起上桌的菜肴,如鲍鱼、鲜贝、海螺、螃蟹等带壳菜品。

原壳装原味的菜品品种繁多,较有代表性的首推山东名菜扒原壳鲍鱼,其特色是将扒好的鲍鱼肉,又盛到鲍鱼壳中,装入盘中。由于原壳内盛鲍鱼肉,别致而味美,颇得宾客的欢迎。根据原壳鲍鱼之法,江苏的厨师还创制了老鲍还珠和鹬蚌相争等菜。

2)配壳增风韵

配壳增风韵类菜肴,即是利用经加工制成的特殊外壳盛装各式炒、烧、煎、炸、煮等烹制成的菜肴。如配形的橘子、橙子的外皮壳,苦瓜、黄瓜制的外壳,菠萝外壳,椰子外壳,用春卷皮、油酥皮、土豆丝、面条制成的盅、巢以及冬瓜、南瓜等制成的盅外壳等。用这些不同风格的外壳装配和美化菜肴,可使一些普通的菜品增添新的风貌,得到出奇制胜的艺术效果。

(1)橙、橘做盅

早在我国宋代就出现的菜肴"蟹酿橙",即是将蟹肉、蟹黄等酿入掏去瓤的橙子中,以橙子皮壳作为菜肴的配器,其色之雅、形之美,使人感到焕然一新。此菜的制作在我国古代产生了一定的影响。10 多年来,广大厨师制作的橘篮虾仁、橘盅鲜贝等菜,仿照蟹酿橙,将炒制的虾仁、鲜贝等直接装入橘篮中,食用时每人一篮,鲜爽可口,特色、风味显著。

(2)青椒做斗

苏州菜翡翠虾斗,是将虾仁与碧绿的青椒一起烹制而成。选大甜青椒,去蒂挖去籽,用刀在蒂口周围雕成花瓣形,将似斗形的青椒做容器壳,其斗中盛放虾仁,故名翡翠虾斗。此菜绿白相映,青椒清香爽口,虾仁鲜嫩柔软,可分食,利卫生。其他炒制的菜肴均可酿入洗净的青椒斗中。

(3)苦瓜、黄瓜做壳

利用苦瓜、黄瓜作为菜肴的小盛器,每人一份,既卫生、方便,又高雅、美观。如取均匀的条形苦瓜,顺长一剖为二,去掉内核,稍挖瓜肉,洗净后放入开水中稍烫,再放入凉水中,其色碧绿,将各种炒制菜肴装入其中,诸如炒鱼丁、炒鲜贝、炒鸭片、炒鸽米、炒海鲜等,均可盛入苦瓜壳中,色、香、味、形都较完美。黄瓜亦可用此法,削制成船形、长条形、圆形,装入各种炒制菜肴,既可品尝嫩爽鲜滑的菜肴,又可食用脆嫩的瓜壳。

(4)土豆丝、粉丝、面条做巢

用土豆丝、粉丝、面条等制成大小不同的鸟巢,也是吸引宾客的盘中器。将成菜装入巢壳中,再置放于菜盘中。大巢可一盘一巢,供多人食用;小巢可每人一巢,一盘多巢。大巢可装入

长条形、大片类的炒菜，如炒鳜鱼条、炒花枝片等；小巢可盛放小件炒菜，如虾仁、鲜贝等。

(5)春卷皮做盏

用春卷皮制成大小不等的容器，也是近几年来饭店使用的一种装盛方法。春卷皮制盏有两种方法：一是用现成铁盏、盅，再将春卷皮用刀切成盏、盅大小的面积，放入两盏中间，下温油锅炸制成型后脱去盏盅；另一种用整张春卷皮，放入温油锅中，取可口可乐或250毫升装啤酒瓶，放入春卷皮从上向下压，当炸制成形时，脱去小瓶，捞起沥油。将面皮盏放入盘中，盛装各色炒菜，如金盏鱼米、金盏虾仁等，还可装入干性的甜品、水果、冰激凌等。

(6)竹筒、菠萝壳做盛器

竹筒盛装菜肴可以是炒菜，也可以是烧、烩、煮类菜，还可以装入羹类菜肴。用竹筒、菠萝外壳作为食器盛装菜肴，也是很多饭店常用的配壳增韵方法。大竹筒可一剖为二，亦可削成船形盛装菜肴。普通菜肴装进特殊的盛具，可使菜肴生辉添彩。竹筒下有底座，上有盖子，竹筒上席，外形完整，配上绿叶蔬菜点缀，确实风格独特。

将菠萝一切为二，挖去中间菠萝肉，留外壳，用微波炉或扒炉将壳内略加热后盛装各式炒、烧、炸类菜肴，如菠萝鸭片、菠萝鱼块、咕噜肉、菠萝饭等。顶部有菠萝绿叶陪衬，若插上小伞、小旗，更具有独特的效果。

(7)冬瓜、南瓜、西瓜做汤盅

即取用冬瓜、南瓜、西瓜外壳作盘饰而制成冬瓜盅、南瓜盅、西瓜盅，名为盅，实为装汤、羹的特色深“盘”。它是配壳配味佳肴的传统工艺菜品，瓜盅只当盛器，不做菜肴，在瓜的表面可以雕刻出各种图形，或花卉，或山水，或动物，可配合宴席内容，变化多端，美不胜收。瓜盅内盛入多种原料，可汤菜，可甜羹，多味渗透，滑嫩清香，汁鲜味美，多为夏令时菜。

用食品外壳配装菜品，可使较普通的菜肴增加特殊的风味，能化平庸为神奇，达到出神入化的艺术境界。诸如此类配壳增风韵的菜肴品种还有很多，如椰子壳、香瓜盅、苹果盅、雪梨盅、番茄盅等。在菜肴制作中，如能合理利用，巧妙配壳，是应时菜肴创新的一条较好的思路。

思考与练习

1. 简述烹饪工艺改革创新的意义。
2. 如何从烹饪工艺的变化入手进行创新？
3. 举例说明食物原料的变化与出新。
4. 举例说明不同风格的嫁接与革新。

R E F E R E N C E S

参考文献

[1] 周晓燕. 烹调工艺学[M]. 北京:中国轻工业出版社,2000.

[2] 邵万宽. 烹调工艺学[M]. 2 版. 北京:旅游教育出版社,2016.

[3] 季鸿崑. 烹调工艺学[M]. 北京:高等教育出版社,2003.

[4] 周晓燕. 烹调工艺学[M]. 北京:中国纺织出版社,2008.

[5] 冯玉珠. 烹调工艺学[M]. 4 版. 北京:中国轻工业出版社,2014.

[6] 戴桂金,金晓阳. 烹饪工艺学[M]. 北京:北京大学出版社,2014.

[7] 史万震,陈苏华. 烹饪工艺学[M]. 上海:复旦大学出版社,2015.

[8] 陈苏华. 烹饪工艺学[M]. 南京:东南大学出版社,2008.

[9] 牛铁柱. 新烹调工艺学[M]. 北京:机械工业出版社,2010.

[10] 周琪. 中餐烹调[M]. 上海:上海交通大学出版社,2011.

[11] 姜毅,李志刚. 中式烹调工艺学[M]. 北京:中国旅游出版社,2004.

[12] 杨国堂. 中国烹调工艺学[M]. 上海:上海交通大学出版社,2008.